高等院校“十二五”规划教材 / 食品科学与工程系列

极端环境中的酶科学与技术

● 主　编　杜　明　苏东海

● 副主编　廖红梅　张英春

● 参　编　（按照姓氏拼音排序）

曹广丽　郭　丽　宋微

王　聪　余世锋

● 主　审　张兰威

U0223435

哈爾濱工業大學出版社

内容简介

本书以高温环境、低温环境、极端 pH 环境、高盐环境、低水分活度环境以及有机溶剂体系几种主要极端环境为主线，较为系统地阐述了在这些极端环境中的极端酶的来源与分类、理化性质、耐受极端环境的分子机制、制备技术以及在工业中的应用情况等。

本书可作为普通高等院校的食品科学与工程、生物化工、化学工程等专业的研究生教学及实验教材，也可作为其他专业的选修教材，还可作为食品科学、生物科学、医药、农、林、牧业等相关科学技术人员的培训、自修教材。

图书在版编目(CIP)数据

极端环境中的酶科学与技术/杜明，苏东海主编. —哈尔滨：哈尔滨工业大学出版社，2014.3

ISBN 978-7-5603-3883-5

Ⅰ.①极… Ⅱ.①杜… ②苏… Ⅲ.①酶学-研究 Ⅳ.①Q55

中国版本图书馆 CIP 数据核字(2012)第 300699 号

策划编辑 杜 燕
责任编辑 李长波
出版发行 哈尔滨工业大学出版社
社 址 哈尔滨市南岗区复华四道街 10 号 邮编 150006
传 真 0451-86414749
网 址 http://hitpress.hit.edu.cn
印 刷 哈尔滨市工大节能印刷厂
开 本 787mm×1092mm 1/16 印张 14.25 字数 328 千字
版 次 2014 年 3 月第 1 版 2014 年 3 月第 1 次印刷
书 号 ISBN 978-7-5603-3883-5
定 价 29.80 元

前　言

极端环境通常是指普通微生物不易生存的环境条件，如高温、低温、低 pH、高 pH、高盐度、高辐射、有机溶剂、低营养等环境条件。酶具有高效的催化能力，反应条件温和，底物专一性高等特点，广泛用于食品、洗涤剂、制药、诊断试剂和精细化学工业中。酶作为大分子的活性物质，在应用过程中常常出现不稳定的现象，尤其在高温、强酸、强碱和高渗等极端环境条件下更容易失活，限制了酶在工业上的应用。近年来，广大研究者们在酶工程的研究中逐渐重视了极端酶的研究，希望通过对这些极端酶构效关系等方面的研究，开发新的酶品种，提高酶在极端条件下的活性和稳定性，拓展酶的应用领域。

全书绪论部分主要介绍了极端酶的研究进展和通用技术概况。第 1 章至第 6 章分别叙述了高温环境、低温环境、极端 pH 环境、高盐环境、低水分活度环境、以及有机溶剂体系中的活性酶的来源与分类、理化性质、耐极端环境的分子机制、制备技术进展以及工业中的应用。不同极端环境中的酶均从蛋白酶、酯酶、糖酶、氧化还原酶、溶菌酶这五大类食品工业中常见酶展开，详细介绍了这些酶的分布、性质与结构的特殊性以及在食品与发酵工业、农业、能源工业和化工业中的应用情况。

本书由杜明（哈尔滨工业大学食品科学与工程学院）和苏东海（北京电子科技职业学院）任主编，廖红梅（江南大学食品学院）、张英春（哈尔滨工业大学食品科学与工程学院）任副主编，余世锋（齐齐哈尔大学食品与生物工程学院）、郭丽（绥化学院食品与制药工程学院）、王聪（东北农业大学食品学院）、宋微（哈尔滨工业大学食品科学与工程学院）、曹广丽（哈尔滨工业大学生命科学与技术学院）参与编写。具体编写分工如下：苏东海负责编写绪论部分；杜明负责编写第 1 章 1.1、1.2 节，第 2 章 2.1、2.2 节；廖红梅负责编写第 1 章 1.3、1.4 节，第 2 章 2.3、2.4 节；余世锋负责编写第 3 章；张英春负责编写第 4 章；郭丽负责编写第 5 章，第 6 章 6.3、6.4 节；宋微负责编写第 6 章 6.1 节（部分）、6.5 节；曹广丽负责编写第 6 章 6.1 节（部分）、6.2 节（部分）；王聪负责编写第 6 章 6.2 节（部分）；杜明、苏东海、王聪负责全书的统稿工作。

本书出版得到“北京市属高等学校人才强教计划项目 PHR201107151”资助。

本书在编写过程中引用了大量的书籍及研究论文的内容，在此向资助者和相关文献的作者表示感谢和敬意。

由于编写人员知识有限，本书中不妥之处在所难免，敬请广大读者批评指正。

编　者

2013 年 11 月

目　录

第0章 绪 论

酶具有高效的催化能力,反应条件温和,底物专一性和立体选择性高等特点,因此广泛用于食品、洗涤剂、制药、诊断试剂和精细化学工业中。世界酶制剂市场有约25亿美元的消耗量,其中食品工业占50%,洗涤剂工业占30%,化学工业仅占5%。目前,自然界中发现的酶超过3 000种,在工业中应用较多且常见的酶有蛋白酶、酯酶(脂肪酶)、糖酶、氧化还原酶及溶菌酶等,这些酶大多数来源于动物、植物和微生物。微生物酶因为具有种类多、产量大、易于工业化制备等优势而备受关注。

极端环境是指普通微生物不能生存的环境条件,如高温、低温、低pH、高pH、高盐度、高辐射、含抗代谢物、有机溶剂、低营养、重金属及有毒有害物等环境条件。能在这种极端环境中生长的微生物称为极端微生物或嗜极菌。极端微生物由于长期生活在极端的环境条件下,为适应环境,在其细胞内形成了多种具有特殊功能的酶,即极端酶。

酶作为大分子的活性物质,在应用过程中常常出现不稳定的现象,尤其在高温、强酸、强碱和高渗等极端条件下更容易失活。因此,限制了酶在工业上的应用。近年来,生物科学家在酶工程的研究中开拓了一个崭新的领域———极端酶的研究,希望开发新的酶种,使其在极端条件下仍保持高的活性和稳定性,拓展酶的应用前景。

0.1 极端酶的来源

来自极端环境中的极端微生物,性能独特,生命力极强,可以分泌具有特殊功效的生物酶。而利用这种特殊生物酶,可生产出许多新型高效产品,为人类造福。

极端微生物是天然极端酶的主要来源,生活在生命边缘(高温温泉、海底、火山口、南北极、碱湖和盐湖等)的嗜极菌,包括嗜热菌、嗜酸菌、嗜碱菌、嗜盐菌、嗜冷菌、嗜压菌和耐有机溶媒的菌类,体内需要有适应于生存环境的基因、蛋白质和酶类。

海底火山口的温度极高,压力极大,所以,生活在海底火山口附近的极端微生物,既耐高温,又耐高压和高酸。欧洲一些国家的科学家从这种极端微生物中提取出特殊生物酶,添加到食品中,可以帮助食物在胃内的高酸环境中进行消化。这种特殊的生物酶,还能使面粉中的纤维缩短长度,延长面制品的保鲜期。此外,由于这种特殊生物酶耐高温,故在经过热处理的食品中也能生存。从南极冰川中发现的极端微生物,科学家已从其中提取出特殊生物酶,并制成了一种制剂。利用这种制剂,可融化排水管道里淤积的冰冻,以保证排水管道的四季畅通。欧洲科学家还从死海海水中发现一种耐盐力极强的极端微生物。从这种极端微生物中提取的特殊生物酶,可以在盐度较高的条件下,创造出一个非常清洁的环境,因而有助于生产无菌药物。

总之,从极端环境中的极端微生物提取出的特殊生物酶,具有巨大的使用价值。

1994 年美国 RBI 公司直接从极端环境中收集 DNA 样品，随机切割成限制性片段，再插入寄主细胞（*E. coli* 或 Bacterium 等）进行表达，并筛选极端酶，目前已经获得 175 种新的极端酶。

0.2 极端酶的分类

极端酶能在各种极端环境中起生物催化作用，它是极端微生物在极其恶劣环境中生存和繁衍的基础，根据极端酶所耐受的环境条件不同，可分为嗜热酶、嗜冷酶、嗜盐酶、嗜碱酶、嗜酸酶、嗜压酶、耐有机溶剂酶、抗代谢物酶及耐重金属酶等。依据其来源，极端酶大致分为 3 种：从生活在非常规条件下的微生物，如某些古细菌中分离得到的酶；某些来源于常规微生物中但也能在极端条件下起催化作用的酶，如目前备受有机化学家青睐，在有机溶剂中产生催化反应的酶；通过人工改良方法或借助人工全合成技术制造出的具有新型催化活力的酶以及由新型材料构成的酶。

1. 高温条件下的活性酶

人们从嗜热菌中已分离得到多种嗜热酶（55 ~ 80 ℃）及超嗜热酶（80 ~ 113 ℃），包括淀粉酶、蛋白酶、葡萄糖苷酶、木聚糖酶及 DNA 聚合酶等，在 75 ~ 100 ℃之间具有良好的热稳定性。同种嗜热酶与嗜中温酶主要性质基本相同，热稳定性不同主要是由分子内部结构决定的，维持其内部立体结构的化学键和物理键，特别是氢键、二硫键的存在及数量与酶的热稳定性有关。一般认为，当这些键存在及数量增加时，酶的热稳定性增强；这些键断开，则酶的热稳定性降低或丧失。相对分子质量较小的蛋白质一般比相对分子质量较大的蛋白质有更大的热稳定性。例如嗜热栖热菌的 3 - 磷酸甘油脱氢酶分子量就较小，利于热稳定。在芽孢形成过程中，由于芽孢杆菌的醛缩酶分子中有一部分与酶活性无多大关系的肽链被水解掉，从而使该酶的热稳定性提高。

嗜热酶分子的许多微妙结构很可能与热稳定性有关，例如稍长的螺旋结构、三股链组成的 β - 折叠结构、C - 端和 N - 端氨基酸残基间的离子作用以及较小的表面环等形成了嗜热酶紧密而有韧性的空间结构，提高了热稳定性。高温谷氨酸脱氢酶和柠檬酸合成酶的结构研究表明了离子作用在嗜热酶中的重要性，嗜热酶在离子偶联的数量和程度上胜过嗜温酶，而且柠檬酸合成酶嗜热酶还包括亚单位的相互作用和羧基端氨基酸残基的作用。但是，高温稳定性和离子相互作用的正比关系并不是普遍存在的。

Ca^{2+} 能提高许多热稳定性酶的耐热性，起到类似二硫键样的桥连接作用，对稳定酶分子的三维结构有重要作用；锌离子对某些耐热酶也有热稳定作用，把嗜热脂肪芽孢杆菌编码腺苷酸激酶的基因转染给大肠杆菌，分析所表达的蛋白质，可发现该腺苷酸激酶含有 1 个与 4 个半胱氨酸（Cys）紧密结合的锌离子，形成 1 个锌指结构。如果用 PMPS 或者 EDTA 去除结合状态的锌离子，那么该酶的变性温度从 74.5 ℃降至约 67 ℃。至于后者温度仍然比较高，是由于酶中存在大量的 Arg 和 Lys 残基。

嗜热和超嗜热的产甲烷菌体内的钾离子和三阴离子环状二磷酸甘油酯的浓度分别达到 1.0 ~ 2.3 mol/L 和 1.2 mol/L，这些含碳化合物对相应的离体酶具有稳定作用。从嗜热菌中分离出来的酶显示了独特性：具有极高的热稳定性，能抵抗化学变性剂，如表面活性剂、有机溶剂和高酸高碱环境,其催化功能优于目前在各种工业生产中应用的酶。来自水生栖热菌(*Thermus aquaticus*)的第一个极端酶嗜热 DNA 聚合酶(Taq PolI)成功地应用于基因工程、PCR 技术后,促进了分子生物学的发展。超嗜热菌中存在一种逆促旋酶,它能够诱导 DNA 形成正性超螺旋的 typeI－5′拓扑异构酶。高热稳定的淀粉酶用于生产葡萄糖和果糖,对改进工业淀粉转化工艺非常有意义。

目前已从嗜热的栖热菌(*Thermotoga*)中分离出一种超级嗜热的木糖异构酶,这种酶能把葡萄糖转化为果糖,这样就能在高温条件下提高果糖的产量。一种高热稳定普鲁兰酶能专一水解支链淀粉形成长链线性多糖;木糖酶用于纸张漂白;蛋白酶用于氨基酸生产、食品加工、洗涤剂、固定化制造天冬甜精;纤维素酶用于钻探操作,促进石油或天然气流入油井孔。嗜热菌有相对高的生长率,代谢快,世代时间短,酶的热稳定性高,用于微生物发酵工程可减少污染、节约能量、降低成本、提高处理效果和产品质量。

2. 低温条件下的活性酶

从嗜冷微生物中分离的嗜冷酶具有低温活性并且在常温下失活。例如,来自南极细菌的 α－淀粉酶,枯草杆菌蛋白酶和磷酸丙糖异构酶等。通过对嗜冷酶的蛋白质模型和 X－射线衍射分析的结果表明,酶分子间的作用力减弱,与溶剂的作用加强,具有比常温同功酶更柔软的结构,使酶在低温下容易被底物诱导产生催化作用,温度提高,嗜冷酶的弱键容易被破坏,变性失活。对具有低温活性的柠檬酸合成酶结构分析表明,其活性部位的柔软性来自于酶扩展的表面电荷环和酶表面上脯氨酸残基的减少。

嗜冷菌分泌的低温葡聚糖酶催化亚基上较小的氨基酸可以增加酶的柔韧性,活性与溶液的离子强度有关。较柔软的活性中心可以更容易地进入底物,进行酶反应。另外,嗜冷酶也必须进行结构调整以避免蛋白质的低温变性,通常是通过减少低温下的疏水相互作用。嗜冷菌编码具有低温活性酶的基因也已经成功地表达,在 0～2 ℃范围内产 α－淀粉酶的嗜冷菌(*Alteromonas haloplanktis*)的酶基因已经在大肠杆菌中表达,发现大肠杆菌必须在低于室温(最适温度为 18 ℃)的条件下培养,才可使酶正确折叠,避免酶的不可逆变性。

嗜冷菌在低温下即可对污染物质进行降解和转化,分离自嗜冷菌的酯酶、蛋白酶及 β－半乳糖苷酶在食品工业和洗涤剂中具有很大潜力。嗜冷碱性蛋白酶应用于洗涤剂工业,可能改变传统的热水洗涤方式,节约能源。嗜冷乳糖酶和淀粉酶为乳品和淀粉加工提供了新的工艺,对保持食品营养和风味起着重要作用,低温发酵也可生产许多风味食品及减少中温菌的污染。从海洋冷适应的微生物中分离的生物活性物质可用于医药、食品等。生命起源于温度很低的海洋,有人提出冷适应的微生物与生命起源相联系。

3. 极端碱性条件下的活性酶

极端嗜碱微生物菌体内部的 pH 接近中性,但是其胞外酶必须在极高的 pH 环境中保持稳定和活力。嗜碱酶中碱性氨基酸的比率较高,尤其在分子表面,利于酶的稳定。日本报道了一种丝氨酸蛋白酶,在最适 pH＝13 的情况下,可能是含酸性氨基酸少,而精氨酸与赖氨酸的比率高,在较高 pH 条件下酶本身仍带静电荷,从而具有稳定性。嗜碱菌纤维素酶 103 的基因克隆到芽孢杆菌中获得成功表达,产物能很好地保持原有的稳定性。其他木聚糖酶、淀粉酶、环状糊精葡萄糖基转移酶、β－甘露聚糖酶等也能在中性细菌中加以克隆和表达。嗜碱菌的胞外酶具耐高碱特性,可用于工业酶制剂生产,有降解天然多聚物的能力,用于处理碱性工业污水,将碱性纸浆废液转化为单细胞蛋白。其淀粉酶可用于纺织品退浆及淀粉作为黏结剂时的黏度调节剂。

4. 极端酸性条件下的活性酶

嗜酸菌分泌的胞外酶一般是相应的嗜酸酶。嗜酸菌不能在中性环境生长,可能是由于嗜酸菌细胞含较多酸性氨基酸,有大量 H^+ 环境,在中性 pH 时 H^+ 大量减少,以致造成细胞溶解。与中性酶相比,嗜酸酶在酸性环境下的稳定性是由于酶分子所含的酸性氨基酸的比率高,尤其在酶分子表面。嗜酸菌已广泛用于低品位矿生物沥滤回收贵重金属、硫氢化酶系参与原煤脱硫及环境保护等方面。

5. 高盐条件下的活性酶

嗜盐酶多存在于中度嗜盐的古细菌和极度嗜盐的真菌中,从嗜盐微生物中分离的极端酶可以在很高的离子强度下保持稳定性和活性,这对菌体的生长是极为重要的。*Nesterenkonia halo - bia* 是一类中度 G^+ 非运动球菌,这类菌产生一种胞外淀粉酶,依靠二价离子和高浓度 NaCl 和 KCl 保持活性和稳定。1980 年,Onishi 等报道从太平洋腐烂木材上分离的 1 株 G^+ 中度嗜盐菌,该菌产胞外核酸酶,在盐培养基中,形成芽孢,严格好氧。氨基酸序列的分析比较表明,嗜盐酶蛋白质比普通的同功酶含酸性氨基酸更多,过量的酸性氨基酸残基在蛋白表面与溶液中的阳离子形成离子对,对整个蛋白形成负电屏蔽,促进蛋白在高盐环境中的稳定。

X 射线晶体和同源性模拟分析揭示的三维结构表明,这些酶的表面带负电荷的氨基酸,可以结合大量水合离子,形成一个水合层,减少它们表面的疏水性,减少在高盐浓度下的聚合趋势。蛋白表面具有超额的负电荷是嗜盐蛋白的一个显著特性。嗜盐菌利用的碳源十分广泛,其中包括难降解的有机物,加之其对渗透压的调节能力较强,体内嗜盐酶的适应能力较强,故将其应用于海产品、酱制品及化工、制药、石油发酵等工业部门排放的含高浓度无机盐废水以及海水淡化等。海藻嗜盐氧化酶在催化结合卤素进入海藻体内代谢中起重要作用,对化学工业的卤化过程有潜在的价值。同时还具有可利用的胞外核酸酶、淀粉酶、木聚糖酶等。有的菌体内类胡萝卜素、γ - 亚油酸等成分含量较高,可用于食品工业;有的菌体能大量积累聚 β - 羟基丁酸酯(PHB),用于可降解生物材料的开发。

6. 含有机溶剂体系中的活性酶

日本 Chiakikato 等从深海分离的耐有机溶剂菌(*Psendomones pntida*)变种,能耐甲苯体积分数超过 50% 的有机溶剂。迄今发现在有机溶剂中起催化作用的酶有 10 多种,这些酶起催化硝基转移、硝化、硫代硝基转移、酚类的选择性氧化、醇类的氧化作用。酶在有机溶剂中的作用受到载体性质、底物及生成物极性的影响。若将酶从水溶液中沉积到惰性载体上,再在有机溶剂中使用,通常会获得最佳活力。耐有机溶剂菌及其酶不仅能将石化厂废水中的油降解,去除几种有毒化合物,而且还能将胆固醇转化为类固醇激素。

7. 其他极端环境条件下的活性酶

(1)耐高压酶

极端嗜压菌能耐 70.9 ~81.1 MPa 的压力,最高压力达 104.8 MPa。极端嗜压菌的酶必须将其蛋白质分子进行折叠,使受压力的影响减至最少。研究表明,静压力可以增加酶的活性和稳定性,尤其对酶的热稳定性有明显的促进作用。此外,在高温高压下,底物溶解度增加,溶剂黏度减少,从而提高物质的传输速率和反应速度。高压作用下酶往往有良好的立体专一性,在化学工业上有潜在的应用前景。但是当压力超过一定的范围时,酶的弱键产生破坏,酶的构象解体而失活。

(2)耐重金属酶

耐重金属的微生物在自然条件下或人工诱导下产生的重金属抗性基因可激活和编码金属硫蛋白、操纵子、金属运输酶和透性酶等。菌体 *Rhizopus orrhizus* 每克干重去除铜达180 mg以上,溶于水中的重金属吸附在微生物表面,带入细胞内,耐重金属酶将其进行生物合成。*A. halo - phytica* 能吸附133 mg/g的锌到菌体表面。利用微生物对重金属的抗性开发生物吸附剂,处理废水。

(3)耐辐射酶

耐辐射菌对电离辐射和许多化学诱变剂都具有极强的抗性,认为该菌的辐射抗性源自于其有超常的DNA修复系统和特殊酶。

0.3　极端酶的制备及鉴定技术

在筛选得到极端酶的生产菌株之后,要想使极端酶投入工业化应用,还需要进行大规模的细胞培养和酶的大量合成及分泌条件的优化,生化反应设备的设计等工作。因此,各种超高温生化反应器,高静压生化反应器应运而生。尽管如此,要满足嗜极菌的生长及发酵条件,将会对设备和环境提出苛刻的要求,设备腐蚀和破坏率大大提高。为了解决这一难题,科学家把极端酶的基因克隆到嗜温菌中表达。嗜碱纤维素酶103的基因被克隆到芽孢杆菌中获得成功表达,产物能很好地保持原有的稳定性,成果被应用于工业化生产,并在洗涤剂工业中使用。

1. 极端酶的制备技术

近几十年来,生物技术的发展非常迅速。运用基因工程、蛋白质工程、发酵工程等生物技术,已能设计和生产人们急需的多种蛋白质。和其他生物产品的生产过程一样,蛋白质的生产过程一般也分为上、中、下游过程。上、中游过程是运用生物技术生产目标产物,下游过程是指对含有目标产物的物料进行处理、分离、纯化和加工(鲍时翔等,1996)。目前,生产蛋白质的上、中游技术如基因突变、基因重组与表达、基因工程菌的大规模培养等技术发展很快,甚至研制成套试剂盒,使基因克隆表达变得越来越容易,而下游蛋白质分离纯化技术却没有得到相应发展。而且,分子生物学的上游工作往往并非是最终目的,分子克隆与表达的关键是要拿到纯的表达产物,以研究其生物学作用,或者大量生产出可用于疾病治疗的生物制品。

相对于上游工作来说,分子克隆的下游工作显得更难,蛋白质纯化工作非常复杂,除了要保证纯度外,蛋白产品还必须保持其生物学活性。纯化工艺必须能够每次都能产生相同数量和质量的蛋白,重复性良好。这就要求应用适应性非常强的方法而不是用能得到纯蛋白的最好方法去纯化蛋白(杨道理等,2004)。

(1)蛋白质分离纯化的策略

能从成千上万种蛋白质混合物中纯化出一种蛋白质的原因是不同蛋白在它们的许多物理和化学性质上有着极大的不同(朱厚础等,1999)。这些性质是由于蛋白质的氨基酸数目和序列不同造成的。连接在多肽主链上的氨基酸残基可以是荷正电的或荷负电的、极性的或非极性的、亲水性的或疏水性的。此外,多肽可折叠成非常确定的二级结构(α 螺旋、β 折叠和各种转角)和三级结构,形成独特的大小、形状和残基在蛋白质表面的分布状况。

可以作为纯化依据的蛋白质性质包括大小、形状、电荷、等电点、电荷分布、疏水性、溶解度、密度、配体结合能力、金属结合能力、可逆性缔合、特异性序列或结构、基因工程构建的纯化标记等。

蛋白质纯化要利用不同蛋白质间内在的相似性与差异,利用各种蛋白间的相似性来除去非蛋白物质的污染,而利用各蛋白质的差异将目的蛋白从其他蛋白中纯化出来。

(2)蛋白质分离纯化常用方法比较

蛋白质分离纯化的方法很多,一般常用的蛋白质分离纯化方法见表 0.1,通常需要经过多种技术方法的联合使用,才能得到目标产品。

表 0.1　常用的蛋白质分离纯化方法

名称	分离方法	分离机制	应用	优点	缺点
	离子交换	电荷、电荷分布	蛋白质分离	特异性好,有更多的参数可以优化,树脂较便宜	极端 pH 下蛋白会变性失活
	凝胶过滤	分子大小	蛋白质脱盐、纯化	普遍采用,洗脱简单,回收率较高	树脂昂贵,对柱子要求高,有些蛋白可能与树脂有吸附作用,不适于工业化
色谱	亲和 DNA 亲和 外源凝集素亲和 固定化金属亲和 免疫亲和	配体结合位点 DNA 结合位点 糖基类型 金属结合能力 特异抗原位点	抗体、受体分离 蛋白质纯化 蛋白质纯化 金属蛋白纯化 抗原纯化	效果好,特异性好,纯化倍数高	单抗体较昂贵,洗脱条件苛刻,蛋白易失活,蛋白结构可能被破坏,单抗可能混入蛋白
	反相 HPLC	疏水性、大小	肽或蛋白质分离	效果很好,纯化率高	产量比较小
	疏水	疏水力	蛋白质分离	选择性好,纯化率高	洗脱条件较苛刻
	色谱聚焦	等电点	蛋白质分离	选择性好,纯化率高	产量比较小,设备和样品要求高
	正相	表面非特异作用力	蛋白质分离	选择性好,纯化率高	产量小,适用范围窄

续表 0.1

名称	分离方法	分离机制	应用	优点	缺点
电泳	分子筛电泳	分子大小	蛋白质分离	纯化效果极好，可以查看样品蛋白的复杂程度和纯度，样品需要量少	产量相当少，蛋白质失活情况居多，很难工业化
	等电聚焦	等电点差异	蛋白质分离		
	移动界面电泳	电运动性	蛋白质分离		
	连续电泳	电运动性	蛋白质分离		
膜	微过滤	粒度大小	液固分离	基本分离手段	纯化倍数低
	超滤	分子大小、形状	浓缩蛋白质	可以分级，方便快捷	损失率高
	透析	分子大小	缓冲液更换、脱盐	设备简单	损失率高，耗时，蛋白失活可能性大
	电透析	电荷	脱盐	效果好	设备要求高，成本高
离心	离心	密度、大小、沉降速率	液固分离	操作简单易行，常规的粗分离手段	可能需要低温环境，蛋白易变性失活
萃取	双液相萃取	溶解性	蛋白质分离	操作简单，适应性强	纯化倍数低，不适于精分离
	超临界萃取	溶解性	小分子蛋白质分离	分离效果好，产量大，适于工业化	对设备和操作条件要求高
沉淀	硫酸铵	溶解度	蛋白质分离	冷溶液中溶解度大，蛋白质稳定	对钢容器有腐蚀性，纯化倍数低，要脱盐
	丙酮	溶解度	蛋白质分离	保持蛋白活性	纯化倍数低
	聚乙烯亚胺	电荷，大小	蛋白质分离	一定的选择性	纯化倍数低
	等电点	溶解度，pI	蛋白质分离	纯化倍数高	对未知蛋白不太适用

2. 极端酶的鉴定技术

分离纯化蛋白质的目的是多种多样的。研究蛋白质的分子结构、组成和某些物理化学性质，需要纯的、均一的甚至是结晶的蛋白质样品。研究活性蛋白质的生物学功能，需要样品保持它的天然构象，要尽量避免因变性而丢失活性。

蛋白质组研究的两大核心技术就是蛋白质组中蛋白质成分的分离和鉴定。蛋白质组成分通过各种分离技术分离后，必须通过适当技术鉴定，才能知道蛋白质组成分的性质、结构、功能及其各蛋白质间的相互作用关系，从而最终实现蛋白质组的研究。

蛋白质的基本性质的鉴定包括蛋白质的相对分子质量、等电点、氨基酸组成、氨基酸残基序列、低级结构及高级结构等。鉴定技术主要有以质谱为核心的技术、蛋白质微测序、氨基酸组成分析、各种电泳和高效液相色谱等。

1）质谱及相关技术

随着大规模的基因组测序、生物质谱技术和生物信息学的快速发展，蛋白质鉴定方法已发生了巨大的变化，使大规模蛋白质组研究成为现实。质谱对蛋白质鉴定的贡献主要是基于质谱软电离技术——基质辅助激光解析电离(MALDI)和电喷雾电离(ESI)的发展和成熟。基于MALDI的肽质量指纹图谱、源后衰变片段离子分析和基于ESI的串联质谱的部分测序技术是质谱鉴定蛋白质的主要方法,它们在鉴定双向电泳分离的蛋白质组成分时已显示出惊人的潜力,可实现蛋白质组研究的高通量、超微量等需求。但质谱不易进行N-端或C-端序列鉴定,要完全鉴定某蛋白质尚需结合传统的鉴定技术以了解N-端和C-端序列信息(郑永红等,2003)。

(1)基于MALDI的技术

①肽质量指纹技术。肽质量指纹(Peptide Mass Fingerprint, PMF)分析是基质辅助激光解析电离飞行时间质谱(MALDI-TOF-MS)鉴定蛋白质的一个可行而有效的方法。该法特别适宜鉴定2-D电泳分离的蛋白质斑点(Katayama 等,2001),或者一维的PAGE的蛋白条带,通常是对蛋白质斑点或者蛋白条带进行胰酶裂解或化学裂解,然后用质谱测定肽片段的精确质量,将实验获得的PMF数据和数据库中对蛋白质进行理论裂解获得的"真实"指纹进行比对,所检索的蛋白质按其匹配的优劣进行排序,其中以检索分数较高者作为候选蛋白。

PMF法具有很多优点,如灵敏度和准确度高、自动化程度高、可耐受测试样品中的微量盐离子和电荷离子、具有许多基于PMF的数据库分析软件作为分析支持。但是PMF分析是将实验获得的肽段质量与库中理论肽质量相比较,其成败强烈依赖于数据库中理论肽质量的获得;当被分析蛋白所属物种的基因组序列数据有限时,则用PMF进行蛋白鉴定的成功率将非常低;PMF分析不能100%地鉴定被测蛋白,还需结合其他序列信息或氨基酸组成分析等技术。

②PSD肽片段的部分测序技术和源内衰变分析。虽然MALDI是一种"软电离"技术,不会破坏被检测的肽或肽段,但在离子化过程之中会形成许多亚稳离子,对于肽(或蛋白)亚稳离子常会发生中性小分子如水和氨水($NH_3 \cdot H_2O$)的丢失,甚至不同程度的肽键断裂,于是产生了如下两种鉴定蛋白的方法。

a.源内衰变(In-Source Decay, ISD)。源内衰变发生在离子源区域内,时间为激光撞击之后几百个纳秒之内,是离子的"即刻片段化",这些片段离子通过衰减离子取出,能在线性飞行时间质谱中被发现,许多的蛋白和大的肽常在MALDI质谱仪的离子源区域内变成肽离子片段,主要产生含N-端的c-型片断离子和含C-端的y-型片段离子,通过分析这些片段离子谱可鉴定蛋白质。

b.源后衰变(Post-Source Decay, PSD)。源后衰变较前者需要一个更长的时间跨度,常为微秒,发生在MALDI-反射飞行时间质谱的离子源区域后的第一个无场区域,因不同片段离子和"母离子"保持同样的速度而不能用线性MALDI-MS谱观察到,必须用反射离子镜使离子的飞行路径反向,由于片段离子的动能低于"母离子"而从"母离子"中分离出来,且按表观质量的大小由小到大排列出来,形成片段离子谱,通过设置不同的反射场电压可分离获得足够数量的片段(常需10~15个片段来鉴定蛋白质),一旦用已知质量的肽片段标化,这些分割谱能粘在一起形成PSD谱,得到片段离子的质量,将仅有一个氨基酸质量差异的一系列片段离子排列,可推测出肽片段序列或序列标签,最后用数据库查询工具查询蛋白质或DNA数据库,鉴定被测蛋白质,即称为PSD肽片段部分测序技术(詹显全,2002)。这是 MALDI－MS 鉴定蛋白的又一重要方法。

PSD 谱主要是酰胺键断裂的结果,以 N －端 b－型片段离子和 C－端 y－型片段离子为主,但还常含有 N－端 a2、c2、d2 型片段和 C－端 x2、z2 型片段,使 PSD 谱具有高度复杂性,给分析带来一定的困难。

③序列梯子。MALDI－MS 结合特定肽裂解技术形成“序列梯子”(Sequence Ladder),可用于蛋白质的鉴定。常见方法有:

a. 化学法序列梯子。化学法序列梯子主要是基于 Edman 降解,它是在 Edman 序列测定进程中按设计好的耦合和裂解步骤用一定量的序列终止剂,获得一系列 N－端截断的肽混合物,该混合物再用 MALDI－MS 分析,在获得的谱中连续离子间的质量差异与氨基酸的质量相对应就产生了肽序列。

b. 酶法序列梯子。酶法序列梯子用外肽酶对肽的任一端进行逐渐缩短,产生 C－端或 N－端序列梯子,再用 MALDI－MS 进行分析;在外肽酶消化单一肽的过程中,于不同时间点取出少量反应混合物进行 MALDI－MS 分析。

④其他。在特殊情况下,用 MALDI－MS 测定一个蛋白质的总质量也能够鉴定蛋白质,目前有两个主要的方法来测量完整蛋白的质量:一是蛋白被点样或被印迹到一个合成支持膜上来进行 MALDI－MS 分析;二是超薄聚丙烯酰胺凝胶被直接用激光扫描入 MALDI 质谱仪,但该法的分辨率和质量测定的准确性较差,特别对高相对分子质量的蛋白,因此该法用于蛋白鉴定受到限制。

(2)基于 ESI 的技术

电喷雾质谱(ESI－MS)是鉴定蛋白质的又一重要平台,在蛋白质鉴定中取得了长足进展,特别是 ESI 联合 nano 探针注射和/或高效毛细管液相色谱分离技术(cLC－ESI－MS)可获得极低微量的肽的序列信息,可实现蛋白质组中蛋白质成分的超微量分析,获得的序列信息可用 SEQ uest 软件进行数据库查询,鉴定被测定的蛋白质;同时基于 ESI 的串联质谱可分析蛋白质翻译后的修饰情况。但与 MALDI－MS 相比,ESI－MS 技术的样品制备复杂,在蛋白质组高通量分析上受到一定限制,而 MALDI－MS 可实现从蛋白质组成分分离到鉴定过程的全自动化,达到蛋白质组高通量分析的要求(郑永红等,2003;郑永红等,2004)。然而,目前四极杆飞行时间质谱(Q－TOF－MS)技术的产生和应用(Chalkley 等, 2001),对蛋白质微测序和氨基酸残基的修饰分析有着重要的价值。

2)蛋白质微测序

蛋白质微测序是蛋白质分析鉴定中的一种经典而普通的技术,可提供足够的信息,目前在蛋白质组中蛋白质鉴定上仍有其广泛的用途。特别是双向凝胶电泳与 PVDF 膜电印迹相结合,经过染色、切割,可进行 Edman 微量测序,当然在一维凝胶电泳与转膜电印迹相结合方面也有着广泛而稳定的应用,常用方法有两种:

①放入序列仪中直接进行 N－端氨基酸测序,可用于亚皮摩尔的鉴定。但测序具有方向性,经常出现 N－端封闭,阻止进程;当被测序蛋白质的数量很少时,常在低含量的 Ser、Thr、Arg、His 或被修饰的残基处出现间断;速度缓慢,消耗大;被测样品是一次性消耗,不能用相同印迹蛋白重复实验;通常要进行 30 个循环以上才有意义。

②膜上原位裂解策略,即膜上蛋白用特异蛋白酶(如 Trypsin 和 Lys－C 等) 消化,大

多数亲水性肽从膜上溶解入消化液中，进行反向高效液相色谱分离，被纯化的肽再行单独测序。该法步骤繁多，不如直接 N - 端测序敏感，当膜上蛋白低于 10 μg/cm^{2}时常会失败；但避免了蛋白封闭，对确定蛋白可产生多个内部序列肽段，可选择不同序列片段进行鉴定，从而改善蛋白鉴定分数。另外也可进行胶内原位蛋白质裂解，但常有胶源性或染色剂源性污染物的污染，影响测序。Edman 方法一次只能测定一个蛋白点或肽峰，速度慢，不宜进行复杂蛋白质组的高通量分析，但在简单蛋白质组和特定蛋白的鉴定上仍有其独到用处，根据 Edman 测序结果而开发的数据库查询软件仍是蛋白质组中蛋白鉴定的有力工具。

3）氨基酸组成分析

氨基酸组成分析有别于肽质量或序列标签，是利用不同蛋白质具有特定的氨基酸组分的特征来鉴定蛋白质。该法可用于鉴定 2 - D 电泳分离的蛋白质，应用放射标记的氨基酸来测定蛋白质的氨基酸组分，或将蛋白质转 PVDF 膜，在 155 ℃酸性水解，让氨基酸自动衍生后，经色谱分离，获得的数据用 AACompident、ASA、AAC - P1、PROP - SEARCH 等软件进行数据库查询，依据代表两组分间数目差异的分数对数据库中的蛋白质进行排榜，“冠军”蛋白质的可信度较大。但该法的速度较慢，所需蛋白质或肽的量较大，在超微量分析中受到限制；且存在酸性条件下水解不彻底或部分降解而产生氨基酸变异的缺点，故应联合其他的蛋白质属性进行鉴定。

氨基酸组成分析也可以应用高效液相色谱法对酸彻底水解后的蛋白质进行氨基酸组成的测定，获得纯化后蛋白质的基本氨基酸组成信息。当然，每种方法都存在一定的局限性，不可能在同一个条件下，同一次操作中完全测定出所有氨基酸的浓度或质量分数，在水解的过程中，不同的水解方法和时间对个别氨基酸的破坏程度也不一样，这些原因都可能造成测定结果的误差。

4）图像分析技术

应用蛋白质组阵列技术分离蛋白质组成分，通过染色、荧光显影等方法使之形成“满天星”样的 2 - D 电泳图谱，经扫描或摄影等转换为以像素为基础、具有不同灰度强弱和一定边界方向的斑点的图像信号，可用专门的 2 - D 电泳图像分析软件包对一系列具有低背景染色和高度重复性的 2 - D 电泳凝胶进行图像分析（张晓勤等，2004），其一般过程是图像采集、斑点检测、背景消减、图像内及图像间的比较，另外还可进行相似性、聚类和等级分类等统计分析，以检测生理或病理状态下其蛋白质斑点的上调、下调或出现、消失。

由于 2 - D 电泳难于实现 100% 的重复，这就必须进行不同凝胶间斑点的配比分析，但该过程还不能实行全自动化，必须借助于肉眼观测，受到人为因素的影响；同时因蛋白质的修饰对匹配造成的影响尚需借助微量测序、质谱、氨基酸组成分析等技术才能鉴定。

目前尚无一个真正完美、脱离肉眼、智能化的 2 - D 电泳分析软件，这有待于技术改进以增加图像灵敏度和自动化（詹显全等，2002）。

0.4 极端酶活性改造技术

1. 蛋白质工程

极端酶的构效关系研究表明：分别来源于嗜温和嗜极菌的两个催化功能相似的酶的氨基酸组成是有差异的。比较嗜温和嗜盐菌(*Halobacterium vol - canii*)的二氢叶酸还原酶发现，嗜盐菌的二氢叶酸还原酶中酸性氨基酸(天冬氨酸和谷氨酸)的数量增加，带负电性增大。同样的比较在嗜温酶和嗜热酶间进行，比较的结果得出它们亦有各自的结构特性和同源性，以此作为蛋白质工程中酶蛋白质设计的依据，David 和 Michael 已经成功地利用蛋白质工程提高枯草杆菌蛋白酶在氧化作用、碱性和高温条件下的稳定性。

近 10 年来，人们发现酶在有机相中与水相中方向相反，具有相当高的作用效率，而且可以通过有机溶剂的性质控制酶的对映体和区域的选择性，使非极性底物的溶解度增大。但是，与水溶液相比，酶在有机相中的活性往往有所下降，在极性的有机溶剂中尤为突出。为了改善酶的作用，可以使干酶粉与碳水化合物、聚合物和有机缓冲液混合，或者在非缓冲液盐的存在下加入冻干的酶催化剂。Frances 等人采用蛋白质工程的方法，通过有目的的或随机的突变达到提高酶在有机相中的稳定性，把酶蛋白与有机溶液接触表面的疏水性氨基酸残基换成带电性的氨基酸残基，结果发现：对枯草杆菌蛋白酶的单一突变，使酶在非水相溶剂中的稳定性增加 2 ~ 6 倍，而双突变的结果使稳定性增加了 27 倍。

2. 交联酶晶体

交联酶晶体则是人工设计的另一种耐有机溶媒的技术。最近，Nancy 和 Manuel 利用双功能试剂，如戊二醛等交联酶结晶体，大大提高了酶在高温、非水相溶剂和水 - 有机溶剂体系中的稳定性。由于酶结晶后，酶晶格里蛋白质分子间的相互作用力增加，使酶蛋白对热及其他变性因素的抵抗能力增强，伸展、凝集和裂解作用减少。交联试剂对酶晶体的化学交联作用，进一步增加酶晶体结构的稳定性，对防止酶在反应体系中的溶解，提高稳定性起着积极作用。

交联酶晶体不仅对极端环境有很高的稳定性，还发现有时比游离酶显示出更高的活性，皱褶假丝酵母脂肪酶交联酶晶体在几种重要的药物光学拆分中，表现的活力比游离酶高了 10 倍。由于交联酶晶体不溶于水和有机溶剂，可多次循环使用，其稳定性和活性保持不变，目前已开始应用于医药和化学工业中。美国 Altus 生物公司，1992 年开始对交联酶晶体研究以来，已有近 10 种产品上市，并带来上百万的年利润。

3. 固定化酶技术

在基因工程技术应用于酶工程之前，通过物理吸附或化学键合的方法，把酶固定在不溶性载体上，结果对提高酶的稳定性，增加酶的使用效率等起到了显著促进作用。因此，在工业应用上，固定化酶已经有很多成功的例子。然而，固定化酶最大的缺陷是：体积产量低，通常只有 5% 的固定化酶在起催化作用。因此，需要进一步改善酶的应用技术，适应工业化生产。

0.5 极端酶的工业应用前景

目前日本、美国、欧洲等地区都十分重视极端微生物的研究开发，工作主要集中在：新物种的发现、新产物的研究与生产、极端酶的结构与功能用其基因的克隆表达、适应机理的分子基础及遗传原理、基因组分析。按常规的极端酶筛选方法从极端环境中采集样品,富集和分离嗜极菌,再通过特定选择标记筛选极端酶。用这种方法已经分离得到很多极端酶。但由于人们对环境的认识有限,实际上大部分的嗜极菌还未被培养,限制了极端酶的开发。

自第一个极端酶——嗜热DNA聚合酶成功地应用于PCR技术后,人们开始不断探索各种极端酶的应用前景,近年来,已有一些极端酶投入工业应用,表0.2列举了一些嗜极菌极端酶的应用。

表0.2　部分嗜极菌极端酶的应用领域

微生物	极端酶	应用领域
嗜热菌 50~110 ℃	淀粉酶	生产葡萄糖和果糖
	木糖酶	纸浆漂白(取代有毒性的氯)
	蛋白酶	氨基酸生产、食品加工、洗涤剂
	DNA聚合酶	基因工程
嗜冷菌 5~20 ℃	中性蛋白酶	奶酪成熟、牛奶加工洗涤剂
	蛋白酶	奶酪成熟、牛奶加工洗涤剂
	淀粉酶	洗涤剂
	酯酶	洗涤剂
嗜酸菌 pH<2.0	硫氢化酶系	原煤脱硫
嗜碱菌 pH>9.0	蛋白酶	洗涤剂
	淀粉酶	洗涤剂
	酯酶	洗涤剂
	纤维素酶	洗涤剂
嗜盐菌 3%~20% NaCl	过氧化物酶	卤化物合成

极端微生物中的特殊生物酶,还可以取代现行那些既造价昂贵,又污染环境的化学催化剂。

嗜极菌及其极端酶的深入和广泛的应用预示着化学工业、食品工业和制药工业的一场革命,尤其是化学工业采用酶法可大大减少毒副产物的生成。例如,英国的某些造纸厂在纸浆漂白这一环节上,用从极端微生物中提取的特殊生物酶来取代毒性很强的氯。

在化学工业中,1997年英国已上市第一种极端微生物产品,它是一种特效洗衣粉。这种洗衣粉所采用的清洁酶,是从热带非洲盐碱湖的极端微生物中提取的。因此,用其提取的清洁酶制成洗衣粉,洗涤的衣物有很强的抗腐蚀能力。极端酶正逐步向工业化应用迈进。但是,在应用过程中难免出现不足之处,例如一些极端酶在温和条件下往往表现较低的活性,其适应范围较窄。

极端酶对传统酶制剂工业的影响和推动是毫无疑问的,至今只有一小部分极端酶被分离纯化,应用于生产实践的极端酶则更少,随着越来越多的极端微生物被分离鉴定,极端酶被分离纯化和极端酶工程研究的进展,极端酶在生物催化和生物转化中的应用将会得到更进一步的拓展。

第1章 高温环境中的活性酶

嗜热酶通常在60~125 ℃具有最适活性。近年来,由于其具有减少微生物污染、降低黏度、提高转化率、改善底物溶解性等优点,越来越得到重视。已被广泛用于分子生物学(如Taq聚合酶)、洗涤剂行业(如蛋白酶)、淀粉加工工业(如α-淀粉酶、葡萄糖异构酶)、医疗诊断、废弃物处理、纸浆造纸工业、动物饲料等各个领域。随着科学技术的发展,越来越多的嗜热酶晶体被结晶,其三维结构也逐步被阐明,人们对嗜热酶的耐热机制也就有了更深的了解,但不同的耐热酶其耐热机制也不相同。

1.1 耐热蛋白酶

1969年,从美国黄石公园的热温泉中分离到最适生长温度高达70 ℃的水生栖热菌(*Thermus aqualicus*),随后耐热细菌菌株HB8也被分离出来,此后耐热微生物的研究受到广泛关注。据统计,到目前为止,从温泉和其他高温生态环境中共筛选到约70个属、150种耐热微生物。在这些耐热微生物中,有很大部分均能产耐热蛋白酶。

1.1.1 耐热性蛋白酶的分类与分布

1.根据作用位点不同进行分类

蛋白酶(Protease)是指能水解肽链中肽键的一类酶。国际生物化学和分子生物学联合会在1984年推荐使用肽酶(Peptidase)作为肽链水解酶类的总称,而更广泛使用的名称是蛋白水解酶(Proteolytic Enzymes),蛋白酶是它的同义词。按照国际生物化学和分子生物学联合会命名委员会(The Nomenclature Committee of the International Union of Biochemistry and Molecular Biology)的规定,蛋白酶被归于第3组(水解酶)中的第4分组。目前对蛋白酶的划分主要有3个标准:催化反应的类型;活性中心的化学性质;结构上的进化关系。

根据蛋白酶作用位点在肽链中的位置,可将其初步划分为外肽酶(Exopeptidase)和内肽酶(Endopeptidase)两类:外肽酶水解最接近蛋白质底物N-端或C-端的肽键;而内肽酶的作用位点位于蛋白质内部,远离其N-端和C-端。按照活性中心的功能基团,蛋白酶可进一步分成丝氨酸蛋白酶、天冬氨酸蛋白酶、半胱氨酸蛋白酶和金属蛋白酶4类。根据氨基酸序列的相似性和进化关系,蛋白酶被分成不同的家族,进一步细分成若干个宗族,每个宗族里是一套衍生自同一祖先的肽酶。每一个肽酶家族都被分配一个表示催化反应类型的编码符号:S-丝氨酸蛋白酶、C-半胱氨酸蛋白酶、A-天冬氨酸蛋白酶、M-金属蛋白酶或U-未知类型。按照反应最适pH的不同,蛋白酶还可分为酸性、中性和碱性蛋白酶。

(1)外肽酶

根据作用位点的不同,外肽酶分为氨肽酶(Aminopeptidases)和羧肽酶(Carboxypeptidases)。氨肽酶作用于多肽链游离的 N - 末端,释放出单个氨基酸、二肽或三肽;羧肽酶作用于多肽链的 C - 末端,释放出单个氨基酸或二肽。按照酶活性中心氨基酸残基的性质,羧肽酶被分成 3 类:丝氨酸羧肽酶(Serine Carboxypeptidases)、金属羧肽酶(Metallo Carboxypeptidases)和半胱氨酸羧肽酶(Cysteine Carboxypeptidases)。

(2)内肽酶

按照催化机制,内肽酶被分成 4 个亚类:丝氨酸蛋白酶、天冬氨酸蛋白酶、半胱氨酸蛋白酶和金属蛋白酶。丝氨酸蛋白酶种类繁多,无论外肽酶、内肽酶、寡肽酶还是 Omega - 肽酶中都有丝氨酸蛋白酶,广泛分布于病毒、细菌和真菌中,它们对这些生物体是至关重要的。按照其结构的相似性,丝氨酸蛋白酶已被分成 20 个结构家族和 6 个宗族。天冬氨酸蛋白酶分为 3 个家族:胃蛋白酶(A1)、Retropepsin (A2)和来自 Pararetroviruses 的蛋白酶(A3)。A1 和 A2 家族的成员彼此关系密切,A3 家族的成员与 A1 和 A2 有一定关系。半胱氨酸/巯基蛋白酶广泛存在于原核和真核生物中,拥有 20 个家族,木瓜蛋白酶是其代表。金属蛋白酶是催化类型最多的蛋白酶,来源广泛,从高等生物的胶原酶、蛇毒液中的出血毒素到嗜热细菌的高温蛋白酶,共有 30 个家族,其中 17 个家族全是肽链内切酶,12 个家族只有肽链外切酶,另外 1 个家族(M3)既有内肽酶也有外肽酶。按照构成金属结合位点的氨基酸性质,可将金属蛋白酶划分为不同的宗族,例如宗族 MA 的金属结合位点的氨基酸序列是 HEXXH - E,宗族 MB 对应着基元 HEXXH - H。根据底物专一性,金属蛋白酶被分成 4 类:中性;碱性;Myxobacter Ⅰ;Myrxobacter II。中性金属蛋白酶专一作用于疏水氨基酸,而碱性金属蛋白酶可作用底物则非常广泛。

2. 其他分类

耐热蛋白酶是指最适活性温度在 50 ~ 100 ℃之间或更高温度的蛋白酶。在 1984 年版的《国际生物化学联合会酶的命名法》一书中,把当时已发现的耐热蛋白酶划分为高温氨肽酶(Thermophilic Aminopeptidase)(EC3.4.11.12)、二肽水解酶(Dipeptide Hydrolase)(EC3.4.13.11)、高温真菌蛋白酶(Thermomycolin)(EC3.4.11.14)和嗜热菌蛋白酶(Thermolysin)(EC3.4.24.4)。其中,嗜热菌蛋白酶是研究最为深入的一种高温蛋白酶,它是一种钙锌蛋白,在 80 ℃时仍有活性。耐热蛋白酶根据其最适活性温度范围,又可进一步分为高温蛋白酶和超高温蛋白酶,前者最适活性温度为 50 ~ 80 ℃,后者最适活性温度在 80 ℃以上,在高压下,有的蛋白酶作用温度可达 110 ℃。根据耐热蛋白酶最适 pH 的范围,习惯上又把高温蛋白酶划分为高温中性蛋白酶、高温酸性蛋白酶和高温碱性蛋白酶。

在已报道过的能产耐热蛋白酶的耐热微生物中,以芽孢杆菌最多。例如,*Bacillus* sp. EAl,*B. Thermoproteolyticus*,*B. licheniformis*,*B. Circulans*,*B.* sp. AK. l,*B.* sp. B18,*B. smithii*,*B.* sp. BTL,*B.* sp. wai 21a,*B. pumilus* MK65,*B.* sp. JB - 99。此外,在真菌、古细菌、放线菌中也有过报道。例如,*Sulfolobus solfataricus*,*Thermus aquoticus* YT - 1,*Thermomonospora fusca*,*Pseudomonas* sp. MC60 *Malbranchea pulchella* var. Sulfurea,*Thermoactinomyces vulgaris*,*Thermoplasma acidophilum*,*Thermus* sp. T - 35l。

除了耐热菌产生耐高温蛋白酶以外,一些中温菌以及嗜冷菌也会产生耐高温蛋白酶,如土壤和废水里的一些嗜温微生物也产生耐热蛋白酶,在原料乳中的一些嗜冷菌

(*Psychrotrophic bacteria*),主要是假单胞菌属(*Pseudomonas*)和黄杆菌属(*Flavobacterium*),这类微生物可以在低温下大量繁殖,并产生耐热性酶类,如耐热性蛋白酶、脂肪酶,常引起UHT灭菌乳的凝胶、苦变、酸包、发黏、水解等变质现象。

1.1.2 理化性质

1. 耐热蛋白酶的共有特性

耐热蛋白酶除了普通蛋白酶的生理生化性质以外,其特有的性质表现在以下4个方面。

(1)作用的最佳温度

耐热蛋白酶作用的最佳温度大多数为60~80 ℃,但也有少数例外。例如,来自*Bacillus* sp. B18的耐热蛋白酶,其作用的最佳温度为85 ℃;来自*Thermoplasma acidophilum*的耐热蛋白酶,其作用的最佳温度为95 ℃。最值得一提的是,来自*Pseudomonas* sp.的耐热蛋白酶,其作用的最佳温度为120 ℃。

(2)具有良好的耐热性

例如,由*Bacillus* sp. AK1产生的Proteinase AKl在60 ℃、70 ℃时酶活无变化,90 ℃时酶活半衰期为19 min;由*Thermoactinomyces* sp. E79产生的嗜热蛋白酶在90 ℃时,酶活半衰期为10 min;由*Thermus* sp. Rt41A产生的嗜热蛋白酶在70 ℃时,酶活半衰期为24 h。

(3)具有良好的pH稳定性

由*Thermoactinomyces* sp. E79产生的嗜热蛋白酶,在pH 5.0~12.0范围内,酶活相当稳定;由*Bacillus* sp. B18产生的嗜热蛋白酶在pH 5.0~12.0范围内,酶活也相当稳定;由*Bacillus stearother-mophilus* HY269产生的嗜热蛋白酶在70 ℃、80 ℃时,pH稳定范围分别为pH 6.0~10.0、pH 6.0~8.0。

(4)酶的分子质量

大多数耐热蛋白酶是单体,并且分子质量范围是20~30 kDa,少数可达36 kDa、36.9 kDa、34 kDa。分子质量最低的耐热蛋白酶为8 kDa。有些耐热蛋白酶是二聚体或多聚体。例如,来自古细菌*Sulfolobus solfatoncus*的嗜热蛋白酶是一个二聚体,并且单体的分子质量很大,达到54 kDa,来自嗜热脂肪芽孢杆菌HY-69的嗜热金属蛋白酶是六聚体。

分离自*Penicillium* spp.、*Saccharomyces* spp.和*Aspergillus* spp.的丝氨酸羧肽酶除了底物专一性相似外,最佳pH、稳定性、分子质量和抑制剂影响等性质略微不同。Zn^{2+}和Co^{2+}对于来自*Saccharomyces* spp.和*Pseudomonas* spp.的金属羧肽酶的活性是必需的。

来源于*E. coli*的氨肽酶(400 000 Da)最佳pH范围很宽,为pH 7.5~10.5,要求Mg^{2+}或Mn^{2+}获得最大活力。*B. licheniformis*的氨肽酶分子质量为34 000 Da,每摩尔含1 g Zn^{2+},Co^{2+}对酶活有激活作用。*B. stearothermophilus*的氨肽酶Ⅱ是一个二聚体,分子质量为80 000~100 000 Da,Zn^{2+},Mn^{2+},Co^{2+}对酶活有激活作用。

2. 不同分类中的耐热蛋白酶特性

(1)丝氨酸蛋白酶

丝氨酸蛋白酶特点是活性中心存在一个丝氨酸基团。胰凝乳蛋白酶Chymotrypsin(SA)、枯草杆菌蛋白酶Subtilisin(SB)、羧肽酶Carboxypeptidase C(SC)和Escherichia D-

Ala - D - Ala peptidase A(SE)这 4 个宗族中的成员的一级结构完全无关,暗示丝氨酸蛋白酶至少有 4 个分别独立进化的祖先。SA,SB 和 SC 3 个宗族的活性中心和催化机制相同:由 Ser195(亲核)、Asp102(亲电子)、His57(碱性)(胰凝乳蛋白酶中的氨基酸编号)组成催化三联体,形成电荷中继网(Charge Relay Network)传递电子;受 His57 和 Asp102 的影响,Ser195 成为很强的亲核基团,易于提供电子;经过酰化反应,底物的肽键断裂,胺成分与 His57 咪唑基相连,羧基部分脂化到 Ser195 的羟基上,然后经过脱酰反应,酶和底物分开,完成水解反应。虽然 3 个氨基酸残基的空间定位相似,但蛋白质的折叠完全不同,成为会聚性进化的典型案例。SE 和 SF(Repressor Lex A)宗族的催化机制显然不同于 SA,SB 和 SC,因为它们没有经典的 Ser - His - Asp 三联体。丝氨酸蛋白酶另一个有趣的特性是邻近活性中心 Ser195 的甘氨酸残基保守,形成结构域 Gly - Xaa - Ser - Yaa - Gly。

丝氨酸蛋白酶的不可逆抑制剂有:3,4 - dichloroisocoumarin(3,4 - DCI)、Phenylmethylsulfonyl Fluoride(PMSF)、Diisopropyl Fluorophosphate(DFP)、L - 3 - carboxytrans 2,3 - epoxypropyl - leucylamido (4 - guanidine) butane (E. 64)和 Tosyl - L - lysine chloromethyl ketone (TLCK)。通过这些抑制剂可识别丝氨酸蛋白酶。一些丝氨酸蛋白酶会被巯基试剂抑制,如 P - chloromercuribenzoate (PCMB),这是由于半肽氨酸残基靠近活性中心,化学修饰引入的基团可能阻碍了底物与活性中心结合或改变了活性中心附近电荷性质,从而影响酶的催化活性。一般丝氨酸蛋白酶在中性和碱性 pH 中都有活性,最佳 pH 7 ~ 11;底物专一性广泛,有脂酶和酰胺酶活性;等电点一般为 pH 4 ~ 6;分子质量一般为18 ~ 35 kDa,但 Blakesleatrispora 的丝氨酸蛋白酶分子质量高达 126 kDa。

丝氨酸碱性蛋白酶代表了丝氨酸蛋白酶家族的最大类群。它在高碱性 pH 环境中仍能保持活性;被 DFP 或马铃薯蛋白酶抑制剂抑制,不被 Tosyl - L - phenylalanine chloromethyl ketone (TPCK)或 TLCK 抑制;底物专一性相似,都水解由苯基丙氨酸、酪氨酸或亮氨酸羧基形成的肽键;最佳 pH 10 左右,等电点 pH 9 左右,分子质量为 15 ~ 30 kDa;存在于几种细菌(如 *Bacillus* spp.,*Arthrobacter*,*Streptomyces*,*Flavobacterium* spp.)、酵母(*S. cerevisiae*)和丝状真菌(*Conidiobolus* spp.,*Aspergillus*,*Neurospora* spp.)中,其中以 *Bacillus* spp. 产生的 Subtilisins(枯草杆菌蛋白酶)最为人们熟悉。

来源于 *Bacillus* 的 Subtilisins 包括了 2 种不同类型的碱性蛋白酶:subtilisin Carlsberg 和 Subtilisin Novo(也称细菌蛋白酶 Nagase 或 BPN)。1974 年,Carlsberg 实验室的 Linderstrom 等人在地衣芽孢杆菌(*B. licheniformis*)中发现了 Subtilisin Carlsberg; Subtilisin Novo (或 BPN)由解淀粉芽孢杆菌(*B. amylol iquefaciens*)产生。两种 Subtilisins 的分子质量都是 27.5 kDa,彼此间有 58 个氨基酸不同;性质相似,最适反应温度为 60 ℃,最适 pH 10; Ser221,His64 和 Asp32 构成活性中心三联体;都具有广泛的底物专一性,但 Carlsberg 更宽一些,其稳定性不依赖于 Ca^{2+}。Subtilisin 活性中心的构象与胰蛋白酶和胰凝乳蛋白酶相似,尽管它们在整个分子的排列上不同。

(2)天冬氨酸蛋白酶

天冬氨酸蛋白酶一般被称作酸性蛋白酶,都是肽链内切酶;其催化活性依赖于天冬氨酸残基,活性中心是由 2 个空间上相隔很近的天冬氨酸残基形成的二联结构,水解肽链时 2 个质子同时发生转移,1 个从水分子转移到二联结构中的一个天冬氨酸的羧基基团上,另一个从二联结构中的羧基氧转移到底物,导致肽键断裂。胃蛋白酶家族成员的结构为二裂片状,活性位点隙口位于裂片之间,活性位点的天冬氨酸残基位于结构域 Asp - Xaa - Gly 中,Xaa 代表丝氨酸或苏氨酸;被胃酶抑素抑制,在 Cu^{2+} 存在的情况下,也对重氮酮类化合物敏感,如 Diazoacetyl - DL - norleucine methylester (DAN)和1,2 - epoxy - 3 - (p - nitrophenoxy) propane (EPNP)等。微生物酸性蛋白酶和胃蛋白酶都专一性水解两侧是芳香或长链氨基酸残基的肽键。微生物酸性蛋白酶可被分为2类:类胃蛋白酶,分布于 *Aspergillus*, *Penicillium*, *Rhi - zopus* 和 *Neurospora* 中;类凝乳酶,由 *Endothia* 和 *Mucor* spp. 产生。大多数天冬氨酸蛋白酶在 pH 3 ~4 活力最强;等电点在 pH 3 ~4.5 范围内;分子质量为 30 ~45 kDa。

(3)半胱氨酸/巯基蛋白酶

半胱氨酸蛋白酶一般只在还原剂(如 HCN 和 Cys 等)存在的情况下有活性;其活性依赖于由半胱氨酸和组氨酸构成的催化二联体,在家族之间,半胱氨酸和组氨酸残基的顺序(Cys - His 或 His - Cys)是不同的。与丝氨酸蛋白酶类似,半胱氨酸蛋白酶也是通过形成一个共价中间物来水解蛋白质,活性中心 Cys25 和 His129(木瓜蛋白酶中的编号)的作用分别相当于丝氨酸蛋白酶的 Ser195 和 His57,只是亲核基团是硫醇离子,而不是羟基。根据底物专一性,半胱氨酸蛋白酶分成4类:类木瓜蛋白酶;类胰凝乳蛋白酶,优先切割精氨酸残基;专一切割谷氨酸的;其他。半胱氨酸蛋白酶最适 pH 一般为中性,但也有例外,如溶菌蛋白酶在酸性 pH 活力最强;对巯基试剂如 PCMB 敏感,但不受 DFP 或金属螯合剂影响。厌氧菌(*Clostridium histolyticum*)产生的 Clostripain 等电点pH 4.3,分子质量为 50 kDa,底物专一性严格,只切割羟基侧为精氨酸残基的肽键,需要 Ca^{2+}。*Streptococcus* spp. 产生的半胱氨酸蛋白酶 Streptopain 等电点 pH 8.4,分子质量为 32 kDa,作用底物广泛,包括氧化态胰岛素 B 链和其他合成底物。

(4)金属蛋白酶

Myxobacter I 蛋白酶对一侧是小氨基酸残基的肽键具有专一性,而 Myxobacter II 蛋白酶专一水解赖氨酸残基位于氨基一侧的肽键。二价金属离子对金属蛋白酶的活性是必需的,其活性中心含有一个锌离子,有时将锌离子换成钴离子或镍离子并不影响活性,所有金属蛋白酶都能被金属螯合剂如 EDTA 抑制,但对巯基试剂和 DFP 不敏感。

B. stearothermophilus 产生的耐热蛋白酶(Thermolysin)是 MA 宗族最具代表性的成员。它由一条肽链构成,不含二巯键,分子质量为 34 kDa;其活性必需的 Zn 原子嵌入蛋白折叠形成的2个圆裂片之间的裂缝中;结构域 HEXXH - E 中的2个 His 残基是 Zn 的配体,Glu 有催化功能;Zn 和水分子之间的羧基键非常脆弱,在受到攻击断开后形成一非共价四面体中间物,随后经过谷氨酸的质子传递,使底物断裂。该酶耐热性强,80 ℃保温 1 h 仍保持 50% 的活力,其热稳定性依赖于4个 Ca 原子。

另一种重要的金属蛋白酶——胶原酶最早是在厌氧菌 *Clostridium* 的培养液中发现的,是其有毒产物的成分之一;后来在厌氧菌 *Achromobacter iophagus* 和其他微生物包括真菌中也有发现。胶原酶的底物专一性非常强,它只作用于胶原和白明胶,不水解其他任何蛋白底物。*Pseudomonas aeruginosa* 产生的弹性蛋白酶也是中性金属蛋白酶家族中的一个重要成员,*Pseudomonas aeruginosa* 和 *Serratia* spp. 产生的碱性金属蛋白酶在 pH 7 ~9

有活性,分子质量为 48 ~60 kDa。Myxobacter I 最适 pH 9.0,分子质量为 14 kDa,能溶解 *Arthrobacter crystellopoites*的细胞壁,而 *Myxobacter II* 不能。

1.1.3 耐热性机制

耐热蛋白酶具有高温热稳定性、耐有机溶剂、耐变性剂、较长的半衰期特点。其独特的热稳定性与氨基酸组成、空间结构以及亚基与亚基之间的作用方式等密不可分。

1. 结构特点

决定蛋白酶耐热的主要机制是蛋白质的热稳定性。耐热蛋白酶在氨基酸顺序排列成一级结构的基础上,通过疏水作用、氢键、盐键和静电作用等次级键再折叠成对活力发挥关键作用的二、三级结构。蛋白质空间构象上的微妙差异和外界微环境的影响,使得耐热酶表现出比常温酶更强的热稳定性,更有利于其在高温条件下发挥催化功能。通过耐热蛋白酶与同源嗜温酶(或嗜冷酶)结构的比较,概括起来,其结构特性主要表现在以下几个方面。

(1)氨基酸组成

耐热蛋白酶与常温酶相同,均是由 20 种氨基酸组成,但高温下耐热酶中这些氨基酸会出现共价修饰作用,主要有 Asp、Gln、Ser、Cys 等氨基酸的脱氨、β - 氧化、水解、二硫键相互转化等,因此这些不稳定氨基酸在耐热蛋白酶中含量较低。Pro 由于其结构熵比其他氨基酸小且更易折叠,一旦折叠则需要更多的能量才能解开,所以 Pro 在耐热酶中含量高于常温酶。Arg 及 Tyr 的含量也较高。在螺旋的排布中,有 C^{β} 支链的氨基酸(如 Val、Ile、Thr)结构上会有更多的限制。因此,它们在耐热蛋白酶中出现频率很低。

(2)二级结构特点

耐热性的蛋白酶分子内含有较多的 α - 螺旋和 β - 转角。孙超等对盐酸肌变性前后 CD 光谱变化的研究发现,嗜热蛋白酶变性后,α - 螺旋和 β - 转角消失,代之 β - 折叠。这说明 α - 螺旋和 β - 转角对于酶的热稳定起重要作用。由于 β - 折叠在氨基酸排列上比 α - 螺旋和 β - 转角较为松散,易导致热稳定性下降。

(3)分子内二硫键

二硫键可以通过减少蛋白质去折叠状态的熵值来稳定蛋白质。熵效应(Entropic effect)的增加值与两个相连半胱氨酸之间间隔的氨基酸残基数的对数值成正比。由于半胱氨酸和二硫键对高温的敏感,过去人们认为 100 ℃是含有二硫键蛋白质所能耐受的最高温度。而最近对最适反应温度在 100 ℃以上的含二硫键的蛋白质研究表明,二硫键可能是这些蛋白质能在 100 ℃以上稳定的因素之一。这些研究同时还表明二硫键所处的构象环境(Conformational Environment)和溶剂的可接近程度(Solvent Accessibility)可能是保护二硫键免遭破坏的决定性因素。Takagi 等利用定点突变向 Subtilisin E 中引入一个二硫键,突变酶的 T_m 值提高了 4.5 ℃,而且催化能力没有发生改变。一个来自超嗜热细菌 *Aquifex Pyrophilus*的嗜热蛋白酶含有 8 个二硫键,用 DTT 对其进行处理后,该酶在 85 ℃的半衰期由 90 h 变为少于 2 h,这一现象表明二硫键的存在对嗜热酶热稳定性具有重要作用。

(4)疏水性分子内核

疏水作用被认为是蛋白质折叠的主要驱动力量。疏水性氨基酸残基一般处于蛋白质的内核,它们比其他类型的氨基酸残基更加保守,对蛋白质结构的完整性起着决定性作用。疏水性氨基酸残基之间相互作用,形成一个疏水性分子内核,对整个酶分子的稳定至关重要。Brand 等在研究嗜热蛋白酶稳定机制时发现,当分子内 Tyr 和 Trp 的空间距离很近时,能产生 Tyr 向 Trp 的能量转移。两者的相互作用使分子变得更加紧密,从而导致热稳定性提高。

2. 分子稳定性影响因素

(1)芳香环相互作用

当两个苯环中心距离小于 0.7 nm 时就会产生芳香环之间的相互作用(Aromatic Pairs)。Teplyakov 等发现 Thermitase 中有 16 个芳香族氨基酸参与了芳香环之间的相互作用。而其同源嗜温酶 Subtilisin BPN,仅有 6 处芳香环之间相互作用。另外,在 RNase H 中也有类似现象:来自嗜热细菌(*Thermus thermophilus*)的 *RNase H* 有两处芳香环相互作用,而来自 *Escherichia coli* 的同源酶中却不存在这样的相互作用。这些现象都说明芳香环相互作用可能是提高酶的热稳定性的因素之一。

(2)金属离子作用

Ca^{2+} 与许多蛋白酶的酶活力和热稳定性都有密切关系。Ca^{2+} 与酶分子内的某些氨基酸残基形成螯合物,从而提高酶的热稳定性。几乎一半以上的碱性蛋白酶在 Ca^{2+} 存在下能在 65 ℃的条件下维持 15 min。耐热中性蛋白酶的耐热性更加依赖于 Ca^{2+}。多数耐热的淀粉水解酶活性也依赖于不同浓度 Ca^{2+} 而存在。如 *Bacillus licheniformis* 的 α-淀粉酶所需的最低 Ca^{2+} 的质量分数为 20×10^{-6},推测 Ca^{2+} 与 Asn、Gln 的羧基形成配位键,对稳定酶分子的三维结构有重要作用,且 Ca^{2+} 还可以抵消酶分子表面负电荷带来的不稳定性的影响。此外,Zn^{2+}、K^+ 和 Mg^{2+} 也有稳定某些酶的作用。

(3)蛋白酶亚基寡聚化

Coolbear 等曾报道亚基之间的相互作用能提高嗜热蛋白酶的热稳定性。金城等从嗜热脂肪芽孢杆菌 HY-69 中得到嗜热蛋白酶是一个六聚体,亚基之间相互作用能显著提高酶的热稳定性。

亚基之间的相互作用对热稳定的重要作用也体现在其他嗜热酶中,Mrabetg 根据更加稳定的嗜热细菌 *B. stearothermophilus* GAPDH(3-磷酸甘油醛脱氢酶)的氨基酸序列改造 *B. subtilis* GAPDH,将其 281 位的 Gly 突变为 Arg。这一突变在亚基之间形成了有稳定作用的离子对,酶的半衰期由 50 ℃的 19 min 提高为 75 ℃的 198 min。相对于 *E. coli* 的 3-异丙基苹果酸脱氢酶(3-isopropylmalate Dehydrogenase),*Thermus thermophilus* 的 3-异丙基苹果酸脱氢酶具有更强的亚基间疏水相互作用。点突变实验表明,亚基间疏水相互作用使后者的二聚体结合得更紧密而不易分离。很多超嗜热酶比它们的同源嗜温酶更倾向于发生寡聚化。Thoma 等对超嗜热细菌 *Thermotoga maritima* 的 Phosphoribosylanthranilate Isomerase(磷酸核糖邻氨基苯甲酸异构酶)点突变,突变酶单体与野生型酶具有相同的酶活力,唯一的区别就是原来与其他单体发生作用的界面结构发生改变,结果该酶的热稳定性大大降低,85 ℃的半衰期从 310 min 降至 3~5 min。

(4)离子键

Perutz 早期的研究已表明静电作用在蛋白质稳定中起着重要的作用。Imanaka 等在嗜热蛋白酶与同源嗜温蛋白酶的比较研究中发现,嗜热蛋白酶含有较多的离子键,通过离子之间相互作用能使酶更稳定。离子间相互作用对热稳定性的提高并不仅仅存在于蛋白酶中,对来自超嗜热古生菌 *Rococcus furiosus* 的 GDH(谷氨酸脱氢酶)的研究也证实了离子键对热稳定性的重要作用。来自 *P. furiosus* 的 GDH 与来自嗜温菌(*Clostridium symbiosum*)二者的同源酶有 34% 的相似性,两者主要的区别就是离子键的含量。在 *P. furiosus*的 GDH 中更多的带电氨基酸残基参与了离子键的形成,特别是 Arg (90% 的 Arg 形成离子键)。*P. furiosus* 的 GDH 平均每个氨基酸残基含有 0.11 个离子键,而 *C. symbiosum* 的 GDH 只含有 0.06 个离子键,嗜温酶的平均水平是每残基含有 0.04 个离子键。Arg 残基在形成离子键的同时还可以和羧基形成氢键,这样离子键就形成了网络覆盖在蛋白质的表面和各亚基之间,增加了酶的热稳定性。Rahman 等对来自 3 种超嗜热古生菌 *P. furiosus*, *P. kodakaraensis* 和 *Thermococcuslitoralis* 的 GDH 进行了点突变研究。这 3 个酶的氨基酸序列一致性为 83% ~87%,它们的热稳定性的次序为 *P. furiosus* GDH > *P. kodakaraensis* GDH > *T litoralis* GDH。在它们六聚体的接触面之间都有一个相同的由 18 个离子键组成的网络。将 *P. kodakaraensis* GDH 的 G1ul58 突变为 Gln,除去这一离子键网络中心的两个离子键,就会大大降低 *P. kodakaraensis* GDH 的热稳定性。*P. furiosus* GDH 含有一个由 6 个带电氨基酸残基形成的离子键网络,通过点突变在 *P. kodakaraensis* GDH 和 *T litoralis* GDH 中建成同样的离子键网络后,两个酶的热稳定性都得到了提高。

(5)脯氨酸(Pro)和去折叠熵值

Mathews 等提出通过减少去折叠的熵值可以提高蛋白质的热稳定性。在去折叠状态下,缺少 p 碳原子的甘氨酸(Gly)具有最高的构象熵值,而 Pro 由于只能采用少数几种构象而具有最低的构象熵值。因此只要不引入对蛋白质结构不利的张力,将 Gly 突变为其他氨基酸,或者将其他氨基酸突变为 Pro,都能减少去折叠状态的熵值,从而提高蛋白质的热稳定性。这一理论已经被用来获得热稳定性更高的酶,例如:来自 *B. stearothermophilus* 的中性蛋白酶会由于自我降解而失活,自我降解的靶位点是一段特殊的柔软表面环结构(Surface Loop)(63 ~69 位残基)。当65 位的丝氨酸(Ser)和69 位的丙氨酸(Ala)分别突变为 Pro 后,蛋白酶的热稳定性得以提高。这一规律似乎对其他酶的热稳定性同样重要,来自超嗜热细菌(*Thermotoga neapolita*)的木糖异构酶在一个参与亚基间相互作用的环结构(Loop)上含有两个 Pro。而在来自嗜热细菌(*Ermoanaerobacterium Thermosulfurigenes*)的热稳定性较低的同源酶中不含有这样的 Pro。将 *Thermosulfurigenes* 木糖异构酶该环结构上 58 位谷氨酰氨突变为 Pro 后,可以降低去折叠的熵值而提高酶的热稳定性。而将 62 位的 Ala 突变为 Pro 后,却由于 Pro 的吡咯环和 61 位赖氨酸(Lys)的侧链相互冲突,反而使热稳定性下降。这一研究不仅表明 Pro 对热稳定性有重要作用,同时也说明氨基酸残基所处的位置也是影响热稳定性的因素之一。

(6)氢键

当氢供体和受体之间距离小于 0.3 nm,供体—氢—受体之间角度小于 90°时就会形成氢键。在许多耐高温的蛋白质中发现氢键数量有增加的趋势。Tanner 等的研究表明,GAPDH 的热稳定性与带电氨基酸侧链和中性氨基酸主链或侧链之间的带电中性氢键(Charged - neutral H - bond)的数量密切相关。*Thermotoga maritima* 的铁氧还蛋白(Ferredoxin)中也存在氢键数量增加的趋势,这些氢键可以稳定转角结构(Turns)或者将转角结构相互连接起来。

(7)固定多肽链 N - 末端、C - 末端和其他松散结构

在很多酶中,N - 末端、C - 末端和环结构(Loops)常常在热变性过程中最先去折叠,被认为是对热稳定性影响最显著的结构区域。现在人们观察到环结构促进热稳定性提高的两个趋势:环结构缩短或者固定到蛋白质的其他区域。环结构中产生二级结构或者二级结构的延伸区可造成环结构缩短,N - 末端、C - 末端和环结构都可以通过离子键、氢键、疏水作用或者参与亚基间的相互作用而被固定起来。例如,Mansfeld 等通过定点突变向一个来自 *B. stearothermophilus* 的 Thermolysin - like 蛋白酶的 N - 末端区域(这一区域被许多研究证明是该酶热变性过程中最先去折叠的区域)引入一个二硫键,使该酶在 92.3 ℃的半衰期从小于0.3 min 延长到35 min 左右。另外,在超嗜热古生菌(*Methanopyrus kandleri*)的 MKFT(甲酰甲烷呋喃:四氢甲烷蝶呤甲酰转移酶)中,一个亚基上一段松散的插入序列与另一个亚基的一个区域在多个位点发生作用,将这两个结构彼此固定起来。另外,一些环结构通过多种作用(主要是氢键)被固定在同一亚基或者另一个亚基上的邻近区域,同时,N - 末端和 C - 末端也被连接到一起然后被固定起来。

1.1.4　工业中的应用

1. 食品加工

嗜热蛋白酶常被用于食品的烘焙、酿造。一种来自嗜热菌的蛋白酶可以用于牛奶加工过程中除去引起苦味的蛋白质。

2. 洗涤剂工业

衣服、被褥等生活用品的污迹主要是汗渍、食品残迹、血迹等。这些物质中含有相当数量的蛋白质,利用蛋白酶降解蛋白质,可使洗涤效果提高。来源于地衣芽孢杆菌(如 *B. licheniformis*)的蛋白酶(如 Subtilisin Carlsberg)已被广泛用于洗涤工业,年产量高达 500 t。但是酶的热稳定性差是应用过程中常遇到的问题,在这种情况下,利用具有良好热稳定性的嗜热蛋白酶无疑是解决这一问题的有效手段。

3. 制革工业

在制革工业中,有两道工序应用蛋白酶,即皮革的脱毛和鞣化工序。传统方法是用石灰和硫化物处理皮革来完成脱毛过程,而且在这一处理过程中会产生有毒的硫化氢。利用蛋白酶处理皮革,可以减少有毒废物产生。鞣化工序传统上采用来自动物的胰酶,但是动物胰酶价格昂贵。后来采用来源于微生物的蛋白酶,例如来源于 *Aspergillus flavas* 的蛋白酶。而嗜热蛋白酶由于稳定性好,与一般酶相比可以克服制革过程中遇到的较高温度带来的酶易失活问题。

4. 分子生物学和生化研究的工具酶

在分子生物学实验操作过程中(如纯化 DNA 或 RNA),需要除去蛋白质,蛋白酶的使用有利于去掉杂蛋白,但是许多蛋白质特别是嗜热微生物的蛋白质在常温下难以被降解,只有利用嗜热蛋白酶在高温条件下才能将其分解。来自 *Thermus* sp. Rt41A 的嗜热蛋

白酶 PRETAQ 被应用在 DNA 和 RNA 的纯化过程中，还被用来在某些 PCR 反应之前降解细胞的结构蛋白质。来自 *Pyrococcus Furiosus* 的蛋白酶的底物特异性十分广泛，它被用来在蛋白质测序之前将蛋白质分解为小片段。还有一些嗜热蛋白酶用于对蛋白质的 N－端或 C－端的测序过程中。

5. 合成氨肽类物质

耐热蛋白酶在具有高温稳定性的同时，常常对有机溶剂也有抗性，因此被用于在有机相中合成肽键。固定化的嗜热蛋白酶已被用于制造天苯甜精，天苯甜精是一种低热量、高甜度的食品添加剂，特别适于糖尿病患者食用。嗜热蛋白酶还被用来生产其他种类的二肽。

6. 废物处理

一些嗜热蛋白酶对有机溶剂、酸、碱有较强抗性，可被用于废物处理。Dalew 利用蛋白酶处理家禽屠宰场废弃的羽毛生产含蛋白质的饲料添加剂。嗜热蛋白酶还被用来处理污水净化过程中产生的活性污泥。肉类加工业常常会产生许多含有胶原质的污水，由于胶原质含有大量的脯氨酸而难以降解，一种来自嗜热菌的蛋白酶可以用来处理这种污水。

1.2　高温环境中的活性酯酶

脂肪酶(Lipase,EC3.1.1.3)，也称为甘油酯水解酶，分解生物产生的各种天然的油和脂肪，它们是一类特殊的酯键水解酶，主要水解由甘油和 12 个碳原子以上的不溶性长链脂肪酸形成的甘油三酯，属于 α/β 折叠酶家族，是一类丝氨酸水解酶。作为一类特殊的酯键水解酶，它们的底物是甘油三酯，水解位点是甘油和 12 个碳原子以上的不溶性长链脂肪酸所形成的酯键，因而能够分解生物产生的各类天然油和脂肪。脂肪酶是一种界面酶，它们的水解反应只能是发生在油－水界面上，即水溶性的酶在水不溶的底物和水的界面上催化反应。这也是脂肪酶与同属丝氨酸水解酶家族能水解酯键的酯酶的主要区别之一。

1.2.1　高温环境中的活性脂肪酶分布

脂肪酶在动物、植物各种组织及许多微生物中都存在。它的研究已有上百年的历史。动物和植物脂肪酶于 19 世纪被首次报道，微生物脂肪酶则在 20 世纪初才被微生物学家 Eijjkmann 发现。几乎所有微生物都有合成脂肪酶的能力，只是合成能力大小不同。微生物脂肪酶虽然研究起步晚，但是因为种类多、周期短、催化作用条件宽泛、底物专一类型多、便于生产和相对易获得纯品而发展迅速。脂肪酶的传统应用涉及洗涤剂、食品、油脂、皮革、香料、医药等工业。由于耐热脂肪酶在食品、轻化工和医药等领域的广泛应用，它已成为国内外脂肪酶研究的一个重要方向。无色杆菌、产碱杆菌、嗜热链球菌、荧光假单胞菌、金黄色葡萄球菌、莓实假单胞菌、华根霉、圆弧青霉以及醋酸钙不动杆菌等产生的脂肪酶均见报道。丹麦 Novo－Nordisk 和荷兰 Gist－Brocades 等公司都已成功研制出洗涤用碱性脂肪酶及其复合酶。解脂假丝酵母和扩展青霉碱性脂肪酶已在我国投入生产并在皮革皮毛工业中得到了应用。

随着人们在基因克隆、异源表达、定向进化、蛋白空间结构研究、固定化等一系列科学技术方面的不断开拓，再结合工业生产和使用优化条件的摸索，脂肪酶的研究和应用必将再度成为生物及化工工业的热点。

脂肪酶是 α/β 水解酶超级家族的成员。α/β 水解酶家族是一个包含着众多结构相关，但催化功能种类多样的酶的大家族（Ollis 等，1992；Holmquist，2000），例如丝氨酸蛋白酶和脂肪酶，前者降解蛋白质而后者则是催化脂肪的分解，但是它们在结构上却有一个共同点，即活性中心都包含着 Ser，Ser 与周围特定氨基酸（一般为 His 和 Asp）组成催化三联体，并在周围电荷的影响下成为一个电荷转移系统中的强亲核基团，从而供出电子，催化不同底物水解反应的进行（Ollis 等，1992）。

通常情况下，脂肪酶经过 75 ℃、2 s 的热处理就可以被钝化。而牛乳中的某些嗜冷性微生物分泌的脂肪酶具有显著的耐热性，尤其是具有在超高温（UHT）灭菌乳中存活的特性，因此被称为耐热性脂肪酶。这类耐热性脂肪酶主要来源于嗜冷菌。嗜冷菌被定义为在7 ℃或者 7 ℃以下能够繁殖的一类细菌，是一类能引起乳品腐败的微生物。嗜冷菌生活在低温条件下，最适生长温度为 15 ℃，在 0 ~ 5 ℃也可以生长繁殖。研究报道，在低温条件下，牛奶中较为多见的细菌有假单胞菌属、产碱杆菌属、无色杆菌属、黄杆菌属、克雷伯氏菌属。乳中的嗜冷菌主要以革兰氏阴性杆菌（GNRS）为主，其中假单胞菌（Pseu domonas）约占 50%，而荧光假单胞菌又是主要的优势菌株。原料乳和乳制品中常见的嗜冷菌见表 1.1。

表 1.1　原料乳和乳制品中常见的嗜冷菌

革兰氏阴性菌 G^-	革兰氏阳性菌 G^+
假单胞菌属（*Pseudomonas*）	芽孢杆菌（*Bacillus*）
不动杆菌（*Acinetobacter*）	蜡状芽孢杆菌（*Bacillus cereus*）
产碱杆菌属（*Alcaligenes*）	环状芽孢杆菌（*Bacillus circulans*）
无色杆菌属（*Achromobacter*）	多粘芽孢杆菌（*Bacillus polymyxa*）
肠杆菌科（*Enterobacteriaceae*）	微球菌（*Micrococcus*）
黄杆菌属（*Flavobacterium*）	嗜冷性酵母（*Psychrotrophic yeasts*）

注：微球菌的某些菌体也可以是 G^-。

1.2.2　理化性质

1. 耐热性脂肪酶的分子特性

对牛奶中自身含有的脂肪酶和细菌来源的脂肪酶进行比较分析后，人们发现不同来源的细菌脂肪酶的三级结构是一个共同的折叠模式，即 α/β 水解酶折叠，这种折叠有一个亲核的氨基酸顺序残基（丝氨酸 Ser、半胱氨酸 Cys 或者天门冬氨酸 Asp），一个酸性催化残基（天门冬氨酸盐 Asp 或谷氨酸盐 Glu）和一个组氨酸残基（His residue）。亲核丝基酸存在于活性中心的五肽顺序（Gly - X - Ser - X - Gly）中。大多数细菌脂肪酶属于胞外脂肪酶，产生于细菌生长的对数生长期后期和稳定生长期的前期。一般来说，细菌脂肪酶的分子质量为 30 ~ 50 kDa，最适 pH 7 ~ 9，它们能够水解不同长度的脂肪酸。大多数这种酶在甘油三酯的 sn - 1、sn - 3 位置有特异性，有些水解甘油二酯和甘油单酯比水解甘油三酯要快。对假单胞菌的晶体结构研究表明，酶的活性中心以共价键的形式与三酰甘油连接，在 sn－1、sn－2、sn－3 位置处酯化脂肪酸链。如图 1.1 所示，非特异性脂肪酶水解甘油三酯成甘油和游离脂肪酸，特异性脂肪酶水解甘油三酯成甘油二酯或者甘油单酯和游离脂肪酸。与牛奶中本身的脂蛋白脂肪酶不同的是，细菌脂肪酶可以水解整个脂肪球，但是它的作用机理到目前为止并未得到彻底阐明。另外，不同假单胞菌产生的脂肪酶的特性也不相同，见表 1.2。

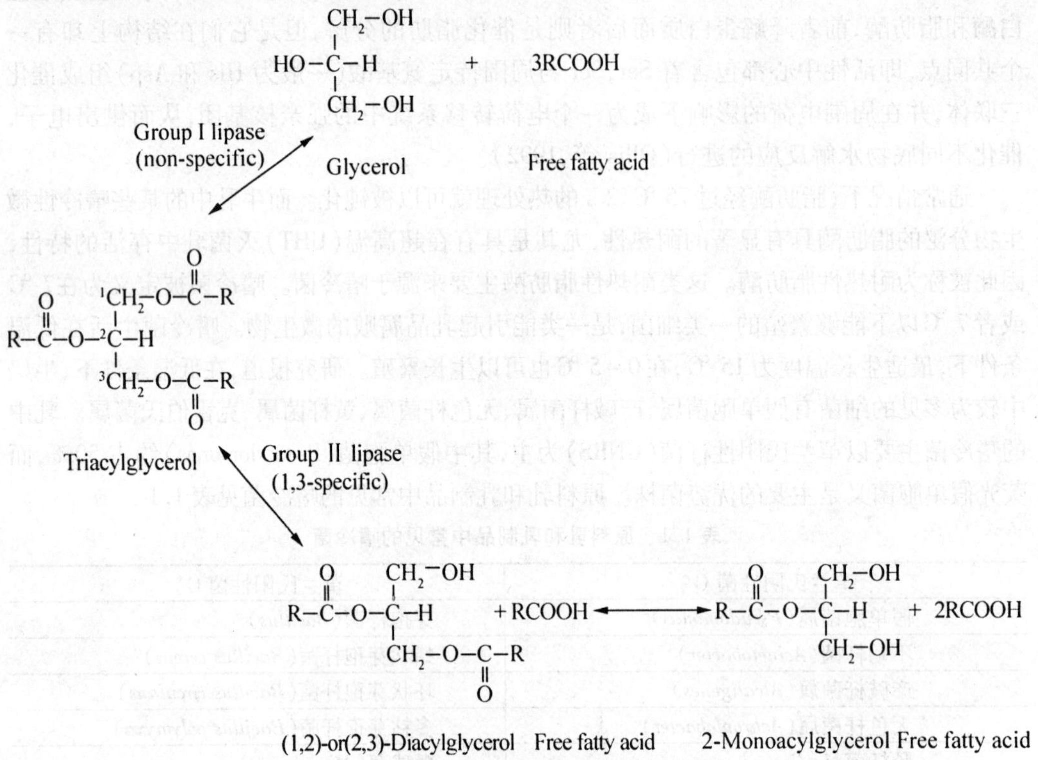

Group I lipase (non-specific)

Glycerol　+　3RCOOH (Free fatty acid)

Triacylglycerol

Group II lipase (1,3-specific)

(1,2)-or(2,3)-Diacylglycerol　+RCOOH (Free fatty acid)　⟷　2-Monoacylglycerol　+ 2RCOOH (Free fatty acid)

图 1.1　细菌脂肪酶基于位置特异性的分类

表 1.2　不同假单胞菌脂肪酶特性

酶的来源	菌的来源	稳定性	最适底物或特性
荧光假单胞菌 33（*Pseudomonas fluorescens* 33）	巴氏杀菌乳	7.6 min*，50～60 ℃	—
假单胞菌 Pf－lip1（*Pseudomonas* Pf－lip1）	原料乳	56 min，62.5 ℃	硝基苯酚豆蔻酸酯；牛乳脂肪；对 sn－1、sn－3 有特异性
荧光假单胞菌 AFT36（*Pseudomonas fluorescens* AFT36）	原料乳	0.2 min，65 ℃	35 ℃下以三丁酸甘油酯为底物的 K_m = 3.65 mmol/L
荧光假单胞菌 2D（*Pseudomonas fluorescens* 2D）	原料乳	4.2 min，120 ℃	对 sn－1、sn－3 有特异性；甘油三葵酸酯；40 ℃下以硝基苯酚辛酸酯为底物的 K_m = 1.1 mmol/L

注：* 指在一定温度下，最适 pH 条件和特定的缓冲体系中，酶失活 50% 所需要的时间。

2. 耐热性脂肪酶活性影响因素(控制措施)

荧光假单胞菌脂肪酶在一些有机溶剂中不稳定,如丙酮、乙腈、嘧啶、丙醇、丁醇、戊醇、己醇。它能被重金属离子、EDTA、邻二氮杂菲抑制,能部分地被丝氨酸蛋白酶抑制剂、PMSF、钙抑制。二价离子能显著降低假单胞菌脂肪酶的活性。添加混合乳化剂(单甘酯、蔗糖酯)、超高压技术等都可以对牛乳中脂肪酶进行钝化。对乳中嗜冷菌数的检测方法进行研究表明,脂肪酶活增长与菌数的生长趋势大致相同。证明将乳冷藏保存对于嗜冷菌引起的乳腐败变质是有一定抑制作用的。

假单胞菌属分泌的脂肪酶的最适生长温度和 pH 见表 1.3(Donald Stead,1986)。

表 1.3　假单胞菌属分泌的脂肪酶的最适生长温度和 pH

菌株	最佳生长条件	
	pH	温度/℃
脆假单胞菌	7.0~7.2	40
脆假单胞菌 NRRL B-25	8.6~8.7	35
脆假单胞菌 NCDO752	8.0~8.5	—
脆假单胞菌 no.3	7.5~8.9	54
铜绿假单胞菌	8.5~9.5	50
恶臭假单胞菌	7.0	70
荧光假单胞菌 22F	8.75	37,50
荧光假单胞菌 AR11	6.5	37
脆假单胞菌 ER25	7.5	30
荧光假单胞菌	8.0	30
荧光假单胞菌 533-3b	7.0	45
荧光假单胞菌 MC50	8.0~9.0	30~40
荧光假单胞菌 AFT29	7.0	22
荧光假单胞菌 AFT36	8.0	35

1.2.3　耐热性机制

1. 脂肪酶催化反应机制

脂肪酶催化的反应是:三酸甘油酯 + 水 →二酸甘油酯 + 脂肪酸。

这个反应可以继续进行,产生单酸甘油酯,并进一步分解成甘油。脂肪酶的另一个重要特征是它们只能在异相系统即在油(或脂)-水的界面上起作用,对均匀分散的或水溶性底物不起作用,即使有作用也极缓慢。也就是说,当脂肪酶的底物是水溶性,并且浓度低于临界浓度时,脂肪酶起不到催化作用,但当底物浓度超过这个临界浓度时,脂肪酶表现出高活性,称其为界面激活。对于这个现象的分子解释被认为是酶本身的蛋白质重排过程。一种自由溶解的脂肪酶在油-水界面不存在的情况下,表现为非活性状态,当酶接触双相的油-水界面时,一个短的 α-螺旋的盖子被折叠起来,这样酶的活性位就暴露出来,酶就处于活性状态,因而,脂肪酶催化的水解反应应该在双相介质中完成。要使反应形成一个油水界面,可以通过单纯地提高底物的浓度来形成第二个有机相,也可以将底物溶解在水不溶性的有机溶剂里,例如己烷、二乙醚或是芳香族的液体化合物。影响底物和产物在水相和有机相之间物流的因素，如搅拌或转动速度对脂肪酶的反应速度有显著影响。由于上述原因，很明显，添加水不溶性有机溶剂是一种提高脂肪酶活性的有用技术。这也是脂肪酶区别于酯酶的一个特征。

2. 脂肪酶耐热性机制

迄今为止，已经有很多报道表明，假单胞菌产生的脂肪酶具有耐热性。Adams 研究表明，假单胞菌 MC50 产生的脂肪酶极其耐热，在 100 ℃的 D 值是 60 s，而且 pH 对其活性影响很大。Chena 研究表明，脂肪酶的活性在热处理之后能够存活且影响乳的品质。Owusu 研究嗜冷的荧光假单胞菌（*Pseudomonas fluorescens*）P38 产生的脂肪酶的热稳定性和失活参数，证明了在 40 ~ 80 ℃有低温失活现象（Low - temperature Inactivation）。同时他还指出，此酶的热失活作用遵循一级动力学反应，并且确定了酶的热失活参数（活化能、焓、熵、吉布斯自由能）。Makhzoum 证明了脂肪酶在超高温处理中是耐热的，但是在低温热处理下是敏感的（60 ~ 70 ℃）。张树利也对脂肪酶做了热稳定性研究，证明脂肪酶在 50 ~ 60 ℃有失活现象。Christen 发现组氨酸能使荧光假单胞菌 27 产生的脂肪酶热稳定性降低。目前，国内对 UHT 乳中耐热性脂肪酶的热失活动力学研究尚无系统的研究报道。

1.2.4　制备技术

Christen 证明 pH 对脂肪酶活性影响很大。Law 研究表明，假单胞菌产生的多数脂肪酶的最适 pH 为 8 ~ 9 之间，许多脂肪酶在常乳中有相当大的活性。张树利研究表明，pH 在 10.0 时脂肪酶活性较高。任静对原料乳中嗜冷菌产脂肪酶条件的优化研究中证明，初始最佳产酶 pH 为 7，最佳生长温度为 30 ℃左右，产酶高峰出现在接入产酶培养基后 24 h 左右。

1.3　高温环境中的活性糖酶

1.3.1　高温环境中的环糊精葡萄糖基转移酶

环糊精葡萄糖基转移酶（Cyclodextrin Glycosyltransferase，CGT），即环糊精生成酶，可将淀粉和一些葡聚糖转化成非还原的麦芽低聚糖 - 环糊精。环糊精常用于缓释和包裹材料，在食品、医药等领域有重要作用。高温时仍保留有活力的环糊精生成酶可用于高温条件下环糊精的生产。

1. 分布

高温环糊精葡萄糖基转移酶多来源于微生物，特别是一些热稳定性好的杆菌。孟艳芬等（2009）报道了从淀粉厂周围土壤中筛选到热稳定性良好的 β - 环糊精葡萄糖基转移酶高产菌类芽孢杆菌（*Paenibacillus* sp.）XW - 6 - 66。Moriwaki 等（2009）则报道了从黄豆种植土壤中分离筛选出一株最适温度为 65 ℃的嗜碱球形杆菌的研究。Yim 等

(1997)提供了筛选出产高温环糊精葡萄糖基转移酶的嗜碱杆菌的报道。柯涛等(2008)也报道了从土壤中分离筛选出一株产生环糊精葡萄糖基转移酶的短小芽孢杆菌(*Bacillus pumilus*)的研究。另外,厌氧耐碱细菌也可作为环糊精葡萄糖基转移酶的来源(Thiemann等,2004)。

2. 理化性质

关于环糊精糖基转移酶的理化性质,曹新志和金征宇(2004)测定一株产生环糊精糖基转移酶的嗜碱芽孢杆菌的活性发现,该酶以马铃薯淀粉为底物时,K_m 为 1.24 mg/mL 和 v_{max} 为 114.9 μg/min。酶促反应的最适温度为 60 ℃,最适 pH 值为 5.0,在 pH 6.0～10.0 范围内基本稳定,在 70 ℃以下基本保持稳定。Ag^+、Cu^{2+}、Mg^{2+}、Al^{3+}、Co^{2+}、Zn^{2+}、Fe^{3+} 明显地抑制酶活力,Sn^{2+}、Mn^{2+} 对酶活力有轻微的抑制作用,其他金属离子对酶活力没有影响。Martins 和 Hatti－Kaul(2002)研究嗜碱菌 *B. agaradhaerens* LS－3C 所产的糊精糖基转移酶发现:该酶分子质量为 110 kDa 的单体酶;等电点为 6.9;25 ℃时,在 pH 5.0～11.4 范围内稳定,最适 pH 为 9.0;该酶的最适温度为 55 ℃;底物和 $CaCl_2$ 共存的条件下热稳定性增加;$CaCl_2$ 使酶激活,$CuCl_2$、$FeCl_2$、$HgCl_2$、$Fe(ClO_4)_3$ 和溴代琥珀酰亚胺是其抑制剂。

闵伟红等(2009)从芽孢杆菌中分离环糊精葡萄糖基转移酶,其最适温度为 50 ℃,在 40～60 ℃基本稳定;最适 pH 为 8.0,在 pH 6.0～10.0 范围内基本稳定;Fe^{3+}、Cu^{2+}、Mg^{2+} 对该酶活力有明显的抑制作用。

Thiemann 等(2004)将分泌胞外环糊精葡萄糖基转移酶的耐热嗜碱厌氧菌(*Anaerobranca gottschalkii*)基因克隆,并在大肠杆菌中成功表达。经 SDS－PAGE 测试,纯化后的重组酶分子质量为 78 kDa,是一个含有 721 个氨基酸和 34 个氨基酸信号序列的蛋白质,酶活为 210 U/mg。该酶在 55～70 ℃和 pH 5～10 范围内保留有活力。可转化直链淀粉、支链淀粉和天然淀粉为环糊精,优先生成 α－环糊精。$CaCl_2$ 和高浓度底物有利于增大该酶的耐热性。

一般而言,重金属离子往往是环糊精生成酶抑制剂;Ca^{2+} 对酶有保护作用,利于酶活力的发挥。

3. 耐热性机制

对于环糊精葡萄糖基转移酶耐热性机制的研究已有所报道。使用不同蛋白质修饰剂对环糊精葡萄糖基转移酶进行修饰。在一定条件下,分别用丁二酮(DIC)、苯甲酰磺酰氟(PMSF)、二硫苏糖醇(DTT)和氯氨－T(Ch－T)处理后,酶活力不受影响。研究认为,精氨酸残基、羟基、二硫键和蛋氨酸残基与酶的活力无关。而用焦碳酸二乙酯(DEPC)N－溴代琥珀酰亚胺(NBS)和碳化二亚胺(EDC)修饰后,酶活力大幅度下降。说明组氨酸、色氨酸和羧基氨基酸为酶活力所必需。

使用同源建模方法构建环糊精葡萄糖基转移酶及其突变体的三维结构,研究氨基酸的突变对环糊精葡萄糖基转移酶耐热性的影响,用 CHARMM(Chemistry at HARvard Macromolecular Mechanics)能量计算环糊精葡萄糖基转移酶及其突变体的能量与酶蛋白热稳定性之间的关系,结果表明氨基酸残基的突变型比野生型含带电残基更多。相应地,在蛋白天然结构中突变型环糊精葡萄糖基转移酶中,盐桥数量增加了10%。这些电荷之间、非极性残基之间的非共价键作用力的增强,提高了突变体的刚性,降低了突变体蛋白质分子的总能量,从而增加了突变体蛋白质的耐热性。

4. 制备技术

自然界分离筛选到的产酶菌是环糊精葡萄糖基转移酶的良好来源,但环糊精葡萄糖基转移酶的表达量不高,而且研究对象主要集中在芽孢杆菌属(许波等,2007),常利用基因工程技术手段制备工程菌(表1.4)。

表1.4 采用层析手段的环糊精葡萄糖基转移酶分离纯化汇总表

来源	所用层析填料	产率/%	纯化倍数	分子质量/kDa	活性	技术规模	时间	作者/公司
Anaerobranca gottschalkii	Sephadex G-25;磺酰基化琼脂凝胶;Superdex 75	13.5	16	78	210 U/mg(比酶活)	实验室	2004	Thiemann等
Thermotoga maritima	Q-Sepharose HR 16/10;Mono Q	12	132	53	609 U(总酶活)	实验室	1992	Liebl等
Paenibacillus sp.	DEAE-cellulose 52; Sephadex G-200	14.4	10	33	9.03×10^4 U(总酶活)	实验室	2009	闵伟红等

例如,Thiemann等(2004)将产环状糊精葡萄糖基转移酶的耐热嗜碱厌氧菌基因克隆,并在大肠杆菌中成功表达,得到环状糊精葡萄糖基转移酶纯化后产率为13.5%。底物类型和浓度影响产物的类型,增加底物浓度和以α-1,6糖苷键结合的葡聚糖时,底物类型变为β-环糊精 > α-环糊精 > γ-环糊精。较大的环糊精(大于8个葡萄糖单位)在反应初始阶段生成。

Liebl等(1992)也有类似的报道,将极度耐热菌海栖热袍菌(Thermotoga maritima)经大肠杆菌克隆表达,得到了最大活力温度范围在55~80 ℃的环糊精生成酶。此外,酶的固定化也可以提升酶的耐热性和pH适应范围。Teresa Martìn等(2003)将极端嗜热菌嗜热厌氧油藏微生物(*Thermoanaerobacter* sp.)产生的环糊精葡萄糖基转移酶共价地连接到Eupergit C上,结果发现固定化酶的最适温度范围不变,但是最适pH范围却比以前要宽,底物选择性明显倾向于低聚糖。Tardioli等(2006)还发现固定化后,固定化酶更适合催化糊精和可溶性淀粉等底物。

在粗酶纯化方面,闵伟红等(2009)将发酵液经离心处理后,采用硫酸铵溶液分步盐析、DEAE-cellulose 52离子交换层析、Sephadex G-200凝胶过滤层析方法得到电泳纯的环糊精葡萄糖基转移酶。粗酶纯化的方法很多,在试验和生产中可根据实际需要进行方法的选取,以达到理想的效果。

高温环糊精葡萄糖基转移酶经纯化分离操作后,酶活力能够提高,但是产率不高。前期处理多采用盐析的方法去除较多的杂质,不能忽视的是工业化方法操作试验还尚不多见。

5. 工业中的应用

在食品加工方面，Jemli 等(2007)报道了高温 β－环糊精葡萄糖基转移酶可用在烘焙面包过程中，面粉中添加合适的环糊精葡萄糖基转移酶可以显著增加面包体积和降低面包储藏过程中的硬度变化。工业工艺改进方面，李皎等(2010)报道了将超滤、纳滤技术应用于 β－环状糊精生产中，得到无溶剂法生产 β－环状糊精的新工艺。

在医药领域，彭小霞等(1998)报道了 β－环糊精衍生物在部分中药制剂中的应用，研究认为环糊精的使用可能会有更好的结果产生，为在中药制剂的应用方面提供新的方向。

1.3.2　高温淀粉酶

淀粉酶(Amylase)是指一类能够催化淀粉水解成为葡萄糖、麦芽糖和其他低聚糖的酶的总称，在酿酒、制糖、造纸和织物退浆等方面发挥重要作用。

1. 分布

高温环境中具活性的淀粉酶分布较广泛，但主要来自于深海热液口、温泉、酿酒酿醋的高温曲以及盐场的微生物中。王淑军等(2009)对一株来自深海热液口的极端嗜热的厌氧球菌进行了分类鉴定及高温酶活性的研究。刘永生等(2003)报道了从温泉中分离到的可在 60 ℃快速生长的淀粉酶产生菌地衣芽孢杆菌。此外，从啤酒厂、面粉厂、酿醋厂等地点采集的酒渣、麸皮和酱渣中也能分离淀粉酶产生菌。宋素琴等(2010)利用可溶性淀粉培养基和 K－幻染色筛选出所产淀粉酶最适温度为 90 ℃的枯草芽孢杆菌。朱何东等(2006)从酒厂高温曲中筛选到一株产高温 α－淀粉酶的野生链霉菌菌株。

从长期高温堆放的富含淀粉质的土壤里也可筛选出高产 α－淀粉酶的菌株。袁明雪等(2008)采用平板筛选法就筛选获得了强耐热性且无 Ca^{2+} 依赖性的菌株。周蓓芸和郑幼霞(1991)报道了利用高温放线菌 V4 菌株(*Thermoactinomyces* sp.)产生的热稳定性良好的 β－淀粉酶。周亚飞等(2011)从新疆地区分离具有降解棉秸秆纤维素功能的菌株时得到了 4 株耐高温真菌。这些菌株亦有产淀粉酶的能力，且酶活力高达6.17 U/mL。

盐场也可以作为高度耐热淀粉酶产生菌的来源。Pancha 等(2010)就在试验性盐场分离得到一种来自芽孢杆菌属的高度耐热淀粉酶菌株，其粗酶能耐受 60 ℃、30min 处理。韩丰敏等(2008)也提供了从盐场筛选得到极端嗜盐菌菌株的报道。

2. 理化性质

微生物是高温淀粉酶的良好来源，不同来源的淀粉酶其理化性质存在差异性。

Asgher 等(2007)利用枯草芽孢杆菌(*Bacillus subtilis* JS－2004)生产 α－淀粉酶。粗酶液在 pH 8.0 和 70 ℃时有最大活力，经过 24 h 作用时间后，酶活损失 65%。在 80 ℃和 90 ℃条件下，酶活损失分别为 12% 和 48%。Ca^{2+} 激活该酶，但是 Co^{2+}、Cu^{2+} 和 Hg^{2+} 有强烈的抑制作用，Mg^{2+}、Zn^{2+}、Ni^{2+}、Fe^{2+} 和 Mn^{2+} 对酶活力影响较小。

董永存等(2008)从嗜热菌库中分离到两株能水解生淀粉的菌株。经过液体摇瓶发酵产生的生淀粉酶活力分别达 14.5 U/mL 和 12.9 U/mL。对熟化淀粉的最适水解作用温度均为 70 ℃；对生淀粉则分别在 50～60 ℃和 40～60 ℃表现出高水解活力。对不同底物的最适作用 pH 均为 5.0 ~ 5.5。这两种淀粉酶对大多数金属离子不敏感，个别离子如 Co^{2+}、Cu^{2+} 对酶活有一定抑制作用。

Hyun 和 Zeikus(1985)发现南极菌热硫梭菌(*Clostridium thermosulfurogenes*)所产生的胞外 β - 淀粉酶在 80 ℃稳定，在 75 ℃有最大活力。最适 pH 为 5.5 ~ 6.0，在 pH 3.5 ~ 6.5 范围内稳定。以淀粉为底物时，v_{max} 为 60 U/mg。对氯汞苯甲酸、铜离子和汞离子会抑制酶活。α - 和 β - 环糊精不是竞争性抑制剂。在空气和 10% 的酒精中 β - 淀粉酶活稳定。

对于基因重组产生的淀粉酶，其最适作用温度更高。如王淑军等(2011)通过简并引物扩增热球菌(*Thermococcus siculi*) HJ21 高温 α - 淀粉酶保守区域之间的序列，再利用 Site finding 技术获得两端未知序列，构建在 N - 端添加 His6 标签的表达载体 pEt - 28a - His6 - THJA 后转化大肠杆菌，在 IPTG 诱导下表达，进一步纯化得到电泳纯淀粉酶。该重组酶分子质量为 50 kDa，最适温度为 90 ℃，最适 pH 5.0。K^+、Sr^{2+}、Mg^{2+} 和 Na^+ 对 α - 淀粉酶活力的促进作用不显著，Cu^{2+}、Pb^{2+}、Hg^{2+}、Zn^{2+}、N^- 溴代丁酰亚胺和三氯乙酸对该酶有显著抑制作用。

α - 淀粉酶在高温条件下半衰期短，易失活。王爱平等(2009)研究了热稳定剂醋酸钙、乳酸钠对 α - 淀粉酶的热稳定性及失活动力学的影响，测定了半衰期($t_{1/2}$)、失活速率常数(k)、活化能(E_a)等参数。结果表明，在 α - 淀粉酶中加入 0.01 mol/L 醋酸钙后，80 ℃酶的半衰期($t_{1/2}$)从小于 1.8 min 提高到 89.9 min，加入 0.02 mol/L 乳酸钠后提高到 167.1 min，大大提高了 α - 淀粉酶的热稳定性。此外，将热硫梭菌的 β - 淀粉酶基因和来自极端嗜热菌(*Thermus thermophilus*)的海藻多糖合成酶的基因整合，并由大肠杆菌进行异源表达。整合后表达产生的酶热稳定性要优于两种酶的混合液(Wanc 等，2007)。

3. 耐热性机制

Mikami 等(1999)运用 X 射线衍射成像技术研究了耐热性增强的大麦 β - 淀粉酶的三维结构(见图 1.2)。结构测定以大豆 β - 淀粉酶为模型使用分子替代的方法，最终结构模型包含 500 个氨基酸残基，141 个水分子和 3 个葡萄糖残基，这些残基位于活性中心的取代位点 1 ~ 2 和 4。认为 4 种氨基酸残基(Ser295Ala，Ile297Val，Ser351Pro 和 Ala376Ser)与耐热性的形成有关。

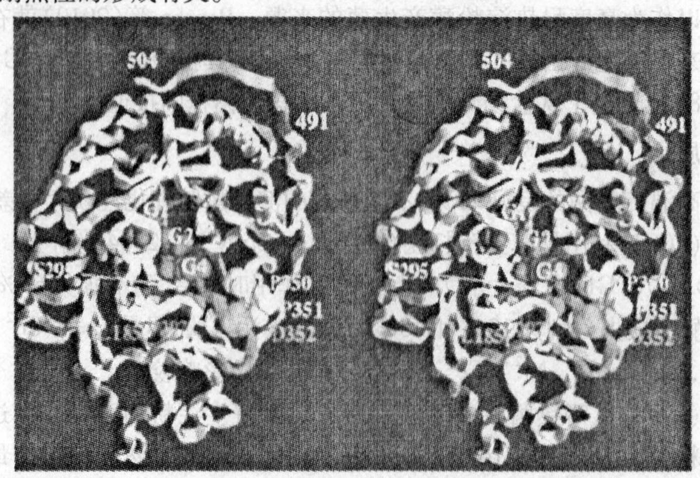

图 1.2　具有更好热稳定性的大麦 β - 淀粉酶的七倍突变体的晶体结构(Mikami 等，1999)

齐军仓和张国平(2005)认为β-淀粉酶的热稳定性受其结构基因位点和附近的复等位基因的共同控制,并受一些基因的修饰。不同热稳定性β-淀粉酶类型的形成是相关蛋白质顺序上少数氨基酸变化的结果。已经鉴定到控制大麦籽粒淀粉酶的3个基因Sdl、Sd2和Sd3,它们分别控制着3种热稳定性类型。通过构建β-淀粉酶热稳定性突变基因,并采用转基因技术导入该基因,可以显著提高大麦的淀粉酶热稳定性。

4. 制备技术

从自然环境中产淀粉酶菌株中制备高温淀粉酶是一个重要方法,但由于产率不高等问题,进而通过诱变育种、基因重组等技术获得高产、高活菌株也是制备高温淀粉酶的重要途径。

刘雪珠等(2010)采用鉴定培养基初步筛选产淀粉酶的放线菌菌株,通过热、超声波及紫外线等多种物理诱变选育高产淀粉酶菌株。得到菌株产淀粉酶能力经选育后从初始酶活力111.5 U/mL增至282.7 U/mL。该诱变菌株的产酶能力具有良好的遗传稳定性。卢涛等(2002)也提供了利用高温α-淀粉酶凝结芽孢杆菌,通过诱变的方法得到较出发菌株酶活提高的突变株的报道。还有研究发现发酵培养过程中,表面活性剂的添加能促进胞外酶的分泌(Reddy等,1999)。

基因重组技术也是制备产高温淀粉酶菌种的好办法。刘逸寒等(2007)利用表达载体pET-30a,实现了去信号肽的耐酸性高温α-淀粉酶突变基因amyd及未突变的高温α-淀粉酶基因amy在大肠杆菌BL21(DE3)中的高效表达。纯化后,重组酶AMY及AMYD的比活分别达到312.7 U/mg蛋白和354.6 U/mg蛋白,纯化倍数分别为75.90和83.83。重组酶AMYD的最适温度80 ℃,最适反应pH为4.5。在温度低于90 ℃,pH 4.0~6.5时,酶活力较稳定。

杜冰冰等(2006)对地衣芽孢杆菌(*Bacillus licheniformis*)高温α-淀粉酶(amy E)基因进行改造获得的基因突变体(amy EM),通过PCR扩增,将此基因分别克隆至大肠杆菌表达载体pBv220并转化到大肠杆菌DH5a感受态细胞,获得重组大肠杆菌。重组大肠杆菌所产α-淀粉酶分子质量约为55 kDa,其最适反应温度为80~90 ℃;在pH 5.0~5.5时表现出较高的酶活力。此高温α-淀粉酶突变体在微酸性环境具有较高酶活的性质,具有重要的潜在工业应用价值。

在提高酶活方面,佟小雪等(2009)以地衣芽孢杆菌高温α-淀粉酶基因(amy L)为报告基因,构建含不同启动子的枯草杆菌表达载体,并对重组菌的酶活力进行分析。结果显示PQ启动子能使amy L基因在枯草杆菌中更高效地表达。另外,黄春敏等(2010)还发现染色体目的基因的拷贝数增加也可使重组菌生产水平提高。

粗酶经纯化后能更好地发挥活性。粗酶液经饱和硫酸铵沉淀、无水乙醇沉淀、含分离胶的SDS-PACE电泳和蛋白质复性进行纯化(王晓燕等,2011),可以得到较纯的淀粉酶。张学忠等(1995)提供了以淀粉珠为亲和层析载体,发酵液直接上柱,一步达电泳纯化的报道。此外,生淀粉吸附-熟淀粉洗脱系统和TOYOPEARL HW. 55F的应用也可使纯化倍数和回收率提高(董永存等,2008)。

由表1.5可知,高温α-淀粉酶经纯化处理的得率较高,但纯化倍数差异较大。工业化放大试验相对较少,目前的研究也大多集中在实验室阶段。这是以后研究中需要关注的地方。

表 1.5　采用层析手段的高温 α－淀粉酶分离纯化汇总

来源	所用层析填料	产率/%	纯化倍数	分子量/kDa	活性/U	技术规模	时间	作者/公司
含有地衣芽孢杆菌耐酸性高温 α－淀粉酶突变基因的 *E. coli* 工程菌	DEAE－Sepharose Fast Flow; Sephadex G－75	51	83.83	63.5	5 570	实验室	2007	刘逸寒等
Bacillus sp－JF	淀粉珠	88	15	300、140、100（多组分酶）	2.06×10^6	实验室	1995	张学忠等

5. 工业中的应用

（1）在食品工业中的应用

天然蜂蜜在低温条件下可长期保持其酶值基本不变，高温条件下随着储存时间延长，其酶活就会明显下降。通过蜂蜜样品中的 α－淀粉酶与耐高温 α－淀粉酶酶学性质的比较，为鉴别真蜂蜜与掺假蜂蜜提供依据（徐颖和汪辉，2008）。此外，高温淀粉酶还可用于从香蕉、大米、玉米、马铃薯和麦糠中分离淀粉、麦芽糊精、制备低 DE 值的脂肪替代物和米糠营养素（孙祖莉等，2005；朱乐敏等，2005；沈文胜和吴小燕，2006；苗欣等，2009；唐彦君等，2009；薛茂云，2010；孙沛然和易翠平，2011）。高温淀粉酶在抗性淀粉的制备中起重要作用。许立宪（2011）提供了酸法和高温 α－淀粉酶与糖化酶联用的方法水解玉米淀粉制备微孔淀粉的报道。吴仲等（2010）则报道了高温酶法制备泽泻抗性淀粉的工艺。

（2）在工业生产酒精中的应用

在工业生产酒精时，应用耐高温 α－淀粉酶可使蒸煮用汽量减少 30% 左右，糖化酶减少 20～30 U/g；发酵质量和出酒率也有所提高（马福强，2001）。在工业废水的处理方面，王春铭等（2007）发现将高温 α－淀粉酶菌添加到污泥中，可使其有机质降解率、脱氢酶增加率和比耗氧量（SOUR）增加率增加。雷恒毅等（2007）研究高温 α－淀粉酶的地衣芽孢杆菌 ZD－8菌株（*Bacillus licheniformis* ZD－8）的污泥有机质降解实验发现，培养 22 h 的菌株对污泥有机质降解能力最强，有机质降解率、脱氢酶增加率和 SOUR 增加率显著增加。

（3）在织物脱浆中的应用

在织物脱浆处理过程中，中温淀粉酶常在高于 80 ℃时，活力迅速下降。而高温淀粉酶在 80 ℃以上活力较高，而在 50 ℃以下活力低。可以将中高温淀粉酶混合，混合酶的活力大于简单的叠加，可在 30～100 ℃范围内保持较高的活力。可以在宽温度范围内有效去除织物上的淀粉浆料且稳定性好，实现了宽温退浆（姚继明和贾佳，2009）。选用高温淀粉酶和其他精炼酶混合使用，在环境污染少的同时，还能大大降低纤维的强力损失，获得很好的织物手感和染色性能（李大鹏等，2007）。此外，高温 α－淀粉酶制备的环保型淀粉液在造纸工业中作为施胶剂也有广泛的用途（李绍绥等，2009）。

1.3.3　高温环境中的活性乳糖酶

β-半乳糖苷酶又称乳糖酶(Lactase),能够水解β-半乳糖苷酶键,广泛存在于各种动物、植物及微生物中。可在牛奶加工中用于乳糖水解以缓解乳糖不耐症。高温环境中的乳糖酶即在高温环境条件中仍具有催化活性的乳糖酶,拥有常温和低温乳糖酶所不具备的优势。以下就该类酶的分布、理化性质和制备技术等展开阐述。

1. 分布

高温β-半乳糖苷酶多来自于曲霉、温泉细菌以及某些嗜热细菌。杜海英等(2007)确定了产高温乳糖酶黑曲霉菌株 DL116 的最佳发酵培养条件,并研究了突变菌株产乳糖酶的发酵培养基成分及培养条件对发酵的影响。Ohtsu 等(1998)纯化并分析了来自日本 Atagawa 温泉的栖热菌 A4(*Thermus* sp. A4)产生的耐热β-半乳糖苷酶及其性质,发现其在70 ℃处理 20 h 仍能保持全部活力。蒋燕灵等(2001)利用含有 X-gal 平板培养基,于 60 ℃划线培养,筛选出耐热乳糖酶产生菌。此外,高兆建等(2010)还报道了从嗜热脂肪芽孢杆菌(*Bacillus stearothermophilus*) XG24 发酵液中纯化到耐高温β-半乳糖苷酶。

2. 理化性质

蒋燕灵等(2005)从栖热菌 A3(*Thermos* sp. A3)中分离得到的耐热乳糖酶,其分子质量为 51.1~65.6 kDa;用等电聚焦电泳法测得其等电点为 7.2。高兆建等(2010)对从嗜热脂肪芽孢杆菌(*Bacillus stearothermophilus*) XG24 发酵液中纯化到β-半乳糖苷酶,进行酶学性质研究发现:该酶最适 pH 6.5,最适温度 65 ℃,表观分子质量 64 kDa;该酶在 70 ℃以下和 pH 4.0~8.0 范围内具有较好的稳定性;Mg^{2+}、Mn^{2+}、Fe^{2+}和 Co^{2+}对此酶有明显激活作用,而 Cu^{2+}、Ag^{+}、Hg^{2+}几乎完全抑制酶活性。

通过基因工程制备工程菌产生的高温β-半乳糖苷酶酶学性质存在差异,尤其是对高温的耐受程度有明显差异。陈卫等(2002)对重组大肠杆菌产生的高温β-半乳糖苷酶酶学性质的研究表明:该酶最适反应温度为 55 ℃,在 50 ℃时有良好的热稳定性;最适 pH 为 7.0;K^{+}、Mg^{2+}、Mn^{2+}等对酶有一定的激活作用;重金属离子 Pb^{2+}、Sn^{2+}、Zn^{2+}、Cu^{2+}等对酶有抑制作用。而 Park 等(2008)发现来自极端嗜热古菌硫黄矿硫化叶菌(*Sulfolobus solfataricus*)的重组β-半乳糖苷酶酶活力在 pH 6.0 和 85 ℃时最大。段文娟等(2008)以超高温古生菌强烈炽热球菌(*Pyrococcus furiosus*)的基因组 DNA 为模板,通过 PCR 克隆获得乳糖酶基因 celB。将 celB 基因插入到表达载体 pET-30a(+)上构建原核重组表达质粒 pET-celB,转化到大肠杆菌 BL21 并获得高效表达,获得的乳糖酶蛋白 CFLB 的分子质量约为 58 kDa;酶促反应最适温度为 105 ℃,在 95~110 ℃之间热稳定性较好;pH 5.0 时水解活力最高,在 pH 5.0~10. 0 之间稳定性较好;且该酶对金属离子依赖性不强。魏萍等(2008)从泰山土壤宏基因组文库中发现可能的β-半乳糖苷酶基因 pwtsA,将其克隆到表达载体中制备工程菌。工程菌在 IPTG 诱导下高效表达可溶性分子质量为 57 kDa 的β-半乳糖苷酶。该酶能够水解邻硝基苯基-β-D-半乳糖苷产生 o-硝基酚,酶活力为 13.6 U/mg。最适 pH 为 6.5。最适反应温度在 85~95 ℃之间,对 90 ℃左右高温有很好的耐受性。

综上所述,通过基因工程手段制备β-半乳糖苷酶在温度耐受性和活力方面,要优于从环境筛选微生物得到的β-半乳糖苷酶。酶构象等分子学研究有利于酶制剂的广泛应用。但是,目前对于β-半乳糖苷酶高温耐受能力的分子学解释还不清楚。

3. 制备技术

对于β-半乳糖苷酶制剂的生产制备,虽然可从自然环境中筛选微生物,但是产量和对高温的耐受性方面不是很理想。转基因手段将产酶基因转移到目的菌体内,所产酶的温度耐受性和活力都有很大提高。

张灏等(2003)将来源于嗜热脂肪芽孢杆菌(*Bacillus stearothermophilus*)的耐热β-半乳糖苷酶基因bgaB克隆到大肠杆菌-枯草芽孢杆菌穿梭质粒Pma5中,然后将外源基因及其表达调控序列亚克隆到枯草芽孢杆菌整合载体pSAS144中。转化枯草芽孢杆菌受体菌BD170,在5 μg/mL的氯霉素抗性平板上筛选抗性转化子。经摇瓶发酵后,得到耐热乳糖酶的比酶活为0.32 U/mg,是出发菌株比酶活的2倍。陈卫(2002)从嗜热脂肪芽孢杆菌(IAM 11001)中克隆出编码热稳定的半乳糖苷酶蛋白基因bgaB,构建具T7强启动子的pET-20-(b)-bgaB质粒,并在大肠杆菌BL21(DE3)中进行表达。经诱导后,重组菌周质中的乳糖酶酶活力达到0.12 U/mL,胞内酶活为1.35 U/mL,比酶活力为6.66 U/mg,比酶源菌产生的酶活力提高50倍。葛佳佳等(2002)将来自嗜热脂肪芽孢杆菌IAM 11001的高温乳糖酶基因bgaB亚克隆到具强启动子的大肠杆菌载体pKK-223-3中,经IPTG诱导后,表达出的重组蛋白质仍具有耐高温活性,其相对分子质量与天然蛋白质相似,表达量为1.5 U/mg,但比出发菌株高10倍。此外,陈卫等(2002)将来源于嗜热脂肪芽孢杆菌的高温β-半乳糖苷酶基因经克隆后转入大肠杆菌T7进行表达,在SOB培养基上分别以IPTG和乳糖为诱导剂,发现不同的诱导手段对β-半乳糖苷酶比酶活力有影响,诱导后酶活达到7.7~11.5 U/mg,比酶源菌提高60~90倍。

除基因工程外,诱变育种也是产高温乳糖酶的高产突变菌株选育的方法。杜海英等(2006)采用紫外线诱变和60Co-γ射线协同诱变的方法,对出发菌株黑曲霉Uco-3的原生质体进行诱变处理,获得一株产高温乳糖酶的高产突变株,突变株产乳糖酶能力显著提高,产酶活力达44.37 U/mL,是出发菌株Uco-3的2.73倍。李宁等(2005)则提供了以产高温乳糖酶的黑曲霉菌株作为出发菌株,经1次紫外线和3次γ射线诱变后,获得1株产高温乳糖酶的黑曲霉突变株UCo-3的报道。该突变株产生的高温乳糖酶活力达16.27 U/mL。李宁等(2006)还报道了采用紫外线诱变和60Co-γ射线诱变协同的方法,对出发菌株黑曲霉D2-26进行诱变处理,结果发现突变株产乳糖酶能力显著提高,酶活力可达16.27 U/mL。

发酵产生的粗酶液并不能充分展现酶的活性,需要进行纯化处理(表1.6)。杨静等(2004)介绍了编码嗜热脂肪芽孢杆菌β-半乳糖苷酶基因的重组枯草芽孢杆菌WB600/pMA5-bgaB经发酵罐发酵后,菌体采用超声波破壁、冷冻离心处理和盐析纯化的方法提取纯化。终产物比活力达80.3 U/mg,回收率73.6%,纯化倍数12.4倍。高兆建等(2010)利用硫酸铵分级盐析、DEAE-Sepharose Fast Flow阴离子交换层析和Sephadex G-75分子筛凝胶过滤层析等方法,从嗜热脂肪芽孢杆菌(*Bacillus stearothermophilus*) XG24的发酵液中纯化β-半乳糖苷酶。结果表明,纯化后的酶纯度提高了54.5倍,回收率20.4%,酶比活力达32.7 U/mg。此外,李红飞等(2006)通过采用过滤、超滤、硫酸铵分级盐析、Sephadex G－25 脱盐、DEAE－纤维素－32 离子强度梯度层析、Sephadex G－100 凝胶过滤、DEAE 纤维素 32 pH 梯度层析相结合的方法,从黑曲霉 D2－26 发酵液中分离纯化乳糖酶。

表 1.6　采用层析手段的高温乳糖酶分离纯化汇总表

来源	所用层析填料	产率/%	纯化倍数	分子量/kDa	活性	技术规模	时间	作者/公司
嗜热脂肪芽孢杆菌(*Bacillus stearothermophilus*)XG24	DEAE－Sepharose Fast Flow; Sephadex G－75	20.4	54.5	64	32.7 U/mg(比酶活)	实验室	2010	高兆建等
黑曲霉(*Asperrigillus niger*)D2－26	Sephadex G－100、G－25、DEAE－纤维素－32	45.13	44.73	—	11 728.46U(总酶活)	实验室	2006	李红飞等

"—"表明文献中没有涉及相关内容。

4. 工业中的应用

耐高温乳糖酶主要应用在食品与发酵工业。乳糖酶能催化乳糖水解生成葡萄糖和半乳糖,对解决乳糖不耐症具有重要作用。以往选用的曲霉菌、酵母等生产的乳糖酶不耐热,50 ℃以上易失活。目前用于牛乳中乳糖分解的商品化乳糖酶主要是来源于乳酸酵母的中性乳糖酶,但这类酶的作用温度低(史应武等,2007)。另外,耐高温微生物菌株使用时可避免杂菌污染(王敏等,2003)。在高温条件下,乳制品的受污染风险以及安全问题会大大减少。随着高温乳糖酶的来源、生产以及生理生化性质研究的不断深入,相信其会在乳制品加工及其他方向有更加广泛的应用。

1.3.4　高温纤维素酶

纤维素酶(Cellulase)是指能够水解纤维素这一类由许多葡萄糖基组成的大分子物质的酶,在饲料、肥料生产和酒精发酵中有着广泛的应用。高温纤维素酶的筛选利用为生产研究解决高温失活问题的同时,也拓宽了纤维素酶的应用领域。

1. 分布

产高温纤维素酶的微生物,存在于温泉、反刍动物粪便以及秸秆发酵的环境中。

邱成书等(2009)提供了以滤纸条为唯一碳源,用羧甲基纤维素钠(CMC－Na)－刚果红培养基从温泉、堆肥等高温环境采集的样品中分离和筛选出 3 株高温纤维素分解菌(*Thermophilic cellose－decomposing microorganism* TCM)的报道。所得的菌株在 90 ℃还具有较强的酶活性。罗颖等(2007)从温泉热源地区采集大量泥土和水样,从中筛选出一株在 60 ℃生长的纤维素酶产生菌－热葡萄糖苷酶地芽孢杆菌(*Geobacillus thermoglucosidasius*)SH2。所产纤维素酶在 45～65 ℃间酶活力差异仅在5%之内,显示了很好的温度耐受性。张进良(2011)采用羧甲基纤维素(CMC)培养基和发酵培养基,从猪粪和麦秸秆自然堆肥中分离出了高温纤维素分解菌。测定羧甲基纤维素酶和滤纸酶,结果表明 HZ2 菌株中两种酶活力都很高。周望平等(2009)报道了牛粪中分离出的高温单胞菌(*Thermom-*

onospora sp.)SQ3 菌株产纤维素酶及和滤纸酶在 35 ~ 70 ℃范围内都有活力。

此外,土壤和工业菌种的高温进化也为高温纤维素酶提供了来源。高润池等(2009)从土壤中筛选到一株热稳定性能好的纤维素酶高产细菌菌株。该菌株经过 72 h 发酵,pH 6.0、70 ℃条件下的发酵液酶活为 24.23 U/mL,酶学特性非常适合纺织行业。夏服宝等(2006)对绿色木霉发酵秸秆生产纤维素酶工艺条件进行了研究,在最佳工艺条件下,产酶的酶活超过 25 300 U/g。

2. 理化性质

在纤维素酶的酶学性质研究方面,庞宗文等(2006)对高温放线菌 GPLl 产生的纤维素酶系进行了酶学性质研究,结果表明该酶系的内切葡聚糖酶、外切葡聚糖酶和 β - 葡萄糖苷酶 3 个酶组分的活性分别为 7.11 U、0.052 U 和 0.47 U,最适作用温度分别为 65 ℃、60 ℃和 70 ℃,最适 pH 分别为 7.0、7.5 和 5.5。内切葡聚糖酶在低于 70 ℃的温度和 pH 大于 6.0 的条件下有较好稳定性,外切葡聚糖酶在温度低于 65 ℃和 pH 大于 7.0 的条件下有较好的稳定性,β - 葡萄糖苷酶在温度低于 65 ℃和 pH 大于 6.0 的条件下有较好的稳定性。Ca^{2+}、Fe^{2+} 和 Ba^{2+} 对内切葡聚糖酶有弱抑制活性,Mg^{2+}、Cu^{2+}、Ag^{+}、Mn^{2+}、Zn^{2+}、Co^{2+} 对内切葡聚糖酶有较强的激活作用。内切葡聚糖酶的 K_m 值为 6.19 mg/mL,V_{max} 为 6.39 mg/mL。这表明即使是同一来源的纤维素酶,它们的酶活力仍存在差异。

贺芸(2006)报道从高温堆肥中分离得到的一株嗜热脂肪芽孢杆菌,所产胞外耐高温纤维素酶的最适温度为 66 ℃,最适 pH 值为 7.0。

陈阿娜等(2009)对根霉所产纤维素酶酶系进行了分析并研究了部分酶学性质。结果显示,根霉 TC1653 纤维素酶系是一个完全酶系,为内切葡聚糖酶。其最适温度为 70 ℃;温度高于 70 ℃时,活性迅速下降。Li 等(2009)从土壤中分离出一株产耐热耐碱纤维素酶的细菌,经形态学、生理学和生化测试为大肠杆菌。经过 72 h、96 h、120 h 培养后,纤维素酶系的 3 大组分羧甲基纤维素酶、滤纸酶和 β - 葡萄糖苷酶的最大活力分别为 0.23 U/mL、0.08 U/mL、0.15 U/mL。羧甲基纤维素酶最大活力在 50 ℃和 pH 6.0 条件下测定。在 50 ~ 70 ℃还能保持超过 60% 的最大活力 20 min,80 ℃时为 10 min。在 90 ℃时处理 10 min 保留 50% 的最大酶活力。

不难发现,耐热纤维素酶的作用温度有很大的提高,金属离子对其活性影响的报道相对较少。无论是从实验室研究还是生产应用考虑,都需要开展这方面的探索研究。

3. 耐热性机制

纤维素酶能够在高温下发挥其作用,与自身结构、氨基酸构成以及与水分子的作用密不可分。目前对高温下其构象的变化还不完全清楚。来自嗜热菌的纤维素酶 Cel9A - 68 适合在高温下有效剪切糖链。Batista 等(2011)认为热抗性的 Cel9A - 68 纤维素酶有两个重要的区域:CBM 和由 Pro/Ser/Thr 连接的催化区域(见图 1.3)。这些区域协同地促进催化的进行。通过计算机模拟,他们研究了底物结合之前温度对酶拓展性的影响,发现高温下酶蛋白选择运动性的提高。这些运动很具有代表性,能够描述酶自身的区域弯曲变化机制。更近一步的分析发现,连接区域 D459 和 G460 是关键区域。他们认定这是一个新的突变点,在酶发挥作用时对酶的构象变化起定位作用。

一些金属离子是生化预处理中的有效溶剂，但某些对真菌纤维素酶有强烈的抑制作用，不能充分发挥纤维素酶的水解作用。对金属离子有耐受的酶可以用于生产鸡尾酒形式的纤维素酶，以降低预处理时的用水和成本。Zhang 等(2011)利用基因手段，鉴别和分析了一种嗜盐第三类有机体(*Halorhabdus utahensis*)产生的嗜盐纤维素酶(*Hu* - CBH1)(见图 1.4)。序列和结构分析发现 *Hu* - CBH1 表面富含电负性的氨基酸可形成一个溶剂鞘膜，通过盐离子和水分子之间的相互作用巩固酶的活性。*Hu* - CBH1 是一个嗜盐碱性嗜热纤维素酶，在 5 mol/L NaCl 的溶液里有活性。对热、碱性条件和金属离子的耐受作用具有盐依赖性，这表明盐分促进该高温酶酶活的巩固。

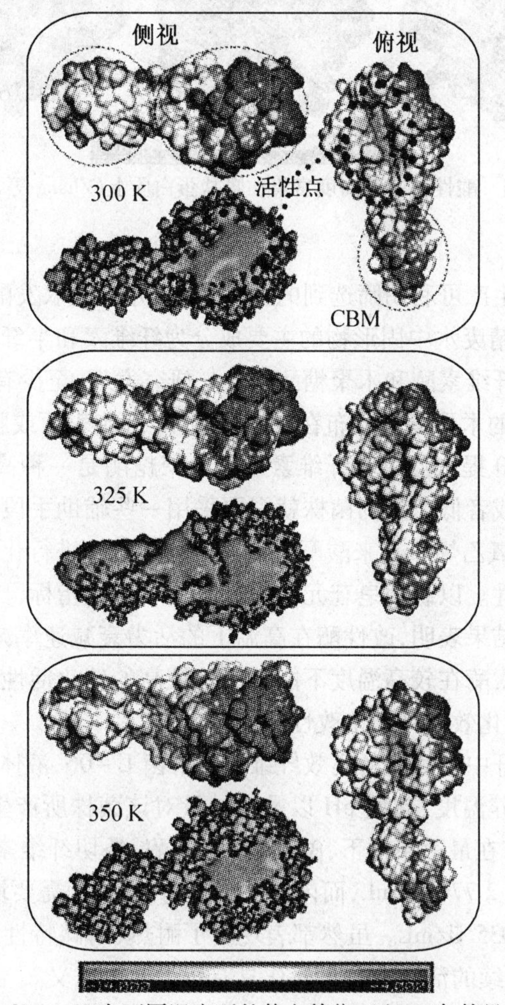

图 1.3　纤维素酶 Cel9A - 68 在不同温度下的静电等位面和正/负等量线(Batista 等,2011)

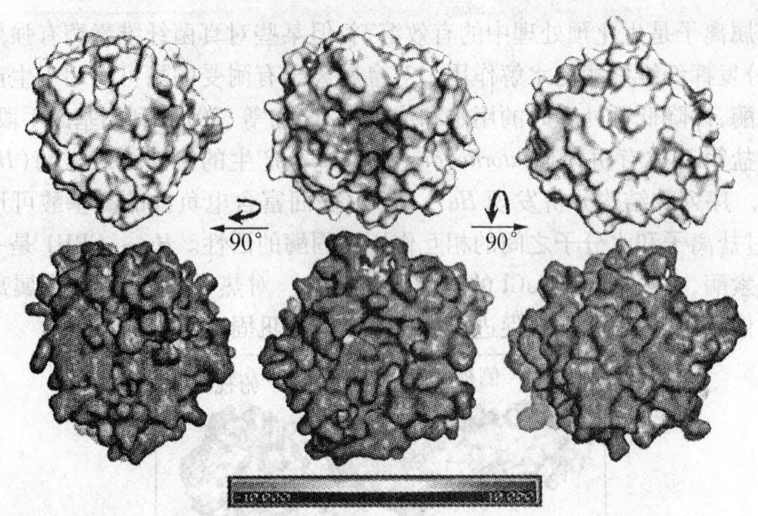

图 1.4　酸性氨基酸高度富集在嗜盐蛋白质上(Zhang 等,2011)

4. 制备技术

高温纤维素酶的生产可利用筛选到的菌种发酵,分离提取发酵液的酶来生产。王柯等(2011)认为木薯酒精废水中固形物的主要成分为纤维素和半纤维素,进而比较了从厌氧污泥中提取羧甲基纤维素酶和木聚糖酶方法。研究发现,至少有占总酶质量 90% 的羧甲基纤维素酶和 70% 的木聚糖酶分布在污泥絮凝体(细胞表面或胞外聚合物)中,使用质量分数 1% TritonX 100 提取羧甲基纤维素酶和木聚糖酶是一种高效且温和的酶提取方法。但是对于活力低或者低产量的菌株就需要采用一些辅助手段,如改性等。张裕卿和李滨县(2007)采用聚氧乙烯－马来酸酐共聚物对纤维素酶进行化学改性,并以相对酶活力考察改性酶的稳定性。以薯蓣皂苷元的提取率和熔点为指标,比较了纤维素酶和改性酶的辅助催化作用。结果表明,改性酶在高温下的活力衰减速率减小。聚氧乙烯－马来酸酐聚合物改性纤维素酶在较高温度下能够保持较高的催化活性,随着反应的进行还能够保持较高酶活,总催化效率高于未改性酶。

从堆肥的水稻秸秆中初筛出的高效纤维素降解菌 L－06,液体发酵时培养基中氮源、碳源、表面活性剂、培养温度、起始 pH 以及接种量对该菌株所产生的纤维素酶活力有影响(刘韫滔等,2008)。在最适条件下,β－葡萄糖苷酶、外切纤维素酶培养 3 d,酶活力分别达到 1 662 U/mL 和 2 770 U/mL,而内切纤维素酶、滤纸酶需要培养 4 d,酶活力分别达到 18 064 U/mL 和 4 035 U/mL。虽然都表现出了耐热、耐碱特性,但是不同酶活力的出现时间不一致,对于后续的活性酶分离操作具有较大启发意义。

此外,可将化学诱变剂应用于高产纤维素酶生产菌的选育和酶活力提升。冯培勇等(2008)以绿色木霉(*Trichoderma viride* F1)为出发菌株,经过亚硝基胍、硫酸二乙酯和氯化锂诱变处理,选育出纤维素酶高产菌株生产菌。经氯化锂诱变后,相对酶活较出发菌株提高了 35.7%。

5. 工业中的应用

高温纤维素酶的应用集中于厨余废料的处理、农业秸秆堆肥和酒精生产。

在厨余废弃物处理方面,由于食物废料包含有大量的纤维素和可溶性糖,可作为酒精发酵生产中底物的替代物,具有很高的回收利用价值(Moon 等,2009)。可利用高温菌耐热嗜热的特性和有机物好氧分解的基本原理,可从厨余垃圾处理系统中分离筛选到在 65 ℃能产生淀粉酶、脂肪酶、蛋白质酶及纤维素酶的高温高效菌种并制成高温菌剂,同时避免了分离到沙门氏菌和志贺氏菌等致病菌的可能。李华芝(2011)通过最佳菌株组合对厨余垃圾进行降解试验并制成高温菌剂。将该菌剂在 100 kg 垃圾处理机上进行降解试验,结果表明:一次性投入 5% 后升温至 65 ℃,24 h 内对厨余垃圾中粗脂肪和粗纤维有明显的降解效果(降解效率为 30.7% 和 11.3%),粗蛋白含量增加 9.5%。

利用农业废弃物静态高温堆肥,是充分利用资源的绿色农业操作。堆肥过程中纤维素酶活性的变化,与有机肥料的温度变化成正相关(梁东丽等,2009)。张楠等(2010)为研制促进烟秆堆肥的微生物菌剂,进行了分解纤维素的高温真菌筛选。结果表明,从不同原料腐熟堆肥中筛选到的 4 株降解纤维素的高温真菌菌株对烟秆的降解效果较好。7 d内的降解比率可达 42.2%,对烟秆中的纤维素、半纤维素和木质素的分解率分别可达 52.7%、47.9% 和 37.6%。梁东丽等(2009)在静态通气条件下,以猪粪为原料,以小麦秸秆作为调节物质,分别用接种复合微生物和常规堆肥两个处理研究了高温堆肥过程中酶活性的变化特征。结果表明,纤维素酶和蔗糖酶在高温期的活性高。接种菌剂堆肥显著地提高了堆料温度,延长了高温腐解期,有效地提高了猪粪堆肥过程中各种酶的活性和峰值。黄翠等(2010)发现添加嗜热纤维素分解菌对堆肥 pH 变化无显著影响,但可提高堆肥高温期温度、延长高温期并显著地降低堆肥产品的 C/N 和有机质含量,显著降低纤维素和半纤维素含量,加快堆肥腐熟。

以上表明,高温条件下纤维素酶对农业废弃物,如秸秆、烟秆等的降解起到了关键作用,有效地促进了有机循环的进行。

此外,Öhgren 等(2007)提供了耐热纤维素水解酶和商业用酶在高温发酵时的应用,通过向发酵液中添加耐热的纤维素酶复合物,在酒精发酵时可获得较高的酒精产量。

1.3.5　高温环境中的活性葡萄糖异构酶

葡萄糖异构酶(Glucose Isomerase),又称木糖异构酶。能将 D－葡萄糖、D－木糖、D－核糖等转化为相应的酮糖,是工业制备果糖浆的工业用酶。高温下的葡萄糖异构酶有其特殊的作用温度和酸碱度环境,值得关注。

1. 分布

通常认为细菌和放线菌是产葡萄糖异构酶的菌株。随着研究的深入,我们发现霉菌和杆菌也是葡萄糖异构酶的产生菌株。

Dhungel 等(2007)报道了从珠穆朗玛峰的土壤中筛选出葡萄糖异构酶产生链霉菌属(*Streptomyces* spp.)的研究。所产酶经受 100 ℃、30 min 处理后,活力损失一半。索东旺等(2009)通过试验确定了链霉菌 TCCC11564 摇瓶发酵产葡萄糖异构酶的最佳发酵条件,该条件下得到的葡萄糖异构酶最适反应温度为 70 ~ 75 ℃,在 pH 为 7.5 ~ 8.5 时具有较好稳定性。

蒲一涛(1997)以树状黄杆菌(*Flavobacterium araborescens*) NRRL11022 为出发菌株,

用紫外线对其进行诱变,经筛选得到一株葡萄糖异构酶的高产菌株。经保存 3 年和多次传代复测,其产酶能力保持稳定。该菌株为一株产胞内葡萄糖异构酶的优良菌株。此外,周世宁等(1998)还报道了嗜热脂肪芽孢杆菌在木糖或木聚糖诱导下产生木糖异构酶,并从破碎细胞中分离到该酶的研究。

2. 理化性质

关于该酶的理化及生理生化性质研究,张波和殷燕(2011)报道了嗜热芽孢杆菌(*Anoxybacillus flavithermus*)所产木糖异构酶分子质量约为 181 kDa,由 4 个相同分子量的亚基组成。酶促反应的最适温度为 80 ℃,最适 pH 为 7.0,且最适 pH 范围宽泛。该酶热稳定性及耐碱性能良好,70 ℃保温 1 h 后酶活仍能保持 80% 左右;pH 5.0 ~ 8.0 保温 1 h 后酶活仍能保持 80% 以上,pH 12.0 保温 1 h 后酶活性仍能保持 40% 左右。Mn^{2+} 和 Co^{2+} 对酶活性有明显促进作用,Zn^{2+}、Cu^{2+} 以及 Al^{3+} 对酶活性有一定程度的抑制。

蒲一涛(1997)也提供了类似的报道,报道称树状黄杆菌 NRRL11022 的诱变株 U - 616 所产葡萄糖异构酶在 60 ~ 80 ℃范围内有较高活性,最适 pH 为 7.5 ~ 8.5。固定化酶保留 83% 游离酶的活力,在 55 ~ 85 ℃范围内有较高活性,最适 pH 为 7.0 ~ 8.0。固定化操作拓宽了作用温度范围。此异构酶及其固定化酶均对金属离子耐受性较强,Co^{2+} 和 Mg^{2+} 有激活作用,但其对 Ca^{2+} 不敏感,热稳定性较好。

Lee 和 Zeikus(1991)将来自嗜热厌氧油藏菌(*Thermoanaerobacter* B6A)和热硫梭菌(*Clostridium thermosulfurogenes* 4B)菌株产生的葡萄糖异构酶纯化后,对其理化和催化性质进行了研究。纯化后的两种酶表现出相似性质:pH 5.5 ~ 12.0 时稳定;在金属离子存在时 85 ℃处理 1 h 仍有超过 90% 活力;两种酶的 N - 端氨基酸序列都是 Met - Asn - Lys - Tyr - Phe - Glu - Asn;两种酶对 D - 木糖的 K_{cat} 和 K_m 值高于 D - 葡萄糖;热硫梭菌酶需要 Co^{2+} 或 Mg^{2+} 来巩固稳定性和葡萄糖异构化能力,需要 Mn^{2+} 或者上述离子来保持木糖异构化的能力。

王一帆等(2008)研究了极端嗜高温菌海栖热袍菌(*Thermotoga maritima*)所产葡萄糖异构酶,通过 PCR 方法克隆编码海栖热袍菌 MSB8 葡萄糖异构酶基因 xylA,构建产量较高的重组质粒 pHsh - xylA,转入大肠杆菌 JM109,通过热激诱导表达。对酶学性质研究表明,该重组酶为金属离子激活性酶,Mg^{2+}、Co^{2+} 对相对酶活力有很强的激活作用;其最适反应温度为 95 ℃;最适 pH 为 7.0 且在 pH 6.0 ~ 8.0 之间有着较好稳定性;在 95 ℃下半衰期长达 5 h 以上;以葡萄糖为底物时的表观 K_m 和 v_{max} 分别为 105 mmol/L 和 45.2 mol/(min · mg)。由于其出色的耐热性而具有潜在工业应用价值。

李松等(2006)研究了一种新型重组葡萄糖异构酶 rGI 的酶学性质。rGI 的最适作用温度为 90 ~ 100 ℃,最适作用 pH 为 7.0。具有较好的热稳定性,90 ℃下的酶活力半衰期约为 5 h。rGI 酶活力的表达依赖二价金属离子(如 Co^{2+}、Mg^{2+})。

综上所述,该耐热酶的来源和分布比较广泛,更值得注意的是二价金属离子如 Co^{2+}、Mg^{2+} 对活力发挥起到重要作用,在工业应用和实验室环境中,需要注意离子环境,以避免不必要的酶活力损失。

3. 耐热性机制

Vieille 等(2001)将来自地衣芽孢杆菌(*Bacillus licheniformis*)的木糖异构酶基因在大

肠杆菌中进行表达。发现所产酶(BLXI)的稳定性依赖于其金属结合位点的金属阳离子。酶的耐热性顺序为:脱辅基酶 < Mg^{2+} 结合酶 < Co^{2+} 结合酶 ≈ Mn^{2+} 结合酶,融化温度分别为 50.3 ℃、53.3 ℃、73.4 ℃和 73.6 ℃。该酶的失活为一级反应,脱辅基酶、Mg^{2+} 结合酶和 Co^{2+} 结合酶的失活能分别为 342 kJ/mol、604 kJ/mol 和 1 166 kJ/mol。他们认为该酶的不可逆失活与活性位点的一个或者两个金属离子的释放有关。

以上为了解该酶酶活的稳定提供了新视角,其他手段,如计算机建模和晶体学研究也为了解该酶的高温稳定性提供了便利。朱国萍等(1998)通过分子设计,确定 Gly138 为改善葡萄糖异构酶(GI)热稳定性的目标氨基酸,用双引物法对 GI 基因进行体外定点突变,构建了 GI 突变体 G138P。含突变体的重组质粒 pTKD - GIG138P 在大肠杆菌 K38 菌株中表达。分析认为,Pro 取代 138 位的 Gly 后,可能由于引入了一个吡咯烷环,该侧链刚好能够充填由于 Gly138 无侧链基团而留下的空洞,使蛋白质空间结构更具刚性,从而提高了酶的热稳定性。

朱蔚等(1999)运用计算机统计方法,对以木糖异构酶为主的几个蛋白质家族的核酸和氨基酸序列进行分析,发现密码子各位上的(G + C)% 与编码序列的(G + C)% 成线性正相关。大多数氨基酸的含量与编码序列的(G + C)% 也存在相关性。按其相关性,将氨基酸分为正相关、负相关和不相关 3 类。对木糖异构酶氨基酸序列和酶的耐热性的统计发现,那些在统计学上显著的、可能提高蛋白质耐热性的氨基酸替换,往往伴随着编码序列中 GC 含量的上升。这提示了 GC 的水平上升,不仅能提高核酸的稳定性,而且有助于提高蛋白的耐热性。

Chang 等(1999)通过 X - 射线衍射结晶学研究了来自嗜热栖热菌(*Thermus thermophilus*,TthXI)和 *Thermus caldophilus* (TcaXI)的耐热木糖异构酶的晶体结构。TcaXI 酶四聚体结构通过每个亚基的 222 - 对称性和 3 次折叠体现出来,而 TthXI 酶的结构和其他木糖异构酶基本相似。每个单体有两条长链构成。长链 I(含有 1 - 321 残基)折叠成(β/α)8 - 管状结构。长链 II(含有残基 322 - 387)缺少 β 串结构,能够最大限度地和长链 I 通过临近的亚基接触。TcaXI 的每个单体含有 10 个 β 串结构,16 个 α - 螺旋和 6 个 3_{10} 螺旋。通过对比研究其他同类耐热酶的结构,结论认为 TcaX 和 TthXI 的高耐热性是由于电子对以及电子对网络结构的存在,其次是大型亚基间空腔的减少,再则是内部脱氨基作用位点的去除,最后是环的减小。

以上研究理论,为理解葡萄糖转移酶的耐高温机制提供了借鉴,但不难发现,对该酶的耐高温机制没有统一认识,需要我们进一步研究探索。

4. 制备技术

目前,生产制备葡萄糖异构酶的主要方法是通过分离纯化突变菌株和借助基因工程手段进行。采用基因工程技术手段,将葡萄糖异构酶基因转入宿主中进行表达是生产耐热葡萄糖异构的重要途径(Srih - Belghith 等,1998;Ding 等,2009;Fan 等,2011)。此外,还可以和其他种酶在宿主体内共表达(Rhimi 等,2007),协同作用于底物,以减少酶制剂使用量和缩短生产周期。

肖亚中等人(1995)用寡核苷酸诱导的定点突变方法构建了葡萄糖异构酶基因的突变体(N184D 和 A198C)。含突变体的重组质粒 pTKD - GI1(N184D)和 pTKD - GI2

(A198C)在大肠杆菌K38菌株中表达,用DEAE-Sepharose FF和Sephacryl S-300HR柱层析分离纯化突变酶。与野生型葡萄糖异构酶比较实验表明:突变酶N184D的最适pH值下降1个单位;等电点下降了0.6个单位,酶活为野生型的38.27%。突变酶A193C最适温度升高8 ℃,酶活性为野生型的86.95%(表1.7)。许伟等(2009)为获得具有高热稳定性的木糖异构酶,运用基因工程技术,从嗜热栖热菌(*Thermus thermophilus*)HB8中克隆到嗜热木糖异构酶基因xylA。测序结果表明,该基因与GenBank数据库中相比,271位的碱基A突变为G,导致氨基酸序列中N91D突变。将该基因克隆到载体pET22b(+),并在大肠杆菌BL21(DE3)中进行高效表达。通过热变性和强阴离子交换两步对该酶进行纯化,得到纯酶最适温度为80 ℃,最适pH为8.0,80 ℃下半衰期为225 min。在60 ℃,pH 7.5该酶的K_m为15.20 mmol/L,v_{max}为69.54 mol/min,K_{cat}为50.62/s,K_{cat}/K_m为3.33 L/(s·mmol)。该研究结果为嗜热木糖异构酶的进一步工业应用奠定了基础。

表1.7 采用层析手段的葡萄糖异构酶分离纯化汇总表

来源	所用层析填料	产率	纯化倍数	分子量	活性	技术规模	时间	研究者
含突变体的重组质粒pTKD-GI1(N184D)和pTKD-GI2(A198C)在*E. coli* K38菌株	EAE-Sepharose FF和Sephacryl S-300HR	—	—	—	突变酶N184D酶活性为野生型的38.27%;突变酶A193C酶活性为野生型的86.95%	实验室	1995	肖亚中等
嗜热栖热菌*Thermus thermophilus* HB8	Source 15Q	49.2%	3.8	44 kDa	129 U/mg	实验室	2009	许伟等

"_"表明文献中没有涉及相关内容。

5. 工业中的应用

在食品与发酵工业的应用。利用耐热葡萄糖异构酶生产的糖浆是重要的甜味剂。酶经固定化后,其稳定性的增强更适合用来生产果糖。佟毅等(2000)在对多孔三甲铵甲基聚苯乙烯(TMPS)载体的合成研究基础上,运用分子沉积技术,完成了葡萄糖异构酶(GI)双层固定化试验,并在万吨生产线上进行了果葡糖浆生产试验。经过双层固定化葡萄糖异构酶活力可达到2 200 μmol/min,活力回收率达68.5%。另外,载体机械强度良好,双层固定化酶的活力比单层固定化酶的活力提高了114%,半衰期在45 d左右,并减少了异构化装置的体积和载体用量。此外,在果糖糖浆的生产过程中还可采用微波辐射能和固定化葡萄糖异构酶结合使用的方法,以达到快速、有效的催化葡萄糖向果糖转化的目的(Yu等, 2011a; Yu等, 2011b)。

此外,葡萄糖异构酶在酿酒工业中也有潜在的应用。鲍晓明等(1999)采用PCR技术克隆得到热硫化氢梭菌(*Clostridium thermohydrosulfuricum*)木糖异构酶基因xylA,将该基因连接于酵母表达载体pMA91的磷酸甘油激酶(PGK)启动子下,得到重组质粒pBX-1。将重组质粒转移至酿酒酵母受体菌中,得到重组酵母转化子H612。研究结果显示,酿酒酵母中得到木糖异构酶的活性表达,可为进一步在酿酒酵母菌中建立新的木糖代谢途径打下基础。

在农业生产方面，可利用葡萄糖异构酶对秸秆水解液中的D－木糖进行异构化处理(张桂等，2000)。

1.3.6　高温环境中的活性耐热木聚糖酶

木聚糖酶(Xylanase)通过内切方式水解木聚糖分子中的β－1，4－木糖苷键，可将大分子水不溶性木聚糖降解为水溶性的木二糖和其他寡聚木糖，也有少量木糖和阿拉伯糖。木聚糖酶在食品、造纸和饲料等工业中有广泛应用前景。

1. 分布

耐热木聚糖酶的获取主要有两种办法：其一是从极端环境中筛选高产耐热木聚糖酶的微生物；其二是用生物技术进行遗传基因改造，以达到耐热目的(解复红等，2003)。

自然条件下木聚糖酶多来源于极端微生物中，如链霉菌属、酵母和一些单胞菌中。孙晓霞等(2005)报道了采用白色链霉菌为实验菌种，在不同诱导产酶培养基上振荡培养产生木聚糖酶的研究。吴华伟(2010)也报道了对产胞外耐热木聚糖酶的链霉菌XP产酶条件的优化，并对其降解木聚糖的产物进行鉴定的研究。利用毕赤酵母发酵产生耐热木聚糖也有报道(万红贵等，2008；孙爱萍等，2009)。另外单胞菌生产木聚糖酶也是不错的途径。谢响明等(2005)采用绿色糖单胞菌为实验材料，在不同诱导产酶培养基上振荡培养产生木聚糖酶，并证实所得木聚糖酶具有较好的耐碱耐热性。

2. 理化性质

不同来源的耐热木聚糖酶，理化性质存在差异。现以下面几种耐热菌为例，介绍它们的生理生化性质。

李文鹏等(2004)从云南腾冲火山热泉中筛选到一株产木聚糖酶芽孢杆菌。所产木聚糖酶的最适反应温度为80 ℃，最适pH值7.5。该酶在pH 2.0～12.0范围内稳定。Ca^{2+}、K^{+}、Mg^{2+}及EDTA对该木聚糖酶有较强促进作用；Co^{2+}、Ni^{2+}、Cu^{2+}、Mn^{2+}和Hg^{2+}对该酶有较强抑制作用。周秀梅和夏黎明(2004)研究了耐热子囊菌(*Thermoascus aurantiacus*)固态发酵产木聚糖酶酶学性质，该酶最适反应温度为70 ℃，最适pH为4.8。在pH 3.0～7.0，温度低于65 ℃时稳定性能较好。可被Fe^{2+}、Mg^{2+}、Zn^{2+}激活，而被Co^{2+}、Fe^{3+}、Mn^{2+}抑制。

赵新河(2009)从高温酒曲中分离获得1株丝状真菌，该菌所产木聚糖酶也耐高温。该酶分子质量为6 500 Da。金属离子对酶活力有一定的影响，Fe^{3+}抑制该酶活力最明显，其次是Cu^{2+}、Zn^{2+}、Ca^{2+}；而Mn^{2+}、Fe^{2+}和Mg^{2+}能不同程度地促进酶活。胡爱红等(2008)采用DNS法对基因工程菌毕赤酵母所产的木聚糖酶进行测定，得到该木聚糖酶的最适pH值为4.5，在pH 3.5～6.0稳定；最适反应温度为55 ℃，耐热稳定性良好；Mg^{2+}、Zn^{2+}和Ca^{2+}对木聚糖酶活性有促进作用；Cu^{2+}、Ba^{2+}和Fe^{3+}等对木聚糖酶有一定的抑制作用。

由上所述不难看出，虽然各种来源的木聚糖酶都具耐热性，但是其最适作用温度和最适作用pH存在很大差异。这也就为其应用环境提出了限制和要求，在生产和应用时需要密切关注应用的酸碱度变化，避免环境恶劣而导致酶活力损失。重金属离子以及高价氧化物离子如 Fe^{3+} 导致酶活力下降乃至完全失活，也是操作中需要注意的。

3. 耐热性机制

关于木聚糖酶耐热性机制的研究已经开展，但对具体的机制研究还是处于探索阶段。

李秀婷(2004)应用 N－溴代丁二酰亚胺(NBS)，2－乙基－5－苯基异恶唑－3′－磺酸盐(WRK)，二硫代二硝基苯甲酸(DTNB)，苯甲基磺酰氟(PMSF)，Phenylgloxal hydrate，焦碳酸二乙酯(DEPC)等化学修饰剂对嗜热真菌所产的嗜热木聚糖酶进行化学修饰。并证明色氨酸残基和谷氨酸(或天冬氨酸)残基位于酶的活性中心，且色氨酸残基位于酶的底物结合中心，而谷氨酸(或天冬氨酸)残基可能位于酶的催化中心。

刘亮伟等(2005)应用生物信息学方法分析了木聚糖酶初级序列中 20 种氨基酸同其最适温度之间的关系，发现在 F/10 家族中有正相关作用的氨基酸是 W，负相关作用的是 A、D、H、S；理论上最高最适温度是 119.8 ℃。在 G/11 家族中有正相关作用的氨基酸是 L、D、P、Y，负相关作用的是 H；理论上最高最适温度为 105.6 ℃。在不同家族中 D 起不同的作用，这只能从它们各自不同的蛋白质空间结构上进行解释。该研究从初级序列基础上证明了木聚糖酶的不同蛋白质家族有不同的热稳定性机制。

4. 制备技术

耐高温木聚糖酶的生产主要有两种方法，一是从自然界中分离筛选极端条件的细菌，另外就是构建工程菌进行大量的发酵表达。后者在木聚糖酶的生产中发挥很重要的作用。在生产制备中常使用大肠杆菌为载体，将各种来源的基因片段整合，构建高产的工程菌。

裴建军(2004)构建重组菌(JM109/pTrc－99A－xyIIV)作为极耐热木聚糖酶的生产菌株，并在大肠杆菌中表达，研究了异丙基－β－D－硫代吡喃半乳糖苷(IPTG)诱导以及诱导温度对极耐热木聚糖酶表达水平的影响。结果发现，该耐热木聚糖酶的最适反应 pH 值为 5.4～5.8，最适反应温度大于 100 ℃，在 pH 值 4.2～7.5 比较稳定，重组后极耐热木聚糖酶的温度稳定性好，在 90 ℃下保温 2 h 后残存酶活力还有 90%。

娄恺等(2004)将含有来自于嗜热网球菌(*Dictyoglomus thermophilum*) Rt46B.1 编码极端耐热木聚糖酶基因 xynB 的表达载体 pET－DBc 转化大肠杆菌 BL21(DE3)，获得重组菌大肠杆菌 DB1，目的基因可表达出有活性且耐 90 ℃的木聚糖酶。重组菌木聚糖酶的耐热特性更有利于木聚糖酶的下游回收和提取。此外，还有将海栖热袍菌的高温木糖酶产生基因整合，用于生产耐高温的木聚糖酶的报道(江正强等，2001；薛业敏等，2003)。

张伟等(2010)报道在枯草芽孢杆菌中整合表达极端耐热木聚糖酶的研究。基因工程菌枯草芽孢杆菌 168－xyn. B 外泌表达产生极端耐热木聚糖酶，表达水平 0.732 1 U/mL，比在大肠杆菌中的高。张佳瑜等(2010)也有类似的转化枯草杆菌的基因工程菌进行外源表达的报道。

此外，还可利用海栖热袍菌 MSB8 菌株基因组 DNA 为模板，通过 PCR 扩增出木聚糖酶基因，将此基因克隆至毕赤酵母载体中进行表达(杨梦华等，2005)。

酶的生产制备过程往往伴随着粗酶液的进一步纯化。一般可通过采用金属 Ni^{2+} 螯合层析柱对基因表达产物进行了纯化，还可通过热变性处理和 Ni－NTA 层析分离纯化基因工程菌产出的耐热木聚糖酶。孙雷等(2006)对基因工程菌1020耐热木聚糖酶的热变性条件进行了优化,利用木聚糖酶C端6个His标记对Ni-NTA琼脂糖凝胶的结合性,通过层析得到电泳纯的木聚糖酶。

5. 工业中的应用

①在食品加工方面,李秀婷等(2006)研究了纯化的耐热木聚糖酶对面包老化的影响作用。研究证明,适量添加耐热木聚糖酶的面包品质得到了明显改善,并且老化速度变缓,老化速率常数下降。除此以外,添加耐热木聚糖酶的面包体积显著,面包瓤硬度与高径比下降,并且面包芯的组织结构也变得优良(李里特等,2004;陈威威等,2008)。

耐热木聚糖酶对馒头品质及保质期也有影响作用。王石峰等(2011)从嗜热溶胞土芽孢杆菌(*Geobacillus* sp.)PZH1制备木聚糖酶,添加到面粉中制作馒头。结果表明,在馒头中添加适量的耐热木聚糖酶,能明显降低馒头的持水性,提高面筋网络的弹性,改变面团的加工及稳定性能,增大馒头体积,并能有效抑制馒头中细菌的生长,延长馒头的保质期。

在酿酒生产前处理过程中,木聚糖酶可以促进米细胞的溶解,提高酿酒过程中对原料米的利用率,也解决了啤酒酿造过程中过滤难的问题(陆健等,2002;杨观中,2007)。

②在农产品废渣的处理中,朱孝霖等(2008)探讨了耐热木聚糖酶水解自制甘蔗渣木聚糖制备木寡糖的工艺条件并分析了水解液的寡糖成分。最终结果表明,运用耐热木聚糖酶制备木寡糖具有很重要的实际应用价值。

③在造纸工业中的应用方面,李秀婷等(2005)探讨了嗜热真菌耐热木聚糖酶助漂针叶木硫酸盐浆的研究。结果认为,在不影响纸浆各项性能的情况下,经酶处理的纸浆白度相比对照增加的同时,酶处理纸浆漂白时可减少漂白用氯量,不会对纤维造成损伤,改善了纸浆纤维的可漂性。王楚等(2010)研究了耐热耐碱木聚糖酶对马尾松硫酸盐浆预处理的选择性,分析了酶预处理对各漂段白度和终漂黏度的影响。他们发现,在相同漂剂用量下,耐热耐碱木聚糖酶预处理可提高浆的终漂白度,具有很高的助漂选择性,并且处理后纸浆的卡伯值和黏度变化不大。

④在饲料工业方面,作为饲用酶制剂的主要成分,木聚糖酶在制粒过程中的耐热性能一直是饲用酶应用研究中的重点领域,也是困扰其在饲料工业中进一步发展的重要因素。木聚糖酶耐热性方面的最新研究进展逐渐成为提高木聚糖酶耐热性能的优化措施(2009)。

1.3.7 耐热β-葡聚糖酶

β-葡聚糖酶(β-glucanase)是酿酒和饲料生产中常用的酶,可以用于降低麦芽汁中葡聚糖的含量和麦芽汁浓度,在饲料中添加酶制剂可以提高动物对饲料的利用率。在酿酒和饲料生产中,高温酶的使用可以减少高温的负面作用。

1. 分布

嗜热微生物为β-葡聚糖酶提供了广泛的来源。Murray等(2001)报道了从嗜中温好氧真菌——埃默森篮状菌(*Talaromyces emersonii* CBS 814.70)的下游培养物中,分离纯化出一种新的作用于1,3-1,4-β-D-葡聚糖的内切葡聚糖酶的研究。该酶经受

100 ℃高温处理 15 min 仍有 15%的初始活力。枯草芽孢杆菌也可产生 β－葡聚糖酶。王丽丽等(2008)从温泉周围土壤中筛选到 1 株热稳定性能较好的产 β－葡聚糖酶的枯草芽孢杆菌。韩晶等(2010)也提供了类似的研究报道。另外,放线菌也能产生耐热 β－葡聚糖酶。高克学等(2009)从堆肥环境中筛选到一株产耐热内切葡聚糖酶的放线菌菌株。

植物也是葡聚糖酶的良好来源。转基因植物作为宿主进行耐热细菌葡聚糖酶基因的表达。例如,将目标细菌体内的杂合葡聚糖酶基因克隆后,转入大麦中表达(Horvath 等,2000;Jensen 等,1996)。

2. 理化性质

深入了解葡聚糖酶的稳定性,有助于理解温度、pH 以及金属离子对酶活力的影响。王冬梅等(2009)采用培养分离、室内测定等方法,对嗜热子囊菌光孢变种 *Thermoascus aurantiacus* var. Levisporus 产生的内切 β－葡聚糖酶进行了分离纯化及特性研究。电泳纯度的内切 β－葡聚糖酶,经 12% SDS－PAGE 测得酶的单亚基分子量约为 31.5 kDa,凝胶过滤层析测得酶的分子量约为 34.5 kDa。该酶反应的最适温度为 55 ℃,最适 pH 为 2.5～3.0。该酶在 pH 3.0、60 ℃较为稳定。金属离子对活性影响较大,其中 K^{+}、Ca^{2+}、Mn^{2+} 对酶有激活作用,Ag^{+}、Cu^{2+}、Al^{3+} 对酶有显著抑制作用。

李卫芬等(2001)发现里氏木霉 GXC β－葡聚糖酶液的稳定性高于纯酶液。两者的 pH 稳定范围都为 3.0～5.0,但耐热温度却有明显变化,分别为 70 ℃和 60 ℃。Cu^{2+},Mn^{2+} 和 Fe^{3+} 对酶有抑制作用,Zn^{2+} 和 Co^{2+} 有激活作用, Ca^{2+}、Mg^{2+}、Fe^{2+} 和 K^{+} 在不同浓度条件下对 β－葡聚糖酶有不同的作用。王海青等(2007)以费氏弧菌(Vibrio fischeri) EM17 基因组 DNA 为模板,通过 PCR 方法克隆内切葡聚糖酶目标基因并将其插入到表达载体 pGEX－6p－1 中,转化大肠杆菌诱导表达。酶学性质研究表明,所得到酶的最适反应温度为 60 ℃,最适反应 pH 为 9.0。该酶活性依赖金属离子的存在。Mg^{2+} 和 Ca^{2+} 对酶有激活作用;Mn^{2+} 和 Pb^{2+} 则严重抑制该酶的活性。

3. 耐热性机制

Pereira 等(2010)研究了属于糖酶第五家族的 Tm－Cel5A,一种由极端嗜热菌 *Thermotoga maritima* 产生的极度耐热内切糖苷酶。该族糖酶都有一个(β/α)8TIM－barrel 折叠,催化基团和亲和试剂处在该结构的 β－4 和 β－7 链上(见图 1.5)。通过对比分析 Tm－Cel5A 和常温同类酶结构,结果认为 Tm－Cel5A 晶体在两个催化残基之间含有的 Cd^{2+} 会和底物之间存在竞争作用,这对该高温条件下酶活力的保留有重要影响(见图 1.6)。

而 Politz 等(1993)通过研究淀粉分解杆菌中分离的 β－葡聚糖酶,从氨基酸结构角度分析了 β－葡聚糖酶的耐热机制。结果表明该葡聚糖酶 N－末端的 8 个氨基酸是充分保持其耐热性的主要原因。

4. 制备技术

通过筛选耐热 β－葡聚糖酶菌株进行生产的产量不高。最常用的方法是利用基因工程构建工程菌。常巧玲等(2006)将热纤梭菌的内切 β－1,4－葡聚糖酶基因导入 *E. coli* 中进行表达,将细胞破碎后可获得高活力的耐热葡聚糖酶。Liang 等(2011)则将耐热真菌 *Thermoanaerobacter tengcongensis* MB4 的基因片段转移至 *Escherichia coli* 中,进行 β－1,

4 - 内切葡聚糖酶(Cel5 A)的表达生产。

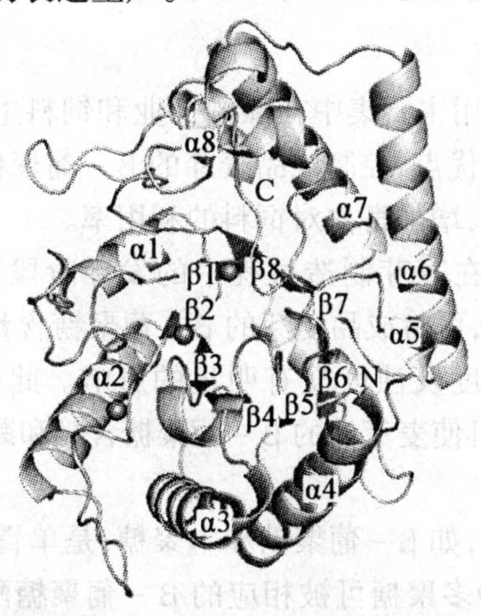

图 1.5　葡聚糖酶 Tm - Cel5A 的结构 (Pereira 等,2010)

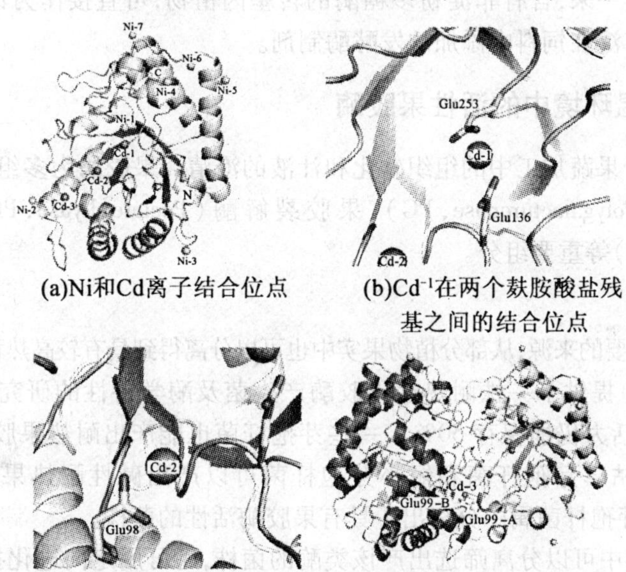

(a)Ni和Cd离子结合位点　(b)Cd^{-1}在两个羧胺酸盐残基之间的结合位点

(c)Cd^{-2}结合在Glu98残基表面　(d)Cd^{-3}结合在两个羧胺酸盐残基(Glu99)之间并形成一个二聚物

图 1.6　葡聚糖酶 Tm - Cel5A 的离子结合位点 (Pereira 等, 2010)

在利用海栖热袍菌进行极耐热葡聚糖酶的生产过程中,李相前和邵蔚蓝(2006)引入 PCR 方法进行内切葡聚糖酶 Cel 12B 完整基因和不带信号肽基因至 pET - 20b 载体的克隆,然后转化至大肠杆菌 JM109DE3 进行高效表达。吴华伟等(2010)通过使用不同浓度的 Mg^{2+} 优化易错 PCR 条件,经诱导后的酶活力分别是在同样条件下诱导获得本酶的 2.1 倍、3.2 倍和 3.7 倍,大大提高了产量。

一些芽孢菌含有编码 β - 1,3 - 1,4 葡聚糖酶的基因片段。吕文平等(2005)通过 PCR 克隆了淀粉液化芽孢杆菌(*Bacillus amyloliquefaciens*)的 β - 1,3 - 1,4 葡聚糖酶基因全长,用 BamH Ⅰ和 Xho Ⅰ双酶提取目的片段,构建了重组表达载体导入 BL21 细菌中进行表达。吕文平等(2005 和 2006)则是通过 PCR 克隆提取热纤梭菌(*Cdostricleum* sp.)的葡聚糖酶基因全长，构建重组表达载体，并导入宿主细菌中表达。

5. 工业中的应用

耐热 β－葡聚糖酶的应用主要集中在酿酒工业和饲料生产方面，前者利用耐热 β－葡聚糖酶在高温不易失活的优点，控制成品麦芽的 β－葡聚糖含量和麦芽汁浓度。后者则是消除饲料中的抗性因子，增加畜禽对饲料的利用率。

李永仙等（2002）发现，在麦芽制造过程中的发芽阶段加入原料大麦干重 0.05 至 0.15的耐高温 β－葡聚糖酶，可将成品麦芽的 β－葡聚糖含量降低到 150 mg/100 g 绝干麦芽以内，并且对麦汁的色度及浊度没有明显的影响。此外，酶用量为绝干麦芽量的 0.002% ~0.015%时，不仅可使麦芽汁的 β－葡聚糖含量和黏度降低到合格范围内，还能保证啤酒的非生物稳定性。

植物来源的非淀粉多糖，如 β－葡聚糖和木聚糖，是单胃动物饲料中的抗营养因子。杨培龙等（2005）发现这两种多聚糖可被相应的 β－葡聚糖酶和木聚糖酶降解而消除其抗营养特性。这样一来，含有非淀粉多糖酶的转基因植物，可直接作为饲料原料或饲料添加剂替代目前广泛在饲料中添加的发酵酶制剂。

1.3.8　高温环境中的活性果胶酶

果胶酶多用于果蔬加工中的组织软化和汁液的澄清。果胶酶为多组分酶，包括多聚半乳糖醛酸酶（Polygalacturonase，PG）、果胶裂解酶（Pectate Lyase，PL）和果胶酯酶（Pectinesterase，PE）等重要组分。

1. 分布

微生物是其主要的来源，从部分植物果实中也可以分离得到具有较高热稳定性的果胶酶。

茆军等（2004）提供了一株耐热性果胶酶产生菌及酶学特性的研究，所得液体酶在 60 ℃保温 1 h，酶活力仍能保存 50%。一些芽孢杆菌也能产出耐热果胶酶。如 Ahlawat 等（2007）就发现枯草芽孢杆菌和短小芽孢杆菌可以产出碱性耐热果胶酶。Takao 等（2000）也从嗜热芽孢杆菌属中分离出了具有果胶酶活性的菌株。

除了从自然界中可以分离筛选出产该类酶的菌株，还可用定向进化技术来构建突变株。如 Chakiath（2009）成功通过构建一株菊欧文氏菌（*Erwinia chrysanthemi*）突变株来生产耐热型果胶甲酯酶，所得果胶酶可直接用于甜菜渣商业化糖化过程中果胶物质的降解。

在植物来源方面，Vivar－Vera 等（2007）报道了从山楂果中提取出耐热果胶甲酯酶（PME）的研究，但是关于植物来源的高温下具有活性果胶酶的报道很少。

2. 理化性质

碱性果胶酶一般都是 Ca^{2+} 依赖型的，其原因有两个，一是碱性果胶酶的活性中心有 Ca^{2+} 结合位点；另一个是 Ca^{2+} 是聚半乳糖醛酸链之间盐桥的组成部分（陈丽娜等，2010）。Kashyap 等（2000）研究嗜热芽孢杆菌 DT7 所产的胞外果胶酶（果胶酸酯裂解酶）发现，100 mmol/L 的 $CaCl_2$ 溶液和巯基乙醇能够显著增大纯酶的活力。李平（2009）将来源于极端嗜热菌属海栖热袍杆菌编码碱性果胶裂解酶的结构基因与新型热激质粒连接，对经大肠杆菌进行表达所得极耐热性碱性果胶裂解酶进行研究，结果也证实了该酶的

Ca^{2+}依赖性。

高氯化铁、硫酸亚铁和L-谷氨酸钠对聚半乳糖醛酸酶酶活均具有抑制作用。在一定的浓度范围内,随着浓度的增加,其抑制效果逐渐增强。超过一定浓度后,其抑制能力不再增强。甘氨酸不具有很好的抑制能力,对于果胶酯酶来说,上述几种试剂对其都没有抑制作用。脲(尿素)对两种酶均有抑制作用,并且对聚半乳糖醛酸酶酶活的抑制作用要强于果胶酯酶(张跃等,2007)。

Takao等(2000)对比热稳定性的芽孢杆菌Ts47果胶酶和热不稳定的枯草芽孢杆菌SO113果胶酶的一级结构,发现前者含有更多的疏水氨基酸残基,其催化位点位于疏水性很强的区域。他们也只是推测该果胶酶的热稳定性可能与活性区域位于疏水区域有关。总体而言,关于果胶酶耐热机制的报道以及具体耐热机制的阐述很少。

3. 制备技术

固定化处理可以提高果胶酶的耐热性。为了在水解过程中将酶和底物迅速分开,可先用磁性的纳米颗粒赋予磁性,然后采用多聚电解质复合层包埋。这样,用磁铁就可以快速方便地将酶和底物分离开来(Lei 等,2007)。此外,将果胶酶非共价固定在海藻胶上,以智能的可溶-不可溶相互转化的生化共轭作用,也可以使水解几丁质时的酶活保留至自由状态下酶的56%,在活性范围内保持良好活性的同时,还可拓宽pH范围(Roy等,2003)。

转基因手段也可用于耐高温果胶酶的生产。甄东晓等(2006)就成功利用PCR技术从耐热梭状芽孢杆菌中扩增得到产耐热果胶裂解酶的结构基因,并将其克隆于表达载体中,最后将重组质粒转化到受体菌中进行表达。

4. 工业中的应用

在食品加工中,常利用果胶酶对果胶质的降解作用。这也是果胶酶的主要应用方面。高温果胶酶应用于果汁的预处理,能有效降低果汁黏度和细胞壁的液化处理(Busto等,2006)。

在棉纺工业生产中,果胶酶能用于棉针织物精炼工艺中。和传统碱法精炼相比,新型碱性果胶酶具有中性、耐热性较好、成本低和污染少的优点(吴辉等,2008)。

另外,在造纸行业,能利用果胶酶处理废新闻纸脱墨浆。一方面,纸浆阳离子需要量降低、滤水性能得到改善,阳离子助剂CPAM对纸浆的助滤作用明显提高。另一方面,酶处理对成纸的白度与强度性能没有负面影响,确保了产品质量(牟洪燕等,2008)。

1.4　高温环境中的活性氧化还原酶

1.4.1　高温过氧化物酶

1. 分布

高温过氧化物酶(POD)的来源比较广泛,但大多来自于植物,微生物中也有存在。过氧化物酶(POD)经过固定化或者由单克隆抗体方法制备,也能使酶具有很高的温度耐受能力。

Wang 等(2009)提供了从利马豆种子中分离出具有抗真菌活力的POD的报道。Fatima 等(2007)则是从苦瓜中提取出一种高度耐热的POD,其在60 ℃仍能保存有81%的酶活力。Pandey 和 Dwivedi 研究了从合欢树荚果中提取出的一种过氧化物酶,在75 ℃时仍有很大活力。经 SDS-PAGE 和分子量检测,该酶为分子量200 kDa 的异三聚体蛋白,显著耐高温。

微生物源方面,Pühse 等(2009)成功从担子菌属的蒜头状小皮伞(Marasmius scorodonius)中提取出一种 POD。研究发现,该酶不仅耐热还耐高压,能耐受65 ℃的高温和(8~10)×10^5 kPa 的压力。Guto 等(2007)利用 L-赖氨酸交联聚合膜以共价的方式将 POD 酶结合到表面能够显著提高酶的生化活性和耐热性。经 Soret 光谱、圆二色性分光镜技术和伏安法检测发现,含有 POD 的聚合膜在90 ℃下能够保持9 h。此外,还有利用单克隆抗体制备耐受90 ℃高温酶的报道(Takagi 等,1995)。

2. 理化性质

不同来源的 POD 其理化性质存在很大差异,金属离子、温度和 pH 值都会影响其活力的稳定。刘稔等(1998)将豆壳抽提液经硫酸铵分级沉淀,使用 DEAE-Sephadex A-50 离子交换层析、Con A-Sepharose 4B 亲和层析和 Bio-GelP-60 凝胶过滤,对豆壳过氧化物酶进行纯化。纯化后的酶活力为7 077 U/mg,在 SDS-PAGE 上显示出一条蛋白质带。酶相对分子质量为38 000,等电点为3.9。酶促反应的最适 pH 在4.0附近,最适温度为45 ℃;酶活力在 pH 2.5~12.0之间较稳定。75 ℃时保温60 min,酶活力残余68%,可认为是一种良好的耐酸碱、耐热 POD。动力学分析求得表观 $K_{m(愈创木酚)}$ 为1.62 mmol/L,表观 $K_{m(H_2O_2)}$ 为0.34 mmol/L。N_3^-、CN、Fe^{3+}、Fe^{2+} 和 Sn^{2+} 对酶有较强烈的抑制作用,而重金属离子 Ag^+、Hg^{2+}、Pb^{2+}、Cu^{2+}、Cr^{3+} 以及 SDS 和 EDTA 对酶活力无显著影响。

杨暖和谢响明(2009)以一株耐热耐碱放线菌-绿色糖单胞菌(*Saccharomonospora Viridis*)为研究对象,从液体发酵产物中提取到木素过氧化物酶(Lignin Peroxidases/LiP)的粗酶液。经硫酸铵分级沉淀、透析浓缩、Sephadex G-75 柱色谱得到单一的 LiP,酶纯度提高了11.06倍。经 SDS-聚丙烯酸胺凝胶电泳测定该酶的分子量约28.8 kDa。研究纯酶酶学性质发现,酶的最适反应温度为50 ℃,最适反应 pH 为7.0;在75 ℃下具有良好的热稳定性。在 pH 7~10 范围内有较强的耐受力,保温30 min 时酶的半衰期温度为75 ℃。金属离子 Cu^{2+}、Fe^{2+}、Co^{2+} 对酶具有明显促进作用,Ca^{2+}、SDS 具有抑制作用。

3. 制备技术

对于具有较高耐热性 POD 的制备,更多的是直接从植物中提取。纯化常用有硫酸铵分级沉淀,DEAE-Sephadex A-50 离子交换层析,Con A-Sepharose 4B 亲和层析和 Bio-GelP-60 凝胶过滤等方法来处理粗酶液。例如 Wang 等(2009)通过萃取、硫酸铵沉淀、亲和色谱层析(肝素凝胶)、离子交换层析(SP-Toyopearl)和凝胶过滤(Sephadex G-75)等步骤,从利马豆种子中分离出具有抗真菌活力的 POD 的报道。纯化酶的分子量为34 kDa,纯化后具体酶活增加了110倍。

4. 工业中的应用

POD 往往比多酚氧化酶的耐热性高,常作为热力灭菌的指示酶。黄丽等(2010)研究了荔枝加工过程中灭酶工艺段与荔枝汁褐变的关系。灭酶对荔枝汁酚类物质含量的影响很显著,可以更好地保证产品的风味与营养。

在农业生产方面,POD 耐热性可作为选择耐热农作物的指标之一。陈娅琼等(2009)就认为叶片的细胞膜透性、丙二醛含量、过氧化物酶活性和超氧化物歧化酶活性的变化指标可用于荷兰菊叶片耐热力测定。陈碧华等(2006)发现甘蓝苗期热激处理后,耐热品种叶片中 POD 活性的增幅大于不耐热品种,而不耐热品种叶片中丙二醛的含量和膜透性的增幅大于耐热品种。

另外,陈碧华等(2008)对不同的甘蓝品种的种子进行热激处理,发现热激处理后,耐热品种叶片中 POD 活性的增幅也大于不耐热品种。

耐热 POD 还可应用于制备生物传感器。Vreeke 等(1995)发现将耐热 POD 通过氧化还原性水凝胶附着在透明碳电极上,在 65 ℃时,传感器敏感度衰退每小时小于 2%。此外,还有利用单层碳纳米管和耐热 POD 制作过氧化氢传感器的报道(Shi 等,2009)。

1.4.2　高温多酚氧化酶

多酚氧化酶(PPO)存在于动植物体内、微生物中也有所表达。微生物中常见的 PPO 为酪氨酸酶和漆酶。但多见的是常温或者中温适应的 PPO,这些中温和室温具有活力的 PPO 耐热性不好,超过 80 ℃的烫漂温度就会使其活力急剧减少。多数真菌漆酶的最适反应温度较低,一般为 25 ~ 50 ℃之间(司静等,2011)。随着研究的进展,已有高温 PPO 或者早高温时仍有活力存在的 PPO 的报道。

1. 高温多酚氧化酶的来源

Gnangui 等(2009)研究了热处理(35 ~ 75 ℃)对可食性薯蓣中的 PPO 活性的影响,结果发现薯蓣中 PPO 是一个相当耐热的酶,Z 值为 29.41 ℃。70 ℃处理 5 min 仍有 62.30% 的活力残留,75 ℃时处理 5 min 有 53.00% 的活力残留,失活过程可用一级反应描述。

一些果蔬中,如苹果、芒果和草莓酱中都有分离出高温 PPO 的报道。Terefe 等(2010)发现由 Festival 和 Aroma 两个品种生产的草莓酱中,PPO 高度耐热。经受 100 ℃,30 min 处理仍没有明显的失活。汤凤霞等(2006)研究发现芒果 PPO 的最适温度为 50 ℃,最适 pH 值为 6.86。当温度达到 50 ℃时,PPO 活性最佳,在 30 ~ 60 ℃时具有较高的活性,但温度达到 90 ℃后,芒果 PPO 活性很低。

芒果的不同部位的 PPO 的活力也不尽一致。Robinson 等(1993)指出芒果表皮中的 PPO 最适温度为 30 ℃,而汁液中的酶最适温度为 75 ℃。但是两种酶都很耐热,80 ℃处理 15 min 才能损失一半活力。还有报道发现酿酒原料国产大麦中 PPO 的耐热性也很高。

虽然多数真菌漆酶的最适反应温度较低,一般为 25 ~ 50 ℃。但也有一些真菌漆酶比较耐高温,Jordaan 等(2003)从来自南非的嗜热白腐真菌菌株中得到的耐高温漆酶,其最适反应温度为 70 ℃,90 ℃保温 9 h 仍具有完全活性;王剑锋等(2008)对黑管孔菌(*Bjerkandera adusta*)漆酶进行酶学性质分析发现,同功酶 C 在 65 ℃、70 ℃时酶活最高,同功酶 A 在 60 ℃、65 ℃时酶活最高。

2. 高温多酚氧化酶的理化性质

Weemaes 等(1998)发现压力和温度对鳄梨 PPO 失活的影响跟 pH 密切相关,在一定范围内随 pH 增大其对压力的抗性就越大。如 pH 4 时最小失活压力约为 450 MPa,pH 8 时则增大到 850 MPa 左右,极限失活温度由 pH 4 时的 40 ℃增大到 pH 6 时的 65 ℃,pH 继续升高对失活温度没有太大影响。段玉权等(2008)发现中华寿桃果肉的 PPO 最适 pH 约为 6.5,最适反应温度为 60 ℃左右,对温度有较强稳定性。该酶最适作用底物为绿原酸、儿茶酚和对羟基苯甲酸,$FeSO_4$、EDTA 和抗坏血酸等化合物可以抑制其活性,$CaCl_2$、$CuSO_4$、和 $MnSO_4$ 等则起促进作用。

吴继红和蔡同一(2003)发现新疆无核白葡萄品种的 PPO 70 ℃受热 20 min 活力基本稳定。对不同底物表现出不同的底物特异性,由高到低分别为:邻苯二酚 > 绿原酸 > 焦性没食子酸 > 没食子酸 > 阿魏酸。

李璟琦(2010)研究了菊芋组织中 PPO 发现,其最适 pH 为 7.4,pH 3.5 环境可有效抑制酶活性;在 70 ℃以下,其热稳定性较强;大于 80 ℃时,热稳定性急剧下降,生产上可采用 80 ℃热处理 2 min 使酶失活。

3. 制备及纯化技术

耐受高温的 PPO 其制备技术还不是很完善,研究相对少。上述来源可用来直接抽提纯化,对于微生物源可采用诱变或制备工程菌的方法来增加产量。粗酶的纯化可借鉴以下方法(表 1.8)。杨暖和谢响明(2009)以一株耐热耐碱放线菌 - 绿色糖单胞菌(*Saccharomonospora viridis*)为研究对象,从其液体发酵产物中提取 LiP。粗酶经硫酸铵分级沉淀、透析浓缩,最后经过 Sephadex G - 75 柱色谱得到单一的酶,纯度提高了 11.06 倍。江丽和蒋立科(2008)采用水抽提、硫酸铵分级沉淀、丙酮分级沉淀和 CM - 52 离子交换层析三步法从竹笋脚料中快速提取并纯化 POD 并对酶部分的酶学性质(温度、pH 对酶促反应的影响、酶的稳定性、酸碱稳定性)进行了考查。

表 1.8　采用层析手段的多酚氧化酶(PPO)分离纯化汇总

来源	所用层析填料	产率	纯化倍数	分子量	活性	技术规模	时间	研究者
绿色糖单胞菌(*Saccharomonospora viridis*)	Sephadex G - 75	8.94%	11.06	28.8 kDa	19.24 U/mg(比酶活)	实验室	2009	杨暖、谢响明
竹笋脚料	M - 52 纤维素	28%	12	—	1 975.4 U(总酶活)	实验室	2008	江丽、蒋立科

“—”表示文献中没有涉及此方面内容。

1.4.3　高温环境中的葡萄糖氧化酶

葡萄糖氧化酶(Glucose Oxidase,GOD)在有氧条件下,专一地催化 β - D - 葡萄糖生成葡萄糖酸和过氧化氢,在动植物体和微生物体内都有存在。GOD 对人体无毒、副作用,能氧化葡萄糖生成葡萄糖酸而有效除氧,广泛用于抗氧化剂、葡萄糖酸、尿糖试纸和生物传感器的生产(刘超等,2010)。

1. 高温葡萄糖氧化酶的来源

工业化生产中的 GOD 的应用,大多来自于黑曲霉和青霉(胡常英等,2008;苏茉等,2011)。但是这些来源的 GOD 作用温度一般为 30～60 ℃,超过该温度范围酶活就会损失。温度适应性限制了高温环境条件下的 GOD 的应用。自然来源高温葡萄糖酶的报道比较少见,常用固定化酶技术以提高酶的稳定性。

Cao 等(2008)发现由 CdTe 量子点和 GOD 构成的复合物可提高酶的活力和较大的拓宽活性温度范围。固定化后,酶的最适 pH 范围为 40～50 ℃,虽然伴随着温度的升高,酶活力有损失,但是固定化过程中酶构象的变化可使相对酶活力在 80 ℃仍有存在。Liu 等(1997)将 GOD 固定化在脱铝沸石上构建一个葡萄糖传感器。由于固定在沸石上,酶的微环境和构象不容易发生改变。固定化后酶活力很稳定,能保持其高活力 3 个月。60 ℃处理能有 75% 的活力存在,而初始酶仅有 20% 的酶活力残留。

Appleton 等(1997)运用酶—聚合电解质复合物的方法将葡萄糖氧化酶固定在可控孔隙玻璃珠上。通过固定化操作,该酶在很宽的温度范围内稳定,反复使用次数增加而不会对酶活产生逆向的效果。固定化后的酶能经受 100 ℃,15 min 的处理。

随着研究的进展,固定介质呈现出多样化的趋势。Huang 等(2010)提供了将 GOD 附着在 Fe_3O_4/SiO_2 纳米颗粒上进行固定化的报道。研究发现,原始酶在 30 ℃时有最大活力,高于该温度条件活力逐渐下降。固定化后酶最大活力出现在 50 ℃,在 35～80 ℃的范围内都具有活力。Tseng 等(2009)基于葡萄过氧化物酶产生的 H 过氧化机制,阐述了利用加热过的电极来巩固葡萄糖传感器的效能。他们认为全氟磺酸膜是脉冲加热时防止 GOD 热失活的优良结构物质。加热至 67.5 ℃,全氟磺酸膜上附着的 GOD 活力增加了 24 倍,电流信号在更高温度下也很稳定,线性范围也显著增加了。

曾嘉等(2002)以壳聚糖微球为载体,戊二醛为交联剂,固定 GOD,对 GOD 的固定化条件及固定化酶的各种性质进行了研究。对比发现,固定化酶的热稳定性远远高于游离酶。固定化酶在 60 ℃水浴中保持 150 min 酶活力没有明显下降。而游离酶在 40 ℃水浴中保持 60 min 后,酶活力显著下降,150 min 时已无活力。此外,在固定介质的选择方面,还有有溶胶凝胶技术将葡萄糖氧化酶附着在硅酸乙酯上的报道(Li 等,2000)。

另外一些研究还发现,酶蛋白所处的离子环境和化学修饰也可增加酶的高温耐受性。Kalisz 等(1997)就报道了从 *Penicillium amagasakiense* 中提取的 GOD,1M $(NH_4)_2SO_4$ 处理可使纯化后的酶在 60 ℃和 pH 6 条件下的酶活增加 36 倍。殷海波等(2009)利用一种单胺化的半乳糖衍生物,在碳化二亚胺的催化下,对 GOD 进行糖苷化修饰,并利用蓖麻凝集素亲和层析分离已修饰的、未修饰的酶。修饰后的酶经荧光和吸收光谱分析,证实其结构发生了变化。酶活性检测证明了修饰后 GOD 的热稳定性增加,较高温度下如 55 ℃,酶活提高了 7.28 倍,拓宽了 GOD 的应用范围。

2. 应用展望

固定化 GOD 用在传感器制作的研究已经比较成熟。但是 GOD 在食品、酿酒和饲料加工中都有很广的应用前景。譬如制作脱水蛋粉和土豆加工中,物料中存在的葡萄糖,会诱发美拉德反应。如果利用 GOD 预先处理,就会使其葡萄糖含量下降,减少非酶褐变,从而提高制品的品质(王树庆和刘秀华,2001)。

另外,GOD 能改善面团的强度和弹性,有效提高面条的咬劲,增加耐煮性(封雯瑞,2000)。GOD 在氧化葡萄糖的过程中消耗氧,这有利于保持葡萄酒的稳定性、平衡性。

值得注意的是 GOD 还是农业部许可的饲料酶制剂,在畜牧业中也有应用(赵晓芳和张宏福,2007)。而对于某些高温下的操作,如饲料生产中的挤压膨化,食品生产中的热处理会对酶活产生不利影响。这些会使在中常温条件下能够发挥催化作用的 GOD 的应用受到一定的限制。相信随着对极端环境条件下微生物的筛选和驯化,GOD 的使用也会随之扩大,为生产和科研试验提供便利。

1.4.4　高温环境中的脂肪氧合酶

脂肪氧合酶又称脂肪氧化酶(Lipoxygenase,LOX),能作用于含有顺,顺 - 1,4 - 戊二烯结构的不饱和脂肪酸及酯,生成含有共轭结构的脂肪酸氢过氧化物。这些氢过氧化物进一步分解为短链的醇、酮和醛,在食品加工过程中,往往会导致不良味道的产生。

1. 高温环境中脂肪氧合酶的来源及部分性质

关于高温环境中的 LOX,已经有了初步的报道研究。在植物、微生物中都有高温环境中仍具有活力的 LOX 的报道。酶的固定化处理,也能生产出高耐热性的酶。

自然来源方面,Li 等(2001)从米曲霉(*Thermomyces lanuginosus*)中分离出耐热性的胞外 LOX。经(DEAE) - Sepharose 离子层析色谱、(CM) - Sepharose 离子层析色谱和 Phenyl - Sepharose 疏水作用色谱得到 SDS - PAGE 纯的 LOX。该酶的分子量为 100 kDa,最适作用温度和 pH 为 55 ℃和 6.0。在 60 ℃,20 min 活力损失一半,70 ℃时需要 5 min。Bae 等(2010)提供了从嗜中温菌铜绿假单胞菌(*Pseudomonas aeruginosa*) PR3 中提取出耐热 LOX 的报道。纯酶的热稳定性很高,80 ℃时的 LD_{50} 为 90 min。

植物体内的 LOX 也能耐受一定的高温环境,但是相比较而言这类酶的高温活性没有微生物来源的高。Indrawati 等(2001)研究了青豆汁和整果形态的青豆中的 LOX 的温度和压力致失活性质。结果发现,在 60 ℃以上时酶存在一个先于失活过程的激活状态。同一来源的 LOX,其温度耐受力也不尽一致。如麦芽 LOX 有两种同功酶 LOX1 和 LOX2,这两种同功酶常常以共存的形式存在。其中一种酶的耐热性很高,麦芽经烘焙捣碎后,升温至 70 ℃仍有稳定活性(Takashio 和 Shinots,1998)。

固定化操作也可以提高游离 LOX 在高温环境的活力水平。蔡琨等(2004)以活性白土、滑石粉为载体采用吸附法固定化大豆 LOX。以海藻酸钠为载体采用包埋法得到的固定化酶珠的耐热、耐酸碱、耐有机溶剂能力较游离酶有很大提高,在 50 ℃热处理 60 min 后酶活力仍能保持 90%。

在微环境(如水分、同功酶的存在)的影响下,LOX 的耐热性会有很大提高。一方面是 LOX 本身的热变性温度较高;另一方面是由于天然状态的含酶材料,酶受周围物质的保护而不易变性(王洪晶等,2006)。鄢全等(2006)认为水分含量对于豆粕酶活的影响极大,在低水分含量情况下,加热很难使 LOX 活力下降。田其英和华欲飞(2007)发现在 0 ~ 100 ℃的范围内,Lox - 1 和 Lox - 2 在中等温度下存在两个激活态,并且 60 ℃的高于

80 ℃的。Lox－3 的活力随着温度的升高是先稍微上升后逐渐降低，在 60 ℃只存在一个激活态。

2. 高温脂肪氧合酶的应用及展望

食品中 LOX 的出现往往与品质的劣变有关。一般而言，引起蔬菜的色泽、风味、质构和营养品质变化的酶主要可分为 4 组：多酚氧化酶、叶绿素酶和过氧化物酶引起色泽变化；脂肪氧合酶、脂酶和蛋白酶引起变味；果胶酶、淀粉酶和纤维素酶引起质构变化（邢淑婕等，2004）。豆乳加工中，豆腥味的形成与大豆中所含的 LOX 有关（吴玉营等，2003）。在大豆中，LOX 活性很高。热磨时 LOX 进一步失活所带来的正效应要比其副作用大得多。此外，小米的陈化过程中，LOX 和黄色素的特征吸收值会发生改变，较高的温度会引起小米品质的劣变（孙海峰等，2008）。食品中多种酶相互作用，如酯酶可水解酯键产生游离脂肪酸，产生不利的皂化气味。而脂肪酸被释放之后，双键易被氧化，导致产生酸败味道，LOX 的出现促进反应进行，加深劣变的程度（董彬等，2005）。

实际生产中，合理地选择工艺参数，避免高温环境中酶活力的存在对食品品质产生不利影响，或者对工作参数进行合理的改进，以避免 LOX 对饲料产品有不利影响。挤压膨化作用却能使这些酶因为变性而失活，从而提高了产品的存储期（赵明杰等，2007）。在饲料生产中，要注意酶的耐高温性质对产品的影响，减少操作不当带来的损失。

第2章　低温环境中的活性酶

低温酶(Cold - Adapted Enzyme)是指在低温条件下能有效催化生化反应的一类酶,冷适应微生物(Cold - Adapted Microorganism)通过产生冷活性酶(Cold - Activeenzyme)来调节它们的代谢活动并以此来适应低温环境。冷活性酶分离自冷适应微生物,但并不是冷适应微生物所产生的酶都是冷活性酶。对分离自南极的嗜冷菌中的代谢酶类进行了研究发现,琥珀酸脱氢酶对温度很敏感,而柠檬酸合成酶则对温度不敏感。

低温酶具有特殊的分子机制适应低温环境,根据已获得的低温酶一级序列和高级结构,低温酶同中温酶及高温酶相比有以下差异:甘氨酸含量增加;脯氨酸、精氨酸含量减少;盐桥、芳香环相互作用,疏水作用减弱;分子间、亚基间以及结构域间的相互作用减弱;与溶液间的相互作用增强;环状结构(Loop Structure)增加。

这种结构变化赋予蛋白分子较高的柔韧性和较低的热稳定性。因而冷活性酶具有较低的最适反应温度,在低温范围内具有很高的催化活性。从嗜冷酵母分离纯化的琥珀酸脱氢酶其最适反应温度为20 ℃,而在0 ℃能保持最高活性的60%。可见冷活性酶在低温条件下与底物结合能力及催化活性很强。

由于低温酶的低温催化能力,低热稳定性使其在工业应用上有以下的优势:通过温和的热处理使低温酶失活,快速而经济地终止反应;生产过程在低温或室温下进行,无需加热和冷却,可以降低成本;生产过程便于监控。正是低温酶的这些优势,促进了近几年来低温脂肪酶的研究,低温脂肪酶可用于处理低温状态下废水中的油污,并可作为热不稳定物质在低温状态下的生物催化剂。

2.1　低温蛋白酶

低温酶对热敏感,最适反应温度较低,低温酶分子结构一般具有较高的柔性,在低温条件下能快速进行构象上的调整以适应催化反应的需要,减少了能量消耗。这类酶在低温条件下一般具有较高的 K_{cat} 及 K_{cat}/K_m 值,以此来补偿由于低温引起的生化反应速度降低的不利影响,进而使嗜冷菌保持正常生长所需的新陈代谢活动。低温酶的 K_m 值较低,对底物的亲和力较强,提高了对底物的利用效率,这也是与嗜冷菌所处自然环境中营养物质相对贫乏相适应的。

地球自然生态系统中存在很多异常寒冷的环境, 如极地、雪山、冰海或海洋深部区域, 能够在这样的环境下正常生长的微生物称适冷微生物。适冷微生物属极端微生物范畴, 是低温生态系统的主要成员, 并是食物链中的重要构成环节之一。目前研究已初步揭示了适冷微生物在分子水平上、能量与物质代谢机制、细胞膜结构、蛋白质合成机制等方面与常温微生物均有较大的差异。在应用研究领域，主要集中在适冷酶类(如适冷蛋白酶、适冷淀粉酶、适冷脂肪酶等)、特定代谢产物(如不饱和脂肪酸)及低温环境修复等方面。由于适冷蛋白酶具有较高的低温催化效率和低热稳定性，使其在日化产品、食品加工等行业具有较高的开发应用价值。近年来，国内外从极地海洋的适冷微生物中已发现一些产低温蛋白酶菌株并开展了较为深入的研究，相对而言，陆地高寒环境下的适冷微生物研究较少。

蛋白酶是目前应用最多的一种酶。但目前所用的基本上都是中温酶,最适酶活温度一般都在 50 ℃左右,而由低温菌产生的低温蛋白酶的最适酶活温度基本都在 40 ℃以下,而且,菌的最适产酶温度一般都在 25 ℃以下。因此,低温蛋白酶应用在食品、洗涤剂、化妆品、水产饲料等工业上,有着中温蛋白酶无法取代的优越性。自 20 世纪 70 年代以来,世界上已有许多实验室在从事低温蛋白酶的研究。已从海水、嗜冷的鱼类和贝类以及高山、南北极泥土等样品中分离到产低温蛋白酶的菌株。一些低温蛋白酶已经分离纯化,对其中一些酶的结构和适冷机制也进行了研究,有的已应用到洗涤剂的生产中。

2.1.1　分布

海洋是一个开放的环境,在深海海底的低温生态环境中生长的低温菌,有些可能起源于海底生态环境,有些可能来自海洋的表面或来自大气、河流等,在深海海底生存的微生物,在长期的适应进化中,都形成了能够在低温下生长的特性,这是生存所必需。但所产蛋白酶的特性并不尽相同。过去通常习惯把低温菌和低温酶相提并论,但现在看两者的关系并不像以前认为的那样密切。蛋白酶分子的适应进化与菌株生长的适应进化是不同步的。

深海微生物资源是目前国际上极端微生物研究的热点之一,本文从深海淤泥中筛选到产低温蛋白酶的耐冷菌,并对其生长与产酶特性和粗酶性质进行了初步研究,为今后低温酶的嗜冷机制研究及其在水产、洗涤剂、化妆品、皮革、食品等工业上的应用研究奠定了基础。

地球上存在大面积的低温寒冷环境(≤5 ℃),这其中包括深度超过 1 000 m 的海洋、极地和许多季节性的寒冷环境等。来自这些寒冷环境的物种不仅包括革兰氏阳性和革兰氏阴性的细菌(Davail 等, 1994;Lonhienne 等, 2001a;Narinx 等, 1997)、古菌(Cavicchioli, 2006)、酵母(Deegenaars 和 Watson, 1998;Petrescu 等, 2000;Sabri 等, 2001)等微生物,也包括大量的真核生物,如藻类、植物、昆虫、海洋和陆地来源的无脊椎动物以及鱼类等。微生物因其数量巨大、种类繁多,是适冷生物中资源最丰富的一个类群。

低温会减慢微生物的新陈代谢过程,改变蛋白质与蛋白质之间的相互作用,降低膜的流动性,引起水的黏度上升,还会引起盐溶解度的降低和气体溶解度的升高(Georlette 等, 2004)。低温还会使一些疏水性较强的蛋白质和酶类(如 ATP 酶、脂肪酸合成酶)在低温下出现冷变性(Polverino de 等, 1995;Creighton, 1991),并且降低酶促反应的速度。为了抵御低温带来的生存压力,适冷微生物进化出了从分子细胞水平到整个生物体的多种适冷策略。例如,通过改变细胞膜磷脂双分子层的组成和排布,使细胞膜在低温下仍具有流动性和渗透性等正常生理功能;产生柔性构象的蛋白质和酶,使其在低温下具有高稳定性和活性，产生冷激蛋白、抗冻蛋白、胞外多糖等，以及过量表达与蛋白质合成、营养物质运输等有关的蛋白质来抵御低温对生命体带来的负面影响。

目前已经有大量关于不同种类适冷酶的报道，如 α - 淀粉酶、DNA 连接酶、GTP 酶、糖苷水解酶、碱性磷酸酶、谷氨酸脱氢酶、胰蛋白酶、二氢叶酸还原酶、丙糖磷酸异构酶、β - 葡萄糖苷酶、柠檬酸合成酶、脂肪酶 B、枯草杆菌蛋白酶、酯酶、3—异丙基—苹果酸盐脱氢酶、木糖异构酶、鸟苷酸氨甲酰基转移酶、纤维素酶、尿嘧啶 DNA 糖基化酶、腺苷酸激酶、胰蛋白酶和金属蛋白酶等。已经报道的适冷酶多数具有低温下高催化效率和高温下低稳定性双重特点（D' Amico 等，2002a；D'Amico 等，2003b；Marx 等，2007b；Siddiqui 和 Cavicchioli，2006；Georlette 等，2004）。

目前，绝大部分海洋沉积物微生物多样性的研究主要集中在日本附近的海域、马里亚纳海沟、海底热液口、冷泉等环境中，并获得了许多研究成果（李会荣等，2006）。*P.* sp. SM9913菌株从日本冲绳槽附近海域 1 855 m 深的海底沉积物中分离，其自然生长环境温度为 5 ℃左右。

极地约占地球表面的 15%，南极和北极环境中存在类型多样的陆地和海洋，也孕育了多样的适冷微生物。许多对极地的微生物生态多样性的研究多关注于两极的深海海底（Brambilla 等，2001；Bowman 等，2000；Sahm 等，1999）、土壤（Fridmann，1980）、湖沼（Priscu 等，1998）和冰河（Abyzov 等，1998）等生态系统，而对海冰生态系统研究较少，因此海冰生态系统是一个未被开发的生物资源宝库。在南极海冰中已经有多种细菌的新种和新属得到分离和鉴定，当中包括变形细菌（*Proteobacteria*）的 alpha 亚群（a - proteobacter），gamma 亚群（Y - proteobacter），噬纤维菌 - 黄杆菌 - 拟杆菌群（*Cytophaga - Flavobacterium - Bacteroides*，CFB）和高 G + C 含量的革兰氏阳性细菌等，但是从北极海冰中只分离得到几株 y - proteobacter 和 CFB（Junge 等，2002）。尽管对海冰的细菌多样性的系统发育分析已有研究，但是对海冰细菌的生理特征及其在海冰生态系统中所发挥的生物学功能还不清楚。对两极海冰和海水中多聚物组成的研究肯定要依赖对这些特殊生境中产酶菌株的分离、鉴定和菌株生理生化特征研究。

Bsi20495 菌株是第二次中国北极科考探险队在 2003 年夏从北冰洋加拿大盆地（The Canadian Basin，Arctic Ocean）的海冰柱样中（离表面 122 ~ 124 cm 处）分离得到的，为一北极海冰来源的细菌。

P. sp. SM495 是一株蛋白酶高产菌株，最适产酶温度 10 ℃左右，1 L 发酵液的总酶活为 2 550 U。研究者已经分离纯化到 *P.* sp. SM495 胞外分泌的一种主要的金属蛋白酶，分子量约 35 kDa，将其命名为 E495。

2.1.2 理化性质

低温酶一般具有产酶的最适低温度，最适酶活低温度，在低温下催化效率高，但热稳定性差等特征。Margesin 等 1991 年从海拔 2 100 m 的高山泥土中分离的低温菌 *Xanthomonas maltopholia* 产生的低温碱性金属蛋白酶，最适酶活温度 50 ℃，最适 pH 值 8.0，在 40 ℃下保温 1 h，酶活性下降 5%。该高山低温菌产生的蛋白酶特性与中温菌差异不大。Shibata 等报道，从海洋贝壳中分离的低温菌 *Alteromonassp.* No. 3696 产生的产低温碱性金属蛋白酶,最适酶活温度 40 ℃,最适 pH 8.5 ~ 9.0, 40 ℃下 15 min,酶活下降 20%。Hoshino 等从海洋冷水鱼的消化道中分离的低温菌 *Pseudomonas* 产生的金属蛋白酶最适酶活温度为 25 ℃,40 ℃下 1 h,酶活丧失 75%,是目前已经报道的低温金属蛋白酶中酶活最大酶活温度最低、热稳定性最差的蛋白酶。但该蛋白酶的最适 pH 7.0,为中性金属蛋白酶。从深海淤泥中分离的耐冷菌 *P*. SM9913 所产的低温蛋白酶,最适酶活温度35 ℃,最适 pH 9.0,酶活性被 EDTA 所抑制,是目前报道的酶活温度最低的碱性金属蛋白酶。该蛋白酶热稳定性非常差,40 ℃下 10 min,酶活即丧失 85%,较 Hoshino 等报道的低温中性金属蛋白酶的热稳定性还差,是目前报道的金属蛋白酶中热稳定性最差的蛋白酶,这可能与该菌株长期生活在低温(5 ℃)环境中有关,深海淤泥是分离低温微生物与低温酶的良好材料。有关 *P*. SM9913 所产低温蛋白酶的分离纯化、酶学特性及嗜冷机制正在进一步研究之中。

1. 嗜冷蛋白酶的高效催化效率

各种反应,包括酶促反应的速率都可以用阿累尼乌斯方程描述,即

$$K_{cat} = A\kappa \exp(-E_a/RT)$$

式中　K_{cat}——酶促反应速率;

T——势力学温度;

E_a——反应温度;

A——反应的活化能;

κ——动态传输系数(Dynamic Transmission Coefficient),一般情况下假定为 1;

R——气体常数,8.314 J/(mol · K)。

从方程中可以看出,酶促反应速率 K_{cat} 会随着温度的升高和活化能的降低而提高,反之,K_{cat} 会随着温度的降低和活化能的升高而降低。根据方程,在很低的温度下(0 ~ 4 ℃),普通中温酶的反应速率会明显降低。对于微生物来讲,要使低温下整体代谢速率达到与在中温下大致相当的水平,可以采取提高酶产量或者提高酶在低温下反应速率等方法。与中温酶相比,目前已报道的多数适冷酶的表观最适催化温度 Topt 都向低温方向移动,稳定性也相应降低,它们在低温下的反应速率可以比相应中温酶高 10 倍。

过渡态理论假定酶促反应过程中存在一个稳定的活化复合物状态 $ES^{\#}$,$ES^{\#}$ 同基态 ES 存在平衡,$E + S \longleftrightarrow ES \longleftrightarrow ES^{\#} \rightarrow E + P$。

催化速率与温度的关系可以通过一个与阿累尼乌斯方程等价的方程联系起来,即

$$K_{cat} = \kappa(K_B T/h)\exp(-\Delta G^{\#}/RT)$$

式中　K_B——玻耳兹曼常数,1.38×10^{-23} J/K;

h——普朗克常数,6.63×10^{-34} J · s;

$\Delta G^{\#}$——活化自由能,即酶 - 底复合物的基态(ES)和活化态($ES^{\#}$)之间的能垒。

根据方程,K_{cat} 的升高可通过降低 $\Delta G^{\#}$ 来实现。

根据公式 $\Delta G^{\#} = \Delta H^{\#} - T\Delta S^{\#}$,$\Delta G^{\#}$ 的降低可以通过 $\Delta H^{\#}$ 的降低和/或 $\Delta S^{\#}$ 的升高来实现。从结构上讲,过渡态形成时(或基态 ES 活化为活化态 $ES^{\#}$ 时),需要破坏一些相互作用(即造成键的断裂),需要破坏的相互作用越多,相应的 $\Delta H^{\#}$ 也就越大。要降低 $\Delta H^{\#}$,就要减少过渡态形成时需要破坏的相互作用数目,这很可能会导致适冷酶酶活中心柔性升

高，使得基态 ES 的构象分布更为广泛，也就具有更高的熵。由于适冷酶和同源中温酶催化的是同一类反应，这里我们假设活化态 $ES^{\#}$ 具有相似的熵，因此，适冷酶的活化熵 $\Delta S^{\#}$ 要低于同源中温酶。综上，与同源中温酶相比，适冷酶具有低活化焓 $\Delta H^{\#}$，和低活化熵 $\Delta S^{\#}$ 的降低的拮抗作用，使得活化自由能 $\Delta G^{\#}$ 的降低处于一个较小幅度（见图 2.1）。目前为止几乎所有报道过的适冷酶都具有低 $\Delta H^{\#}$ 和低 $\Delta S^{\#}$。

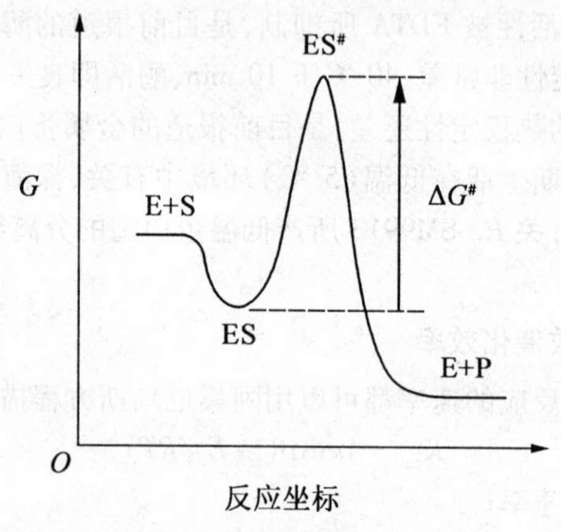

图 2.1　吉布斯能量变化的过渡态理论（Lonhienne 等，2000）

2. 嗜冷蛋白酶的 K_m

如前所述，适冷酶活性位点柔性的提高可以提高酶的 K_{cat}，与此同时，活性位点柔性的提高也使得酶与底物的结合变弱，因此，与中温酶相比，适冷酶具有较高的 K_m（Fields and Somero, 1998；Xu 等, 2003）。但是，也有适冷酶增强与底物结合能力导致具有较小 K_m 的例子（Bentahir 等，2000；Hoyoux 等, 2001；Lonhienne 等, 2001b）。这种机制对于那些在底物浓度很低的条件下起作用的酶非常重要，因为，此时增强对底物的结合能力是影响催化速率的关键因素。此外，酶对底物的结合对温度是十分敏感的，因为，它不但与酶活性位点的几何结构有关，还与同底物结合时相互作用的类型有关。因此，低温不但会降低 K_{cat}，还会显著改变酶与底物的结合模式和强度。温度影响酶与底物结合（K_m）的一个例子就是壳二糖酶（Lonhienne 等, 2001b）。如图 2.2 所示，在各自的生活环境温度下，适冷壳二糖酶的 K_m 是中温酶的 10 倍左右。并且可以注意到，两个酶都是在各自的生活环境温度下具有最小（最优）的 K_m。中温壳二糖酶的 X 射线晶体结构表明，疏水作用在酶与底物的结合中起作用，由于疏水作用随着温度提高而增强，因此，K_m 会随着温度的升高而降低；而在适冷壳二糖酶中，相应的位置上起作用的是静电相互作用，而静电相互作用则会随着温度的降低而增强，因此，适冷壳二糖酶在低温下具有小（优）的 K_m。

3. 嗜冷蛋白酶的稳定性

与同源中温酶相比，绝大多数适冷酶在较高温度下都有较低的热稳定性（最适酶活温度 T_{opt}，表观变构温度 T_m 等）。在一些例子中，适冷酶的热稳定性甚至要比同源中温酶低 20 ~ 30 ℃（D'Amico 等, 2003b；Xu, 2003；Collins 等，2003；Georlette 等, 2003）；而在另一些例子中，热稳定性的差异仅有大约 10 ℃（Bae 和 Phillips, 2004；Chessa 等, 2000；Svingor 等, 2001）。但是，也有适冷酶稳定性高于同源中温酶稳定性的报道（Fedoy 等，

2007）。这表明低的稳定性并不是适冷酶的一个内在性质。

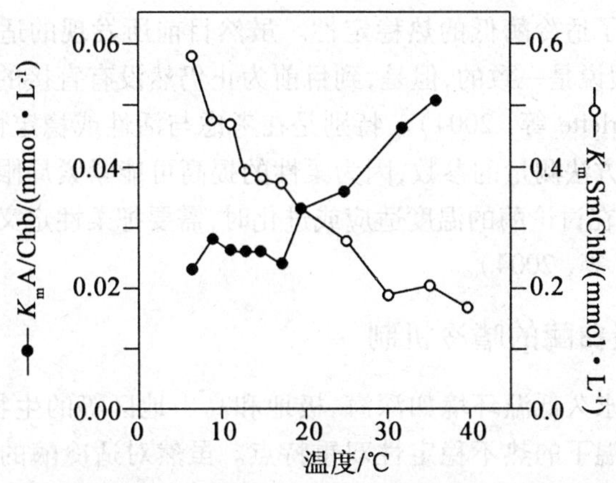

图 2.2　适冷壳二糖酶和中温壳二糖酶的米氏常数与温度关系图（Lonhienne 等，2001）

很多适冷酶的研究表明升温过程中，酶活在整体结构改变之前便已经达到了最大值，并开始下降，说明适冷酶的酶活中心稳定性低于整体稳定性。

多结构域蛋白（包括适冷酶）的高温去折叠很可能是一个动力学驱动的过程，因为，这种去折叠常常是不可逆的。AHA 是现在唯一已知的去折叠过程完全可逆的适冷酶（Feller 等，1999）。协同去折叠通常是由具有紧密内核的小分子量酶展现出来的一个现象（Siddiqui 和 Cavicchioli，2006）。AHA 是一个大分子量的酶（分子量约 50 kDa），它的去折叠过程表现出来的协同性可能是由活性状态下不同结构元件之间的相互作用数目较少引起的，同时打断这些有限数目的相互作用可能有利于两态去折叠（D'Amico 等，2001）。

低温会导致酶活性的丧失，这种现象称为冷变性（Privalov，1990）。研究认为，这是由低温下蛋白质的极性和非极性氨基酸的水合（Hydration）造成的（Makhatadze 和 Privalov，1995）。水合造成了疏水作用力的减弱，而疏水作用力在蛋白质折叠和保持稳定中起关键作用，因此水合会造成蛋白质的去折叠。冷变性是蛋白质普遍具有的一项性质，它对多亚基的酶，如 ATPase、脂肪酸合成酶等，和那些高度疏水蛋白质的影响尤为显著（Creighton，1991）。但有研究发现，有的适冷酶比它的同源中温酶和嗜热酶更容易冷变性，适冷 α－淀粉酶比同源中温酶和嗜热酶更容易冷变性，它们会在接近－10 ℃时去折叠（Feller 等，1999）。

4. 嗜冷蛋白酶的柔性

酶的催化过程类似于"呼吸"，它需要整个或部分酶分子不断地"张开"和"闭合"，以完成底物结合和产物释放。酶分子这种"呼吸"活动的难易程度应该是决定酶催化效率的一个重要因素。因此，在特定温度下酶催化效率的优化需要在两个通常相对的因素之间寻求平衡，即一方面，酶分子要在生理温度下保持特定的三维构象，另一方面，酶分子要有足够柔性使得自身可以在这些催化相关的构象之间容易转化（Jaenicke，1996；Jaenicke，1991；Georlette 等，2004）。

嗜热酶结构通常刚性较强，以抵抗环境高温对结构的冲击；与此相反，适冷酶由于处于低温环境，需要具有较高的整体或局部柔性，以补偿低温环境的低能量。适冷酶的高柔性使得酶可以在环境低温提供的低能量下结合底物,从而获得较高的活性;另一方面,高的柔性很可能造成了适冷酶低的热稳定性。虽然目前所发现的适冷酶多数具有低的热稳定性,这与上述假说是一致的,但是,到目前为止仍然没有直接的实验证据证明适冷酶具有高的柔性(Georlette 等, 2004)。特别是在考虑与活性或稳定性的相互关系时,柔性是一个很难用实验方法测量的参数,因为柔性的提高可能紧紧局限于蛋白的一小部分(但却很关键)区域。在讨论酶的温度适应或进化时,需要把柔性定义成一个与酶活直接相关的参数(Georlette 等, 2004)。

2.1.3 低温蛋白酶的嗜冷机制

适冷酶由生存于永久低温环境如深海、极地和高山地区等的生物所生产,兼有低温下高的催化效率和高温下的热不稳定性双重特点。虽然对适冷酶的适冷机制有着不同的解释,但目前最流行的解释是,适冷酶在低温下高的催化效率来自于高的酶蛋白柔性,而高的蛋白柔性则源于适冷酶的热不稳定性。但是,这一解释仍有局限性,因为,目前有报道发现适冷酶可以同时具有高的活性和高的热稳定性。在实验室内通过定向进化对酶分子的改造实验也证实,有些情况下,少数氨基酸残基的突变也可以产生同时具备高催化活性和高热稳定性的酶。因此,适冷酶的适冷机制以及适冷的结构基础有待进一步研究。

1. 适冷酶的结构特征

目前已有多个适冷酶的晶体结构得到了解析,人们试图通过比较适冷酶和同源或相似中温酶之间的结构差异来揭开影响酶适冷性的结构因素。虽然通过序列和结构比较,人们倾向于认为多项结构特征可能与适冷相关,如较多的直链残基,较多的 Asn 残基,较少的 Arg 残基,较多的表面净负电荷,较少的盐键,较大的疏水表面积,以及较长的无规则卷曲等(Siddiqui 和 Cavicchioli, 2006;Gianese 等, 2002),但是需要注意的是,这些序列和结构特征并不同时存在于所有适冷酶中。

2. 活性 - 稳定性 - 柔性三者之间的关系

适冷酶在具有低温下高的催化活力的同时具有高温下低的热稳定性(D′Amico 等, 2002a)。Feller 研究小组在分析酶的生化和生物物理性质的基础上提出利用折叠隧道模型来解释适冷酶和嗜热酶的折叠 - 去折叠反应(D′Amico 等,2003b),如图 2.3 所示。Gerday 和 Feller 小组提出的酶的适冷机制是目前对适冷机制的流行解释,他们认为,适冷酶通过降低蛋白热稳定性来获得高的局部或整体柔性,柔性的升高使得催化反应的活化能降低,从而提高了酶在低温下的催化效率(D′Amico 等, 2002a;Georlette 等, 2004)。

另外,也有研究提出,静电势的优化是一项重要的适冷策略(Brandsdal 等,2001;Russell 等, 1998;Moe 等, 2004)。此外也有研究表明,适冷酶可以同时具有高的催化活力和高的稳定性(Fedoy 等, 2007;Leiros 等, 2007;Svingor 等, 2001),这与上述对适冷机制的流行解释是矛盾的,表明适冷酶的活性 - 稳定性 - 柔性三者之间的关系需要进一步研究。

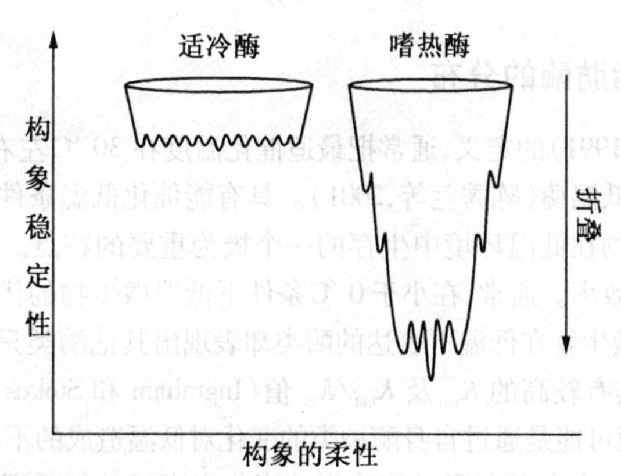

图 2.3　适冷酶和嗜热酶折叠－去折叠的折叠隧道模型(D'Amico 等,2003)

2.1.4　纯化

P. sp. SM9913 的最适产酶温度为 10 ℃,胞外至少分泌 3 种蛋白酶,分别为 MCP－01, MCP－02(Chen 等, 2003)和 MCP－03(Yan 等, 2009)。其中 MCP－01 是 *P*. sp. SM9913 胞外分泌量最大的蛋白酶。MCP－01 属于 Ser 蛋白酶 S8 家族(Rawlings 等, 2008),其催化酪蛋白水解的最适酶活温度 30～35 ℃,在 0 ℃仍保持最高酶活的 12.3%,是一种典型的适冷蛋白酶(Chen 等, 2003)。MCP－01 因其特殊的结构特点和催化特性,与另外的 12 条蛋白酶序列一起被归为 S8 家族的一个新的亚家族 Deseasin(Chen 等, 2007)。Deseasin MCP－01 不仅可以降解可溶的蛋白质,而且可以在其 PKD 结构域的协助下降解不可溶的底物如胶原蛋白,MCP－01 可能在深海沉积物的有机氮降解中发挥重要作用(Zhao 等, 2008)。MCP－02 是 *P*. sp. SM9913 胞外分泌量较少的一类金属蛋白酶。MCP－02催化酪蛋白水解的最适酶活温度为 55 ℃,在 0 ℃只保持最高酶活的 0.8%左右,因此 MCP－02 虽然来源于适冷菌,但其热稳定性却更倾向于是一个中温蛋白酶(Chen 等, 2003)。

MCP－03 是最近从 *P*. sp. SM9913 基因组 DNA 中克隆到的一种 Ser 蛋白酶,属于 S8 家族的 Thermitase 亚家族(Rawlings 等, 2008)。虽然与 MCP－01 同为 S8 家族的蛋白酶, MCP－03 的氨基酸组成和蛋白质结构域组成却与 MCP－01 很不相同。MCP－03 含有信号肽,是分泌型蛋白酶,但是研究者从 *P*. sp. SM9913 胞外还没有分离到 MCP－03 的纯酶。对重组酶 MCP－03 生化性质的研究也表明 MCP－03 与 MCP－01 有着不同的催化特性。

2.2　低温脂肪酶

目前有关低温脂肪酶的研究还较少,主要集中在酶的性质和其耐冷机制上,还少有实际工业应用实例。低温脂肪酶的特点是最佳酶活温度较常温酶低,活化能减小,热稳性降低,酶分子往往和脂多糖相互作用形成高分子量的化合物。研究表明低温脂肪酶的生产一般要求细菌生长至对数生长期的后期,最佳产酶温度低于菌体的最佳生长温度。

2.2.1　低温脂肪酶的分布

根据 Margsin 等(1991)的定义,通常把最适催化温度在 30 ℃左右,在 0 ℃左右仍有一定催化效率的酶称为低温酶(陈秀兰等,2001)。具有能催化低温条件下生物体内所有生化反应的酶是极地微生物在低温环境中生存的一个极为重要的特点。这些酶在低温时有着比中温酶更高的催化效率。通常,在小于 0 ℃条件下低温微生物的代谢速率比中温菌更慢(Jay, 1986),但这些微生物在低温下表达的酶类却表现出其他酶类只有在较高温度条件下才具有的生化活力,具有较高的 K_{cat} 及 K_{cat}/K_m 值(Ingraham 和 Stokes, 1959)。在酶学水平上,低温微生物一方面可能是通过自身酶种类的变化对低温造成的不利影响作定性补偿;另一方面也可能是在酶活力水平上通过酶浓度的变化来定量补偿低温造成的不利影响。在低温条件下,低温酶的 K_m 值较低,对底物的亲和力也较强,提高了对底物的利用效率。低温微生物的酶活力得到提高,酶的分泌水平也得到提高。研究人员发现,嗜冷菌和耐冷菌最高酶产量的出现温度远低于其最适生长温度(Gilgi 等,1991; Margesin 和 Schinner, 1992)。低温条件下更多酶的生成可以保证低温环境中底物的高效利用。

近年来低温脂肪酶的研究广泛开展,已有多种低温脂肪酶得到纯化或克隆表达,如菌饰 *Pseudomonas* sp. strain KB700A, *Acientobacter* sp. strain No. 6 分泌的脂肪酶。其中大部分低温酶是从南极和北极以及深海、高山冻土中的低温微生物产生。深海的大部分区域常年低温,低温微生物资源丰富,对它的研究开发对于丰富我国低温微生物资源和低温酶具有重要的意义。

地球上约 80% 以上的生物圈部分为永久性低温地区(常年低于 5 ℃),包括 90% 的海洋两极地区、常年积雪的高山、冰川、极地、高山湖泊和部分温带湖泊湖底静水层等;温带地区、部分海洋和湖泊表层、洞穴等地区温度随季节变化,为非永久性低温地区。在地球上广泛分布的低温地区中生存着大量的嗜冷菌(唐兵,2002)。嗜冷菌的种类繁多,在已知的嗜冷菌中,细菌是种类和数量最多的一类,涉及 30 多个属,其中多数属于革兰氏阴性的 *Pseudomonas* 属和革兰氏阳性的 *Bacillus* 并广泛地分布于各种低温环境中。早期的低温微生物学研究主要集中于微生物的生态方面。从 20 世纪 90 年代起,国际上对嗜冷微生物的生境适应机制和潜在的应用基础研究开始投入越来越多的关注,其中有关低温酶的研究是最为广泛和透彻的领域。据报道,已先后对嗜冷微生物的蛋白酶、脂肪酶、枯草杆菌蛋白酶、碱性磷酸酶、谷氨酸脱氢酶、DNA 连接酶、磷酸甘油酸激酶和乙醇脱氢酶等进行了研究(David, 1999)。低温酶具有极高的催化常数值,较低和较稳定的米氏常数(K_m)值,并以较低的活化能和低温下的酶活力为主要特征,在某些领域有着中温酶所不可比拟的优越性,因此在洗涤业、食品加工、生物制药、环境生物技术等领域有着广阔的应用前景。

2.2.2　低温脂肪酶的理化性质

1. 低温酶的产生温度低

低温酶的产生温度一般不超过 20 ℃。研究发现,嗜冷菌和适冷菌常常在温度低于其最适生长温度时酶的产量最高。如 Feller 等(1990)从南极海水中分离到 4 株产脂肪酶的耐冷莫拉氏菌，它们的最适生长温度为 25 ℃，但其脂肪酶的最适分泌量须在更低温度 3 ℃。对 Moraxella TA 144 分别在 3 ℃、17 ℃和 25 ℃进行培养时，其代时（Generation Time）和上清液酶活分别为 4.5 h、2.0 h、1.7 h 和 1 150 U/mL、380 U/mL、85 U/mL（Feller, 1994）。在低温条件下，不但低温微生物的酶活力较高，酶的分泌水平也有所提高，从而保证低温环境中底物的高效利用。Arpigny（1997）研究发现，*Psychrobacter immobilis* B10 所产脂肪酶的最高分泌量出现在 4 ℃时，温度升高，菌株生长加快，但酶的分泌量减少，甚至酶部分失活。

2. 低温脂肪酶的最适作用温度低

Arpigny 等（1997）对静止嗜冷杆菌 *Psychrobacter immobilis* B10 所产生的脂肪酶与中温的铜绿假单胞菌 *Pseudomonas aeruginosa* 45377 进行比较研究，结果发现低温脂肪酶的最适作用温度在35 ℃左右，0 ℃时保留酶活的20%左右。而中温酶在20 ℃以下，酶活几乎为0，在高于 60 ℃时，酶活力仍不断增强。

3. 低温脂肪酶的比活力高活化能低

酶催化反应率的公式为

$$K_{cat} = kK_B / h(e^{-\Delta G/RT})$$

式中　K_{cat}——反应率；

k——传递系数（Transmission Coefficient），指酶－底物复合物释放产物的产率（介于0.5～1之间）；

K_B——玻耳兹曼常数（1.38×10^{-23} J/K）；

T——热力学温度；

h——普朗克常数（6.63×10^{-34} J·S）；

R——气体常数[8.31 J/(K·mol)]；

ΔG——活化自由能（即酶－底物复合物活化态时的能含量与基态时的差值）。

从公式中可以看出，假如温度降低，活化自由能不变的话，酶的催化反应率要大大降低。所以对生活于0 ℃附近的低温菌而言，必须做到低温和常温下与大分子底物结合的活化能更低，以保证细胞的正常生命活动。事实上也正是如此，如适冷菌 *P. immobilis* B10 的低温脂肪酶的活化能为63 kJ/mol，远低于中温酶 *P. aeruginosa* 45377 的110 kJ/mol（Feller, 1 997）。

2.2.3　低温脂肪酶的特点和适冷机制研究

目前，有关低温酶适冷机制的研究一方面通过建立计算机模型比较低温酶与相应中温酶、嗜热酶的一级、二级结构来进行；另一方面通过分析已测知的氨基酸序列来进行。对比研究结果表明，极地微生物的酶只在酶分子的某些部位与来自中温微生物的酶存在着细微的差别。这些差异有可能与低温酶的适冷特征有关，并主要体现在以下几个方面：

①与蛋白质折叠和稳定性相关的弱作用（如氢键和盐键）的减少；

②常以一个低疏水性的疏水区域形成蛋白质的核心；

③剔除和替换蛋白质二级结构的环和转角处的 Pro;

④通过增加带电荷的侧链以增加溶剂和亲水表面的作用;

⑤在结构功能域附近出现 Gly 簇;

⑥更广范围内的钙离子配位作用。

每种适冷酶并非都具备上述全部特征,但其总体趋势是为了使酶结构的柔性增强。现在普遍认为酶分子的低温适应性主要依赖于酶分子内基团之间相互作用的减弱以及酶和溶剂分子相互作用的增强。这样的分子结构变化使得酶分子更具柔性,从而增强了其与底物的作用,降低了反应的活化能,提高了酶的催化活性。如 Narinx 和 Davail (1997)分别从南极海水中两株不同的枯草杆菌中分离出两种枯草杆菌蛋白酶,发现这两种酶的多肽链(309 个氨基酸)比另两种来自中温菌的枯草杆菌蛋白酶的多肽链(275 个氨基酸)要稍微长一些。序列插入部分主要发生在与其二级结构单元(9 个 α 螺旋和 8 个 β - 折叠链)相连的一些环中。环长度的增加可以给二级结构单元提供更大的运动空间,提高结构的柔性。作者还发现在这两种酶中虽然也有二硫桥存在,但其并没有产生稳定结构的效应。这可能是由于肽链增长使得分子折叠致密程度降低,结构单元之间的距离加大,致使其结构变得松散,从而削弱了二硫桥的稳定作用。已测序的部分低温酶见表 2.1。Arpigny 等(1993)对南极耐冷菌(*P. immobilis*)的脂肪酶序列的分析后发现,该脂肪酶中稳定的碱性残基精氨酸与精氨酸 + 赖氨酸(Arg/Arg + Lys)的摩尔比例(接近于 0.28)较中温菌(0.4)和嗜热菌(0.48)中的相应比值低得多。Arg 残基的存在可使酶分子更加稳固,而在低温脂肪酶中,Arg 等稳定性残基的数量较少,从而有助于形成一更具柔性的三级结构。

表 2.1 已测序的部分低温酶(Russell,2000)

酶	菌株	参考文献
乳酸脱氢酶	*Bacillus psychrosaccharolyticus*	Vckovski 等(1990)
酯酶	*Pseudomonas* sp. LS107d2	Mckay 等(1992)
α - 淀粉酶	*Altermonas haloplanctis*	Feller 等(1992)
枯草杆菌蛋白酶	*Bacillus* sp. TA41	Davail 等(1994)
脂肪酶	*Moraxella* sp. TA144	Feller 等(1991)
	Psrchrobacter immobilis	Arpigny 等(1993)
	Pseudomonas sp. B11 - 1	Choo 等(1998)
磷酸丙糖异构酶	*Moraxella* sp. TA137	Rentier - Delrue 等(1993)
异柠檬酸脱氢酶	*Vibrio* sp. ABE - 1	Ishii 等(1993)
β - 牛乳糖酶	*Arthrobacter* sp. B7	Gutshall 等(1994)
β - 内酰胺酶	*Psychrobacter immobilis*	Feller 等(1996b)
3 - 异丙基苹果酸脱氢酶	*Vibrio* sp. 15	Wallon 等(1997)
乙醇脱氢酶	*Moraxella* sp. TAE123	Tsigos 等(1998)
柠檬酸合成酶	*Arthrobacter* sp. DS2 - 3R	Gerike 等(1997)
苹果酸脱氢酶	*Aquaspirillium arcticum*	Kim 等(1999)
Elongation Factor 2	*Methanococcus burtonii*	Thomas 等(1998)

另外,增加的Gly可促进酶在低温环境中发挥催化作用时的构象改变。这些特征皆与低温脂肪酶的适冷性有关。1993年,Rentier－Delrue等对几种嗜冷性蛋白酶、脂肪酶和半乳糖苷酶进行了研究,发现它们含有几个中温酶所没有的“额外”氨基酸残基。Feller等建立的计算机模型也表明,嗜冷蛋白酶含有大量带负电荷的氨基酸残基,特别是Asp残基;分子表面的4个极性环状结构呈伸展状态;分子内缺少离子间相互作用与疏水作用。这些结构特征使酶分子呈松散状态,具有较大的可变性,从而导致酶的稳定性降低,以提高整体结构的柔性。

有研究报道,与中温菌比较,一些耐冷菌的核糖体,具有某些特有的性质(Bertoli和Inniss, 1978; Oshima等, 1980),它们可能潜在地影响到微生物的翻译过程。不同于嗜温微生物,低温微生物在温度低至0 ℃时仍能进行转录和翻译(Shivaji等, 1994)。Russel(1990)建议从比较嗜冷菌与它们的嗜温型突变体的核糖体结构及相关因素入手,在蛋白质水平上弄清微生物的嗜冷机制。Feller等(1991)的研究发现,耐冷型莫拉氏菌TA 144的核苷酸序列是与编码冷活化状态(Cold Active Phase)的区域连在一起的:将该脂酶基因克隆至嗜温型*E. coli*中,重组体不但能表达脂解能力,而且产生的脂酶表现出更高的热敏感性,其最适作用温度比野生型酶低了10 ℃,甚至在接近0 ℃时仍具有脂解能力。

低温菌适应低温环境的重要条件之一就是它所分泌的酶能在低温条件下正常地发挥作用。在低温条件下产生的脂肪酶一般都具有特殊的性质,如在低温下具有较高的催化活力,具有低的耐热性等。在洗涤剂、纺织、食品、生物修复和生物催化领域具有潜在的应用前景。另外,有关低温酶的耐冷机制和其易变性与催化效率之间关系的研究,也将非常有助于研究蛋白质的结构和功能之间的关系。

低温脂肪酶具有下列4个特征:

①在较低的温度下可以得到较多的酶。研究发现,低温菌酶的产量常常在低于该菌最适生长温度时最高。Feller等从南极海水中分离到4株产脂肪酶的适冷莫拉氏菌(*Moraxella* sp.),该菌最适生长温度为25 ℃,但其脂肪酶的最适分泌量需在更低温度(3 ℃)。分别在3 ℃、17 ℃和25 ℃对*Moraxella* TA144进行培养和测定脂肪酶活力,发现其代时(Generation Time)和上清液酶活分别为4.5 h、2.0 h、1.7 h和1 150 U/mL、380 U/mL、85 U/mL。结果表明,在低温条件下得到的酶量较高,酶的活力也较高,从而保证低温环境中对底物的高效利用。

②低温脂肪酶的最适作用温度较低。Arpigny等对静止嗜冷杆菌(*Psychrobacter immobilis*)B10所产生的脂肪酶与中温的铜绿假单胞菌(*Pseudomonas aeruginosa*)进行比较研究时发现,低温脂肪酶的最适作用温度在35 ℃左右,0 ℃时仍保留酶活的20%左右。而中温酶在高于60 ℃时,酶活力仍不断增强,但在20 ℃以下,酶活几乎为0。

③低温脂肪酶的比活力高,热稳定性差。一般说来,酶的比活力和热稳定性成负相关。酶分子的热稳定性主要来源于分子的刚性,刚性的增强使得酶与底物的相互作用受到影响,从而导致酶活性下降,相反,柔性的增加使得酶促反应的活化能减少,热稳定性降低,但酶的活力提高。与中温酶相比,低温酶的共同特征是:

a. 与蛋白质折叠和稳定性相关的弱作用(如氢键和盐键)的减少;

b. 以一个低疏水性的疏水区域形成蛋白质的核心;

c. 剔除和替换蛋白质二级结构的环和转角处的 Pro;

d. 通过增加带电荷的侧链以增加溶剂和亲水表面的作用;

e. 在结构功能域附近出现 Gly 簇;

f. 更广范围内的钙离子配位作用。这些结构的改变都有利于酶分子柔性的增加。

④低温脂肪酶的活化能低。酶在低温下具有很高的催化效率与其具有更松散和更具柔性的蛋白质结构相关联。这种蛋白质结构允许利用少的能量投入就产生具有催化效能的构象变化,因此它们与底物结合的活化能低,特别是在低温和常温与大分子底物结合的活化能更低。如 Arpigny 等对南极耐冷菌静止嗜冷杆菌的脂肪酶序列的分析表明,该酶中碱性氨基酸的摩尔比例(Arg/Arg + Lys)(接近于0.28)较中温菌(0.4)和嗜热菌(0.48)中的比值低得多;Arg 残基的存在可使酶分子更加稳固,而在低温脂肪酶中,Arg 等稳定结构的氨基酸残基数量的减少,有助于形成一更具柔性的三级结构。另外,Gly 的增加可促进蛋白质结构的柔性,从而有助于酶在低温环境中催化作用时的构象改变。

对于耐冷菌耐冷机制的研究通常采用和类似的嗜温菌进行比较的方法,例如对耐冷菌 *Pseudomonasa frg* 的研究就采用和 PAL 以及 BCL 相比较的方法。根据前人的研究,二硫键的数目、Arg 和 Pro 残基的位置以及疏水中心之间的相互作用是决定酶分子灵活性和不同温度催化活力的重要因素。在对 PFL 的研究中,发现它和常温菌 PAL 以及 BCL 的最大不同之处就是 Arg 残基的数目,分别为 24、11、9,而且 24 个中有 20 个几乎均匀地分布在蛋白质的表面,只有 2 个参与分子内部的盐桥。因此,PFL 的最大特点之一就是分子表面具有大量的带电氨基酸残基,从而增加了蛋白质的灵活性以及和溶剂之间的相互作用能力,这两点对于适冷性都是很重要的。蛋白质中的二硫键可以增加分子的刚性和耐热性,PAL 以及 BCL 仅一处有二硫键,在 PFL 分子中没有二硫键,而是被半胱氨酸(Cys)取代,从而使热稳性下降,两个芳香族残基代替了 BCL 中相应位置的二硫键,形成堆叠反应(Stacking Interaction),适当增加了这部分蛋白质的稳定性。另外,在环形结构和拐角处(Loops 和 Turns)的 Pro 残基可增加蛋白分子的刚性,使低温催化性能下降。上述 3 种脂肪酶都含有 13 个 Pro 残基,其中 8 个都在固定的位置上,其他的大多分布在 PAL 以及 BCL 的环形结构上,而 PFL 仅有一个在环形结构上,有助于增加后者的结构灵活性。

2.2.4 制备

1. 脂肪酶的表达与分泌机制

微生物脂肪酶是一种胞外酶,酶产生要经过表达、折叠到最终分泌至细胞膜外。Rosenau(2000)将外界因素对脂肪酶基因表达的调节机制概括为:细菌在生长中首先自身产生某种信号大分子,称之为自体诱导子(Autoinducer),再结合转录调节蛋白 Rhl R/I 作用于 *lux* - box,激活转录调节系统 LipQ/R。激酶 LipQ 的激活受外界环境因子或细胞周质信号因子,包括非正常折叠的和未分泌至胞外的酶的影响,转录调节蛋白 LipR 结合脂肪酶基因上游的UAS序列与依赖于σ^{54}的启动子P1共同指导脂肪酶基因lip+lif表达。

革兰氏阳性菌产生的脂肪酶的分泌机制表现为,首先以前酶前体(pre-pro-enzyme)的形式表达,酶的前体(pre-regoin)作为信号肽,运输酶前体(C pro-enzyme)至细胞外,胞外酶在胞外经蛋白酶水解后释放出成熟酶。酶前体在酶的分泌中起分子伴侣的作用,其N端对于酶的活性表达意义重大,而C-端指导酶的分泌并防止酶在释放时自身被水解。

迄今为止,对革兰氏阴性菌脂肪酶的分泌机制研究比较系统。Rosenau(2000)将该脂肪酶的分泌机制概括为3种类型,如图2.4所示。

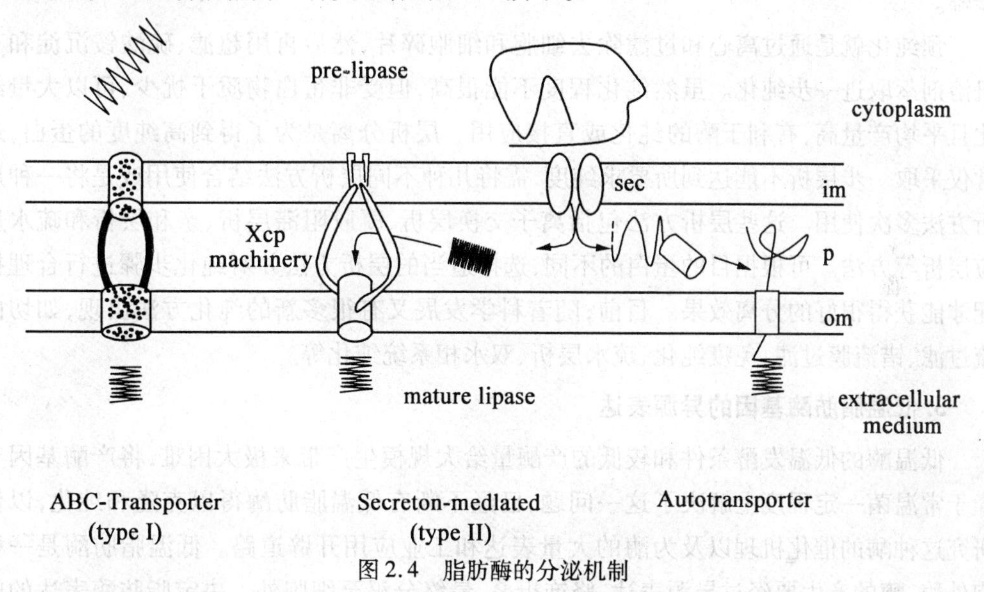

图2.4　脂肪酶的分泌机制

(1)ABC输送子(ABC-transporter)

适用于N-端缺少代表性的信号序列,但C-端包含靶信号序列脂肪酶分泌(一般信号序列都在N-端)。ABC包括3种蛋白质,由内而外依次是ATP酶(ATPase)、弓形的细胞膜熔合蛋白(MFP)和外膜蛋白(OMP)。3种蛋白质组合横跨内外细胞膜,在周质中形成通道,酶经通道直接分泌到胞外。在此运输方式中,脂肪酶不需要先运输出细胞内膜,也不必要在细胞周质中进行折叠;而在以下两种运输方式中,脂肪酶需通过一系列由Ser同源蛋白形成的转运通道运出细胞内膜,并在细胞周质中折叠,然后才可分泌至细胞外。Duong(1997)指出在大肠杆菌中,Sec通道由一可溶性的二聚体SceA和镶嵌于内膜上的Sect, E, D, G和F构成。异源表达时,脂肪酶与信号肽OmpA和PhoE融合,重组蛋白通过Ser通道分泌机制运出内膜,转运至细胞周质中。如果阻断Sec通道,会导致脂肪酶前体在细胞质中大量积累。

(2)分泌子介导的分泌作用(Secreton-Mediated Secretion)

主要由xcp基因编码的蛋白质组成,分布于细胞内外膜上,并在外膜形成孔状通道。

(3)自主输送子介导的分泌作用(Autotransporter-Mediated Secretion)

脂肪酶尽管分泌到胞外,但与细胞表面密切相连或紧紧固着在细胞表面。脂肪酶包含两个独特的结构域,N-端具有催化活性并且暴露在细胞外,C-端结构与所谓的自动输送蛋白(C Autotransporter Protein)类似,通过形成β-折叠式分泌通道协助脂肪酶N-端转运出外膜。研究发现,对某些细菌(例 *P. aeruginosa*)而言,向培养基中添加多糖象肝糖和透明质酸盐等可以促进脂肪酶与细胞膜的分离。

2. 常规方法

酶的纯化可以根据对产品质量和数量的要求、蛋白质来源和现有可利用纯化设备来考虑用什么方法进行纯化。在脂肪酶基因得到表达后,通常要采用预纯化和层析分离等步骤。

预纯化就是通过离心和过滤除去细胞和细胞碎片,然后再用超滤、硫酸铵沉淀和有机溶剂萃取进一步纯化。虽然纯化程度不能很高,但受非蛋白物质干扰少、可以大量纯化且平均产量高,有利于酶的纯化或直接应用。层析分离是为了得到高纯度的蛋白,通常仅采取一步层析不能达到所要求纯度,需将几种不同层析方法结合使用或是将一种层析方法多次使用。这些层析方法包括离子交换层析、凝胶阻滞层析、亲和层析和疏水反应层析等方法。可根据目的蛋白的不同,选择适当的层析方法并对纯化步骤进行合理搭配才能获得很好的分离效果。目前,随着科学发展又有很多新的纯化方法出现,如切向流过滤、错流膜过滤、免疫纯化、疏水层析、双水相系统纯化等。

3. 低温脂肪酶基因的异源表达

低温酶的低温发酵条件和较低的产酶量给大规模生产带来极大困难,将产酶基因克隆于常温菌一定程度上解决了这一问题,已经不断有低温脂肪酶得以克隆和纯化,以便研究这种酶的催化机理以及为酶的大量表达和工业应用开辟道路。低温脂肪酶是一种胞外酶,酶的产生要经过异源表达,修饰折叠,最终分泌至细胞外。决定脂肪酶表达的因素是多方面的,如宿主、外源基因、外界环境以及它们之间的相互作用等。低温脂肪酶的异源表达大多选择大肠杆菌作为宿主。

4. 几种极端酶的成功表达实例(表2.2)

极端酶的应用需要微生物的大规模培养和酶的发酵生产。如果酶是直接从野生菌株直接合成得到,则会因极端微生物要求极端温度、厌氧环境、极端pH值或者高盐度等原因而无法进行通常的工业发酵。所以,极端酶的生物合成还须依靠在常温微生物菌体内相应基因的异源表达,以避免培养极端微生物的极端条件问题。一般说来,酶的异源表达是指通过基因工程在体外将代表酶序列的核酸分子插入病毒、细菌质粒或是其他载体分子,以构成遗传物质的组合,并将其转入原先没有这类分子的寄主细胞内,以得到持续稳定的增殖。一些克隆实验结果显示,极端环境中的微生物生长条件的特殊要求,限制了其大规模人工培养的可能,但应用基因工程技术可以使这些酶的基因在中温宿主中表达,从而大大简化了培养条件,使这一难题迎刃而解。表2.2中列出了几种极端环境产生的酶在中温宿主中成功表达的实例。

表2.2 几种极端酶的成功表达实例

酶	微生物	宿主	稳定性/活性	参考文献
Hyperthermophilic esterase	*Pyrococcus furiousus*	*E. colil* heterologous (own promoter)	T_{opt} = 100 ℃ $t_1/2$ = 50 min at 126 ℃	Ikeda(1998)
Thermophilic esterase	*Baillus lincheniformis*	*E. coli*	T_{opt} =45 ℃ $t_1/2$ = 1 h at 64 ℃	Alvarez (1995)
Thermophilic esterase	*Bacillus acidocaldarius*	*E. coli*	Active at 70 ℃	Manco(1998)
Thermophilic esterase	*Archaeoglobus fulgidus*	*E. coli*	Active at 70 ℃	Manco(1998)
Themophilic lipase	*Bacillus Stearothermophilus*	*E. coli*/IPTG	T_{opt} = 68 ℃ stable 30 min at 55 ℃	Kim(2000)
Thermophilic lipase	*Bacillus thermocatenula-tus*	*E. coli* DH5a/pUC18	T_{opt} =60 ~70 ℃	Schmidt (1996)
Psychrophilic lipase	*Moraxella* TA144	*E. coli*/pULG	T_{opt} =35 ℃*, 45 ℃† stable only as whole cell	Feller(1991)
Psychrophilic Lipase	*Pseudomonas* sp. B11 -1	*E. coli*/pUC118, IPTG	T_{opt} =45 ℃, activated by MeOH, EtOH, DMSO, DMF	Choo(1998)
Hyperthermophilic pullulanase	*Thermococcus aggregans*	*E. coli*	T_{opt} =95 ℃ $t_1/2$ =2.5 h at 100 ℃	Niehaus (2000)
Thermophilic pullulanase	*Bacillus acidopullulyticus*	Bacillus acidopullulyticus	55% active after 30 min at 60 ℃/pH 5.5	Stefanova (1999)
Thermophilic and acidophilic α - amylase	*Alicyclobacillus acidocaldarius*	*E. coli*	Optimum activity at 75 ℃ and pH = 3	Matzke (1997)
Halophilica β - galactosidase	*Haloferax alicantei*	*Haloerax alicantei*	Active only at 4 M Nacl	Holmes (1997)
Halophilic class I fructose aldolase	*Haloarcula vallismortis*	*Haloarcula vallismortis*	Optimal activity at 2.5 M KCl	Krishnan (1991)
Hyperthermophilic fructose aldolase (type Ⅱ)	*Thermus aquaticus*	*Thermus aquaticus* YT-1	Active and stable at 90 ℃ for 2 h	de Montigny (1996)
Hyperthermophilic Fructose aldolase (Type Ⅰ)	*Staphylococcus aureus*	*Staphylococcus aureus*	Stable at 97 ℃ for 1.6 h Topt =37 ℃	Götz(1980)
Thermophilic 2 - keto - 3 - deoxygluconate aldolase	*Sulfolobus solfataricus nalidixic acid*	*E. coli* JM109/pREC7	$t_1/2$ =2.5 h at 100 ℃	Buchanan (1999)

续表 2.2

酶	微生物	宿主	稳定性/活性	参考文献
Psychrophilic protease	*Bacillus TA39*	*Bacillus TA39*	Low temperature optimum	Narinx(1997)
Halophilic protease	*Halobacterium halobium*	*Halobacterium halobium*	Max activity at 4 M NaCl	Ryu(1994)
Thermophilic nitrile hydratase-amidase (whole cell)	*Bacillus* spp.	*Bacillus* spp.	Optimal growth at 65 ℃	Graham (2000)
Thermophilic nitrile hydratase	*Bacillus pallidus*	*Bacillus pallidus*	Thermostable up to 55 ℃	Gramp(1999)
Hyperthermophilic alcohol dehydrogenase	*Pyrococcus furiosus*	*Pyrococcus furiosus*	$t_1/2$ = 160 h at 85 ℃; 7 h at 95 ℃	Ma(1999)
Barophilic glutamate dehydrogenase	*Pyrococcus furiosus*		36 times more stable at 105° and 750 atm	Sun(1999)
Psychrophilic phosphatase	*Shewanella* sp.	*E. coli*	Low temperature optimum	Tsuruta (2000)
Psychrophilic alanine racemase	*Bacillus psychrosacchar olyticus*	*E. coli*/pYOK3	Low temperature optimum(0 ℃)	Okubo(1999)

* 重组酶　† 野生型酶　T_{opt}:最适反应温度　$t_1/2$:酶活性为原来1/2的时间。

2.3 低温环境中的活性糖酶

糖酶(Saccharidase,Carbohydrase)是指能水解糖类的酶系。低温环境中的糖酶,即在低温环境(≤20 ℃)中仍能发挥催化作用、水解糖类的酶,包括木聚糖酶、葡聚糖酶、淀粉酶、乳糖酶、纤维素酶、果胶酶和蔗糖酶等。

2.3.1 低温环境中的木聚糖酶

木聚糖酶(Xylanase)属于糖苷酶类(O-配糖水解酶,EC 3.2.1.x),它内切水解木聚糖主链的1,4-β-D-糖苷键,水解产物为寡聚木糖、木二糖以及少量木糖和阿拉伯糖(郑春翠等,2007)。1961年被国际生物化学和分子生物学联合会(IUBMB)确认并将其编码为EC3.2.1.8,其官方命名为内切-1,4-β-木聚糖酶。低温木聚糖酶主要作用于长链低聚木糖,将木聚糖主要分解为木三糖和木丁糖(Collins 等,2005a)。

1. 分布

木聚糖酶在自然界中广泛存在,它可由许多生物产生,包括细菌、藻类、真菌、原生动物、腹足动物和节肢动物等(Kulkarni 等,1999)。产低温木聚糖酶的微生物,既可从深海海泥中分离到,也可从极地环境中筛选出,主要包括:河豚毒素假交替单胞菌 TAH3a

(*Pseudoalteromonas haloplanktis* TAH3a)、嗜冷黄质菌属新种类(*Flavobacterium frigidarium* sp. nov.)、梭菌属 PXYL1 菌株(*Clostridium* strain PXYL1)、阿德利隐球酵母(*Cryptococcus adeliae*)、青霉菌(*Penicillium* sp.)、互隔交链孢菌(*Alternaria alternate*)、茎点霉菌(*pHoma* sp. 2)、担子菌(如 *Coprinus psychromorbidus*)以及南极磷虾(*Euphausia Superba*)(Collins 等,2005a)。例如刘世利等(2003)报道从黄海深层海底泥样中分离产低温木聚糖酶的青霉,然后经诱变得到酶活性提高的菌株,并对产低温木聚糖酶活力最高的菌株产酶性质进行了初步研究。Collins 等(2005a)报道从南极细菌河豚毒素假交替单胞菌 TAH3a 中分离出低温木聚糖酶。Petrescu 等(2000)报道以低温为最佳生长条件南极酵母中分离出属于第 10 族木聚糖酶的研究,该酶在 0 ~ 20 ℃范围内能够展现出较低的激活能和高效的接触反应。此外,从黄杆菌属(*Flavobacterium* sp.)、耐冷皮壳正青霉和白地霉 Ref1 中也可以分离得到低温木聚糖酶。

2. 理化性质

如图 2.5 所示,低温木聚糖酶由内外各 6 个 α - 螺旋扭曲折叠成一个$(\alpha/\alpha)_6$桶状结构。与一般的$(\alpha/\alpha)_6$桶状结构蛋白不同,低温木聚糖酶靠近氨基端还有一个 α - 螺旋。这个球状核心是一个完全扭曲的球形,这个球形内部 α - 螺旋 N - 端有一个较长的酸性裂缝横跨分子表面,而反应残存物(包括谷氨酸盐和天冬氨酸盐)紧密地团聚在裂缝中间。与大多数嗜低温酶一样,低温木聚糖酶的最适温度较低,但稳定性较差。将木聚糖酶 pXyl 和 XB 与嗜温木聚糖酶比较发现,这些嗜冷木聚糖酶在中低温度下具有较高的催化活性,在 5 ℃条件下催化活性分别高 10 倍和 3 倍,而在 30 ℃条件下催化活性分别高 3 倍和 2 倍。木聚糖酶 pXyl 在 5 ℃条件下其酶活是最大酶活的 60%。木聚糖酶 pXyl、XB 和微霉菌的最适温度分别低于嗜温木聚糖酶 25、9、10 ~ 30 ℃。

图 2.5　木聚糖酶家庭 8 的结构示意图(Collins 等,2005)

不同来源的木聚糖酶理化性质不一样。采用硫酸铵沉淀和阴离子交换层析的方法,从耐冷皮壳正青霉(*Eupenicillium crustaceum*)发酵液中分离纯化出一种亚基分子量 35 kDa 的木聚糖酶(朱会芳等,2010)。研究其性质发现:该酶的最适 pH 值为 5.5,在 pH 4.5 ~ 6.5范围内具有较高的催化活性;最适温度为 50 ℃,在 20 ℃下酶活为最高酶活的 40%;Ag^{+} 和 Fe^{2+} 大幅度提高木聚糖酶的酶活,而 Mn^{2+} 和 Hg^{2+} 强烈抑制木聚糖酶的活性。另外,该木聚糖酶具有严格的底物特异性。谢占玲等(2009)从白地霉 Ref1 中获取木聚糖酶,该木聚糖酶的最适反应温度为 50 ℃,最适 pH 为 5,金属离子 Mg^{2+}、Na^{+} 和 8 mmol/L的 Fe^{2+}、Cu^{2+}、Zn^{2+} 等对木聚糖酶的活性有抑制作用,而 Ca^{2+}、4 mmol/L 的 Fe^{2+}、Cu^{2+}、Zn^{2+} 和 8 mmol/L 的 Mn^{2+} 等对该酶反应则有促进作用;该木聚糖酶在保温 2 h 后,15 ~ 40 ℃范围内能保持 80% 以上的酶活性,用双倒数作图法求得该酶的最大反应速度 v_{max} 和 K_m 值分别为 163.38 mmol/(mg · min)和 0.75 mg/mL。

3. 耐低温机制

低温耐受性包括一系列复杂的结构上和功能上的适应性(Margesin 等,2007)。通过荧光监控丙烯酰胺淬灭实验发现,低温木聚糖酶具有较高的弹性。正是由于其分子构象具有较高弹性使其在较低温度下仍具有催化活力。这种分子构象高弹性使酶在较低温度、较低能量环境下仍然能够进行分子运动来获得活性,但同时也使其稳定性降低。Collins等(2005)应用能够合成低温木聚糖酶家族8的野生型和突变型菌株,利用定点突变和结晶影像学对比研究了二者的热稳定性、pH耐受性并描述了几个活性位点残基的功能。发现每个残基都发挥着很重要的作用(见图2.6):E78作为主要的氨基酸;D281为主位点并定向排列亲质子的水分子;Y203巩固亲质子水分子的定位和整体结构的稳定;D144稳定糖环在扭曲和变位时的稳定;晶体结构分析和pH稳定测试确定了E78和D281的作用以及它们的底物和中间产物。

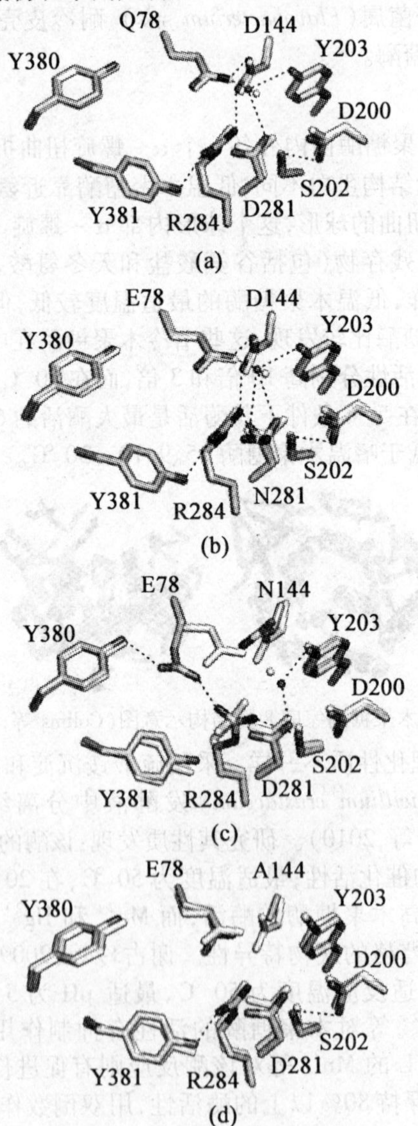

图2.6　野生型和突变型木聚糖酶的主要活性部位残基(柱状)和亲水部位(球状)的叠加示意图(Collins 等,2005)

4. 制备技术

①通过外源微生物基因表达。低温木聚糖酶主要是通过木聚糖酶基因在外源微生物中表达而获得。Lee 等人(2006)从一株黄杆菌属(*Flavobacterium* sp.)中分离出木聚糖酶(xyn10)基因,由 *E. coli* 表达生产木聚糖酶。该酶的最适温度为 30 ℃,在低温环境仍有活力且对热有抗性。该酶只分解高分支的天然木糖底物,而不作用于葡聚糖。Guo 等(2009)克隆制备了海洋中温菌(*Glaciecola mesophila*) KMM 241 一个新的木聚糖酶基因,经由大肠杆菌 BL21 表达生产出木聚糖酶。该酶的最适 pH 和最适温度为 7.0 和 30 ℃,在4 ℃时仍能保留 23% 的活力,是一种低温酶。此外,该酶对盐有耐受性,在 0.5M NaCl 具有最高活力,2.5M NaCl 时仍可保有 90% 的活力。也有直接从羊的胃容物中分离克隆木聚糖酶编码基因,由大肠杆菌 BL21 (DE3)作为宿主表达生产的报道(Wang 等,2011)。陆长梅等人(2004)用 Overlap - PCR 法从里氏木霉 QM9414(Trichodermareesei QM9414)基因组 DNA 中克隆并表达木聚糖酶 III。

②通过环境染色体库克隆产酶基因也是其良好来源。Lee 等(2006)从环境染色体 DNA 库中克隆木聚糖酶基因(xyn8),编码酶有 399 个氨基酸,分子量为 45.9 kDa。纯化后的酶具耐热性,对天然木聚糖的最适作用温度在 20 ℃,且在 4 ℃时其 K_m 为 3.7 mg/mL, K_{cat} 为 123 s^{-1}。

③除了常见的硫酸铵沉淀和阴离子交换层析方法来进行木聚糖酶纯化外,还可以利用纤维素酶和木聚糖酶在纤维性材料上存在吸附性差异来进行提纯操作。刘超纲等(2000)就报道了羧甲基纤维素(CMC)对木聚糖酶的提纯。在低温(4 ℃)条件下,CMC 材料的用量 2.5 g/L 时,通过间歇式吸附操作可以吸附去除原酶液(木聚糖酶活 28.3 U/mL,CMC 酶活力 0.4 U/mL)中 86.0% 的 CMC 酶活力,而木聚糖酶活力的收率达 85.5%。通过 CMC 柱子分离可以达到连续纯化木聚糖酶的目的(表 2.3)。

表 2.3 采用层析手段的低温木聚糖酶分离纯化汇总表

来源	所用层析填料	产率 /%	纯化倍数	分子量 /kDa	活性	技术规模	时间	研究者
Flavobacterium sp. strain MSY2	Nickel Sepharose Matrix	37	—	42	K_m = 1.8 mg/mL, K_{cat} = 100 s^{-1}(以 beechwood 木聚糖为底物, pH 7, 20 ℃)	实验室	2006a	Lee 等
Glaciecola mesophila KMM 241	Superdex 75 (10 × 300 mm)	17.4	>98%	43	1.2 U/mL(培养液上清液);0.7 U/mL(菌体破碎后)	实验室	2009	Guo 等
环境染色体基因库	Ni Sepharose High Performance	—	—	45.9	K_m = 3.7 mg/mL, K_{cat} = 123 s^{-1}(木聚糖为底物,4 ℃)	实验室	2006b	Lee 等

续表 2.3

来源	所用层析填料	产率/%	纯化倍数	分子量/kDa	活性	技术规模	时间	研究者
山羊的胃容物	Ni^{2+} – NTA agarose gel	—	—	52	537 U/mg	实验室	2011	Wang 等
T. reesei QM9414 (ATCC26921) 突变种 PC. 3.7菌株	(1) pH 7.5 和 20 mmol/L Tris · HCl 洗涤、离心；(2) 3 mmol/L Urea 洗涤、离心；(3) 1% Triton X.100 pH 7.5 20 mmol/L Tris · HCl 洗涤、离心；(4) pH 7.5 20 mmol/L Tris · HCl 洗涤,离心。	—	—	35	15.28 U/mL	实验室	2004	陆长梅等
里氏木霉	微晶纤维素、羧甲基纤维素(CMC)	85.5%	5.79	—	28.3 U/mL	实验室	2000	刘超纲等

"—"表示文献没有涉及此方面的内容。

关于低温木聚糖酶的生产试验研究已经开展,较常见的方法是从菌株中或者环境染色体库中分离出木聚糖酶基因,然后依托大肠杆菌构建工程菌。这种方法所得的木聚糖酶产量和耐热性较直接从原始微生物中获取的木聚糖酶更大更高。不难发现,粗酶液的纯化,可用硫酸铵沉淀和阴离子交换层析方法,还可以利用纤维素酶和木聚糖酶在纤维性材料上均存在吸附性差异来进行提纯操作。但这些纯化技术还仅仅局限于实验室应用,产品得率不高且层析纯化后的酶普遍存在活力降低的缺陷,这给工业化生产带来了不利之处。如何提高层析纯化后酶的活力以及开发工业化纯化流程将会是以后该方面研究的主要内容。

5. 工业中的应用

低温极端菌以及它们的产物在工业、农业和医药加工中有潜在的应用(Cavicchioli 等,2002)。

(1)食品与发酵工业

例如,在面包制作中,加木聚糖酶使面包体积明显增加。在适宜加酶量下,加酶面团中可溶性戊聚糖含量显著增加,面包综合品质较佳(周素梅等,2001;张勤良等,2004),在冷冻面团的再发酵具有较大的应用潜力。另外,木聚糖酶水解木聚糖产生的低聚木糖具有促进人体肠道双歧杆菌增殖作用,是一种具有高附加值的功能性低聚木糖产品。

(2)农业

低温木聚糖酶也应用在从玉米芯中提取木糖,可以避免化学方法中强碱和有机试剂对环境的污染。工厂酿造啤酒会产生大量的酒糟,而主要是将湿糟作为粗饲料直接低价出售,其收益甚微,有少数厂家则是将湿糟直接排放,这不仅造成严重的环境污染,还导致资源的浪费,为此,可以以啤酒糟为主要原料添加其他辅料,利用通过选育得到的木聚糖酶生产菌,进行发酵生产木聚糖酶(周文美等,2006)。

(3)化工业

在造纸工业中,木聚糖酶部分替代二氧氯用于纸浆漂白,可改善纸浆性能,并减少漂白工艺中漂白剂的用量,从而大大减轻环境污染。饲料加工生产中,以植物性饲料为主的配合饲料,其原料中往往含有较多的非淀粉多糖(NSP),尤其是谷类作物及其副产品,而对于单胃动物而言,其消化道缺乏消化 NSP 的酶,因此,此类物质被认为是一种重要的抗营养因子。为了消除木聚糖的抗营养作用,木聚糖酶可被广泛地应用于生产中(贺丹艳和罗永发,2011)。通过在小麦基础日粮中添加木聚糖酶,可使食糜在腺胃、结肠、盲肠的停留时间延长,使其他消化道停留时间缩短。一方面加快了食糜的排空速度,减少了营养成分积累,有利于养分在小肠的吸收扩散,提高营养物质的总消化率;另一方面降低了由于养分积累而滋生的有害微生物种类和数量,从而减少动物疾病的发生,对动物的健康有利(高俊勤等,2006)。在使用中应注意液体木聚糖酶和其他酶复配时温度的控制,以降低酶活性的损失,充分利用不同酶制剂间的协同互作效应以提高整体酶制剂的饲用价值,改善饲料营养价值(李富伟等,2008)。

2.3.2 低温环境中的β-葡聚糖酶

β-葡聚糖酶(β-Glucanase)是指一类能分解由β-葡萄糖苷键连接的葡聚糖的酶系。β-葡聚糖酶耐热性较差,不能满足生产中(如酿酒和饲料加工)的应用,研究多集中在其耐热性的增加方面。随着酶最适作用温度的降低,维持反应体系所需的能耗就会随之下降,并且有机生命体对低温的耐受也会随之增加。因此,低温环境中β-葡聚糖酶的研究是必要的。

1. 分布

葡聚糖酶广泛存在于真菌、细菌、高等植物中。产低温葡聚糖酶的微生物主要有酵母(*Oerskovia xanthineolytica*)、木霉(*Trichoderma asperellum*)、顶孢霉(*Acremonium* sp.)、小盾壳霉(*Coniothyrium minitans*)、交替假单胞菌(*Pseudoalteromonas* sp. MB-1)、伞菌(*Agaricus brasiliensis*)、丝核菌(*Rhizoctonia solani*)及芽孢杆菌(*Bacillus subtilis*)等。海洋环境具有低温、高压等特性,是特殊温度环境酶的来源。例如,刘长江等(2010)从海水中分离、筛选得到β-1,3 葡聚糖酶活较高的气单胞菌菌株 SY-3(*Aeromonas* sp. SY-3),该酶对低温有耐受性;董硕等(2011)从黄海长海县附近海泥中分离得到一株产低温葡聚糖内切酶的青霉菌(*Penicillium cordubense* SWD-28);也可从深海海底淤泥中筛选出产纤维素酶的交替假单胞菌 MB－1,利用基因工程克隆和分析适冷内切葡聚糖酶基因,在大肠杆菌中表达生产出中性适冷酶(游银伟和汪天虹,2005)。此外,反刍动物体内的菌株也可作为葡聚糖酶的来源。Iyo 和 Forsberg (1999)报道称来自反刍动物体内的适温性厌氧菌产琥珀酸丝状杆菌(*Fibrobacter succinogenes* S85)能够产生的两种葡聚糖酶。高等植物也是低温葡聚糖酶产生的来源,例如 Yaish 等(2006)通过 RT－PCR 克隆冬黑麦中 β－1,3－葡聚糖酶和 β－1,4－葡聚糖酶的基因,然后在大肠杆菌中进行表达,得到这种酶在零度以下还具有催化活性,如在 －4 ℃中保持 14%～35% 酶活。

2. 理化性质

不同来源的葡聚糖酶其理化性质不同。例如董硕等人(2011)从深海海泥中分离的青霉菌表达产生的葡聚糖酶,其最适作用温度为 35 ℃,在 5～50 ℃范围内酶活力可以保持在60%以上。该酶在5 ℃仍保持60%相对酶活,当温度高于50 ℃以后酶活迅速下降。该酶最适反应 pH 为 5.0,在 pH 4.0～7.0 均有 50% 以上的酶活,具有一定的耐酸性。Mg^{2+}对酶活力有促进作用,Cu^{2+}、Ba^{2+}、Fe^{2+}对酶活有较大抑制作用,Ca^{2+}对酶活力没有太大影响。根据 SDS－PAGE 不连续电泳结果得到该酶分子量为 33.1 kDa,经圆二色谱分析得到该酶的二级结构为:α－螺旋 49.9%,β－折叠 0.0%,转角 24.3%,随机卷曲 25.8%,并预测其为全 α 型蛋白。而刘长江等(2010)从海水中分离、筛选得到菌株产气单胞菌 SY－3 所产 β－1,3 葡聚糖酶的最适作用温度 30 ℃,最适 pH 7.5。其米氏常数(K_m)为 1.21 mg/mL。K^+、Na^+和Ca^{2+}对酶促反应有促进作用,而Mg^{2+}、Mn^{2+}、Cu^{2+}和Zn^{2+}等有不同程度的抑制作用。

但是,即使对于同一菌株生产的葡聚糖酶,其理化性质也存在差异。Iyo 和 Forsberg (1999)就报道了来自反刍动物体内的产琥珀酸丝状杆菌 S85(*Fibrobacter succinogenes* S85)产生的两种内葡聚糖酶 CelG 和 EGD 的理化性质也不同。相比之下,CelG 是一种低温耐受菌,最适温度为 25 ℃,在 0 ℃时仍能保持最大酶活的 70%。而 EGD 的最适温度为 35 ℃,且 0 ℃时只有 18% 的最大酶活。分析其二级结构认为 CelG 催化活性集团周围的小分子氨基酸片段可能增加了酶的柔性,因此就保持了酶在低温时的活性。NaCl 溶液能增加该酶活性,当离子强度为 0.03 时,酶活增加大于 1.8 倍。

3. 耐低温机制

葡聚糖酶中 GelG 活性基团周围的氨基酸片段可使酶的柔性增加,为我们研究该菌株的低温机制提供了借鉴。利用基因重组技术对葡聚糖酶表达基因进行整合来制备葡聚糖酶,对酶低温耐受性的研究方面也有所报道。Yaish 等(2006)对冬黑麦(*Secalecereale*)在寒冷温度条件下表达产生的葡聚糖酶进行研究。由 *E. coli* 产生的普通 β－1, 3 葡聚糖酶和耐酸性的 β－1,3－葡聚糖酶、β－1,4－葡聚糖酶经纯化后进行水解和耐冻测试。酶溶液迅速冷冻,在显微镜条件下缓慢加热至冰晶核出现,然后冷却进行冰晶生长的形态学观察实验。图 2.7(a)为显微镜观测到慢循环加温和冷却过程中,冰晶形态发生变化。图 2.7(b)中为温度下降时,各个晶面的冰晶生长优先被抑制。上述冰晶生长抑制现象最显著的特征是花瓣性的冰晶成像。结果表明所有葡聚糖酶都具有耐寒性,在 －4 ℃时仍具有部分活力(14%～35%),上述的两类葡聚糖酶都能够影响测试中冰晶的生长。研究发现除来自非适

应型冬黑麦 β-1,3 葡聚糖酶与冰晶接触面有一个带电荷的氨基酸外,其他的均是电中性。但是该酶和其他酶相比耐寒性弱,这一结论支持了冬黑麦中葡聚糖酶能抑制大型、具有致命性损害的冰晶形成,进而抵抗耐寒性致病菌侵染的猜想。

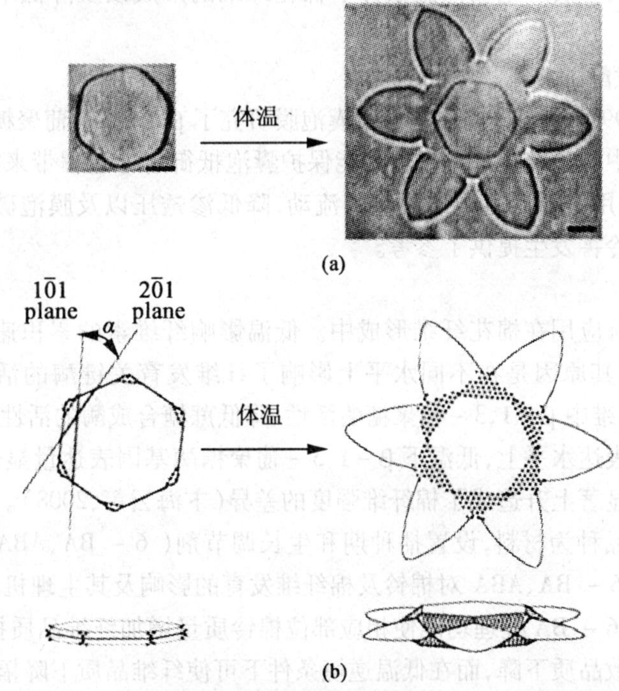

图 2.7　纯化后重组葡聚糖酶的抗冻性测试(Yaish 等, 2006)

4. 制备技术

低温葡聚糖酶的制备技术,常见的是利用海洋微生物的耐寒性以及诱变突变菌株生产,基因重组技术也在该酶的异源表达方面发挥着重要的作用。

在低温微生物筛选方面,董硕等 (2011)报道了自黄海长海县附近海泥中分离得到一株产低温葡聚糖内切酶的菌 SWD-28。将粗酶液离心后,清液为粗酶液。进行硫酸铵盐析,透析至无铵离子后,使用 Sephadex G100 柱层析,终产品的比活力提高了 20.6 倍,回收率为 13.1%。刘长江等(2010)也提供了类似的菌株筛选和提纯技术。此外,通过低温驯化、紫外诱变琼脂平板上孢子的方法,可对霉菌进行诱变选育出低温 β-葡聚糖酶高产菌(孙玉英等,2003)。

基因重组技术方面,游银伟和汪天虹(2005)研究了从黄海深海海底淤泥中筛选出的一株产纤维素酶的适冷革兰氏阴性杆菌 MB-1,该菌适冷内切葡聚糖酶基因 celA (AY551322),并在大肠杆菌 B121 中进行表达,结果显示为中性适冷酶。Rasmussen 等(2008)也提供了类似报道。通过基因重组,将来自于极寒性微生物的 β-1,3 葡聚糖表达片段 4221 和 4236 整合到大肠杆菌和乳酸乳球菌中,表达产生能够水解真菌细胞壁的低温葡聚糖酶。

不难发现,关于低温葡聚糖酶的层析分离纯化技术的报道还很少。一般情况下,多采用硫酸铵等盐析的方法纯化低温木聚糖酶。实验室条件下的层析分离纯化技术研究还很少。实验室水平的层析纯化以及工业化纯化方法的探索将会是以后研究的热点。

5.工业中的应用

低温葡聚糖酶主要应用在低温条件下棉花纤维的形成以及降低果蔬储藏中冷害的报道等方面。

(1)食品与发酵工业

Hincha 等(1997)利用分离出的菠菜囊泡膜研究了 β-1,3-葡聚糖酶和几丁质酶的防冻性。从烟草中分离纯化的葡聚糖酶能保护囊泡抵御解冻过程带来的损伤,在解冻过程中,葡聚糖酶作用能降低溶质向膜泡的流动,降低渗透压以及膜泡破解的概率。这对预防果蔬食品的冷害发生提供了参考。

(2)农业

低温葡聚糖酶应用在棉花纤维形成中。低温影响纤维素的累积速率并最终影响纤维比强度的形成,其原因是在不同水平上影响了纤维发育关键酶的活性。在生化水平上,低温提高了纤维中 β-1,3-葡聚糖酶活性、降低蔗糖合成酶的活性,且前者对温度较为敏感。在基因表达水平上,低温下 β-1,3-葡聚糖酶基因表达量显著降低,而蔗糖合成酶基因表达量显著上升造成了棉纤维强度的差异(卞海云等,2008)。王友华等(2011)以科棉 1 号棉花品种为材料,设置播种期和生长调节剂(6-BA、ABA)进行试验,研究低温条件下外施 6-BA、ABA 对棉铃及棉纤维发育的影响及其生理机制。结果表明:常温和低温条件下,6-BA 处理均能使相应部位棉铃质量增加纤维品质提高;ABA 处理在常温条件下会导致品质下降,而在低温逆境条件下可使纤维品质下降幅度减小;6-BA显著提高棉铃蔗糖含量及蔗糖合成酶蔗糖磷酸合成酶活性,而 ABA 则诱导β-1,3-葡聚糖酶活性;低温条件下外施 6-BA 和 ABA 均可提高棉纤维品质。束红梅等(2009)认为不同棉花品种棉纤维中蔗糖合成酶、磷酸蔗糖合成酶、葡聚糖酶对低温的响应差异是导致其纤维比强度形成存在温度敏感性差异的主要原因。低温提高了纤维中蔗糖酶和葡聚糖酶的活性,降低了蔗糖合成酶和磷酸蔗糖合成酶的活性,对棉花纤维的形成具有重要作用。

2.3.3　耐低温淀粉酶

淀粉酶(Amylase)是指一类能够催化淀粉水解生成糊精、麦芽糖、葡萄糖和其他低聚糖的酶系。低温淀粉酶在 20 ℃甚至于 0 ℃以下仍能发挥催化作用,其最适作用温度相对常温以及耐高温淀粉酶而言要低很多。

1.分布

低温淀粉酶的来源比较广泛,从深海环境到高原地区、极地环境到海洋生物的微生物体内都能得以筛选分离。例如南极海冰中的假交替单胞菌 AN175(*Pseudoalteromonas* sp. AN175)、深海沉积物中的盐单胞菌属 W7(*Halomonas* sp. W7)、从冰雪覆盖的土壤或鲑鱼、蟹类肠道中分离的微生物都是耐冷淀粉酶的良好来源。

史翠娟等(2010)从南极海冰中分离筛选出产低温 α-淀粉酶菌株,进行了发酵和酶学特性的初步研究。但是有的深海低温环境中分离的细菌,其对产淀粉酶的条件有严格要求。戴世鲲等(2007)发现深海产低温碱性淀粉酶的盐单胞菌属W7虽然可以利用多种碳源,但只有在淀粉存在的条件下产酶,在有机和无机氮源都可得以利用,但有机氮源更能促进淀粉酶的产生。

我国的西北地区有大面积的冰山和冻土地区,这些环境中的微生物也是产低温淀粉酶菌株的良好来源。白玉等(2005)从天山冻土中分离出具有产低温蛋白酶、低温淀粉酶、低温脂酶、低温纤维素酶特性的耐冷菌,并对耐冷菌的环境适应性进行了初步研究。也有报道称从新疆高海拔地区采集土样定向筛选得到低温淀粉酶产生菌LA77,初步鉴定为淀粉类芽孢杆菌。该低温淀粉酶活力可达34.5 U/mL,15~40 ℃有50%的酶活力(王晓红等,2007)。

除了冰雪覆盖的土壤层,海洋生物(如鲑鱼和蟹类)的肠道中也可分离出对低温有较好耐受性的淀粉酶、脂酶和蛋白酶,但这些酶对热敏感,温度超过40 ℃时,会导致迅速的失活(Morita 等,1997)。

2. 理化性质

不同来源的淀粉酶理化性质不同,其最适作用温度和pH有差异。Zhang和Zeng(2008)从南极深海沉积物中分离出一种能够产生低温α-淀粉酶的微生物拟诺卡氏菌7326(*Nocardiopsis* sp.7326)。该菌产生的淀粉酶分子量约为55 kDa;35 ℃时具有最大酶活,在0 ℃时仍保持38%最大酶活,在20~45 ℃范围内保留70%以上最大酶活;最适pH为8.0,pH 7.0~9.0范围内可以保持60%以上最大酶活。范红霞等(2009)报道采用发酵培养基南极微球菌(*Micrococcus antarcticus*),分离纯化得到的淀粉酶最适温度为30 ℃,在10~15 ℃下仍具有较高的活性,在4 ℃保存24 h后酶活大于70%相对酶活,为典型低温酶;最适pH为6.0,在pH 6.0~10.0范围内较为稳定。刘红飞等(2008)则报道了一种最适作用温度和pH分别是30 ℃和8.0的低温α-淀粉酶,0 ℃时相对酶活力达28%,25 ℃保温2.5 h后残余酶活力超过80%;热稳定性研究发现,该酶对热敏感,30 ℃半衰期为1.5 h。

不同的金属离子对淀粉酶活力的影响不同。对于从南极深海分离出的放线菌(*Actinomycete* 7326)生产的淀粉酶,Ca^{2+}、Mn^{2+}、Mg^{2+}、Cu^{2+}和Co^{2+}可使该酶激活,而Rb^{2+},Hg^{2+}和EDTA则是其抑制剂(Zhang和Zeng,2008)。而对南极微球菌生产的淀粉酶而言,Ca^{2+}、Mn^{2+}、Co^{2+}和Mg^{2+}对该酶有较为明显的激活作用,而Zn^{2+}、Ba^{2+}、Ag+、Cu^{2+}、Al^{3+}、Fe^{2+}、Fe^{3+}、Hg^{2+}、EDTA和柠檬酸盐对该酶有不同程度的抑制作用。并且在吐温系列以及TrintonX-100等非离子表面活性剂中稳定性良好,酶促动力学参数K_m为0.90 mg/mL(范红霞等,2009)。Na^{+}、K^{+}和Ca^{2+}对产生菌交替假单胞菌GS230生产的淀粉酶有激活作用,而Pb^{2+}、Cu^{2+}和Fe^{3+}强烈地抑制酶活(刘红飞等,2008)。

3. 耐低温机制

目前普遍认为低温α-淀粉酶分子的低温适应性机制主要是酶分子内基团之间相互作用的减弱以及酶和溶剂分子相互作用加强的结果。这种分子结构变化使得酶分子具有更好的柔韧性,增强酶与底物的作用范围,降低反应所需活化能,从而提高它们在低温下的催化活性(韩萍和魏云林,2006)。与高温酶、中温酶相比,低温酶中涉及蛋白稳定性的结构因素以及弱相互作用,数量减少或发生改变。低温酶可能通过分子内相互作用的减弱、酶分子与溶剂间相互作用的增强,并经过适当的构象折叠,提高蛋白结构的柔顺性(曾胤新等,2003)。

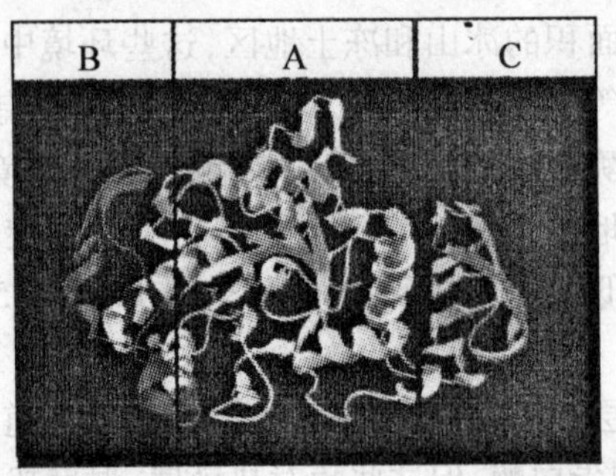

图 2.8 *Pseudoalteromonas haloplanktis* α - amylase 的结构示意图(Siddiqui 等, 2005)

如图 2.8 所示为该低温 α - 淀粉酶的 X 射线图像,该酶分为 3 个区域:区域 A(中间区域),区域 B(左边区域)和区域 C(右边区域)。3 个活性位点分别处于区域 A 中、区域 C 及 A 和 B 区域中间的钙离子(小圆球)。Siddiqui 等(2005)研究了低温 α - 淀粉酶的伸展路径,发现酶的稳定性测试数据支持了协同性结构伸展模型,正是由于这种结构性伸展,导致了活性位点的形成和其他较稳定区域的独立伸展。

关于低温 β - 淀粉酶和异淀粉酶的研究多集中在产酶菌株的筛选分离方面,针对耐低温的机理研究尚未完全开展。这也是以后科学研究关注的主要方面,因为只有明确了该类酶的低温耐受机理和环境因素对它们的影响,才能为后续的工业化放大应用提供理论依据。

4. 制备技术

低温淀粉酶的获得主要有以下几种途径:

(1)从极地微生物中提取

通过培养极地微生物来生产低温淀粉酶是一种常见方法,筛选出所需菌株后进行发酵扩大培养,所得粗酶液经纯化后用于实验或者生产中。例如范红霞等(2009)通过培养南极微球菌,其发酵液经 Millipore 超滤膜浓缩、Hitrap Q 阴离子交换层以及 Superdex 200 凝胶过滤层析纯化可获得纯度较高的淀粉酶,其酶促动力学参数 K_m 可达0.90 mg/mL。研究产低温淀粉酶的海洋细菌假交替单胞菌发现,发酵条件对酶的生产和活性有重要影响。该菌株发酵 16 h 后到达产酶高峰,最适产酶条件为:15 ℃、pH 8.5、装液量 20%。可溶性淀粉、酵母膏和蛋白胨促进产酶,利用响应面方法对发酵条件进行优化可知:可溶性淀粉浓度为 1.16%、蛋白胨(或者酵母膏)浓度为 2.11%。发酵温度 12.38% 为发酵的优化组合。终产品活力为 41.4 U/mL,较优化前提高 7 倍(王淑军等,2008)。茆军等(2008)也报道类似结果。此外,通过对某污水处理厂活性污泥采用双层平板基内培养法,也可以筛选得到的兼性产淀粉酶菌株(李欣等,2011)。对其酶学性质进行研究,发现控制最适生长条件为:16 ℃、NaCl 5%、pH 6.0,酶活可达 386.13 U/mL。

除了可使用范红霞等(2009)提供的方法外,利用聚乙二醇(Polyethylene Glycol, PEG) - 磷酸盐双水相体系从北极假交替单胞菌 GS230 发酵液中直接萃取分离低温 α -

淀粉酶也不失为一种好办法。房耀维等(2009)探讨了 PEG 分子量、相对浓度、pH 值对低温 α - 淀粉酶在 PEG - 磷酸盐双水相中分配系数、纯化系数及回收率的影响,并进行直线放大实验。结果表明:在 pH 5.0,PEG - 1000 15% - 磷酸盐 15% 的双水相体系中,低温 α - 淀粉酶的纯化系数及回收率分别为 4.8 和 87%。

(2)通过基因工程技术制备工程细菌来获得低温淀粉酶

基因工程也是淀粉酶生产的良好途径,通过与同源保守序列对比,克隆淀粉酶基因到大肠杆菌中以制备工程细菌。师永生等(2011)从废弃的淀粉堆中筛选到产低温淀粉酶的蜡样芽孢杆菌(*Bacillus cereus*) GXBC - 1,通过同源保守序列比对,从中克隆淀粉酶基因。将基因克隆到大肠杆菌进行表达及酶学性质研究。得到淀粉酶最适温度为35 ℃,在 20 ℃仍具有 53% 的活力;最适 pH 值为 7.0,K_m 值为 0.72 mg/mL。经 HPLC 分析,该酶没有内切酶活性,具有典型的 β - 淀粉酶特性。

5. 工业中的应用

低温淀粉酶在食品工业和农业中有广泛的应用。例如通过添加淀粉酶可提高食品品质或检测品质劣变,淀粉酶在低温条件下的变化对植物解除休眠、种子萌发、抗冻性和采后软化有密切的关系。

(1)食品与发酵工业

低温淀粉酶已经成功地应用于馒头制作、水解板栗粉和监测面条冷冻储藏中品质的变化。鲍宇茹和李辉(2007)将低温 α - 淀粉酶用于馒头制作过程中,通过对成品进行感官分析和仪器测量相结合的分析方法,如馒头高径比、比容和色度等外部特性,以及硬度、黏性、弹性、咀嚼性和回复性等指标进行分析,得到馒头储存过程中添加低温 α - 淀粉酶可提高馒头品质,感官评价得分和仪器测量结果。水解板栗淀粉时,在最佳工艺条件下,添加低温 α - 淀粉酶使得还原糖含量达到 28.41%(解华东等,2007)。陆启玉和姚丽丽(2005)研究了不同冷藏时间面条中麦谷蛋白、麦醇溶蛋白和 α - 淀粉酶等主要化学组分的变化,为面条冷冻储藏过程中品质下降的原因作出了分析,α - 淀粉酶活性的变化可作为冻藏过程中品质变化的指标。

(2)农业生产

浙贝母低温解除休眠过程中淀粉酶活性和还原糖含量会呈现一定的变化趋势。高文远等(1997)指出,浙贝母低温解除休眠过程中芽和鳞片的内在代谢均发生了变化,鳞片近轴面表皮的淀粉酶活性和还原糖含量比鳞片的内部储备组织高,但和芽的该两项指标接近。在低温解除休眠的过程中,不仅芽的淀粉酶活性有变化,鳞片的淀粉酶活性也有变化。还可看出,鳞片不同部位的淀粉酶活性变化不一致。鳞片内部储备组织的淀粉酶活性较低,变化比较平缓,而鳞近轴面表皮的淀粉酶活性较高,与芽的酶活性大小接近,而且变化比较剧烈,表明它在芽休眠解除过程中起着重要作用。杜尧东等(2010)在人工气候箱中模拟低温处理,并分析播种后不同天数对番茄种子萌发的影响。结果发现低温导致番茄种子淀粉酶活力下降,相对离子渗漏率增加。低温影响了番茄种子萌发储存物质的降解与转化,增加了细胞膜的透性,导致外渗物增多,从而降低了种子的发芽势、发芽指数和萌发率。因此在计划播种日期后,需要关注 1 周内的天气变化情况,以确定种植时机,尽量避免在低温过程出现时播种,提高番茄的出苗和壮苗率。此外,常温

(25 ℃)和低温(15 ℃)下,通过检测植物体内乙烯和淀粉酶活性的变化,可将其作为衡量黄瓜低温发芽时生理生化指标(赵全海,1997)。陈金印和曾荣(2002)以两个猕猴桃品种为试材,对果实采后硬度、淀粉酶和多聚半乳糖醛酸酶(PG)活性、淀粉和果胶含量的变化进行了研究。结果表明冷藏条件下(0~1 ℃),第一阶段果实硬度快速下降与此阶段淀粉酶活性上升呈正相关。另外,还有研究发现胡萝卜的生殖生长期,低温和光照增加α-淀粉酶活性,α-淀粉酶同功酶谱带存在器官表达差异和时间表达差异,并与光照和温度有关,温度和光照改变导致的远期效应对植物花期的控制有重要意义(李小娟等,2008)。

2.3.4 耐低温乳糖酶

β-半乳糖苷酶(β-D-Galaetosidase),俗称乳糖酶(Lactase),可来源于动物、植物和微生物。β-半乳糖苷酶可有效降低乳制品的乳糖含量,其在食品、生物技术和化工领域的应用越来越广泛。低温β-半乳糖苷酶作为特殊环境下的糖化酶,具有广阔发展前景和重要研究意义。

1. 分布

低温β-半乳糖苷酶多来自于低温微生物,如高原耐冷菌、南极嗜冷菌以及一些酵母菌都是产低温β-半乳糖苷酶微生物的来源。这些微生物主要分布在一些极端环境中,如海洋深处的水、泥、鱼虾,南极或北极的冰水或沉积物,以及冬季寒冷的土壤中(Loveland, 1993; Nakagawa 和 Fujimoto, 2003; Coker, 2003)。

Park 等(2006)发现能在低温下降解乳糖的 G-棒状耐冷菌 BS1,该菌产出的β-半乳糖苷酶最适作用温度为 30 ℃,为低温耐受酶。马宏伟等(2010)报道了从高山冻土以及乳制品中分离到 25 株嗜冷菌,利用产低温β-半乳糖苷酶的模型筛选,获得一株低温酶高产菌株。Karasová-Lipovová 等(2003)报道南极细菌节杆菌属 C2-2 产 3 种耐冷β-半乳糖苷酶的同功酶。周春雷等(2010)报道从北冰洋楚科奇海、加拿大海盆、格陵兰海和中国南极中山站近岸的海水、海冰和沉积物样品中分离出 322 株低温细菌,在其中筛选出 73 株低温β-半乳糖苷酶产生菌。Biaikowska 等(2009)发现了一种能产低温β-半乳糖苷酶的微生物节杆菌属 20B,并将其产低温酶的基因整合到大肠杆菌 TOP10F' 中进行了表达。另外,有些酵母菌也具有产低温β-半乳糖苷酶的能力(Nakagawa 等,2006)。

2. 理化性质

低温β-半乳糖苷酶的最适反应温度通常在 10~40 ℃,在 0 ℃存在酶活。β-半乳糖苷酶的最适 pH 为 7~9,但其 pH 稳定性范围较宽。节杆菌属 B7、SB 及 F2 菌的低温β-半乳糖苷酶的最佳 pH 分别为 7.2、7.0 及 9.0(Trimbu, 1994; Coker, 2003; Fujimoto 等, 2006);来自假交替单胞菌的低温β-半乳糖苷酶的最适 pH 为 9.0,稳定范围为 6.0~8.0(Fernandes, 2002);河豚毒素假交替单胞菌(*Pseudoalteromonas haloplanktis* TAE79)的β-半乳糖苷酶最佳 pH 为 8.5。现已报道的低温β-半乳糖苷酶在 pH 6.5~11 表现出较高的活性(Hoyoux, 2001)。

不同来源的低温β-半乳糖苷酶在其底物选择上存在差异,并且对低温的耐受并不完全一致。此外,不同金属离子对酶活力的影响也存在差异。Mg^{2+} 为常见的强力激活剂，Mn^{2+}也是一些细菌来源的 β－半乳糖苷酶激活剂。但是该酶的抑制剂差异很大，Cu^{2+}具有普遍的抑制效果。

马宏伟等人（2010）研究了高山冻土以及乳制品中分离到的低温 β－半乳糖苷酶高产菌株 C。在以乳糖为主要碳源的发酵培养基中，该低温酶的最适 pH 值为 6.4，最适作用温度为 32 ℃。不同金属离子对酶活影响：$Mn^{2+}>Mg^{2+}>K^{+}>Na^{+}>Ca^{2+}>Fe^{2+}>Cu^{2+}>Zn^{2+}$。4 ℃相对酶活为总酶活的 30%。Karasová－Lipovová 等（2003）研究了 G^{+}南极节杆菌（*Arthrobacter* sp. C2－2）包含有 3 种耐冷的 β－半乳糖苷酶的同功酶。β－半乳糖苷酶同功酶 C2－2－1 经纯化后对其性质进行研究发现，该酶归类于 β－半乳糖苷酶第 2 家族，是一种同源四聚体酶，每个亚基由 1 023 个氨基酸构成，对乳糖表现出很高的底物活性。跟其他 β－半乳糖苷酶，包括由近缘关系微生物得到的乳糖酶相比，C2－2－1 的耐冷性更强。10 ℃时能保持 20% 的最大活力。以乳糖为底物时，最适作用温度为 40 ℃，等电点为 5.9，巯基苏糖醇和 Mg^{2+}为强力激活剂，而 Cu^{2+}、Al^{3+}和 Tris 试剂为该酶的强力抑制剂。

经过纯化和分子学水平上检测来自于嗜冷节杆菌 F2（*Arthrobacter psychrolactophilus* F2）的低温 β－半乳糖苷酶发现，纯化后的 β－半乳糖苷酶在 0 ℃展示出很高的活性，最适温度和 pH 分别为 10 ℃和 8.0。超过 45 ℃，5 min 内就会迅速失活。该酶可水解乳糖和 2－硝基苯基－β－D－呋喃半乳糖苷（ONPG），K_m 分别为 2.8 mmol/L 和 50 mmol/L（10 ℃）。据推断，该 β－半乳糖苷酶为糖基水解酶第 1 家族的新成员（Nakagawa 等，2006）。史应武等（2007）从新疆高寒冻土、冷冻乳制品及生乳中分离到 101 株耐冷菌，利用低温 β－半乳糖苷酶筛选模型，获得 1 株低温酶高产苗株 L2004，根据其形态特征、生理生化特性，鉴定为短芽孢杆菌属。该低温酶的最适 pH 值为 6.5，最适作用温度为 33 ℃，0 ℃相对酶活为总酶活的 25%，具有较好的稳定性。不同金属离子对 β－半乳糖苷酶活性的影响为：$Mn^{2+}>Mg^{2+}>K^{+}>Na^{+}>Ca^{2+}>Fe^{2+}>Hg^{2+}>Cu^{2+}>Zn^{2+}$。$Mn^{2+}$、$Mg^{2+}$增强酶活，而 Hg^{2+}、Cu^{2+}、Zn^{2+}抑制酶活。该酶 K_m 值为 5.29 mmol/L，具低温酶特性。

Wang 等（2010）通过筛选土壤基因库分离得到一个新的 β－半乳糖苷酶基因 zd410。序列分析发现 zd410 编码一个含有 672 个氨基酸、分子量为 78.6 kDa 的蛋白质，重组后在毕赤酵母（*Pichia pastoris*）得以表达纯化。发现酶的最适作用温度和 pH 分别为 38 ℃和 7.0，在 20 ℃仍保留有 54% 的最大活力，接近 0 ℃时还有 11% 的酶活。该酶是一种低温耐受性酶。对于 ONPG 和乳糖的酶活分别为：243 U/mg 和 25.4 U/mg。低浓度的 Na^{+}、K^{+}和 Ca^{2+}对酶活有促进作用。Biaikowska 等（2009）将产低温 β－半乳糖苷酶的微生物南极节杆菌（*Arthrobacter* sp. 20B）的 DNA 片段库整合到大肠杆菌 TOP10F' 中，采用 5－溴－4－氯－3－吲哚－β－D 半乳糖苷为指示剂的平板进行筛选。一种天然的低温 β－半乳糖苷酶也得以纯化和分析，该酶为一个同源四聚体酶，每个亚基为 116 kDa 的多肽。该酶在 pH 6.0～8.0 和 25 ℃展示最佳活性。在底物选择性上，对 4－硝基苯基－β－D－呋喃半乳糖苷要优于 2－硝基苯基－β－D－呋喃半乳糖苷。硫醇基团激活南极节杆菌 sp. 20B β－半乳糖苷酶，10 mmol/L 2－巯基乙醇可使酶活升高 53%，Na^{+}、K^{+}可使酶活提高 50%，Mn^{2+}可提高 11%，pCMB（4－chloro－mercuribenzoic acid）和 Pb^{2+}、Zn^{2+}和 Cu^{2+}等重金属离子抑制其活性。

3. 耐低温机制

乳糖酶在低温下能够发挥活力，与其空间构象、活性中心的组成等存在一定的联系。对低温β－半乳糖苷酶较低温度下结构的研究正在逐渐展开。

Skálová 等(2005)将来自南极的南极节杆菌 sp. C2－2 的耐冷β－半乳糖苷酶溶解在1.9 Å 溶剂后，测定其 X 射线衍射结构。如图2.9所示，区域1为糖苷水解酶第2族的“糖结合位点”；区域2为糖苷水解酶第2族类似于免疫球蛋白β－三明治状区域；区域3为糖苷水解酶第2族的桶状区域；区域4为糖苷水解酶第2族类似于免疫球蛋白β－三明治状区域(含有残基610－715)；区域5为β－半乳糖苷酶小链结构(含有残基737－1023)。研究发现该酶为糖基水解酶第2家族，在构成660 kDa随机引物的同时，活性位点向随机引物的中央区域开放，并由8条通道和外部溶剂相连接。这是首个关于耐冷β－半乳糖苷酶结构以及该酶在随机引物形成时结构变化的研究。类似 *E. coli* 产生的β－半乳糖苷酶形成的发挥酶活的四聚体。

图2.9　南极菌 *Arthrobater* sp. C2－2 的耐冷β－半乳糖苷酶单体(Skálová 等，2005)

而对于转基因方法制备的酶，南极微球菌体内的基因 bgIU 可以编码适冷的β－半乳糖苷酶(BgIU)。序列分析发现 bgIU 为长度1 419 bp的开放可读框架，编码一个含有472个氨基酸残基的蛋白质。基于推定的催化区域，BgIU 划归于糖基水解酶1家族(GH1)。BgIU 的 Arg 组分较少，且 Arg/(Arg＋Lys)的比例较耐热 GH1 的β－半乳糖苷酶低。重组表达后的 BgIU 经 Ni^{2+} 亲和色谱层析后检测酶学性质。SDS－PAGE 和原生型分析认为该酶为分子量48 kDa的单体蛋白，在25 ℃和 pH 6.5时展现最大活力。重组后的 BgIU 能够水解芳基－β－半乳糖和β结构连接的低聚果糖，对纤维二糖和4－硝基苯基－β－D－呋喃半乳糖苷(pNPG)有很高活力。在最适条件下，以 pPNG 为底物时，K_m 和 K_{cat} 分别为：7 mmol/L 和 $7.85\times10^3\ s^{-1}$。这也是关于来自理化耐受菌株中第1家族的低温乳糖酶的克隆和性质的首例报道。

Coker 和 Brenchley(2006)研究了一种极端耐寒来自南极节杆菌 sp. SB 菌株的β－半乳糖苷酶，以更好地理解影响极端温度下酶活的因素。如图2.10所示，(a)图表明该酶为含有一个亚基和4个区域的四聚体，(a)图中箭头所指部分为活性位点；(b)图表示的是(a)图中区域的α/β桶状结构(即活性位点)放大效果图；(c)为水分结合位点放大后的图像；(d)为405残基区域的放大图像。通过功能缺陷型细菌接受随机突变处理等技术手段，研究结果表明两种氨基酸 E229D 和 V405A 的替换对酶活的重建是有必要的；E229D/V405A/G803D 替换的酶和 E229D/V405A 替换的酶有相似的耐热性，但是后者在

15 ℃表现出2.5倍的催化活性增加，水解脱脂奶80%的乳糖用时只有出发菌株在2.5 ℃时的50%。因此，研究者认为229和405位置的亚基极少接触酶的活性面。

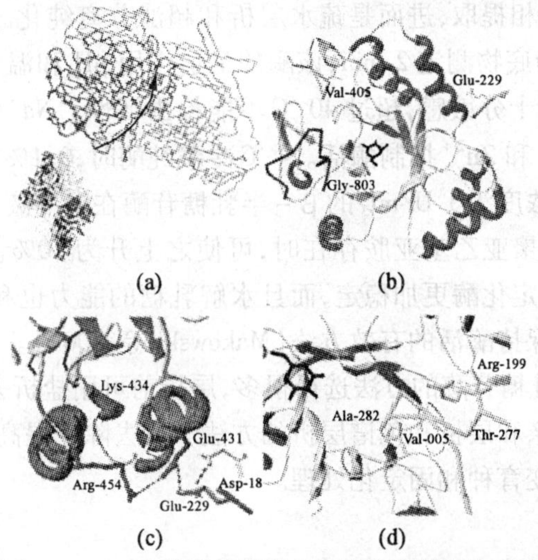

图2.10　来自 *Arthrobacter* sp. SB 菌株的低温β－半乳糖苷酶的 SWISS－MODEL 结构

4. 制备技术

β－半乳糖苷酶的制备方法主要有两种：从高原耐冷菌、南极嗜冷菌以及一些酵母菌经过发酵分离得到低温β－半乳糖苷酶外；另外产酶基因的异源表达也是制备高活性β－半乳糖苷酶的方法。纯化后的酶经固定化处理后，稳定性更佳。

Ciemlijski 等(2005)由G－南极海洋菌假交替单胞菌 sp.22b 分离出产半乳糖苷酶的基因，经PCR扩增放大，在 *E. coli* 中表达纯化，并对其性质进行分析。该酶是一个同源四聚体蛋白，每个单体包含1 028个氨基酸残基。酶的纯化方式为包含PABTG － Sepharose 亲和色谱层析的快速两步提纯方法。该酶具耐低温能力，10 ℃时还能保持20%的最大活力。纯酶的最适作用温度和pH为40 ℃和6.0～8.0。对PNPG的催化活性比ONPG高58%。30 ℃，6 h作用可使牛奶中乳糖酶降解90%，而在15 ℃时则需要28 h。

野生型低温β－半乳糖苷酶产生菌，诱变育种也不失为一种低温β－半乳糖苷酶的制备方法。刘文玉等(2008)以野生低温β－半乳糖苷酶产生菌水生拉恩菌(Rahnella aquatilis) 14－1为出发菌株，通过亚硝基胍(NTG)诱变及低温驯化，采用选择性平板初筛和摇瓶复筛，筛选出一株产酶活力比原始菌株提高54%的突变株，该突变株经传5代培养，产酶特性稳定。

表2.4　采用层析手段的低温β－半乳糖苷酶分离纯化汇总表

来源	所用层析填料	产率/%	纯化倍数	分子量	活性/U	技术规模	时间	研究者
Pseudoalteromonas sp. 22b	Octyl Sepharose CL－4B	92	16	513 000 Da	48(总活力)	实验室	2002	Fernandes 等
Pseudoalteromonas sp. 22b	PABTG － Sepharose	50	27	117 070 kDa	1 490.4	实验室	2005	Ciemlijski 等

对粗酶液的纯化是酶显现其最佳活性的重要步骤。Fernandes 等(2002)从南极耐低温微生物假交替单胞菌中纯化出 β - 半乳糖苷酶。酶经过一个快速高产的纯化操作流程,即首先使用液态两相提取,进而是疏水层析和超滤分离纯化。通过 2 - 硝基苯基 - β - D - 呋喃半乳糖苷为底物测定 2 min,该酶的最适作用 pH 和温度分别是 9 ℃和 26 ℃。酶对 30 ℃以上的高温十分敏感,超过 40 ℃不能检出活性。Na^+、K^+、Mg^{2+} 和 Mn^{2+} 激发酶活,Ca^{2+}、Hg^{2+}、Cu^{2+} 和 Zn^{2+} 抑制酶活。4 ℃冷藏纯酶时,0.1% 的聚亚乙基亚胺可显著延长货架期。纯化的浓度为 1 U/mL 的 β - 半乳糖苷酶在缓冲液中,8 h 内乳糖水解程度超过 50%,当 0.1% 的聚亚乙基亚胺存在时,可使之上升为 70%。可通过不同的试剂使该酶固定在琼脂上,固定化酶更加稳定,而且水解乳糖的能力也和液态酶相似。此外,对酶的固定化处理也是保持酶活的有效方法(Makowski 等,2007)。

纯化低温 β - 半乳糖苷酶的方法选择很多,层析前可用盐析去除大部分杂质,对于难以去除的杂质可以用亲和层析和色谱层析的方法予以去除。提高低温下低温 β - 半乳糖苷酶活性的措施有诱变育种和固定化处理。

5. 工业中的应用

大豆和牛乳以其丰富的营养价值成为人们生活中不可缺少的食品,但是存在于大豆和牛乳中的某些低聚糖和乳糖能够引起肠胃胀气,限制了部分人群的食用。α - 半乳糖苷酶可以水解大豆中易使肠胃胀气的棉籽糖和水苏糖,制备 α - 半乳糖基寡糖含量低的豆制品;β - 半乳糖苷酶能够水解乳中的乳糖,获得低乳糖乳制品(王璇琳和章扬培,2005),这很适合乳糖不耐症的人群。此外对非发酵奶制品和乳清中乳糖分离技术的完善有重要意义。β - 半乳糖苷酶还可以用于可溶性膳食纤维低聚半乳糖的工业化生产(Mlichová 和 Rosenberg,2006)。低温半乳糖苷酶可以在低温下快速降解乳糖,可用于生产不含乳糖的奶制品,排除在较高温度下中温微生物的污染,避免奶制品中乳糖结晶化和非酶棕色着色剂的产生,在食品工业中应用广泛(郑洲等,2005)。β - 半乳糖苷酶在水解牛奶和蛋清乳糖的应用,带来了营养学、技术上和环境方面的便利(Panesar 等,2006)。

2.3.5　低温纤维素酶

纤维素酶(Cellulase)是指能水解纤维素的 β - 1,4 - 葡萄糖苷键,使之分解成为纤维二糖和葡萄糖的一类酶的总称。它由内切酶、外切酶和 β - 葡萄糖苷酶等组成。低温纤维素酶有其独特的生理生化性质,为其在特殊环境下的应用提供了前提。

1. 分布

低温纤维素酶来源广泛。常温环境下,从农田、农产品果实表面和环境的中低温微生物中都能筛选出生产纤维素酶的菌株。极端环境下的北极冰川深海、冰川雪样、冻土中以及深海海底泥样中都能分离到产纤维素酶的低温耐受菌。

侯进慧等(2010)从农田、农产品果实表面获得的多株产纤维素酶细菌中,筛选到一株产低温纤维素酶活性较高的菌株,利用生物信息学方法分析该序列,将该细菌分类为 *Bacillus* sp.,分析其产酶条件,发现其在 20 ℃时产酶活性最高。此外,通过对环境中低温微生物的提取、初筛、复筛和纤维素酶活力的测定,也可分离并确定对纤维素有明显降解作用的细菌菌株，并利用鉴别培养基对其进行鉴定（张丹等，2008）。

刘军等（2010）对从北极冰川海面下1 500～4 000 m处的海泥样品中分离的冷适应细菌进行了生理特征和分子生物学研究。结果表明其中的P371产纤维素酶，为进一步开发利用冷适应微生物产物提供参考依据。

此外，王玢等（2003）对一株分离自黄海深海海底的产纤维素酶海洋适冷菌进行了产酶条件研究，该菌所产纤维素酶为诱导酶，主要作用底物为CMC－Na和微晶纤维素。该菌既能产生羧甲基纤维素酶，又能降解微晶纤维素，且有淀粉酶活。对该菌生长特征及所产纤维素酶的性质进行了初步研究。此菌最适生长温度为20 ℃，最高生长温度为40 ℃，在0 ℃也能生长，是典型的嗜冷菌。该菌所产纤维素酶最适反应温度为35 ℃，10 ℃仍有较高酶活，最适pH值为6.0，属酸性酶。

再则，张国华等（2010）报道了利用纤维素为底物对新疆天山雪莲根际冻土微生物进行了低温富集培养与分离。通过16S rDNA序列扩增初步鉴定了分离所得微生物，并构建系统发育树。结果表明，新疆天山雪莲根际冻土中蕴含着丰富的产酶微生物，其中以假单胞菌属、黄杆菌属、根瘤菌属和不动杆菌属等的微生物为优势菌群，也可作为低温纤维素酶的来源。还有报道称从青藏高原冰川雪样恢复出的细菌中筛选出降解纤维素能力比较高的菌株。经16S rDNA序列分析，初步鉴定为假单胞菌属。对该菌所产纤维素酶的性质进行了初步研究，其最适作用温度为30 ℃；对热敏感；最适pH 8.0；属碱性低温酶（张淑红等，2009）。

2. 理化性质

金属离子、发酵生产中培养基成分的变化对纤维素酶活具有较大影响。例如，李师翁等（2010）从青藏高原采集的牦牛粪中，经过CMC平板分离得到一株产低温纤维素酶能力较强的菌株Tibet－YD5227－2，经16S rDNA序列比对分析将其初步鉴定为链霉菌属（*Streptomyces* sp.）。Tibet－YD5227－2液体摇瓶培养产生低温CMC酶活力高达145 U/mL，最适产酶温度25 ℃，最适产酶pH值为8.0。酶学性质初步研究显示该酶反应温度以35 ℃左右为适，反应的pH值以8.0左右为适，在中碱性条件具有较强的稳定性；K^+、Fe^{2+}、Mg^{2+}对酶反应有促进作用，而Hg^{2+}、Cu^{2+}对酶反应有抑制作用。董硕等（2011）对青霉（*Penicillium* sp.）SWD－28发酵生产低温纤维素酶的培养基进行优化。在单因素试验的基础上，采用Plackett－Burman（P－B）设计和响应面试验设计（RSM）对产酶进行优化。结果发现影响SWD－28产酶的主要因素为玉米粉、硫酸铵和麸皮的添加量并确定了最佳组合。最佳组合下，酶活力为109.8 U/mL，是优化前的2.25倍。钱文佳等（2010）在以南极海冰细菌作为实验材料，用刚果红染色和发酵培养法从64株细菌中筛选得到产纤维素酶菌株假交替单胞菌sp. 545经生长条件优化时发现：该菌以麦芽糖为碳源，蛋白胨为氮源，初始生长pH为8.0，10 ℃培养96 h时产酶最高。对菌株粗酶液进行酶学性质初步研究，此酶在pH 9.0、35 ℃下反应40 min时酶活最高。

3. 耐低温机制

据目前已有文献报道，对低温纤维素酶耐受低温的机制还不了解。希望今后的研究会从分子生物学方向，对低温耐受纤维素酶的特殊氨基酸结构、构象的变化开展研究。

4. 制备技术

低温纤维素酶的制备方面，对于产酶性能比较稳定的菌株，经过初筛和复筛后可直接发酵经过纯化得到适宜纯度的酶制剂；而对于缺陷性的产酶量不大的可以考虑紫外和硫酸二乙酯等处理诱变育种和基因工程相结合的方法。

吕明生等(2007)采集海水和海泥样品，通过平板初筛和摇瓶发酵复筛，得到一株产纤维素酶的菌株。并对该菌生物学特性进行研究，确定其为革兰氏阴性杆状菌、有荚膜、无芽孢的交替假单胞菌属。根据菌株 16S rRNA 同源性和系统进化树分析进一步鉴定菌株 Z6 属于食鹿角菜假交替单胞菌(*Pseudoalteromonas carrageenovora*)。菌株 Z6 所产纤维素酶的最适作用温度和 pH 分别为 30 ℃和 8.0，在 10 ℃仍有较高活性，具有较大的潜在工业应用价值。此外，臧路平(2009)报道了用羧甲基纤维素钠刚果红培养基筛选得到一株高产纤维素酶的菌株，初步鉴定为革兰氏阴性芽孢杆菌。该酶最适反应温度为 40 ℃，培养时间为 54 h，最适 pH 值为 7.5，最佳碳源为羧甲基纤维素钠，最佳生长氮源为酵母膏，最佳产酶氮源为硫酸铵。与陆地纤维素酶产生菌相比，海洋纤维素产生菌所产纤维素酶具有低温催化的优势。

还有，黄玉兰等(2010)从若尔盖高寒湿地距表层土壤中筛选出一株纤维素酶高产菌株 XW－1。对该菌产酶条件研究表明，在含 0.5% CMC－Na 条件下，20 ℃培养 3 d 后出现最高酶活，达到 15.6 U/mL。

陈亮等(2009)利用自渤海湾海泥中分离的低温纤维素酶产生菌，以菌株 CNY01 为出发菌株，经紫外、硫酸二乙酯等诱变，选育出高产突变菌株 CNY086，酶活力为 92.17 U/mL。该突变菌株低温纤维素酶发酵具有遗传稳定性。通过单因素和正交实验确定突变菌株 CNY086 低温纤维素酶发酵最适条件，在最适条件下 CNY086 菌株酶活力达到 108.55 U/mL。

5. 工业中的应用

低温纤维素酶在低温下仍具有较高酶活力及较高催化效率，在应用中能够缩短处理工艺时间，节省加热或冷却费用，且易失活，有着中高温纤维素酶无法比拟的优势(2010)。低温纤维素酶在处理棉针织物、利用海带纤维生产乙醇和洗涤剂用酶方面有重要应用。

姚继明等(2010)讨论了改性纤维素酶对棉纬编针织物表面性能、机械性能、刚柔性等织物服用性能的影响。对比了不同工艺条件处理后针织物的质量损失率、抗起毛起球性、颜色变化、硬挺度和悬垂性能等的变化。结果表明：与常规的 50 ℃相比，低温 40 ℃条件下抛光处理的织物具有更好的保色性和抗起毛起球性，同时质量损失率大幅降低，耐磨性和悬垂性能相当。

缪锦来等(2010)研究了海带纤维经低温纤维素酶水解，并利用酿酒酵母制备生物乙醇的工艺条件。结果表明，在制备生物乙醇的过程中，当发酵温度为 30 ℃、酿酒酵母接种量为 10%、低温纤维素酶用量为 35 U/g、对底物和发酵时间为 72 h 的条件下，酒精产率最高。

和田恭尚(2005)论述了洗涤剂用酶的发展史和常用 4 种酶，特别是纤维素酶的特性、去污机理、功能和应用现状。指出一类纤维素复合体可以分解棉纤维表面的毛球正在开发中;一种对纤维损伤较小的护色酶制剂进入实用阶段;今后,随着洗涤剂种类和用途的变化,用多种不同的酶制剂复配的复合型加酶洗涤剂品种将源源不断地上市,洗涤剂中酶制剂的用量不断增加、化学物质总量尽量降低将成为加酶洗涤剂发展的趋势。

2.3.6　低温环境中的果胶酶

果胶,又称多聚半乳糖醛酸。由 D－半乳糖醛酸以 α－1,4 糖苷键连接而成的直连聚合物。是植物体中一类复杂的胶体性多糖类,多见于植物细胞壁的组成成分。果胶酶是分解果胶质一类酶的总称。低温环境中具有活力的果胶酶可以降低因保温所需的能耗。

1. 耐低温果胶酶的来源

低温自然环境是耐低温果胶酶的天然来源,具低温耐受性的果胶酶多来自于酵母菌,特别是产低温果胶酶的嗜冷酵母菌。此外,一些低温腐败的果蔬和冻土中分离得到的细菌也是产耐低温果胶酶的优良来源。

Margesin 等(2005)报道了从北西伯利亚分离筛选出两种产低温胞外果胶酶的嗜冷酵母菌的研究,经 ITS 序列分析和大亚基(LSU)rRNA 序列分析发现这两种菌株为冷温木拉克酵母(*Mrakia frigida*),酶的表观最适作用条件为 30 ℃和 pH 8.5～9。这两种酶对热不稳定,但是对反复的冷冻和解冻操作有抵抗力,可用于含有果胶物质废水的前处理。高寒地区的冻土层为耐低温果胶酶的产生提供了良好来源,王伟等(2006)报道了从我国新疆地区的土壤中筛选产低温果胶酶菌株的报道,Magesin 和 Fell(2008)也有类似的报道。

Merín 等(2011)提供了在酿酒葡萄筛选出产胞外低温果胶酶的出芽短梗霉(*Aureobasidium pullulans*)的报道。所产酶在 pH 3.5 和 12 ℃有最大果胶降解能力,可用于酿酒生产过程。另外,还有从低温腐败的水果、蔬菜和冻土中筛选分离出一株能在室温 25 ℃和 5 ℃下产多聚半乳糖醛酸酶酵母菌株的报道(2011)。该菌所产的多聚半乳糖醛酸酶在 5 ℃时能利用生鲜果蔬中的果胶质。该菌株以橘子皮、苹果皮、芒果皮、葡萄皮和番石榴皮为底物时,酶的产量很高。

2. 低温果胶酶的制备

低温果胶酶的制备,可以利用低温环境中微生物进行发酵生产。除此之外,在异源表达也是一种获得低温果胶酶的方法。Xiao 等(2008)提供了野油菜黄单胞菌野油菜致病变种(*Xanthomonas campestris* pv. Campestris)和蓝链霉菌 A3(*Streptomyces coelicolor* A3)中发现的编码低温果胶酶的序列结构,并将其在 *E. coli* Rosetta™中进行表达的研究。

3. 低温果胶酶的性质

低温果胶酶在使用时,需要注意金属离子的影响。Mg^{2+}、Ca^{2+}、Mn^{2+}、Zn^{2+}、Fe^{2+}、Na^{+}对低温果胶酶有激活作用,而 Ba^{2+}、Hg^{2+}、Cu^{2+}、Fe^{3+}、Pb^{2+}则有强烈抑制作用。王伟等(2011)进行了低温果胶酶产生菌的筛选,并对低温果胶酶的酶学性质、纯化及动力学常数进行了研究。结果表明:该酶最适酶反应温度25 ℃,最适酶反应 pH 为5.8;酶液的 pH 稳定范围在 5.0～6.4,在 25 ℃保温 3 h,酶活降至 50.5%,在 35 ℃保温 2 h,酶活降至55.1%,在 45 ℃保温 1.5 h,酶活降至 48.7%,在 55 ℃保温 1 h,酶活降至 43.1%;金属离子 Mg^{2+}、Ca^{2+}、Mn^{2+}、Zn^{2+}、Fe^{2+}、Na^{+}对低温果胶酶有激活作用,而 Ba^{2+}、Hg^{2+}、Cu^{2+}、Fe^{3+}、Pb^{2+}对低

温果胶酶有强烈的抑制作用;当以果胶为底物时,该酶的动力学常数 K_m 为27.86 mg/mL, v_{max}为 152.13 mol/(min · mL);采用不同的处理方法均可使低温果胶酶得到纯化,但40% ~85%的硫酸铵分级沉淀纯化效果最好。但是,类似于这方面的研究还不多,这对低温果胶酶的应用是障碍。参考其他酶的应用不难看出,虽然都有低温耐受能力,但不同来源的酶活有很大差异。因此,很有必要对该低温酶的理化性质展开广泛的研究。

4. 低温果胶酶的应用

就目前情况看,对低温纤维素酶耐受低温的机制还不清楚,但并不影响它的应用。

①在食品工业中,低温果胶酶可应用于酿酒、果蔬汁制造。Cabeza 等(2011)发现酿酒过程中,低温很适宜于风味和色泽组分的产生和保留。低温下仍具有活性的酶在此时就发挥了很大的作用。与传统的提取方法相比,使用果胶酶的酿酒工艺可使得酒色强度、鞣酸类、多酚类物质和多糖含量的增加,有助于提高口感和果实风味。宋建强等(2008)研究了果胶酶对黑莓汁的澄清作用。结果表明,在低温(15 ~18 ℃)条件下,与对照相比,添加 50 mg/L 的果胶酶可完全降解果胶,使果汁达到良好的澄清效果。用50 mg/L果胶酶处理的黑莓汁中含有较多的总酚、单宁和色素。黑莓汁用果胶酶处理后,仍能保留大量的营养物质,提高了黑莓汁的稳定性和品质。

②在纺织工业中,可利用低温果胶酶进行脱浆处理(Yuan 等, 2011)。

2.3.7　低温环境中的蔗糖酶

蔗糖酶(Invertase)又称转化酶,是植物体内蔗糖代谢的关键酶,将蔗糖不可逆地转化生成葡萄糖和果糖。低温蔗糖酶在植物适应低温逆环境的过程中有重要的生理作用。

蔗糖酶主要来源于植物体内,很少见于微生物体内的报道。Turkiewicz 等(2005)提供了从海洋微生物中分离出一株产低温蔗糖酶嗜冷性海洋菌的报道。该酶热稳定性差,最适作用温度为 30 ℃,最适 pH 为 4.55 ~4.75。虽然此类报道很少见,但扩大了人们对低温环境蔗糖酶来源的认知。

关于低温蔗糖酶的制备技术和理化性质研究尚少见。仅有报道称低温蔗糖酶最适温度 30 ℃,最适 pH 为 4.55 ~4.75。且低温蔗糖酶的低温耐受机制研究也尚处于空白。

低温环境中蔗糖酶的应用主要集中在冷藏过程中防止已糖的积累方面。例如冷藏马铃薯块茎容易出现已糖的积累,它与蔗糖酶的水解作用有关。酸性转化酶是植物体内降解蔗糖为还原糖(葡萄糖和果糖)的关键酶,而还原糖在马铃薯低温储藏中的快速积累是影响油炸加工品质的重要因素。Zrenne 等(1996)发现可溶性酸性蔗糖酶不会显著改变整体可溶性糖的含量,但影响已糖/蔗糖值。王清等(2005)发现含有酸性转化酶(AcInv)反义基因的转基因马铃薯在低温储藏中表现出还原糖含量升高,总淀粉含量下降的趋势。张迟等(2008)为了实现对马铃薯块茎低温糖化的品质改良,通过所克隆的酸性转化酶基因构建了 RNA 干涉载体,并导入马铃薯品种。结果发现 RNA 干涉对马铃薯内源酸性转化酶活性的调节作用显著,这种转录表达的调控技术对马铃薯低温糖化改良具有良好的应用前景。

农作物在生产过程中不可避免地遇到渗透压和低温等外界压力。Vargas 等(2007)发现在渗透压力和低温处理时,碱性蔗糖酶在小麦叶片里直接控制表达。碱性和中性蔗糖酶的总活力增加,要归结于渗透压力和低温处理后碱性蔗糖酶对碘氧基苯甲醚的产生。从小麦叶片里分离出该酶的产生片段,经过 RT-PCR 分析证实了该酶的产生是成熟麦叶对渗透压力和低温的应对机制。

此外,低温(0~2 ℃)处理萌动种子可使青花菜的花芽分化提前。当进入花芽分化临界期时,叶片中 GA3、可溶性蛋白质含量和过氧化物酶以及转化酶活性开始剧增,萌发种子经一段时间低温处理后,首先诱导 GA3 的合成,进而提高过氧化物酶和转化酶的活性,这两种酶活性的升高对青花菜花芽分化有利(蒋欣梅和于锡宏,2004)。

姚远等(2010)以木薯为材料,研究在持续低温胁迫下木薯幼苗叶片转化酶活性(SAI,NI)及可溶性糖含量的变化。结果表明,可溶性酸性转化酶(SAI)在木薯耐寒品种中(ARG7)活性较高;低温胁迫均能提高木薯中 SAI 酶的活性,但是在耐寒品种 ARG7 中表现为稳定提高。酸性转化酶活性与木薯的抗寒存在一定正相关。低温胁迫后 3 个木薯品种叶片蔗糖、还原糖和可溶性总糖含量均升高,且抗寒品种叶片的还原糖、蔗糖和可溶性总糖含量极显著高于不耐寒品种。林捷等(2008)研究了采蜜时间、蜜蜂品种、储藏及真空低温浓缩等条件对荔枝蜜的淀粉酶及蔗糖转化酶的活性影响。结果认为蔗糖转化酶和淀粉酶一样,在未成熟蜂蜜中含量较低,而且在水分较大的情况下储藏和加热浓缩过程中,下降速率较大,可以有效指示荔枝蜜的成熟度和新鲜度。

低温环境中蔗糖酶酶活的存在对植物的生理生化代谢起着至关重要的作用,通过在低温等逆环境中对体内蔗糖代谢的调节,可使生物体增强对不利环境的抗性,利于生存。但是对于低温下该酶活力影响条件的研究,以及金属离子等在低温环境中对该酶酶活的作用机制还没有明确阐述。

2.4　低温环境中的活性氧化还原酶

2.4.1　低温多酚氧化酶

1. 分布

多酚氧化酶(Polyphenol Oxidase,PPO)是从真菌到植物乃至哺乳动物体内都存在的一类铜蛋白,它能有效催化多酚类化合物氧化形成相应的醌类物质。在许多微生物中发现含有多酚氧化酶(赵淑娟等,2008)。相比较而言,多酚氧化酶在植物体内的分布更为广泛。多酚氧化酶由核基因编码,在细胞质中合成,通过一定的方式转运至质体内而成为具酶活性的形式。

2. 理化性质

多酚氧化酶的底物(酚类物质)存在于液泡中。这种酶与底物的区域分布,使得多酚氧化酶在完整细胞内的生理功能难以确定(黄明和彭世清,1998)。多酚氧化酶活性形式常被报道是大约 45 kDa 的分子,但其他大小形式如 59 kDa 和 65 ~ 68 kDa 也有报道。

3. 耐低温机制

低温条件下,多酚氧化酶的作用机制还不很明确,将成为以后的研究重点。

4. 制备技术

多酚氧化酶在植物体内的分布广泛。多酚氧化酶由核基因编码，在细胞质中合成，通过一定的方式转运至质体内而成为具酶活性的形式。但目前的工作都集中在低温条件对生物体内多酚氧化酶的研究，关于该酶的制备、纯化技术研究尚处于空白状态。

5. 工业中的应用

（1）在食品与发酵工业中的应用

冷冻保藏能有效地抑制因微生物生长繁殖而引起的腐败变质，但低温环境只能部分降低酶的活性而不能完全使酶失活，这些从细胞和组织中释放出来的酶会加剧冷冻食品质量下降（晏绍庆等，2000）。例如，在低温胁迫下，果实抗氧化酶（包括超氧化物歧化酶、过氧化氢酶等）活性和抗氧化剂（包括抗坏血酸、谷胱甘肽等）含量下降，内源清除活性氧、自由基能力的减弱，使膜质过氧化作用加剧，从而造成细胞膜系统结构和功能的改变，细胞中区域化分布被打破，酚类底物与过氧化物酶、多酚氧化酶接触，导致果实组织褐变（史辉和龙超安，2010）。为控制食品物料中多酚氧化酶酶活性从而最大限度保持食品品质，在食品低温断裂的极限降温速率下应使冻结速率越快越好（晏绍庆等，1999）。这是由于降温速率过慢，物料经过最大冰晶生成带（－5～0 ℃）时生成的冰晶过大会破坏细胞结构而造成物料品质的下降；而冻结速率越快，低温断裂越严重。

对于其他低温条件，如冷藏（4 ℃左右）的食品物料而言就需要采取其他措施来控制多酚氧化酶的活性。常见的方法是护色液的使用，一般采用抗坏血酸或其盐类、柠檬酸、NaCl 和 $NaHSO_3$ 等配置的溶液。需要注意的是，随着食品中硫的安全控制，一般不推荐使用 $NaHSO_3$，更多是采用半胱氨酸。护色液最好同其他工艺（如热烫、真空包装）结合使用，既减缓了组织发生酶促褐变的可能，又可防止病菌感染。此外，工艺中低温惰性气体（如氮气）的引入，可为低温制备果汁提供借鉴。杜冰等（2009）采用自行研发设计的液氮排氧打装机，对香蕉进行低温排氧打浆。添加液氮排氧打浆技术，可以有效降低香蕉浆体的温度并驱排氧气，同时可降低多酚氧化酶和过氧化物酶活性及氧气含量，有效防止酶促褐变和氧化。加之液氮的冷冻效果，液氮打浆后的出汁率远高于常温打浆的出汁率。另外还有臭氧用于果蔬低温储藏的报道。邢淑婕和刘开华（2011）研究了臭氧处理对刺芹侧耳低温储藏的保鲜效果，结果发现臭氧处理后刺芹侧耳的细胞膜透性下降、呼吸强度降低、多酚氧化酶活性降低、褐变反应受到抑制，臭氧处理对刺芹侧耳子实体保鲜效果好。臭氧可延缓采后红桃果肉在低温条件下硬度的下降以及呼吸速率和乙烯释放峰值出现时间，抑制丙二醛（MDA）含量和相对细胞膜透性的升高，过氧化氢酶的活性保持相对较高水平，淀粉酶、过氧化物酶和多酚氧化酶活性均明显受抑制，降低腐烂率（杨宇明和饶景萍，2006）。

此外，在烟草、面粉加工以及茶叶生茶生产加工方面，多酚氧化酶会产生重要的影响。例如烟草中的多酚氧化酶在调制过程中能催化氧化多酚类化合物为 σ－醌，σ－醌可聚合成黑色素，从而严重影响烟叶的外观和内在品质。此外，多酚氧化酶还是引起面条等面制食品颜色褐变的主要因素（蔡华等，2007）。多酚氧化酶活性高低是影响面条等食品色泽及其品质的关键因素（马传喜等，2007）。多酚氧化酶带来的酶促褐变是水果、蔬菜加工成果蔬汁过程中引起营养价值、外观品质等降低的主要原因之一，直接导致巨大的经济损失（杨光宇和牟德华，2009）。

（2）在农业中的应用

低温多酚氧化酶对农业也有重要的影响，农产品采摘后多采用低温环境进行储藏，最大限度地保持产品原有的新鲜程度、色泽、风味及营养。冷链处理虽然可以降低产品遭受微生物侵染的几率和最大限度地保持产品品质，但是低温条件下生物体的生理生化变化，有可能带来不可逆的损害。对于农产品低温储藏温度的选择要根据物料的生化特性来进行选择，温度过低导致冷害发生，会造成不必要的品质劣变。段学武等（2000）发现草菇在15 ℃储藏96 h，失重率仅为3%，开伞率仅9%，无褐变，能基本保持原有品质。更低温度下，如5 ℃和10 ℃下储藏的草菇均出现不同程度的自溶、渗水、褐变和异味等冷害症状。草菇冷害促进了膜脂氧化，从而加速了品质劣变。陈艳乐等（2005）发现和室温储藏相比，冷藏下的薯蓣褐变度、多酚氧化酶活性和丙二醛含量较低，而超氧化物歧化酶活性较高，低温有利于薯蓣的储藏。

周玉婵和潘小平（1997）发现采后菠萝果实内的多酚氧化酶活性和Pi（无机磷离子）浓度分布不均，二者密切相关。低温诱导会显著提高酸性磷酸酶的活性，使果实Pi明显升高。低温向常温的转变过程造成的内环境和膜伤害会引起菠萝多酚氧化酶活性升高和黑心病发生。赵霞等（2009）研究了低温储藏对黄藤笋中酶活性的影响，认为黄藤笋多酚氧化酶的活性相对随着储藏温度的提高而逐渐提升，多酚氧化酶的活性在25 ℃条件下最大，随后是11 ℃和7 ℃，3 ℃储藏时活性最小。这说明低温能有效抑制多酚氧化酶活性，从而可以控制褐变发生。不过应该注意到黄藤笋属冷敏性蔬菜，低温3 ℃和7 ℃条件下酶活虽然降低，但是容易发生冷害，冷藏温度宜选择在11 ℃。

为防止低温环境下的农产品发生褐变，除了控制温度条件外，辅助性的措施是必不可少的。赵宇等（2008）利用灰毡毛忍冬新鲜花蕾中含有多酚氧化酶热稳定性较差的特点，热蒸汽蒸制30 s，即可使该酶灭活，防止了对绿原酸活性成分的催化氧化。既保持了药材的外观品质，又降低了活性成分的损失，保证了药材质量。微量元素如硼也会对生物体低温环境适应性产生影响。如在低温（5 ℃，以25 ℃为对照）下，缺硼或低硼（≤10 μmol/L）导致巨尾桉叶片相对电导率、超氧物阴离子自由基（O_2^-）产生速率、丙二醛含量和多酚氧化酶活性增加；抗坏血酸（ASA）和可溶性蛋白质含量、超氧化物歧化酶、过氧化物酶、过氧化氢酶和抗坏血酸过氧化物酶（APX）活性下降。而高硼（15 μmol/L）条件可以减轻低温对巨尾桉幼苗的伤害，提高巨尾桉幼苗的抗寒能力（吕成群和黄宝灵，2003）。

值得注意的是，并不是多酚氧化酶引起的褐变对食品加工和农业生产都带来不利影响。多酚氧化酶是乌龙茶加工中重要的氧化还原酶类，对成茶的滋味和香气形成起重要作用。在制茶过程中，不同品种萎凋过程中多酚氧化酶活性和含水量变化不一。虽然不同品种酶活性间有差异，但趋势基本一致。在温度较低（20 ℃）、相对湿度较高（90%～95%）的人工条件下萎凋，酶活性高于在室温自然条件下（温度25 ℃和相对湿度50%～60%），更利于茶色泽的形成（王丽霞和肖丽霞，2008）。

2.4.2　低温过氧化物酶

过氧化物酶主要来自植物体，一些霉菌也能产生过氧化物酶系。在食品加工、农业生产和遗传育种等方面发挥重要作用。在牛奶深加工、植物生长过程中都不可避免地遇到低温环境，虽然人们对过氧化物酶的作用机制还不是完全掌握，但是在低温条件下的活性变化对其应用具有相关性。

1. 分布

过氧化物酶（Peroxidase，POD）多是植物源的，利用凝胶电泳可对其同功酶系进行分析，研究不同种系和器官中同功酶酶谱的差异，进行亲本选配和品种鉴定等操作（梁顺祥，1996）。

随着研究的进展，该酶系的成员在微生物体内也有发现。尹亮和谭龙飞（2004）就报道了黄孢原毛平革菌产锰过氧化物酶（Manganese Peroxidase，MNP）的研究。吴薇等（2010）提供了哈茨木霉液态发酵生产木质素过氧化物酶（Lignin Peroxidase，LiP）的优化研究。此外，Marguez 等（2008）从成熟的香草豆荚中还分离出耐冷与金属离子结合的细胞壁过氧化物酶。

2. 理化性质

Marguez 等（2008）从成熟的香草豆荚分离的过氧化物酶，经 SDS－PAGE 电泳分析，其分子量为 46.5 kDa，最适 pH 和温度分别为 3.8 和 16 ℃。愈创木酚为底物时，K_m 为 3.8 mmol/L，pI 为 7.7 左右。1，4－二硫苏糖醇，β－巯基乙醇和叠氮化钠可抑制该酶活性，抗坏血酸、NaEDTA 和十二烷基磺酸钠会减弱酶活力。

王永健等（1995）研究黄瓜种子低温下萌发研究结果发现，种子萌发最敏感的低温是 13～15 ℃。低温萌发过程中，过氧化物酶活性高峰出现早的品种，其种子发芽率高，萌发速度快。低温抑制过氧化物酶活性，减少过氧化物酶同功酶条带和强度。这对农作物的栽培具有指导意义，根据不同季节选择适合的品种，以避免不必要的经济损失。

低温条件下，脱落酸、多效唑、稀土元素和磁场变化都会对过氧化物酶酶活产生影响。周玉萍等（2002）在人工气候箱中模拟寒潮对香蕉幼苗造成的低温冷害，研究脱落酸、多效唑和油菜素内酯对低温胁迫期和低温胁迫恢复期香蕉幼苗叶片过氧化物酶和相对电导率的影响。试验表明，叶肉喷施适量脱落酸、多效唑和油菜素内酯能够提高低温胁迫期和恢复期香蕉叶片的过氧化物酶活性并且降低叶片相对电导率。还有研究发现，低温胁迫下外施脱落酸能提高雷公藤幼苗的抗冷性，有效地降低叶片相对电导率和 MDA 的积累，使雷公藤幼苗体内游离脯氨酸的含量升高，减弱了低温胁迫对超氧化物歧化酶、过氧化物酶、过氧化氢酶活性的影响，脱落酸处理可显著降低幼苗冷害程度（黄宇等，2011）。外施脱落酸对植物幼苗抵抗低温逆境有促进作用。

在稀土金属离子和磁场影响方面，侯彩霞等（1997）发现稀土元素镧、铈处理小麦后，降低了过氧化物酶同功酶类的活性，尤其是参与生长素分解代谢的迁移率较慢的过氧化物酶的活性，能够促进植物生长。龚慧明（2007）将蚕豆种子浸泡 24 h 后进行磁场处理，随后测定蚕豆种子活力和幼苗体内过氧化物酶、过氧化氢酶活性。各磁场强度处理中，种子发芽势、发芽率、发芽指数和活力指数都高于对照。结果认为磁场对细胞膜具有一定的修复作用。过氧化物酶、过氧化氢酶含有金属离子。在磁场的作用下会发生定向排列引起酶构象的变化,进而使酶激活。

3. 制备技术

在过氧化物酶的制备方面,黄燕华等(2006)研究了双水相萃取法从白萝卜中快速提取过氧化物酶的可行性。相对于传统盐析法,应用聚乙二醇/硫酸铵双水相萃取法从白萝卜中提取过氧化物酶具有快速、操作简单、提取率高、成本低及可以使生产规模化等优点。关于过氧化物酶的提纯,Marguez 等(2008)报道了用 10 kDa 超滤和 Sephacryl S - 200 凝胶层析色谱纯化香草过氧化物酶的方法。

4. 工业中的应用

过氧化物酶在低温下还保留有活力,可应用于乳品加工、种子解除休眠和育种等方面。

(1)在食品与发酵工业中应用

杨雪峰(2007)在初乳中加入 NaSCN 和 H_2O_2 以激活其中固有的乳过氧化物酶(Lactoperoxidase,LPO)体系。在(25 ±2)℃的自然生产条件下,激活乳过氧化物酶体系可显著抑制初乳酸度的升高和细菌总数的增加,延长初乳的保存时间,并且对乳蛋白、乳脂、非脂乳固体的含量均没有影响。在发酵乳加工时,由乳过氧化物酶、硫氰酸盐、过氧化氢构成的乳过氧化物酶体系,对乳酸杆菌的发酵产酸有一定抑制作用,但体系处理的羊奶制成的奶酪具有更低的脂解特性,其风味更柔和,不影响相应产品的产量、外观、风味和质地(王伟杰等,2007)。

(2)在农业中应用

过氧化物酶在低温解除种子休眠中发挥重要作用。金兰和罗桂花(2007)对川贝母种子,在 0 ~3 ℃低温下分别处理一定时间。发现低温处理 3 ~5 月时,酯酶同功酶、过氧化物酶同功酶有新酶带的形成,这意味着低温对川贝母种子休眠的解除有一定的作用。李勇超等(2009)对低温处理下的酶活测定与同功酶酶谱比较发现,无论 -10 ℃还是 -20 ℃下,品种间的酶活和同功酶谱带均有较大差别,但对同一品种在这两种不同温度处理下,无论酶活或同功酶谱带均表现相似。以过氧化物酶及其同功酶酶活为指标可充分了解该材料抗寒能力。高文远等(1997)利用电泳方法研究了芽、鳞片近轴面表皮与鳞片内部组织 3 个部位在休眠解除过程中过氧化物酶同功酶的变化。发现芽和鳞片不同部位的同功酶谱带在解除休眠的不同时期均有变化,近轴面表皮的过氧化物酶活性明显高于鳞片内部组织。这些结果说明芽和鳞片都参与了休眠的解除,为浙贝母低温解除休眠的生理机制研究提供了借鉴。

在育种方面,蒋全熊等(2003)认为在不同的品系间,不同营养器官间,过氧化物酶同功酶谱酶带的数量、级别、活性相对含量都存在着较为明显的差异,这些都是基因引起的遗传变异,非环境所致。通过分析测定不同温度处理下过氧化物酶和超氧化物歧化酶的活性变化。可知过氧化物酶在低温条件下的活性变化在不同抗冷性品种间差异显著,并与品种抗冷性呈显著或极显著的正相关。用过氧化物酶作为鉴定如青椒等果蔬的抗冷性生理指标是切实可行的(杨广东和郭庆萍,1998)。

2.4.3　低温环境中的活性葡萄糖氧化酶

葡萄糖氧化酶(Glucose Oxidase, GOX)与生物体内葡萄糖的氧化分解有密切关系,其在动物、植物和微生物体内都有分布,但从动、植物体中提取该酶有很大的局限性,产量不高。霉菌产葡萄糖氧化酶的能力强,且由于微生物对温度有极端耐受性,使得霉菌成为具有低温耐受性葡萄糖氧化酶的来源。

1. 分布

黑曲霉(*Aspergillus niger*)是产葡萄糖氧化酶的主要来源菌株。苏茉等(2011)用研磨法破碎黑曲霉 H1 - 9b 的菌丝体,得到在 30 ~ 40 ℃温度范围内稳定性好的葡萄糖氧化酶,其在 20 ℃保留至少 60% 的相对酶活。刘峰等(2007)从土壤中筛选葡萄糖氧化酶产生菌黑曲霉菌 L7,并通过对其产酶特性研究及工艺优化提高其产酶量,经过条件优化后酶活可达到 2.561 μmol/min。杨惠英等(1998)多次筛选培育获得含有较高活力葡萄糖氧化酶的黑曲霉菌株,对细胞浸出液的葡萄糖氧化酶性质进行研究。发现胞外葡萄糖氧化酶含量远远低于胞内酶,为葡萄糖氧化酶在细胞内的分布提供了借鉴。青霉菌菌株也是葡萄糖氧化酶的来源之一,但研究较少。张茜等(2009)从青霉(*Penicillium amagasakiense*)发酵液中分离纯化葡萄糖氧化酶。纯化后的,酶最适温度为 40 ℃;在 20 ℃仍保留有 5 μmol/(min · L)左右的酶活。

2. 理化性质

黑曲霉 A9 所产葡萄糖氧化酶的分子量为 138.2 kDa,糖基化程度为 2.67%;最适温度为 30 ℃;最适 pH 为 6.7,其 pH 稳定范围较宽;Ag^{+}、Hg^{2+}、亚硫酸氢钠对酶有强烈的抑制作用,该酶对葡萄糖的 K_m 值为 35.74 mmol/L(王志新等,2006)。黑曲霉 H1 - 9b 菌丝体所产葡萄糖氧化酶分子量为 94.1 kDa,为单亚基酶;该酶最适温度为 37 ℃,在 30 ~ 40 ℃温度范围内稳定性较好;最适 pH 值为 5.7,pH 4.0 ~ 8.0 范围内活性稳定;以不同浓度葡萄糖为底物在最适条件下测得该酶 K_m 值为 30.69 mmol/L,V_{max} 为 21.88 μmol/L;Ag^{+}、Cu^{2+}、Zn^{2+} 对该酶活性有较大抑制作用(苏茉等,2011)。

张茜等(2009)从青霉(*Penicillium amagasakiense*)的发酵液中分离纯化出葡萄糖氧化酶。酶学性质表明:该酶催化葡萄糖氧化反应的最适 pH 为 5.6,最适温度为 40 ℃;该酶在 pH 5.5 ~ 8.5 区间和温度低于 50 ℃下稳定;金属离子 Na^{+}、K^{+}、Ca^{2+}、Pb^{2+}、Mn^{2+} 等对酶活基本没有影响,Al^{3+}、Hg^{2+}、Mg^{2+}、Cd^{2+}、Cu^{2+}、Co^{2+} 等对该酶活力有不同程度的抑制作用。以葡萄糖为底物时米氏常数 K_m 为 122.6 mmol/L,V_{max} 为 25.52 mol/(L · min)(pH 7.0, 37 ℃)。

不难看出,不同来源的葡萄糖氧化酶最适作用温度存在差异,也就意味着不同的低温耐受能力。重金属离子对其抑制作用不可忽略。此外,杨道武(1994)用差示扫描量热法研究了水—葡萄糖氧化酶体系的热稳定性,结果表明,葡萄糖氧化酶的变性峰和热变前峰的温度和面积都强烈地依赖于蛋白质的含水量,为我们理解该酶的稳定性提供了理论支持。

3. 制备技术

由于葡萄糖氧化酶大多从黑曲霉和青霉中提取,因而其制备技术主要包括粗酶液提取、离子交换层析和分子筛凝胶过滤。例如，苏茉等（2011）采用研磨法破碎黑曲霉 H1－9b 菌丝体，经 pH 5.7 磷酸缓冲液抽提获得粗酶液，粗酶液经 DEAE－Sepharose 离子交换层析和 Superdex－200 凝胶过滤层析，得到葡萄糖氧化酶纯品比活力为 30 569.7 U/mg，回收率为 30.2%，提纯倍数为 41.4 倍，分子质量为 94.1 kDa，为单亚基酶。

4. 工业中的应用

（1）在食品与发酵工业中的应用

葡萄糖氧化酶在食品加工中可应用于脱糖处理。在食品加工过程中，脱糖处理是干燥蛋白制品加工中的必要步骤，徐雅琴等（2005）采用葡萄糖氧化酶法对蛋清的脱糖工艺进行了探讨，该工艺脱糖率达到 95% 以上。葡萄糖氧化酶脱糖不仅有效防止干燥蛋白制品生产和储藏中美拉德反应的发生，还可以保持并部分提高蛋清原有的功能性质，改善蛋清的气味和流动性质。葡萄糖氧化酶还可应用于烘焙过程中以改善面包品质。蔡静平等（2002）从粮食样品中分离并筛选出 1 株可同时产生 α－淀粉酶（FAA）和葡萄糖氧化酶的黑曲霉菌株，并将上述复合酶用于面包制作的品质改良剂，取得了良好的效果。此外，还有葡萄糖氧化酶用于降低马铃薯颗粒全粉中葡萄糖及还原糖的报道（王常青和朱志昂，2004）。

（2）在工业中的应用

王显祥等（2010）利用具有荧光和磁性的双功能亲水性复合纳米材料（MQDs）固定葡萄糖氧化酶，研究发现，基于葡萄糖氧化酶催化葡萄糖产生 H_2O_2 能够引起量子点荧光的淬灭，利用 MQDs 的磁性及荧光，可实现同时对样品中葡萄糖分离和可视化荧光检测。还可以应用壳聚糖将葡萄糖氧化酶固定于鸡蛋膜上，结合氧电极制得葡萄糖传感器，该类传感器已成功地应用于市售饮料中葡萄糖含量的测定，并且实际样品中可能存在的烟酰胺、VB6、VB12、VE、Ca^{2+}、Mg^{2+}、K^+ 和 Zn^{2+} 等对葡萄糖的测定不产生干扰，检测效果较好（张彦等，2009）。此外，利用葡萄糖酶制备的传感器可用于毒性评价和环境监测等领域（连兰等，2006）。

（3）在化工业中的应用

在化工印染的应用中，葡萄糖氧化酶低温漂白体系中 H_2O_2 分解率仅为 50% 左右，与传统漂白工艺相比，葡萄糖氧化酶活化低温漂白的织物白度略有降低但纤维损伤小、强力损失更低（赵政等，2011）。葡萄糖氧化酶活化低温漂白在 pH 值中性和相对低温条件下进行，降低了漂白能耗，是一种较理想的漂白方法。

2.4.4　低温环境中的活性低温脂肪氧合酶

脂肪氧合酶（Lipoxygenase，LOX）是一种含非血红素铁的蛋白质，专一催化具有顺、顺－1，4－戊二烯结构的多元不饱和脂肪酸加氧反应，氧化生成具有共轭双键的过氧化氢物。它广泛存在于高等植物体内，与植物的生长发育、植物的衰老、脂质过氧化作用和光合作用、伤反应及其他胁迫反应等有关。

1. 分布

脂肪氧合酶主要来源于豆类植物，特别是黄豆，为分离纯化低温耐受脂肪氧合酶提供了材料来源。例如,蔡琨等(2004)报道了从低温脱脂大豆粉中提取脂肪氧合酶的方法,并研究了其部分酶学性质。其他植物如黄芪,以及鱼虾和藻类中也可提取出低温下(<20 ℃)具有活力的脂肪氧合酶。例如,何雄等(2005)从罗非鱼鳃组织中提取耐低温脂肪氧合酶;杨文鸽等(2006)报道了用羟基磷灰石柱层析分离纯化南美白对虾血淋巴脂肪氧合酶,同时进行酶学性质及其反应产物的研究。姜启兴等(2009)则提供了从小球藻中提取脂肪氧合酶,其最适作用温度为 35 ℃。

2. 理化性质

脂肪氧合酶的理化性质由于来源不同有所不同。如,蔡琨等(2004)从低温脱脂大豆粉中提取的脂肪氧合酶,在 0~70 ℃范围内,酶活在低温下能保持较高水平,高于 40 ℃后急剧下降。谢道生等(2009)从浑源黄芪药材中提取的脂肪氧合酶在 0~50 ℃内稳定,4 ℃时活性略有增加;温度高于 50 ℃时,活性下降明显。何雄等(2005)从罗非鱼鳃组织中提取耐低温脂肪氧合酶,其最适反应温度为 30 ℃,最适 pH 为 10.0 和 4.0。在 pH 10.0条件下,最适底物浓度为 2.5×10^{-4} mol/L,K_m 值为 0.073 mmol/L,V_{max} 值为 3.08×10^4 U/mg protein · min;EDTA 对该酶有较强的抑制作用。而在 pH4.0 条件下,最适底物浓度为 5×10^{-4} mol/L,BHA、BHT、TBHQ 等抗氧化剂有较强的抑制作用。杨文鸽等(2006)从南美白对虾血淋巴中提取脂肪氧合酶,其最适温度为 25 ℃,最适 pH 9.6,1 mmol/L的谷胱甘肽能有效提高酶液稳定性。姜启兴等(2009)从小球藻中提取的脂肪氧合酶,最适 pH 为 7.6 和 9.4,最适作用温度为 35 ℃,且透析过程中添加 0.2 mmol/L Ca^{2+}可增强其稳定性。

田其英等(2008)报道了不同 pH,不同离子、金属络合物和抗氧化剂对从脱脂豆粕提取的酶液中脂肪氧合酶同功酶活性影响的研究。结果显示,在中性和碱性条件下,脂肪氧合酶活性有不同程度的降低;Na^+不同化合物中,Na_2CO_3 对脂肪氧合酶的抑制性最好;离子对脂肪氧合酶都有不同强弱的激活作用,其中 Ca^{2+} 对脂肪氧合酶-2 和脂肪氧合酶-3 有着强烈的激活作用;络合物中酒石酸对脂肪氧合酶的抑制效果较好;抗坏血酸对脂肪氧合酶的抑制效果优于茶多酚。此外,还有研究发现 Fe^{3+}、Fe^{2+} 对该酶也有激活作用,Zn^{2+} 和 Mg^{2+} 则表现为抑制作用(谢道生等,2009)。室温下,一些盐类如乙二胺四醋酸二钠、草酸钠、醋酸钠及氯化钙却对脂肪氧合酶活性均有较好的稳定作用(蔡琨等,2004)。

在脂肪氧化酶的制备中,可利用硫酸铵二次盐析法从大豆低温浸出粕中提取大豆脂肪氧合酶(许瑛瑛等,2002)。但是作为酶提取制备时的纯化操作方法还有很多,并不局限于一种方法的使用,应根据实际需要选择一种或者多种分离方法复合使用。

3. 工业中的应用

(1)在食品与发酵工业中的应用

首先,脂肪氧合酶对面粉的特性产生各种影响,在面粉品质改良中发挥着积极的作用(孔祥珍等,2003)。其次,顾丹等(2009)研究了大豆脂肪氧合酶催化合成氢过氧化玉米胚芽油的反应,考查了溶剂种类、溶剂量、温度底物浓度对氢过氧化玉米胚芽油得率的影响。认为较佳反应条件为:5 ℃下,当溶剂乙醇体积分数为 4%,底物浓度 100 g/L,硼酸-硼砂缓冲液(pH 9.0)反应 1.5 h 后氢过氧化玉米胚芽油得率为 53.3%。此外,还可利用低脂质含量大豆蛋白、脂肪氧合酶和亚油酸组成的三元体系，模拟大豆蛋白质制备过程，结合 TBA 值与羰基含量测定，研究反应后大豆蛋白的氨基酸组成变化情况。分析表明，反应后大豆蛋白的天冬氨酸含量增加，组氨酸、赖氨酸、精氨酸、酪氨酸和半胱氨酸含量减少可归属于大豆蛋白氨基酸残基与脂肪氧合酶催化亚油酸氧化产生的氢过氧化物及其降解产物的反应有关（黄友如等，2008）。

（2）在化工业中的应用

主要应用在化工合成不饱和脂肪酸方面。陈书婷等（2011）利用大豆脂肪氧合酶催化亚麻酸生成亚麻酸氢过氧化物，在氢过氧化物裂解酶的作用下可生成具有青草自然风味的化合物。当反应温度为 4 ℃，pH 为 9.0，亚麻酸浓度为 0.025 mol/L，加酶量为 25 U/mL，搅拌速度为 800 r/min，氧气压力为 0.2 MPa 时，生成的亚麻酸氢过氧化物的转化率和纯度分别为 82.93% 和 87.01%。脂肪氧合酶催化亚油酸生成 13 位的氢过氧化物（HPOD），在过氧化物酶的作用下可生成具有青草芬芳的自然风味的化合物，为了得到大量的具有该种风味的化合物，许瑛瑛和华欲飞（2002）对其中间产物 13S－HPOD 的形成因素作了研究，利用分光光度法进行检测，由实验得出：在底物浓度为 2.54 mmol/L，pH 9.0温度为 0～5 ℃，缓冲液体积为 30% 时，生成的 HPOD 的量最大。

此外，利用大豆脂肪氧合酶催化氧化亚油酸可以生成氢过氧化亚油酸（LA－HPOD），后者是一种兼具低温漂白/洗涤双重功效的新型油脂基多功能表面活性剂。开发 LA－HPOD 将大大提高生物技术在大豆加工中的应用水平和对大豆资源的高附加值利用水平。将 LA－HPOD 用于漂白洗涤配方，能促进漂白型洗涤剂向绿色、温和、多功能化方向发展（蔡燕等，2007）。施金金等（2008）以大豆脂肪氧合酶催化氧化亚油酸所得的氢过氧化亚油酸（LA－HPOD）为原料，用亚硫酸钠于水相还原氢过氧化亚油酸，得到共轭亚油酸。0～40 ℃内，反应温度对氢过氧化亚油酸转化率无显著影响，低温对酶的活性发挥影响不明显。醇－水体系所得的还原反应转化率与皂化体系的还原反应转化率接近，氢过氧化亚油酸的最高转化率达 98.5%。

第3章　极端 pH 环境中的活性酶

一般说来,极端 pH 环境分为极端酸性 pH(pH≤6.0)和极端碱性 pH(pH≥8.0)。在极端 pH 环境下具有活性的酶称为极端 pH 活性酶。通常,工业生产经常在极端 pH 环境下进行,这就需要一些能在极端 pH 下具有活性的酶。因此,极端 pH 活性酶是21世纪酶类开发主要的发展方向,具有非常广泛的用途和应用前景。

本章主要针对酶的来源、理化性质、活性结构特性、制备技术和工业化应用等方面来论述极端 pH 活性蛋白酶、极端 pH 活性酯酶(脂肪酶)、极端 pH 活性糖酶、极端 pH 活性氧化还原酶及极端 pH 活性溶菌酶,以期为极端环境酶类开发应用提供理论借鉴和参考。

3.1　极端 pH 环境中的活性蛋白酶

3.1.1　分类及来源

根据其作用的最适 pH 不同,又分为极端酸性 pH 活性蛋白酶(pH≤6.0)、中性蛋白酶 (pH 6.0～8.0)和极端碱性 pH 活性蛋白酶(pH≥8.0)。针对极端 pH 环境下活性蛋白酶的来源及特点做具体介绍。常见几种极端 pH 活性蛋白酶的特征见表3.1。

1. 极端酸性 pH 活性蛋白酶

目前,最典型的且应用最为广泛的极端酸性 pH 活性蛋白酶为天冬氨酸蛋白酶类,又称为羧酸性蛋白酶,其活性中心含有两个天冬氨酸残基的羧基作为必需的催化基团。极端酸性 pH 活性蛋白酶,主要来源于微生物分泌物、动物器官和少数植物,包括胃蛋白酶、凝乳蛋白酶和微生物蛋白酶(如霉菌及黑曲霉等)等。极端酸性 pH 蛋白酶大都来源于微生物,产酸性蛋白酶菌株主要有黑曲霉(*Aspergillusniger*)、米曲霉(*A. oryzae*)、斋藤曲霉(*A. saitoi*)、泡盛酒曲霉(*A. awamori*)、宇佐美曲霉(*A. usamii*)、微小毛霉(*Mucorpusillus*)、青霉(*Penicilliumspp*)、根霉(*Rhizopusspp*)等以及其变异株、突变株。此外,中华根霉(*Rhizopuschinensis*)、酿酒酵母(*Saccharomy cescescerevisiae*)、白色假丝酵母(*Candidaalbicans*)、扣囊覆膜酵母(*Saccharomy copsisfibuligera*)等也分泌极端酸性 pH 蛋白酶(张美香等,2009)。商品化的极端酸性蛋白酶生产菌主要是黑曲霉、宇佐美曲霉和米曲霉等为数不多的菌株,与动物蛋白酶和植物蛋白酶相比,微生物酸性蛋白酶的一个显著特点是具有多样性和复杂性,通常一株菌株可以分泌一种或多种酸性蛋白酶,专一性差。

20世纪以来,国内外对酸性 pH 蛋白酶进行了广泛的研究。1908年德国科学家从动物的胰脏中提取出胰蛋白酶, 并将其用于皮革的鞣质;1954年日本吉田首次发现黑曲霉可产生酸性蛋白酶以来, 国内外对微生物发酵生产酸性蛋白酶进行了广泛的研究;1964年 Koaze 等首次发现大孢子黑曲霉突变体能产生两种不同的酸性蛋白酶, 即酸性蛋白酶

A 和酸性蛋白酶 B；1965 年 Tomoda 等从 *Trametes sanguinea* 分离出了一种酸性 pH 蛋白酶，并对该酶进行了纯化和结晶；1968 年 Somkuti 等从微小毛霉中筛选出了一种酸性 pH 蛋白酶，并对其进行了纯化和酶学性质分析；1995 年 Utz Re－ichard 等对烟曲霉酸性蛋白酶的基因进行了克隆和测序；2001 年 Togni 等从假丝酵母中筛选出了一种酸性蛋白酶，并对该酶进行了核苷酸序列和功能分析。目前，国外学者在曲霉酸性 pH 蛋白酶的结构和功能等方面的研究上取得了一些成果。

然而，我国对极端酸性 pH 活性蛋白酶的研究比较晚。近年来，国内在酸性蛋白酶上的研究大都致力于选育产酶活力高、抗逆性好的菌种，并获得了一些应用前途良好的产酶菌株。目前，用于酸性蛋白酶生产的高产菌株主要有黑曲霉、宇佐美曲霉和青霉及它们的突变株，而酸性 pH 蛋白酶分子生物学方面的研究，国内主要在凝乳酶和胃蛋白酶方面，有关真菌酸性 pH 蛋白酶的分子生物学研究报道很少。因此，极端酸性 pH 蛋白酶分子生物学方向仍值得学者们做深入研究。

多数极端酸性 pH 活性蛋白酶的最适 pH 为 2.5～6.0，但不同种类来源酶稍有差异。极端酸性胃蛋白酶最适 pH 范围是 1～4，极端酸性凝乳蛋白酶为 3～6。曲霉（属极端酸性 pH 蛋白酶）最适作用 pH 值为 2.5～4.0；青霉（属极端酸性 pH 蛋白酶）最适作用 pH 值为 2.0～3.0；根霉（属酸性蛋白酶）最适 pH 一般在 3.0 左右；酵母菌所产酸性蛋白酶与黑曲霉产 A 型酸性蛋白酶的性质相近，最适 pH 在 3.0 左右。常见几种极端酸性 pH 活性蛋白酶的特征见表 3.1。

2. 极端碱性 pH 活性蛋白酶

极端碱性 pH 活性蛋白酶属于丝氨酸（Ser）蛋白酶类，为肽链内切酶，其活性中心存在 Ser 和组氨酸（His），Ser 残基中的羟基是酶活性中心的必需基团。极端碱性 pH 活性蛋白酶主要来源于动物和微生物等，包括 α－胰凝乳蛋白酶、胰蛋白酶及微生物蛋白酶中的枯草杆菌蛋白酶、地衣型芽孢杆菌蛋白酶等，α－胰凝乳蛋白酶最适 pH 为 8～9，胰蛋白酶最适 pH 为 7～9，枯草杆菌蛋白酶和地衣型芽孢杆菌蛋白酶最适 pH 范围为 9～12。几种常见极端碱性 pH 活性蛋白酶的特征见表 3.1。

表 3.1　常见极端 pH 环境中的活性蛋白酶

种类	名称	最适 pH 范围	来源	类型	备注
极端酸性 pH 活性蛋白酶	胃蛋白酶	1～4	动物	天冬氨酸蛋白酶	专一性强
	凝乳酶	3～6	动物	天冬氨酸蛋白酶	专一性强
	Molsin	2.5～5	霉菌	天冬氨酸蛋白酶	酸性蛋白酶
	Fromase	3～6	霉菌	天冬氨酸蛋白酶	微生物凝乳酶
	黑曲霉蛋白酶	2～6	黑曲霉	天冬氨酸蛋白酶	专一性强
	微生物酸性蛋白酶	2～5	宁佐美曲霉	天冬氨酸蛋白酶	专一性强
极端碱性 pH 活性蛋白酶	α－胰凝乳蛋白酶	8～9	动物	丝氨酸蛋白酶	
	胰蛋白酶	7～9	动物	丝氨酸蛋白酶	专一性强
	枯草芽孢杆菌蛋白酶	7～12	细菌	丝氨酸蛋白酶	
	Alcalase	6～10	细菌	丝氨酸蛋白酶	
	Esperase	7～12	细菌	丝氨酸蛋白酶	
	Thermolysin	7～8	细菌	丝氨酸蛋白酶	

文献资料来源于（刘欣，2010）。

3.1.2 极端酸性 pH 活性蛋白酶

极端酸性 pH 蛋白酶多数属于天冬氨酸蛋白酶类或羧基酸性蛋白酶类,这类酶活性基团中含有羧基,适宜作用 pH 范围为 2 ~6。最典型的极端酸性 pH 蛋白酶为胃蛋白酶和凝乳蛋白酶,胃蛋白酶和凝乳蛋白酶具有催化专一性,通常优先作用于芳香族氨基酸残基,由于凝乳酶比胃蛋白酶少 3 个催化肽键,因而凝乳酶比胃蛋白酶更具选择性。Molsin 是一种极端酸性 pH 微生物蛋白酶,Fromase 是一种极端酸性 pH 凝乳酶,黑曲霉和宁佐美曲霉也是极端酸性 pH 蛋白酶,由于此类酶的应用具有很多局限性,导致其酶学性质研究非常有限,仍需深入研究探索。因此,本文主要针对极端酸性 pH 蛋白酶中最常见且最具代表性的胃蛋白酶和凝乳蛋白酶进行详细阐述,希望为深入研究其他酶类起抛砖引玉的作用。

1. 胃蛋白酶(Pepsin)

胃蛋白酶(EC3.4.23.1)又名胃液素或蛋白酵素,是由健康动物的胃黏膜细胞分泌出胃蛋白酶原,经过激活而分离提取得到,它是一种蛋白水解酶,属于天门冬氨酸蛋白酶家族。胃蛋白酶于 1836 年被 Theodor Schwann 发现,1929 年 Northrop 首次对其人工结晶后胃蛋白酶的研究取得了迅速发展。胃蛋白酶广泛存在于各种哺乳动物的胃肠道中,目前研究者已对胃蛋白酶和胃蛋白酶原的关系及胃蛋白酶的激活过程、酶的结构、酶的活性、酶的催化机制、酶的性质等进行过深入研究和探讨。由于胃蛋白酶在 pH 为 2 ~5 的范围内稳定,因此它是一种极端酸性 pH 蛋白酶。胃蛋白酶作为一种重要的极端活性酶,能对多种蛋白质进行水解,在医药和食品的生产和研究上有广泛的用途和发展前景。

(1)理化性质

据国际生化与分子协会的统一命名规则,胃蛋白酶可被定义为多肽水解酶,进一步细分可看作是天冬氨酸肽链内切酶,其主要是通过对肽键的内切作用将蛋白质从 C 端和 N 端水解成小的片段。不同生物品种和来源的胃蛋白酶,其分子量和氨基酸组成存在一定差异。采用沉降扩散方法研究发现人胃蛋白酶及胃亚蛋白酶的分子量分别是 34 kDa 和 31.5 kDa。而胃蛋白酶原为相对分子质量 42 kDa 的单肽链,等电点约为 3.7,有 3 个分子内的双键和 1 个膦酸酯键,它在 pH 7 ~9 的环境中相当稳定,在酸性条件下迅速转化为胃蛋白酶(刘欣,2010)。在转化为胃蛋白酶的过程中,一般有多个肽键被水解而生成肽片段,且只有一个关键位置上的肽键被水解以后才能产生有活性的胃蛋白酶(见图 3.1),水解后产生的胃蛋白酶相对分子质量只有 35.5 kDa,等电点小于 1(刘欣,2010)。通常在较高 pH 条件下水解下来的肽片段 B 会通过非共价键形式结合在胃蛋白酶上,进而抑制胃蛋白酶的活性,因此肽片段 B 具有抑制胃蛋白酶活性的特性。在酸性条件下,肽片段 A 首先解离肽,而肽片段 B 则在 pH 1 ~2 时迅速从胃蛋白酶上解离下来。

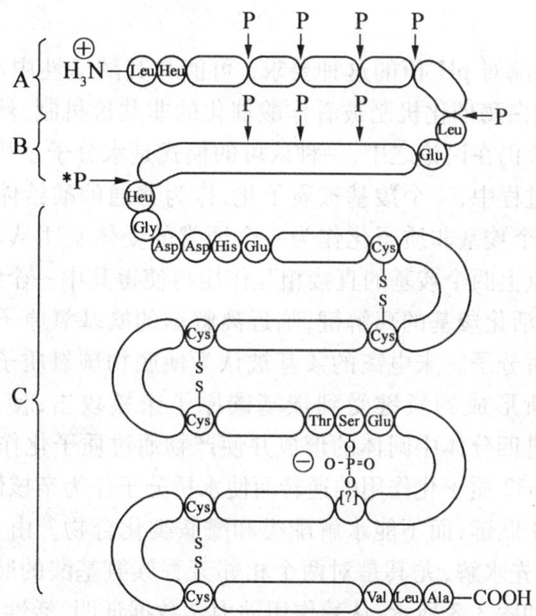

图 3.1　胃蛋白酶原向胃蛋白酶的转化(刘欣,2010)

P: 表示肽键水解释放出多个肽片断(A)、胃蛋白酶抑制物(B)和胃蛋白酶(C),其中 * P 处的水解对激活过程至关重要。

胃蛋白酶的空间结构如图 3.2 所示,总体呈一个椭圆体的形状,其结构除了缺失的前端序列外与胃蛋白酶原一样,胃蛋白酶是一种单体,有两个结构域,二级结构是 β－折叠,具有很高的酸性残基片段使其具很低的等电点(pI)。胃蛋白酶的催化位点由两种天冬氨酸 Asp32 和 Asp215 所形成,其中一种质子化,另一种去质子化使得蛋白具有活性,酶活性 pH 范围为 1.0～5.0。胃蛋白酶的二级结有 4 个能明显区分的区域,第一个区域是由 6 条反向平行链所组成的 β－折叠结构,它形成了分子的骨架,β－折叠的形成确立了催化活性位点,另两个区域是 N 端结构域(142 个残基,Glu7 到 Gln148)和 C 端结构域(123 个残基,Ser185 到 Arg307),一个短的中间结构域在 Gly169 到 Tyr175 之间被发现,其位置与反向 β－折叠相对。C 端结构域和 N 端结构域共价连接到中间结构域,胃蛋白酶有一接近双折叠的对称轴,穿过两个 6 链 β－折叠中心链的 Asp32 和 Asp215 之间,最终的结构是由穿过底物结合缝隙的 β－发夹结构所形成的活瓣状回环(喻东,2005)。

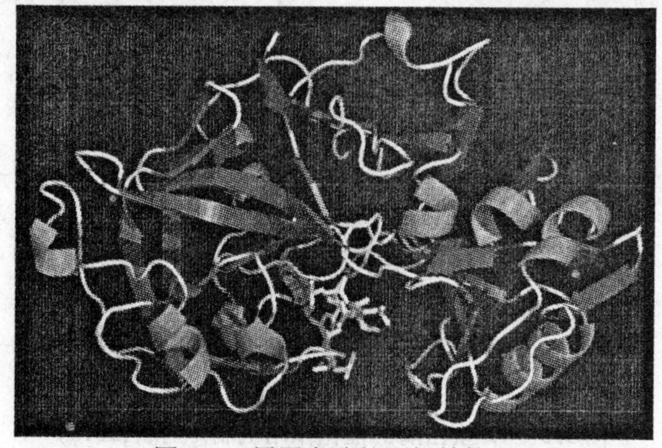

图 3.2　胃蛋白酶的空间结构图

(摘自 http://en.wikipedia.org/wiki/Pepsin)

(2)催化机制

极端酸性 pH 蛋白酶对 pH 值的这种要求,可能与其酶活性中心含有的羧基有关。极端酸性 pH 中的胃蛋白酶催化机制被看作酸催化的非共价机制,然而有关水分子状态及羰基电离的具体细节仍在讨论之中,一种认可的模式是水分子亲核攻击导致四分体中间态的出现。在催化过程中,一个羧基被质子化,作为普通的酸给体将质子传给底物易离解的羰基片断,另一个羧基非质子化作为一个通常的受体基团从水中接受质子,在胃蛋白酶的活性催化位点上两个羧基的直接相互作用将使得其中一个羧基被电离,在此过程中,底物同时靠近已活化羧基的离解键,临近离解键的氨基氧原子逐渐靠近并替代作为连接活化酰基的水桥分子。未电离的羧基被认为使底物羰氧质子化,同时,水分子与 Asp32 外部的氧原子所形成的氢键受到羰基碳原子亲核攻击,使得一个质子传递给 Asp32,传递的质子促进四分体中间体的形成并使产物通过质子化作用从 N 端裂解。一种替代机制是通过 Asp32 质子化作用的逆转而使水桥分子作为亲核体(喻东,2005)。

胃蛋白酶仅作用于肽键,而不能水解酯类和酰胺类化合物。由 Phe、Tyr 及 Ser 形成的肽键,被胃蛋白酶优先水解,尤其是对两个相邻芳香族氨基酸的肽键最为敏感。胃蛋白酶的催化作用机制如图 3.3 所示,从酶作用动力学数据证明,活性中心含有两个羧基,其中天冬氨酸为催化基团;当酶还没有与底物相结合时,一个羧基处在质子化状态,而另一个羧基处于离解状态;酶与底物生成酶—底物络合物后,离解羧基对底物肽键上羧基的亲核进攻,导致一个共价中间物的形成;然后,质子化羰基上的羧基氧,从羟基取走一个质子,这样有助于它的羧基碳对肽键—NH—亲电进攻。最后,氨基—酰基—酶中间物经水解生成产物,酶再生。在酶反应过程中生成氨基—酶中间产物,但是否有酰基—酶中间产物,目前还没有定论。因此,胃蛋白酶的催化机制仍值得研究者做更深入的研究。

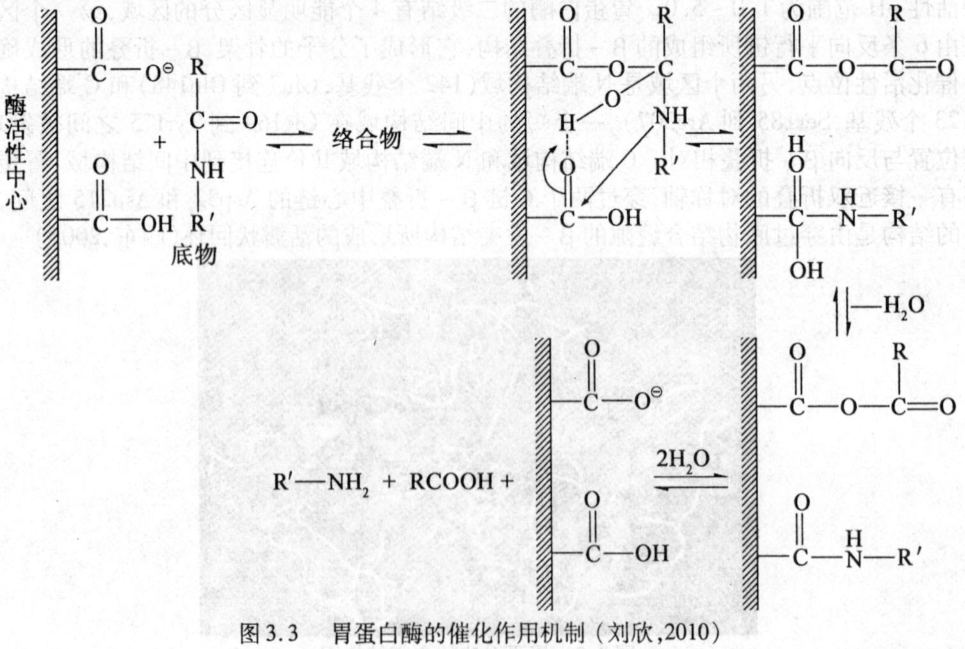

图 3.3　胃蛋白酶的催化作用机制(刘欣,2010)

(3)制备技术

胃蛋白酶多数来源于动物,胃蛋白酶通常采用生物法提取。生物法制备胃蛋白酶工艺包括以下步骤:原材料的选择和预处理、自溶和过滤、脱脂和去杂质及浓缩干燥,磨粉即得粗胃蛋白酶粉,粗胃蛋白酶需要进一步分离和纯化后,才能广泛地应用。目前,胃蛋白酶的分离技术主要为:有机溶剂法、盐析法、底物亲和法和透析法。

①有机溶剂法。一般用于胃蛋白酶的初步提取浓缩,通常使用的有机溶剂有甲醇、乙醇、丙酮、异丙酮,其沉淀蛋白质的能力为:丙酮>异丙酮>乙醇>甲醇。此外,还要受温度、pH、离子强度等因素的影响,而丙酮沉淀能力最好,但挥发损失多,价格较昂贵,因此工业上通常采用乙醇作为沉淀剂。

②盐析法。它是酶制剂工业中常用方法之一,硫酸镁、硫酸铵、硫酸钠是常用得盐析剂,其中用得最多的是硫酸铵。近来,常采用锌盐沉淀胃酶,当母液含醇(或酮)在50%~55%、pH在5.0~5.2时,几乎全部胃酶可以用醋酸锌沉淀,沉淀物为胃酶的锌盐,然后用金属螯合剂除去锌盐,得15 000~16 000倍活力的酶,收集率为5.0%~5.5%,这种沉淀所得的胃酶活力和得率都较高。

③底物亲和法。是利用酶(胃蛋白酶)与其底物(酪蛋白)的亲和性,从胃黏膜中提取得到胃蛋白酶,底物和酶在pH 2.5的乳酸缓冲液中充分结合,然后调pH至4(底物的等电点)沉淀底物和酶的结合物,随后让沉淀物再溶解于乳酸缓冲液中,添加低浓度的SDS将底物和酶分离,得到酶—SDS复合物,再进一步分离纯化。与传统的分离方法相比,底物亲和法具有简单高效的优点,同时具有较高的特异性。

④透析法。是利用蛋白质大分子对半透膜的不可透过性而与小分子物质及盐分开的。由于透析主要是扩散过程,如果袋内外的盐浓度相等,扩散就会停止,因此要经常换溶剂,一般一天换2~3次,透析法过程较为复杂。

近年来,胃蛋白酶的纯化技术主要有凝胶过滤法、离子交换层析法、有机溶剂与盐析共沉淀、膜分离技术和等电点沉淀法与底物亲和法(王莹等,2008;齐艳荣,2010)。

①凝胶过滤法。美国在20世纪60年代研究结晶为蛋白酶的生产工艺时,是将75 mg的胃蛋白酶原样本溶解在8 mL的蒸馏水中(pH 5.0~6.0),在(14±1)℃,pH 2.0下,保持20 min激活。然后用磺乙基Spandex G-25层析,最后用羟基磷灰石进行色谱层析,结果表明用层析法得到的胃蛋白酶为单一物质纯品。

②离子交换层析法。陈躬瑞等人在纯化蛇胃蛋白酶时将SDS沉淀后的上清液,上样到预先用0.05 mol/L乙酸缓冲液(pH 5.0)平衡的离子交换色谱柱上,用0~0.25 mol/L氯化钠梯度洗脱,流速为1 mL/min,得到的酶在50 ℃,30 min有较高的活性,有望应用于高温食品加工中。

③有机溶剂与盐析共沉淀。此法是分离纯化胃蛋白酶的传统方法,有其独特的特点。如果将有机溶剂和盐析配合使用,既可以降低盐的用量,也可不同程度地消除各自分离纯化所带来的问题,得到的胃蛋白酶纯度和活性也会有所增加。

④膜分离技术。分离膜是一种特殊的、具有选择性透过功能的薄层物质,能利用分子大小实现分离,从而起到浓缩和分离纯化的作用。由于其可在维持原生物体系环境的条件下实现分离,并可高效地浓缩、富集产物,有效地去除杂质,加之操作简单、结构紧

凑、能耗低、过程简单且无二次污染,此法将成为胃蛋白酶分离纯化工艺的发展方向。

⑤等电点沉淀法与底物亲和法。胃蛋白酶具有极低的等电点(如猪胃蛋白酶 pH 1.0),但胃蛋白酶的分离纯化技术中等电点沉淀法未见报道,如果此方法可实现,那将大大缩短分离纯化的时间。底物亲和法是分离纯化胃蛋白酶的新亮点,但其工艺条件还不成熟,尤其是在分离底物和酶的复合物时,SDS 的添加量有待研究。

(4)工业中的应用

21 世纪是生物技术的世纪,随着高效的胃蛋白酶分离纯化工艺、技术和设备对于提高功能性胃蛋白酶产品、提高生产率、降低生产成本和改善人民生活水平起着举足轻重的作用。极端酸性 pH 活性胃蛋白酶作为一种重要的蛋白水解酶,极端酸性 pH 胃蛋白酶的结构、酶的活性、酶的催化机制、酶的性质底物专一性及抑制作用等都与一般的蛋白酶不同,因此极端酸性 pH 胃蛋白酶具有一定的理论研究价值。从医学的角度看,胃蛋白酶原及胃蛋白酶在消化道中具有重要的生理功能,人的胃蛋白酶原含量及胃蛋白酶活性的大小与人的消化道疾病有直接的联系,血清中胃蛋白酶原含量的检测在胃癌的早期诊断上有重要临床意义。在食品工业上,极端 pH 活性胃蛋白酶主要应用在以下几方面:

①胃蛋白酶应用于大豆蛋白、大米蛋白等的水解。钱方等(2001)研究胃蛋白酶水解大豆蛋白发现最佳水解条件:pH 值为 2.0,水解温度为 37 ℃,酶与底物比为 7.0%(质量百分比),底物质量浓度为 0.04 kg/L,反应时间为 24 h,而且用胃蛋白酶法水解大豆蛋白,可通过控制水解度的方法在一定程度上降低酶解液中的苦味。易翠平等(2010)研究发现胃蛋白酶对大米蛋白溶解性有一定的改善作用,影响因素依次是 pH 值 > 酶添加量 > 水解时间 > 温度,最优参数为酶添加量 7.0 U/g、pH 1.5、水解时间 5 h、温度为 30 ℃。水解大米蛋白的功能性质比未经处理的大米蛋白高,乳化稳定性与乳化性分别为 33.28 min、0.456,甚至高于大豆蛋白和鸡蛋清蛋白;起泡性和起泡稳定性分别为 25.0%、82.4%,持水性和持油性分别为 2.80、3.30 g/g,分别是未经处理的大米蛋白的 2.09、2.92 倍。

②胃蛋白酶应用于水解制备酪啡肽。王立晖(2006)研究了胃蛋白酶酶解酪蛋白制备酪啡肽的条件,确定了最佳底物浓度 10 mg/mL、酶浓度 1%、温度 55 ℃、pH 1.6、水解时间为 2.5 h,水解度为 12.24% 时酪啡肽产率最高。酪啡肽的研究,突破了食物蛋白仅限于提供氨基酸的旧概念,对传统的蛋白质营养价值观点提出了挑战,酪啡肽不仅给动物生理生化学、营养生理学、生物医药以及食品科学等学科提供了一个广泛的研究领域,而且为更科学全面评价饲料营养价值,制定更科学的饲养标准,提供了新的资料。虽然,酪啡肽的营养生理学研究已经取得了一些进展,但是关于酪啡肽制备工艺的研究和如何将研究成果应用于生产实践在国内还处于起步阶段,是一个很有前景的研究领域,尚需做很多深入细致的工作。

③胃蛋白酶应用于水解制备抑菌肽。极端酸性 pH 胃蛋白酶在水解牛乳酪蛋白制备抑菌肽方面也有应用。郑俏然和李诚(2009)采用牛乳酪蛋白为原料,用胃蛋白酶对其进行水解得到了具有抗菌特性的产物,确定了最佳条件为 pH 2.0、酪蛋白浓度 9%、[E]:[S] 1:10、水解时间 4 ~ 5 h 时,水解产物抑菌活性最强。抗菌肽是一类具有抗菌活性的短肽,是先天免疫的重要防御物质,具有广谱抗菌活性和抗病毒、抗真菌、抗寄生虫及抗肿瘤等生物活性,抗菌肽具有分子量小、水溶性好、耐热性强、无免疫原性且不易产

生抗药性等特点,有良好的应用前景。

④胃蛋白酶在啤酒及果酒发酵等其他方面的应用。在工业上,极端酸性 pH 活性胃蛋白酶也广泛应用于方便食品如奶酪、口香糖等的加工。近年来,极端酸性 pH 活性胃蛋白酶在啤酒、果酒等澄清方面也显示了应用潜力,有很好的应用前景。

2. 凝乳蛋白酶

凝乳酶(EC 3.4.23.4)分子活性部位中有两个天冬氨酸残基,属于典型的天冬氨酸蛋白酶。凝乳酶的最佳 pH 范围为 2~6,属于一种极端酸性 pH 活性酶。凝乳酶是新生哺乳动物胃黏膜中以无活性的前体物凝乳酶原分泌的一种具有凝乳作用的蛋白酶,在胃液酸性环境中,凝乳酶原通过分子间或分子内的激活途径,从 N-端释放一部分肽段,形成不可逆的活性酶——凝乳酶(张富新,2003)。凝乳酶具有较高的凝乳活性和较低的蛋白水解活性,能最大限度地凝乳,蛋白分解较少,在干酪生产和成熟过程中起着非常重要的作用。20 世纪初以来,人们利用层析技术以及 X 衍射分析技术分离和鉴定凝乳酶,在凝乳酶结构、功能及催化机理等方面取得了较大进展。

(1)理化性质

极端酸性 pH 活性凝乳酶是一种天冬氨酸蛋白酶,主要存在于新生牛的皱胃,以无活性的酶原形式分泌到胃里,在胃液的酸性环境中被活化。凝乳酶适宜 pH 范围为 2.0~6.0,在 pH 低于 2 时仍具备活性,在 pH 3.5~4.5 的范围内由于酶的自催化作用而很快被分解,在中性或碱性 pH 范围内,极端酸性 pH 活性凝乳酶会很快失去活性。凝乳酶原的激活主要取决于 pH、盐浓度、温度和酶浓度,在 pH 5.0 和室温条件下,酶原仅需 2~3 d 就可完成激活过程,而在 pH 2.0、离子强度为 0.1 下,激活可在 5~10 min 内完成;随着 pH 的降低,激活速度逐渐增大,当 pH 为 1.0 时激活速度可在瞬间完成(张富新,2003;刘欣,2010)。凝乳酶在 pH 4.0 左右表现出最适宜的蛋白水解活性。在酸性条件下,凝乳酶能够水解酪蛋白、血红蛋白、血清蛋白和氧化胰岛素 B 链,凝乳酶水解血红蛋白最适 pH 为 3.7,而水解牛血清蛋白最适 pH 为 3.4,水解聚 L-谷氨酸最适 pH 为 3.8,水解酪蛋白的 pH 范围为 2.0~6.0。

根据不同方法测定凝乳酶分子量稍有差别,最初根据不同扩散系数和沉积系数值计算凝乳酶分子量在 34~40 kDa 之间。在凝乳酶分子中,由于酸性氨基酸残基大于碱性氨基酸残基,因此其等电点偏酸性,电泳法测得凝乳酶和凝乳酶原的等电点分别为pH 4.6 和 5.0(张富新,2003)。

凝乳酶有 3 种形式,即凝乳酶 A、凝乳酶 B 和凝乳酶 C,其中凝乳酶 A 和凝乳酶是同功酶,而凝乳酶 B 在小牛胃膜中含量最为丰富。1977 年 Foltmann 对小牛凝乳酶的氨基酸序列进行了研究,并第一次报道了凝乳酶的一级结构,小牛凝乳酶的结构比较清楚,它是由 323 个氨基酸残基组成的单条多肽链(见图 3.4),凝乳酶原在酸条件下由 N—端失去 42 个氨基酸残基后形成活性凝乳酶,激活片段是由 42 个氨基酸残基组成,对维持酶原分子在中性 pH 环境无活性结构是必不可少的,可防止底物进入活性位点,这种结构主要靠激活片段氨基酸残基所带正电荷和活性酶部分所带负电荷之间的静电作用而稳定的,当 pH 降低后,静电作用减弱,酶原分子重新排列形成活性酶。凝乳酶 A 和凝乳酶 B 仅有一个氨基酸残基不同,即凝乳酶 A243 位上是一个 Asp 残基,而凝乳酶 B 是 Gly 残基 (按胃蛋白酶编号),凝乳酶 C

似乎是凝乳酶 B 的降解产物,缺少 ASp243—Phe245 这 3 个残基,凝乳酶分子中存在有 3 对二硫键：Cys45—Cys50,Cys206—Cys210 和 Cys250—Cys283,3 对二硫键在酶分子中所处位置不同,对维持酶活性和空间构象起着重要作用(张富新,2003)。

5 10 15 20
Ala – Glu – Ile – Thr – Arg – Ile – Pro – Leu – Tyr – Lys – Gly – Lys – Ser – Leu – Arg – Lys – Ala – Leu – Lys – Glu –
25 30 35 40
His – Gly – Leu – Leu – Glu – Asp – Phe – Leu – Gln – Lys – Gln – Gln – Tyr – Gly – Ile – Ser – Ser – Lys – Tyr – Ser –
45(Gly) 50 55 60
× – × –Gly – Phe – Gly – Glu – Val – Ala – Ser – Val – Pro – Leu – Thr – Asn – Tyr – Leu – Asp – Ser Gln – Tyr –
65 70 75 80
Phe – Gly – Lys – Ile – Tyr – Leu – Gly – Thr – Pro – Pro – Gln –Glu – Phe – Thr – Val – Leu – Phe – Asp – Thr – Gly –
85 90 95 100
Ser – Ser – Asp – Phe – Trp – Val – Pro – Ser – Ile – Tyr – Cys – Lys – Ser – Asn – Ala – Cys – Lys – Asn – His – Gln –
105 110 115 120
Arg – Phe – Asp – Pro – Arg – Lys – Ser – Ser – Thr – Phe – Gln – Asn – Leu – Gly – Lys – Pro – Leu – Ser – Ile – His –
125 130 135 140
Tyr – Gly – Thr – Gly – Ser – Met – Gln – Gly – Ile – Leu – Gly – Tyr – Asp – Thr – Val – Thr – Val – Ser – Asn – Ile –
145 150 155 160
Val – Asp – Ile – Gln – Gln – Thr – Val – Gly – Leu – Ser – Thr – Gln – Glu – Pro – Gly – Asp – Val – Phe – Thr – Thr –
165 170 175 180
Ala – Glu – Phe – Asp – Gly – Ile – Leu – Gly – Met – Ala – Tyr – Pro – Ser – Leu – Ala – Ser – Glu – Tyr – Ser – Ile –
185 190 195 200
Pro – Val – Phe – Asp – Asn – Met – Met – Asn – Arg – His – Leu – Val – Ala – Gln – Asp – Leu – Phe – Ser – Val – Tyr –
205 210 215 220
Met – Asp – Arg – Asp – Gly – Gln – Glu – × – Ser – Met – Leu – Thr – Leu – Gly – Ala – Ile – Asp – Pro – Ser – Tyr –
225 230 235 240
Tyr – Thr – Gly – Ser – Leu – His – Trp – Val – Pro – Val – Thr – Val – Gln – Gln – Tyr – Trp – Gln – Phe – Tyr – Val –
245 250 255 260
Asp – Ser – Val – Thr – Ile – Ser – Gly – Val – Val – Val – Ala – Cys – Glu – Gly – Gly – Cys – Gln – Ala – Ile – Leu –
265 270 275 280
Asp – Thr – Gly – Thr – Ser – Lys – Leu – Val – Gly – Pro – Ser – Ser – Asp – Ile – Leu – × – Asn – Ile – Gln – Gln –
285 290 295 300
Ala – Ile – Gly – Ala – Thr – Gln – Asn – Gln – Tyr – Asp – Glu – Phe – Asp – Ile – Asp – Cys – Asp – Asn – Leu – Ser – Gly –
305 310 315 320
Tyr – Met – Pro – Thr – Val – Val – Phe – Glu – Ile – Asn – Gly – Lys – Met – Tyr – Pro – Leu – Thr – Pro – Ser – Ala –
325 330 335 340
Tyr – Thr – Ser – Gln – Asp – Gln – Gly – Phe – Cys – Thr – Ser – Gly – Phe – Gln – Ser – Glu – Asn – × – × – × –
345 350 355 360
His – Ser – × – Gln – Lys – Trp – Ile – Leu – Gly – Asp – Val – Phe – Ile – Arg – Glu – Tyr – Tyr – Ser – Val – Phe –
365 370
Asp – Arg – Ala – Asn – Asn – Leu – Val – Gly – Leu – Ala – Lys – Ala – Ile

注：凝乳酶氨基端为 Gly45；“×”表示文献中未标注。

图 3.4 凝乳酶氨基酸序列(张富新,2003)

凝乳酶的二级结构主要由β折叠构成和少量小α螺旋片段构成(张富新,2003)。N-端部分的肽链命名为a_N,b_N,c_N,d_N,a'_N,b'_N,c'_N,d'_N,q_N和r_N,C-端部分肽键命名为a_c,b_c,c_c,d_c,a'_c,b'_c,c'_c,d'_c,q_c和r_c,N-端和C-端区域的螺旋结构分别命名为h_N和h_c。反平行的β-链构成了三个明显的折叠,折叠I_N和I_c由7~8条链在N-端和C-端区域中以相似的形式组成,通过一个局部二折轴相关。b,c,b'和c'链分别组成2_N和2_C,分别位于I_N和I_c下面,折叠3是由6个反平行β链组成:a_N,r_N,q_N,r_c和a_c,此折叠残基位于形成活性位点裂口的下方。在N-端区域或C-端区域中标有a,b,c,d的链通过区域内与a,b,c,d相关,这些链在两个区域内部是相对称的。螺旋h_N和h_c的结构在两区域内对称出现,第5个螺旋在c_N和d_N之间,而第6个螺旋在C—端结构中。

(2)催化机制

凝乳酶活部位点是Asp32和Asp215,位于N-端和C-端区域之间的裂口,将凝乳酶分成两个对称的圆裂片,Asp32和Asp215氨基酸的侧链指向相对,位于一个复杂氢键网络中,这个网络由两个环(残基31—35和214—218)和一个中心水分子相互作用形成(张富新,2003),凝乳酶活性部位有较为复杂的结构。Thr33和它相对称的Thr216侧链形成的氢键通过对称轴分别与Leu214和Phe31羰基上氧和Thr216和Thr33肽链的N原子相连,活性部位Asp32和Asp215的羰基氧原子与保守的Gly34和Gly217上的N原子以氢链相连。另外,Ser35和Thr218的侧链也分别与Asp32和Asp215外部的氧原子形成氢键。天冬氨酸(Asp)蛋白酶中一些保守的Gly残基被认为是重要的,而Gly34和Gly217在所有Asp蛋白酶中都是保守的,然而在最适酸性pH下,这些位置的侧链会干扰凝乳酶的催化作用。

凝乳酶的活性中心有两个Asp残基,在催化反应的专一性方面类似胃蛋白酶。凝乳酶的分子形状为哑铃形,有一个扩展的疏水部分和一个约3 nm长的深裂缝,两个Asp残基就掩蔽在裂口中,裂口可能是底物肽链的结合部位,至少由6个氨基酸残基组成。凝乳酶从无活性的酶原转化为有活性酶的过程中发生部分水解,相对分子量由36 000下降为31 000,介质的pH和盐浓度影响酶原的激活过程。在pH为5时,酶原主要是通过自身催化作用而激活;在pH为2时,酶原的激活过程很快,自身激活作用很小。

极端酸性pH活性凝乳酶的催化机理比较复杂,一般认为凝乳酶催化机理过程如图3.5所示。凝乳酶分子中起催化作用的是Asp32和Asp215两个残基,在对底物的水解过程中,需要更多的氨基酸残基参与才能完成,在凝乳酶两个圆裂片的裂口中存在至少能容纳7个氨基酸残基的底物结合袋,在凝乳酶底物结合袋中,主要有7个次级位点可与底物不同氨基酸残基结合(表3.2),每个次级位点的氨基酸组成不同,而且每个次级位点的作用和特性不同。S_1和S'_1在活性部位裂口中是一个浅袋,但S_1比S'_1结合底物的专一性更强,被Tyr75所封锁。因此,只有这个区域的有效运动,才能使S_1与底物结合。S_1与S'_1相比疏水性更强,在S中,另一个带电残基Glu289位于酪蛋白Met106相邻位置;S_2的专一性较差,能使侧链适应于一定的构象变化,而S_1和S_3对侧链的构象变化要求很严;S比S'_1更易与芳香族氨基酸结合。在凝乳酶同功酶中,凝乳酶A具有较高的催化活性,这可能是凝乳酶A与底物之间有较强的静电作用,增强了其与κ-酪蛋白结合的亲和力。此外,凝乳酶A和B对底物水解最适pH也不相同,这也许是在两个催化Asp形成氢键网络具有差别所致(张富新,2003)。

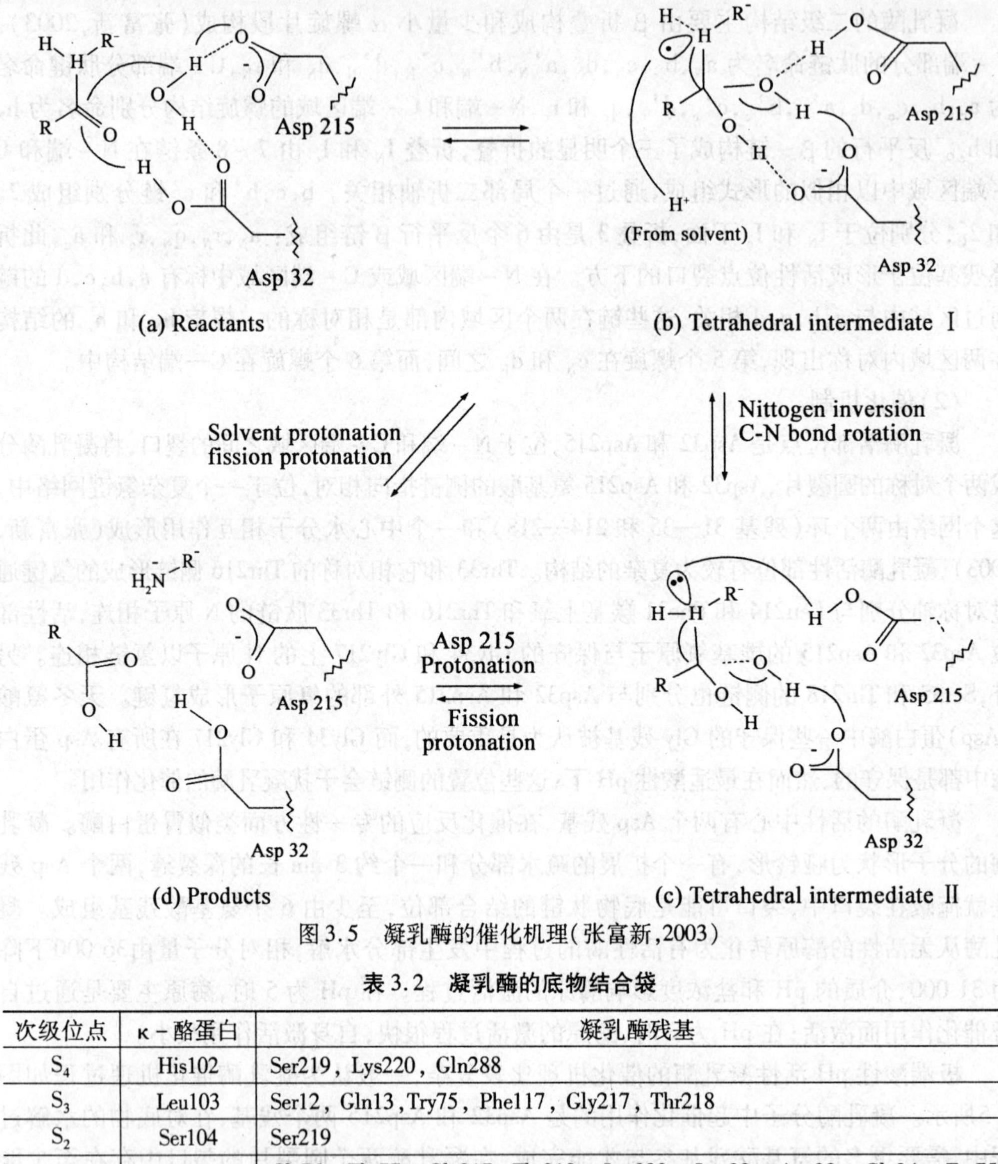

图 3.5　凝乳酶的催化机理(张富新,2003)

表 3.2　凝乳酶的底物结合袋

次级位点	κ-酪蛋白	凝乳酶残基
S_4	His102	Ser219, Lys220, Gln288
S_3	Leu103	Ser12, Gln13, Try75, Phe117, Gly217, Thr218
S_2	Ser104	Ser219
S_1	Phe105	Gly76, Thr77, Gly217, Thr218, Lys220, Leu30, Asp32, Gly34, Tyr75, Gly76, Phe117
S'_1	Met106	Ile120, Asp215, Gly217, Thr219
S'_2	Ala107	Gly34, Thr189, Asp215, Thr218, Glu289, Ile301
S'_3	Ile108	Gly34, Ser35, Tyr189, Tyr189

(3)制备技术

在极端酸性 pH 凝乳酶提取过程中,提取剂、提取温度、提取液 pH 与提取活性密切相关。工业生产中多数采用 HCl 或 NaCl 浸提,最适提取 pH 为 3.8、1.5 和 5.95,在凝乳酶提取中,提取液 pH 随提取时间变化较大,通常 pH 从 1.3 提高到 3.4,有时浸提液 pH 会随提取时间延长逐渐上升,而且提取液 pH 应远离凝乳酶的等电点,否则会造成凝乳酶在等电点处不溶解而沉淀,提取液中 NaCl 浓度是影响极端酸性 pH 凝乳酶的溶解性的主要因素，工业生产中常用 5% ~10% 的 NaCl 溶液提取凝乳酶，若 NaCl 浓度较低，酶的溶解度较小，提取速度减慢，但 NaCl 也不宜过高，否则引起酶的盐析沉淀（张富新，2003）。因此，在凝乳酶提取 pH 范围内，最好采用缓冲液提取，而且提取液浓度需适宜，太高或太低均不利于提取率。

目前，在工业化生产和科学研究中，粗制凝乳酶分离纯化常见方法有盐析沉淀结晶法、凝胶过滤法、等电聚焦法、亲和层析法、离子交换层析法、免疫技术法等（韦薇等，1997；张富新，2003；邓静等，2005；蔡小玲，2004；李玉秋等，2010）。1945 年 Beeridge 第一次从商用液体凝乳酶中获得凝乳酶晶体，在 pH 6.0 下，用 NaCl 反复溶解和沉淀得到纯的非晶体凝乳酶，然后将其溶解在少量蒸馏水中，放置几周，形成长方形的凝乳酶晶体粒子。Foltmann 用同样的方法从小牛皱胃和商用凝乳酶粉中获得纯凝乳酶晶体，在纯化过程中必须添加 $Al_2(SO_4)_3$ 形成沉淀，以除去杂蛋白，这样有利于凝乳酶结晶的形成。1971 年 Bunn 对这种方法进行了改进，使形成晶体颗粒由 0.01 mm 增加到 0.25 rnrn，并通过 X－衍射方法对晶体形态进行了研究，发现凝乳酶结晶有两种晶体形态，斜方晶体在 pH 5.6 ~6.2 非常稳定，单斜晶稳定性较差，但与纯溶液中凝乳酶相比，稳定性较好。

另外，离子交换和凝胶过滤技术是凝乳酶纯化分离常用的方法。离子交换层析方法将凝乳酶分离成 3 种组分，按洗脱顺序依次为凝乳酶 A、B、C，并认为凝乳酶 C 为一混合物，是凝乳酶 B 的一种降解产物，凝乳酶 A、B、C 3 种组分的比例分别为 25%、65% 和 10%，并随小牛年龄的变化而变化（张富新，2003）。SDS—PAGE 凝胶电泳测定凝乳酶 A 和凝乳酶 B 分子量分别为 40 kDa 和 37 kDa。采用亲和层析对羔羊凝乳酶进行分离纯化表明低温度下凝乳酶容易吸附在组氨酞上，可提高凝乳酶高达 26 倍；利用免疫学技术从商用凝乳酶中分离凝乳酶其灵敏度可达 1%，这种方法具有分离速度快、专一性强的特点，但由于制备抗血清方法比较复杂，目前仅在科学研究中应用。

总之，盐析沉淀结晶法、凝胶过滤法、等电聚焦法、亲和层析法、离子交换层析法、免疫技术法各有其优点，凝胶过滤法是凝乳酶目前最常用的分离纯化方法。

（4）工业中的应用

①凝乳酶在干酪生产中的应用。在干酪加工中，凝乳酶使乳发生凝聚过程通常分为两步：第一步是酶作用阶段，即凝乳酶作用于 κ－酪蛋白分子的苯丙氨酸 105－蛋氨酸 106 键，生成副 κ－酪蛋白和可溶性糖巨肽，使酪蛋白胶束成亚稳态；第二阶段是酶改变的酪蛋白胶束聚集形成凝胶结构的阶段，这一阶段需要有 Ca^{2+} 参与，κ－酪蛋白对酪蛋白胶粒有保护和稳定作用，在副 κ－酪蛋白形成且有 Ca^{2+} 存在时这种稳定作用消失，酪蛋白胶粒结合形成凝乳，同时包埋了多种乳成分如脂肪、蛋白质、降解组分等，但也损失在乳清中，凝乳酶会有 2% ~6% 的残留（赵秀玲，2004）。

在干酪生产的过程中，残存的凝乳酶对干酪风味有一定的贡献，是引起产生干酪苦味的关键因素，干酪的苦味主要是由于干酪成熟期间苦味肽的累积而引起的，而这些苦味肽大多由残留的凝乳酶和蛋白质水解酶对 β－酪蛋白作用形成。在干酪中残留的凝乳酶以及发酵剂产生的蛋白质水解酶作用下 β－酪蛋白最敏感的肽键：Leu（192）Trp（193）之间的肽键易被裂解，形成碳端的 193 ~209 肽段，这个肽段即是乳酪苦味的主要来源，并通过凝乳酶的作用产生的肽，为进一步降解产生风味物质提供了底物（廖亮，2010）。

②凝乳酶在血管增殖中的应用。肾素是生物体内肾脏分泌的一种水解蛋白酶，它分布于血液中，能直接作于肝脏分泌的血管紧张素原（Ang）并将其转换成 AngⅠ，AngⅠ本无生物活性但是能在血管紧张素转换酶（ACE）的作用下转变成 AngⅡ，AngⅡ在血管组织的增殖中起关键性作用，这一系统调节生物体的血压和水盐代谢，与一些心血管类疾病密切相关。通过体外研究发现，组织蛋白酶 D 具有和肾素类似的生物活性，能够将血管紧张素原转为 AngⅠ，但是转化速度仅为肾素转化速度的万分之一。而凝乳酶不但可以使 AngⅠ变为 AngⅡ，转变的速度与 ACE 相同或更快。实验证明由血管组织的 ACE 促成的 AngⅠ增加在高血压形成中起关键作用，但是血管中的凝乳酶却并不参与高血压的发生。人血管组织中凝乳酶依赖的 AngⅡ形成可能与球囊导管损伤血管的新膜生成有密切关系。在正常状态下，血管 ACE 调节局部 AngⅡ形成，在血压调节中起关键作用。凝乳酶则储存于肥大细胞的分泌颗粒中，不发挥促进 AngⅡ生成酶的作用，只有肥大细胞受强烈刺激（如导管损伤和移植血管）之后才会被激活，此时凝乳酶被立即释放至血管组织并且活性增高至最大。因此，当血管组织受伤时凝乳酶在局部 AngⅡ生成中起重要作用，它的分泌可能有助于移植血管和经皮管腔冠状动脉血管成形术后血管的增殖。

③凝乳酶的其他应用。复合凝乳酶胶囊是一种能够促进肠胃蠕动改善消化不良症状的生物药品，能够治疗萎缩性胃炎、浅表性胃炎和各种慢性胃炎，改善消化不良症状，其有效成分提取自羔绵羊的第四胃，能有效地缓解各种非器质性原因引起的消化功能障碍，由于其不含有任何化学添加成分，对人体无副作用，具有很好的应用价值和市场前景。此外，工业用凝乳酶干酪素主要作为添加剂用于塑料工业上，它具有良好染色附着力，抗挤压力强，常用于按钮、织衣针、珠宝用塑料等的生产制造。

近年来，随着生物技术的迅速发展，人们已在大肠杆菌、酵母菌和一些哺乳动物细胞中应用基因技术生产出可在商业中规模生产的重组凝乳酶，这对缓解世界范围内凝乳酶短缺现状起到了很大的作用（周俊清，2005；刘河涛，2008；廖亮，2010）。近年来，研究者已利用基因工程技术成功将小牛的凝乳酶基因转移到大肠杆菌及酵母中，通过发酵的方法得到具有凝乳能力的微生物凝乳酶，以此来满足干酪生产的需要。目前，利用基因技术和蛋白质工程生产的凝乳酶有较令人满意的优良性质。另外，利用微生物繁殖快、易变异等特性，利用人工诱导等方法，改变产酶的特性，生产出具有更加优良性质的凝乳酶也具有深远的意义。

3.1.3　极端碱性 pH 活性蛋白酶

极端碱性 pH 蛋白酶多数属于 Ser 蛋白酶类，这类酶类的共同特征为：均为内切酶，活性中心含有 Ser 残基，而且在一些蛋白酶活性中心部分的氨基酸连接顺序是相似的，其他部分相似性很少。常见的极端碱性 pH 蛋白酶为 α - 胰凝乳蛋白酶。

1. α - 胰凝乳蛋白酶理化性质

α - 胰凝乳蛋白酶（EC3.4.21.1）（α - chymotrypsin）又称 α - 胰凝乳酶，是胰腺分泌的一种蛋白水解酶，它是一种肽链内切酶，专一地水解由芳香族氨基酸或带有较大非极性侧链的氨基酸羧基形成的肽键，即断裂 Phe、Trp 和 Tyr 等疏水氨基酸残基的羧基端肽键，但专一性不如胰蛋白酶（李娟，2005）。α - 胰凝乳蛋白酶最适宜 pH 为 8 ~ 9，属于极端碱性 pH 活性酶。

α－胰凝乳酶主要来自牛的肝脏和猪胰腺及鱼类组织等，不同来源的胰凝乳酶有结构和性质方面的差异。牛胰凝乳酶和猪胰凝乳酶化学结构和编号有差异，牛的肝脏中可以产生两种没有活性的胰凝乳蛋白酶原 A 和 B。在化学结构上，A 和 B 的氨基酸组成不同，等电点分别为 8.5 和 4.5，两种酶原在转化为具有活性的酶时，仍然有理化性质上的差异，但是在进行酶的编号时，仍然给予相同的编号 EC3.4.21.1；而来自猪胰腺的是胰凝乳蛋白酶 C 原，在被胰蛋白酶激活后转变为胰凝乳蛋白酶 C，由于它对 Leu 残基有专一性，而不是对所有的芳香族氨基酸残基有专一性，所以胰凝乳蛋白酶 C 被给予不同编号 EC3.4.21.2（刘欣，2010）。

胰凝乳蛋白酶原 A 有 245 个氨基酸残基（相对分子质量约为 25 000），分子中有 5 对双硫键，它没有酶的活性；在胰蛋白酶的作用下，肽键上 15 位置上 Arg 和 16 位置上 Ile 组成的肽键被水解，所生成的 π－胰凝乳蛋白酶即有催化水解能力，这是最重要的一步。活化的 π－胰凝乳蛋白酶在 α－胰凝乳蛋白酶或者是 π－胰凝乳蛋白酶的作用下，进一步裂解生成了 α－胰凝乳蛋白酶。α－胰凝乳蛋白酶由 3 个肽链组成，由 2 对肽链间双硫键（A 链与 B 链、B 链与 C 链）、3 对肽链内双硫键将各部分结合在一起，其中 A 链没有肽链内双硫键，B 链中有一个链内双硫键，C 链有 2 个链内双硫键。因此，α－胰凝乳蛋白酶是一个胰凝乳蛋白酶稳定存在形式（刘欣，2010）。

在不同情况下，胰凝乳蛋白酶原 A 可以形成其他形式的胰凝乳蛋白酶，虽不同形式酶均具有活性，但其理化性质则不一样，其转化和相互关系如图 3.6 所示。

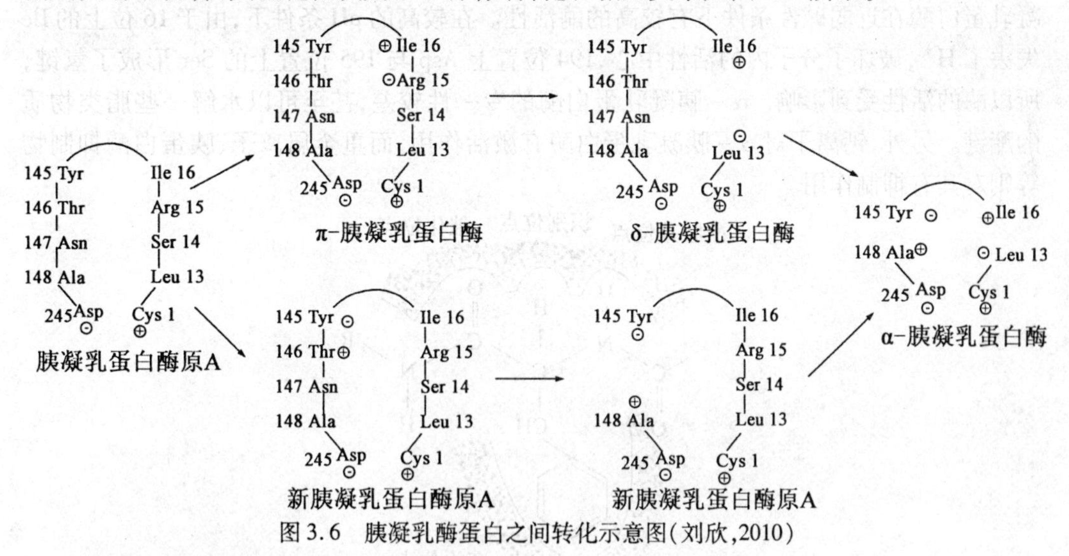

图 3.6　胰凝乳酶蛋白之间转化示意图（刘欣，2010）

2. 催化机制

α－胰凝乳蛋白酶有 5 个氨基酸残基对其催化活性影响较大，它们分别是稳定酶空间结构的 Ile－16 和 Asp－197、Ser－195、His－57 和 Asp－102。α－胰凝乳蛋白酶催化水解过程分为两步，催化作用机制如图 3.7 所示。反应分为两步进行：第一步反应是酶的酰化，第二步反应是酶的脱酰化。在第一步中，肽链上的 Asp－102 由于极性而位于亲水性区域，它作用于靠近它的官能团使其产生极化，这样使得 His－57 可以作为一个强碱而从邻近的 Ser

-195 上夺取一个质子，Ser-195 因此具有很强的亲核性，亲核攻击蛋白质分子中肽链的酰胺键，自己转变为与酰基结合的一部分（四丝氨酸的羟基与氨基酸的羧基形成酯），并释放出含氨基的蛋白质部分（第一部分蛋白质水解产物，片段 1）；在第二步，含有氨基部分的蛋白质水解物被水分子取代，然后 His-57 在 Asp-102 的帮助下将水分子转化为强碱（OH^-），OH^- 进攻酰化的酶分子，导致酶以及第二部分蛋白质水解物（含羧基部分，片段 2）的游离，从而完成整个蛋白质水解反应的催化过程（刘欣，2010）。

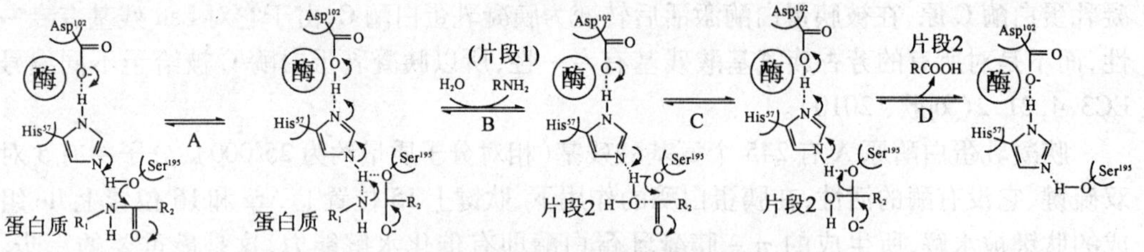

图 3.7　α-胰凝乳蛋白酶催化蛋白质水解反应的机制

在 α-胰凝乳蛋白酶的反应专一性方面，除了前述的需要侧链体积较大的氨基酸残基进入其活性中心，并催化其形成肽键的水解外，对于侧链体积较小的其他氨基酸所形成的肽键，也能以较小的速度催化水解。此外，胰凝乳蛋白酶还具有酯酶的性质，在同一活性中心可以对氨基酸形成的酯类也进行水解。对 α-胰凝乳蛋白酶的研究结果表明，在它的结构中存在多个识别位点（见图 3.8）：一个酰胺基位点、一个能够容纳 L-型氨基酸的 α-碳原子的位点（专门识别 L-氨基酸）、一个催化位点和一个疏水位点。α-胰凝乳蛋白酶在近弱碱性条件下有较高的酶活性。在较高的 pH 条件下，由于 16 位上的 Ile 失去了 H^+，破坏了分子内的活性中心，194 位置上 Asp 与 195 位置上的 Ser 形成了氢键，所以酶的活性受到影响。α-胰凝乳蛋白酶的专一性较差，甚至可以水解一些脂类物质的酯键。另外，钙离子对 α-胰凝乳蛋白酶有激活作用，而重金属离子、胰蛋白酶抑制物等则对其有抑制作用。

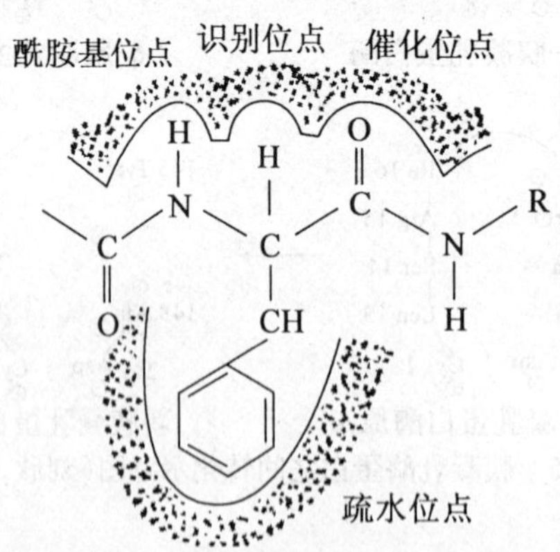

图 3.8　α-胰凝乳蛋白酶活性中心的各个识别位点（刘欣，2010）

3. 制备技术

α-胰凝乳蛋白酶主要来自牛的肝脏和猪胰腺。α-胰凝乳蛋白酶的分离，大多是采用组织捣碎、硫酸铵盐析、离子交换层析、疏水层析及凝胶过滤层析的方法进行分离纯化。传统的方法多数采用结晶法，主要步骤为单一的低 pH 提取酶原、硫酸铵分级、透析激活和结晶,但此种方法步骤多、周期长,分离、纯化胰凝乳酶收率可达到 50% 以上。目前,主要利用基因技术诱导激活等方法来制备 α - 胰凝乳蛋白酶,通过构建含有 α - 胰凝乳蛋白酶作用位点的突变体及表达、纯化的方法提高 Cry3A 的活化效率,效果比较明显(刘京国等,2011)。

4. 工业中的应用

目前,α - 胰蛋白酶在医疗领域有广泛应用,α - 胰蛋白酶可以作为抗组织坏死清创剂、消炎药物及血栓溶解剂等。早在 100 多年前,牛或猪的胰凝乳蛋白酶就被用来作为人和动物的治疗试剂。在国外,牛或猪胰脏中提取的胰凝乳蛋白酶在眼科和皮肤科的临床局部应用已经取得良好疗效。α - 胰凝乳蛋白酶可以用于创伤或手术后伤口愈合、抗炎及防止局部水肿、积血、扭伤血肿、乳房手术后浮肿、中耳炎及鼻炎等,也可用于白内障摘除。此外,α - 胰凝乳蛋白酶、抗过敏原及抗炎药物共同制成急救药盒以治疗毒蛇咬伤。因此,α - 胰凝乳蛋白酶在医药上具有非常好的应用前景。

3.2　极端 pH 环境中的活性酯酶

3.2.1　来源与分布

酯酶是催化酯类中酯键裂解的酶类,而脂肪酶是酯酶中最具代表且应用最广泛的一类。脂肪酶(Lipase, EC3.1.1.3)也称甘油酯水解酶脂酶,是指能催化甘油三酯和其他底物羧基酯键水解的酶。现在普遍接受的广义脂肪酶定义为催化羧基酯水解反应和合成长链甘油酯的酶。一般来说,多数脂肪酶的最适 pH 为 8 ~ 9,在极端碱性 pH 范围,属于极端碱性 pH 活性脂酶。然而,由于底物、盐和乳化剂的影响,pH 范围会有所波动。另外,不同来源的微生物脂酶其最适 pH 也有较大差异,如一般 pH 范围为 5.6 ~ 8.5,而红曲脂酶最适 pH 为 3.0(杜礼泉,2005)。

极端 pH 活性脂酶广泛分布于植物、动物和微生物中,动物胰脏脂酶和微生物脂酶是极端碱性 pH 活性脂酶的主要来源。极端 pH 活性脂酶的微生物来源十分丰富,主要是真菌和细菌,真菌中主要是青霉、镰孢霉、红曲霉、黑曲霉、根霉、毛霉、酵母菌、犁头霉、须霉等 12 属 233 种。细菌脂酶主要来源于假单胞菌、无色杆菌和葡萄球菌等,来源于细菌和真菌的酶具有较高的活性,易于通过发酵生产,易于从发酵液中回收,因此在工业上具有潜在的用途。真核生物产生的猪胰脂肪酶,此类酶在医学上具有重要意义,可作为治疗代谢疾病的药物靶点或者直接作为药物。此外,放线菌中的个别种类也能产生一定量的脂酶。目前,极端 pH 活性脂酶作为生物催化剂已经实现商品化,在食品、医药、化工等领域起着越来越重要的作用。

由于极端 pH 活性脂酶的来源非常广泛,它们在细胞定位和功能上表现出惊人的多样性。即使来源于同种生物的脂肪酶,也会在相对分子质量、最适 pH、最适温度、翻译后修饰、底物和反应专一性上有很大不同。为了进一步增加脂肪酶的应用范围和能力,可以通过一系列方法(如筛选法和基因组学方法)获得含有特定用途的脂肪酶。

3.2.2 理化性质

脂肪酶最适温度范围很窄，普遍在 30~60 ℃，多数脂肪酶的最适 pH 为 8~9，属于极端碱性 pH 活性脂酶。在某些情况下，脂肪酶的最适 pH 会超过 9.0，而 pH 低于 3.0 的极端酸性 pH 活性脂肪酶则不常见。极端碱性 pH 活性脂肪酶分子量一般在 19~70 kDa，大多数脂肪酶是含 2%~15% 碳水化合物的糖蛋白，以甘露糖为主，碳水化合物部分对催化活性没有影响。许多研究表明金属离子对脂肪酶活性的影响较大，某些脂肪酶活受 Ca^{2+} 激活，而有些脂肪酶则受 Fe^{2+}、Cu^{2+}、Ba^{2+} 等的强烈抑制。

不同种类来源的脂肪酶，具有不同的一级结构，但大多数脂肪酶都具有 Gly－X_1－Ser－X_2－Gly 保守序列，其中 Ser 是亲核残基，是催化中心三联体 Ser－Asp－His 的成员之一，Ser 侧翼的 Gly 在酶的催化过程中所起的作用不大，主要作用为增加保守五肽的柔韧性和减少空间障碍，以便底物能与催化中心更好地结合和催化水解（陈晟等，2009）。脂肪酶一级结构差异较大，二级结构均由 α/β 折叠构成，8 个平行的 β 折叠束构成，β2 为反平行，而 β3~β8 通过 α 螺旋在折叠的两端连接，该酶属于 α/β 水解酶家族。β 折叠的拓扑结构显示，β 折叠为左手超螺旋，第一个和最后一个 β 折叠在空间上形成大约 90° 的夹角，各个 β 折叠的超螺旋程度不同，连接 β 折叠的 α 螺旋的位置和数量也可能不同，其中 αC 螺旋较为保守，它对于确定活性中心亲核残基的正确位置具有重要作用（陈晟等，2009），α/β 水解酶结构如图 3.9 所示。

脂肪酶二级结构如图 3.10 所示，不同来源的脂肪酶二级结构在经典的 α/β 水解酶结构的基础上加以变化，主要表现为 α 螺旋和 β 折叠的数量、空间分布、β 折叠的超螺旋程度等的改变，与经典的 α/β 水解酶结构相比，脂肪酶的二级结构中 C 端多了一个反平行的 β 折叠，缺少了 αD 螺旋；在 N 端多了一个 α 螺旋，αF 螺旋被两个小的 α 螺旋代替，中心由 6 个主要的 β 折叠构成，与经典的 α/β 水解酶结构相比，N 端少了 β1、β2 两个 β 折叠，因此第一个 β 折叠相当于 β3 折叠，β3 折叠和 αA 螺旋之间多了 2 个反平行的 β 折叠；在 C 端 β7 折叠和 αD 螺旋之间多了一个反平行的 β 折叠，αD 螺旋和 β6 折叠之间多了 3 个小的 α 螺旋（陈晟等，2009）。另外，脂肪酶还具有类似"盖子"的三级结构，如图 3.11 所示。

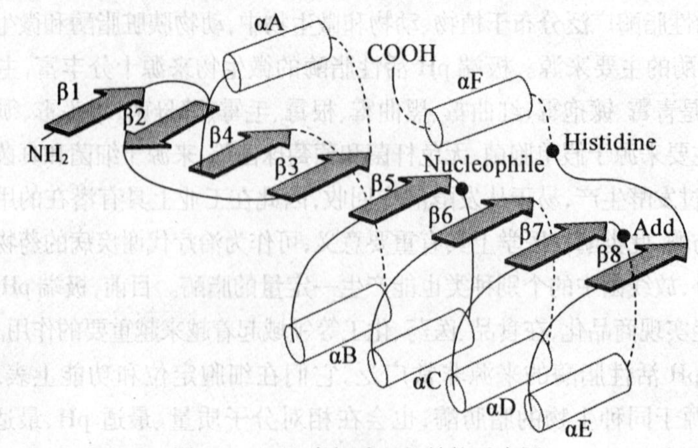

图 3.9 α/β 水解酶二级结构示意图

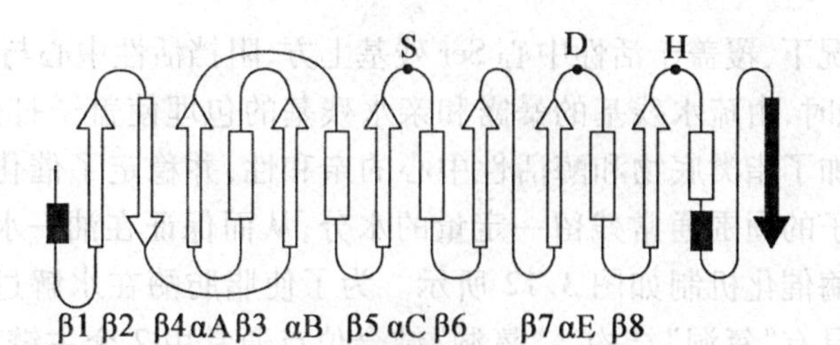

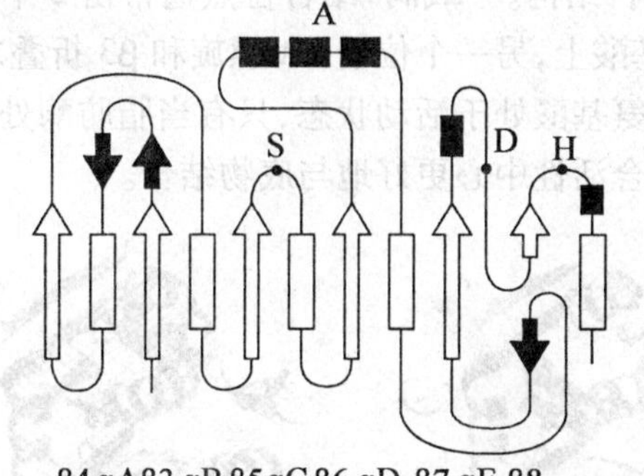

图3.10　脂肪酶(A,B)二级结构示意图

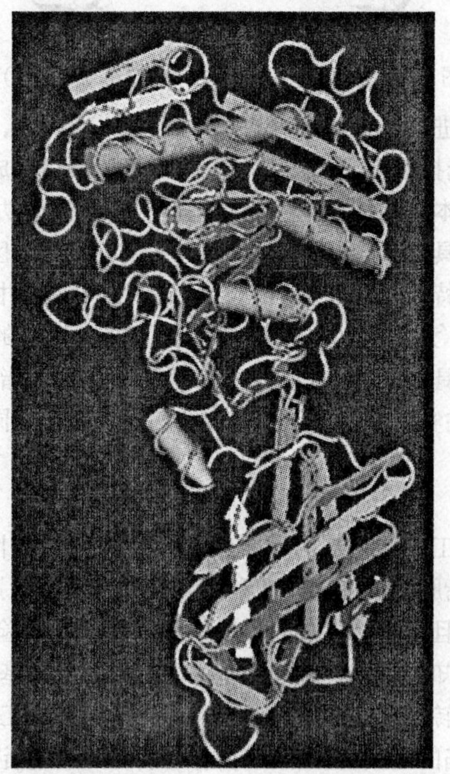

图3.11　脂肪酶三级结构示意图(http://en.wikipedia.org/wiki/File:Lipase_PLRP2.png)

3.2.3　催化机制

大多数脂肪酶活性中心Ser残基受一个α螺旋盖的保护，即具有"盖子"结构(图

3.11)。在通常情况下,覆盖于活性中心 Ser 残基上方,阻挡活性中心与底物的结合;当脂肪酶与界面相接触时,由疏水残基的暴露和亲水残基的包埋使盖子打开,导致脂肪酶的构象改变,从而增加了脂类底物和酶活性中心的亲和性,并稳定了催化过程中的过渡态中间产物,而酶分子的周围通常残留一定量的水分,从而保证在油—水界面和有机相中的自体激活,脂肪酶催化机制如图 3.12 所示。为了使脂肪酶在水解过程中的过渡态趋于稳定,脂肪酶还具有"氧洞"结构。"氧洞"结合位点通常由 2 个主链氮原子构成:一个位于紧接着亲和残基的氨基酸上,另一个位于 αA 螺旋和 β3 折叠之间。在大多数脂肪酶中,至少有一个构成氧洞的氨基酸处于活动状态,只有当脂肪酶处于活化状态时,氧洞氨基酸才处于适当的位置,配合活性中心更好地与底物结合。

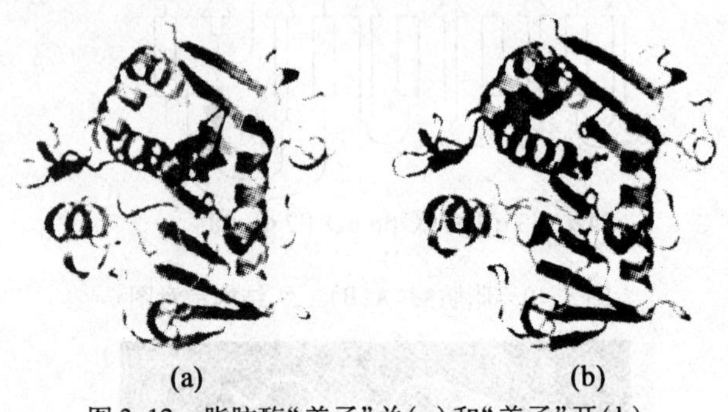

图 3.12 脂肪酶"盖子"关(a)和"盖子"开(b)

另外,脂肪酶具有先进的选择性和允许微调反应的特异性,通常脂肪酶特异性或选择性表现在它们的区域选择性上,如在底物分子酯键水解和形成的位置;而化学选择性也称立体选择性,是底物本身的性质。生物催化剂的特性被成功应用的一个领域是修饰三酰甘油,这些三酰甘油具有 3 个相关的特性(王小宁,2010):区域选择性,脂肪酸在甘油骨架上的位置;脂肪酸特异性,如特定链长或不饱和脂肪酸;甘油酯的类型,如单酰甘油、二酰甘油、三酰甘油。大部分的已知酶都是 1、3 位置专一的,并在伯醇位置具有活性,但是有少量在 2 位置具有活性,可以完全水解为脂肪酸。脂肪酶因种类不同而具有不同的选择活性,因此,在实际中可以单独或混合使用来获得不同的产物。

3.2.4 制备技术

近年来,脂肪酶作为工业催化剂的重要性不断增加,由此引起了寻找具有新型特性酶的兴趣也日益高涨。脂肪酶的催化特性和特异性受环境因素影响。目前,有两种方法值得参考:从适应于不同且很少研究过的环境中或不能够在实验室中培养出来的生物体中寻找新的酶;对现有已知的酶进行合理的基因改造或随机的基因突变。

虽然,脂肪酶在生物转化反应中被广泛应用,但是它们在工业生产过程中的应用仍然受到自身生物催化缺陷的限制,特别是在操作条件下的低稳定性或者是对特殊或非天然底物的低活性或特异性。由于酶分子层面的研究探索不断进步,因此可以针对一个给定结论的过程合理地选择或者创造"合适的催化剂"。另外,从非传统资源克隆的未知酶的基因,或者对已知酶制剂进行分子技术上的联合改造,发现具有改进或者全新特性的新型催化剂,是未来非常有发展前景的研究领域。

3.2.5 脂肪酶的工业化应用

脂肪酶应用越来越多的领域是多官能团的选择性酰化,如糖类、氨基酸和多肽。在保护和去保护的过程中,对新药开发中构建糖类骨架化合物库来说是必需的。脂肪酶的其他性质在精细化工、制药和化学农药等领域有很好的应用,利用对底物的立体选择性,可以提高手性底物拆分效率。

1. 脂肪在农药中的应用

脂肪酶可以把残留在土壤中的农药成分分解,如某些微生物可分泌磷脂和氨基甲酸酯结构的水解酶,分解酯类农药中的有机膦酸酯和氨基甲酸酯。酯类农药降解菌可以有效地利用酯类农药为碳源,降解酶比产生这类酶的微生物菌体更能忍受异常环境条件,酶的降解效率远胜过微生物本身,如蜡状芽孢杆菌(*Bacillus cereus*)对氯氰菊酯降解效能高,通过基因工程技术得到的工程菌Bl对有机磷、有机氯、氨基甲酸酯、菊酯等4大类农药具有降解能力(覃拥灵,2007)。

2. 脂肪酶在药物开发中的应用

对于手性药物而言,通常并非两种异构体都有相同的活性,不同立体异构体的手性药物作用可能相反。制备光学药物的潜在优点在于扩大用药安全范围,提高治疗指数,改进制剂质量,减少并发症以及寻找新的适应症。酶是天然的手性催化剂,利用脂肪酶催化不对称合成反应可制得具有光学活性的醇、脂肪酸及其酯内酯等,在合成抗生素、医用糖脂和固醇酯等方面有重要意义,脂肪酶在手性药物拆分、转化和合成方面已成为研究的热点和难点。

3. 脂肪酶在食品中的应用

利用脂肪酶分解转化或合成生产呈香化合物,这是当今国外很感兴趣的问题,有些技术早已在生产中应用。我国早在明朝就用红曲霉培制红曲,用作酿制红酒和红醋。近代发酵工业也用它们生产葡萄糖、酒精发酵和红曲色素,及调节血脂、降低血压等系列功能性红曲制品等,在食醋和酱油的酿造中可以利用脂肪酶催化产生的酯类来增进香味(施安辉,2002)。

3.3 极端pH环境中的活性糖酶

糖酶是食品工业中重要的一类酶,广泛应用于淀粉食品和果蔬加工方面。糖酶不但能将多糖中的化学键进行裂解,降解多糖成小分子,而且能催化糖结构形成新的糖类化合物。目前,根据糖酶的作用对象不同,糖酶可分为淀粉酶(α-淀粉酶、β-淀粉酶和糖化酶)、乳糖酶、果胶酶、纤维素酶等。根据酶作用的pH环境,糖酶可分为极端酸性pH糖酶(pH≤6.0)和极端碱性pH糖酶(pH≥8.0)及中性pH糖酶。由于工业生产中,酶的使用条件较为苛刻,通常要求糖酶能在极端pH环境中发挥酶催化作用。因此,本文重点论述极端pH环境中的活性糖酶,包括极端pH淀粉酶、极端pH乳糖酶、极端pH果胶酶和极端 pH 纤维素酶等。

3.3.1　极端 pH 淀粉酶

淀粉酶属于水解酶类，是催化淀粉、糖原和糊精中糖苷键水解的一类酶的统称。淀粉酶广泛分布于自然界，几乎所用植物、动物和微生物都含有淀粉酶。根据酶作用的 pH 环境，可分为极端酸性 pH 淀粉酶（pH≤6.0）和极端碱性 pH 淀粉酶（pH≥8.0）。α－淀粉酶、β－淀粉酶、糖化酶和脱支酶的 pH 范围通常为 pH≤6.0，属于极端酸性 pH 淀粉酶。因此，本节主要阐述极端酸性 pH 淀粉酶中的 α－淀粉酶、β－淀粉酶、糖化酶和脱支酶等的理化性质、催化机制及应用前景。

1. 极端酸性 pH 活性 α－淀粉酶（α－Amylase）

极端酸性 pH 活性 α－淀粉酶是指在极端酸性 pH（pH≤6.0）条件下能水解淀粉的 α－淀粉酶。α－淀粉酶广泛分布在植物、动物和微生物中，不同来源 α－淀粉酶特征见表 3.3。α－淀粉酶和人们生活息息相关，在食品加工、水果加工、酒类酿造及调味品生产等方面应用越来越广泛，而且 α－淀粉酶在淀粉深加工、造纸及石油工业方面也有重要应用。

α－淀粉酶分为极端酸性、中性和极端碱性 pH，目前的研究主要集中在极端酸性 pH 活性淀粉酶方面，而中性和碱性 α－淀粉酶的研究报道较少。目前，我国工业上所用的极端酸性 α－淀粉酶都来源于微生物发酵，产极端酸性 α－淀粉酶的菌株主要是芽孢杆菌和曲霉（贺胜英等，2010）。因此，极端酸性 pH 活性 α－淀粉酶值得深入研究。

表 3.3　不同菌种来源的极端酸性 pH α－淀粉酶的特征

产酶菌种	最适反应 pH	最适反应温度/℃	来源
B. sterorothermopillus	5.0	60	中国
Thermomyoes lamuginous	4.5～5.0	65	中国
B. steorothermopillus	4.5	60	中国
A. niger	3.5～4.0	65～70	欧洲
B. globisporus	4.0	50	印度
B. acidocaldarius 1041A	4.5	60～63	意大利
B. acidocaldarius 101	3.5	75	意大利
B. acidocaldarius A－2	3.5	70	日本
B. acidocaldarius 11－2	2.5	65	日本
B. livheniformid FERMBP－4480	4.0～5.0	55	日本
A. niger	4.0～5.0	40	日本
A. kawachii	4.0～5.0	55	日本
A. niger	4.0	60	朝鲜
B. acidocaldarius ATCC27009	3.0	75	美国

文献来自杨培华（2006）。

（1）α－淀粉酶理化性质

α－淀粉酶又称液化型淀粉酶，是一种催化淀粉水解生成糊精的淀粉酶，因其所产生的还原糖在光学结构上是 α－型，故称之为 α－淀粉酶，系统命名为 1，4－α－D－葡聚糖葡糖糖水解酶（EC. 3.2.1.1）。α－淀粉酶是一种金属酶，每分子酶至少含 1 个钙离子，多的可达 10 个钙离子，大多数 α－淀粉酶的相对分子质量在 50 000 左右。α－淀粉酶最适 pH 为 pH 3.0 ~6.0，属于极端酸性 pH 范围，但在 pH 3.0 以下容易失活。不同来源的 α－淀粉酶具有不同的 pH 特性，pH 对 α－淀粉酶稳定性和酶活力的影响具有很重要的实际意义。

极端酸性 pH 活性 α－淀粉酶突出的特点是对酸的稳定性明显高于中性 α－淀粉酶。一般中性 α－淀粉酶活的最适 pH 为 6 ~7，而极端酸性 α－淀粉酶活的最适 pH 为 4 ~5，极端酸性 pH α－淀粉酶的酸稳定性明显高于中性 α－淀粉酶，但极端酸性 pH 活性 α－淀粉酶对碱性条件则更为敏感（李勃，2009）。另外，由于 α－淀粉酶是一种金属酶，每个酶分子中含有 1 个钙离子，钙离子可使酶分子保持适宜的空间构象，从而维持酶的活性并提高其稳定性。在体系中加入钙盐，可以维持 α－淀粉酶的稳定性。在极端 pH 和螯合剂同时存在的条件下，才能将酶分子中的钙除去，若将酶分子中的钙离子完全除去，则会导致酶基本上失活和热、酸或脲等变性因素的稳定性降低。此外，钠离子、镁离子、钡离子和氮离子等有助于提高淀粉酶的稳定性。

大多数极端酸性 α－淀粉酶的三级结构都含有 A、B 和 C 3 个结构域，以 *B. licheniformis* α－淀粉酶为例，其多肽 N－端构成 $(\alpha/\beta)_8$ 桶形结构域（见图 3.13），称为结构域 A，这是 α－淀粉酶的催化区域，由 8 个 α－螺旋和 8 个 β－折叠交互组成，是整个酶蛋白的核心部位，α－淀粉酶中起催化作用的关键性氨基酸残基位于该结构域中；结构域 B 位于 $(\alpha/\beta)_8$ 桶形结构的第 3 个 β－折叠和第 3 个 α－螺旋之间，一般需要与 Ca^{2+} 结合才能稳定，是与酶的稳定性及底物专一性相关的结构域，不同来源的 α－淀粉酶，该区域的形状和结构组成会有明显差异；结构域 C 末端是羧基，由 8 个反向平行的 β－折叠构成，该结构域远离活性中心（刘旭东，2008）。α－淀粉酶空间结构如图 3.14 所示。

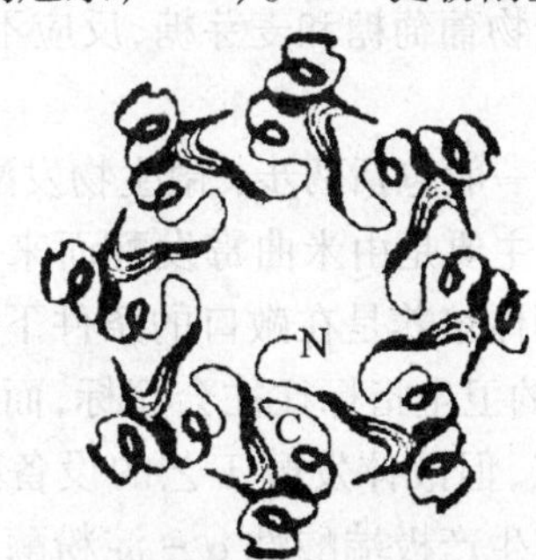

图 3.13　淀粉酶中 $(\beta/\alpha)_8$ 桶状结构图

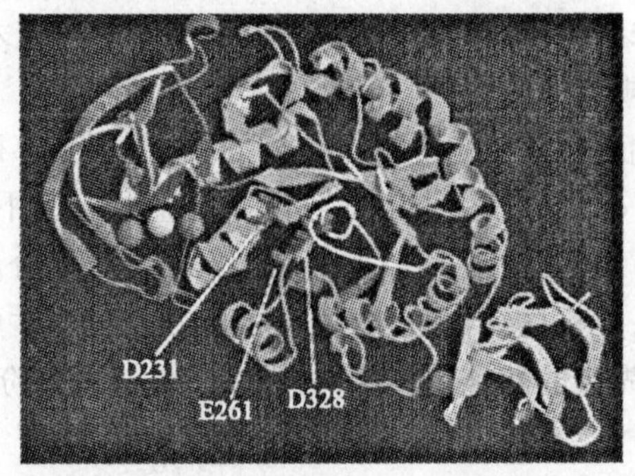

图 3.14　α－淀粉酶空间结构图（刘旭东，2006）

(2)α－淀粉酶催化机制

极端酸性α－淀粉酶是在酸性pH条件下水解淀粉的酶，在极端pH值条件下，以随机方式切断分子内α－1,4糖苷键，水解位于分子中间的α－1,4糖苷键的概率要比水解位于分子末端的概率大，极端酸性α－淀粉酶一般不能水解支链淀粉的α－1,6糖苷键，也不能水解紧靠1,6分支的α－1,4糖苷键。α－淀粉酶可以水解含有3个或3个以上α－1,4糖苷键的低聚糖，不能水解麦芽糖。由于这些特性，因此极端酸性pH α－淀粉酶水解淀粉的终产物主要是麦芽糖、低聚糖和含α－1,6糖苷键的糊精，其产物的还原性末端葡萄糖单位碳原子均为α构型（杨培华，2006）。

极端酸性α－淀粉酶的催化过程包括3步，共发生2次置换反应：第1步，底物某个糖残基要先结合在酶活性部位的亚结合位点，该糖苷氧原子被充当质子供体的酸性氨基酸（如Glu）所质子化；第2步，亚结合位点的另一亲核氨基酸（如Asp）对糖残基的C_1碳原子进行亲核攻击，与底物形成共价中间物，同时裂解C_1－R键，置换出底物的糖苷配基部分；第3步，糖苷配基离去之后，水分子被激活（可能正是被刚去质子化的Gul所激活），这个水分子再将Asp的亲核氧与糖残基的C_1之间的共价键C_1－Asp水解掉，置换出酶分子的Asp残基，水解反应完成。在第2次置换反应中，如果进攻基团不是水分子，而是一个带有游离羟基的糖（寡糖）ROH，那么酶分子的Asp残基被置换出后，就发生了糖基转移反应而非水解反应（孙连海，2006）。

然而，从黏杆菌得到的α－淀粉酶比较特殊，它以外切的方式作用于淀粉，而寡糖产物的异头碳具有β－构型。α－淀粉酶与直链淀粉作用时，反应分为2个阶段：

①直链淀粉快速降解产生寡糖，反应具有随机性；

②寡糖缓慢水解生成最终产物葡萄糖和麦芽糖，反应不具有随机性。

(3)制备技术

极端酸性α－淀粉酶的生产一般包括两步：微生物发酵和酶制剂的制备。目前工业上用于生产极端酸性α－淀粉酶主要是由米曲霉发酵而来的，米曲霉的发酵分为固体发酵和液体深层发酵两种方法。固体培养是在敞口的条件下进行的，因此很难控制杂菌污染，用此法生产的食品级酶制剂的卫生指标往往会超标，而且还要增加浸泡提酶的工序；而液体深层培养就没有这些缺点，但液体发酵工艺的设备投资和能耗相对较大。因此，工业生产通常采用液体深层培养生产极端酸性α－淀粉酶。另外，从自然界筛选得到的野生菌株产酸性α－淀粉酶的活力一般都比较低，不能直接运用于工业化的发酵生产，国内外学者通过对野生菌株的诱变、杂交育种、基因工程育种等技术来提高菌株的产酶能力，以利于其在工业上大规模地应用极端酸性α－淀粉酶。

为了得到纯化的极端酸性α－淀粉酶，研究者们进行了多年研究并提出了许多不同的方法。目前，极端酸性α－淀粉酶的分离纯化方法主要有以下几种（陈波，2004；李勃等，2008；贺胜英等，2010）：超滤浓缩分离，电泳纯化；酒精沉淀分离，离子交换柱纯化；硫酸铵盐析，低温离心分离，层析柱纯化；复合酶法等。在应用中，可根据实际需要选择合适的分离纯化方法，这些先进的酶纯化技术，为极端酸性α－淀粉酶应用于不同的领域提供了一定的理论基础。

(4)工业中的应用

极端酸性α-淀粉酶可应用于酸性条件下淀粉原料的加工,随着对其分子组成和酶学性质的研究,人们对其利用价值的认识越来越深刻。由于其特有的耐酸性和热稳定性,极端酸性α-淀粉酶可应用于制糖业、酿造工业、酒精废液的处理、饲料工业、烘烤工业和医药行业等方面。

①酶法生产葡萄糖。酶法生产葡萄糖是葡萄糖工业的重大成果,酶法与酸法具有糖化没有苦味、葡萄糖的纯度高、结晶葡萄糖的收率高等优点。酶法生产葡萄糖的方法是:淀粉高温连续液化,淀粉浆浓度配制后,调节pH 6.0~6.5,加入α-淀粉酶20~30 U/g淀粉,在90 ℃保持20~30 min,DE值7%~17%。为了停止酵解作用和使残存的难溶性的淀粉减至最少,可在120~140 ℃进行高温短时间加热处理。其次是糖化酶糖化处理,即将上面经α-淀粉酶液化的淀粉浆调pH至4.0~5.0,迅速降温至55~60 ℃,添加糖化酶,添加量为10~15 U/g淀粉(干基)。糖化时间因糖化酶添加量及所希望的糖化程度而不同,在48~70 h之间,DE值可达到96%。

②酶法生产麦芽糖。饴糖具有独特的温和甜味,耐热且不着色,是食品工业重要原料,主要成分为麦芽糖和糊精。采用α-淀粉酶液化和麦芽糖化的新工艺生产麦芽糖,工艺简单、得糖率高。

③用于发酵工业中的原料处理。酒精、味精、柠檬酸、抗生素生产中粗淀粉原料经淀粉酶处理,对节约粮食、改善产品质量和提高设备利用率或降低煤耗都有各自的作用。

④作为消化药物。利用α-淀粉酶作助消化剂,并已应用到饲料中。

⑤其他用途。α-淀粉酶可用于石油开采,进一步提高油井出油率;用于造纸工业,降低淀粉黏度,制备高分散性能的胶体溶液,提高打浆效果等。

另外,除了极端酸性pH活性α-淀粉酶外,还有一类极端碱性pH活性α-淀粉酶,因其研究报道较少,因此受关注度不高。人们对极端碱性pH活性α-淀粉酶的研究始于20世纪70年代,首先由日本学者分离获得一株可在pH 10.5条件下产α-淀粉酶的芽孢杆菌,由于这类酶的最适反应pH在极端碱性范围内,与其他酶复合可以作为洗涤剂的添加剂,效果良好;20世纪80年代末期,印度学者从土壤中分离出一株极端碱性α-淀粉酶的菌株,1991年中科院田新玉等人也对碱性α-淀粉酶特性做了初步研究,但研究不够深入(阮森林, 2008)。极端碱性α-淀粉酶在纺织工业、人造棉、人造丝的退浆和垃圾处理等方面也有应用。随着酶技术及相关工业的发展,极端碱性α-淀粉酶的应用范围将不断扩大。因此,开发极端碱性pH活性α-淀粉酶有很重要的理论和实际意义。

中国淀粉资源非常丰富,极端pH活性α-淀粉酶的应用前景广泛。近年来,随着分子生物学的快速发展,研究者通过对菌株的诱变、基因工程等技术手段,不断地开发出各种特性的极端pH活性α-淀粉酶,在不同的发酵条件下,发挥其最大的酶活特性。希望在研究者共同的努力下会开发出一种甚至几种更适合工业化生产的极端pH活性α-淀粉酶,并将其广泛地应用于工业生产,取得良好的工业和社会效益。

2. 极端pH活性β-淀粉酶(β-Amylase)

β-淀粉酶(EC 3.2.1.2)主要来源于植物和微生物中,哺乳动物中不存在β-淀粉酶(靳纪培,2009;贾彦杰,2011)。来源不同的β-淀粉酶有不同的最适pH,微生物β-

淀粉酶最适 pH 6.0 ~ 7.0 为弱酸性，而多数植物的 β - 淀粉酶最适 pH 是 4.0 ~ 6.0，属于极端酸性 pH 淀粉酶。

按照植物种类的不同，植物 β - 淀粉酶可分为两大类：一类是小麦属作物（大麦和小麦等）种子籽粒发育和成熟过程中形成的胚乳专一型 β - 淀粉酶；另一类是非小麦属作物（水稻、玉米等）种子萌发时糊粉层细胞从头合成的普遍型 β - 淀粉酶，如水稻种子在萌发 4 ~ 8 d 时胚乳合成的 β - 淀粉酶。

(1) 极端 pH 活性 β - 淀粉酶理化性质

β - 淀粉酶（β - amylase）又称麦芽糖苷酶，是一种外切酶，系统名称为 1,4 - α - D - 葡聚糖麦芽糖水解酶（1,4 - α - D - glucan maltohydrolase，EC. 3.2. 1.2）。它作用于淀粉时，从淀粉链的非还原端开始，作用于 α - 1,4 - 糖苷键。由于该酶作用于底物时发生沃尔登转化反应（Walden Inversion）指使生成的麦芽糖由 α - 型转化为 β - 型，故称之为 β - 淀粉酶。

极端 pH 活性 β - 淀粉酶作用的最适 pH 为 4.0 ~ 6.0，最适作用温度为 40 ~ 60 ℃。来源不同的 β - 淀粉酶，其热稳定性有较大差别，大豆 β - 淀粉酶在 pH 5.5、65 ℃ 水解 30 min活力损失 50%，70 ℃ 水解 30 min 可使酶完全失活；大麦的 β - 淀粉酶在室温和 pH 4.5时酶活力最高而且稳定；蜡状芽孢杆菌产生的 β - 淀粉酶的最适温度为 75 ℃，最适 pH 5.5。

极端 pH 活性 β - 淀粉酶属于单体蛋白，分子量在 53 ~ 64 kDa 范围内，多数以单体蛋白形式存在。β - 淀粉酶的蛋白质结构有一个典型的 $(\beta/\alpha)_8$ - 桶状核心及 1 个羧基末端的长链结构，活性中心的 Glu186 和 Glu380 位于 $(\beta/\alpha)_8$ - 桶状核心的内部，此结构被学者视为切割多聚糖非还原性末端的最佳结构，Glu186 和 Glu380 分别承担着酸性和碱性催化作用，其中 Glu186 充当酸碱催化反应中的质子供体，Glu380 则在活化水分子中起着非常重要的作用。β - 淀粉酶催化降解底物可能机制：位于桶状核心活性位点 Glu186 和 Glu380 附近的 Leu383 在催化反应时插入环糊精形成包合体，以维持活性位点和底物结合的稳定性，从而有利于催化反应的进行，β - 淀粉酶蛋白的三维结构如图 3.15 所示。

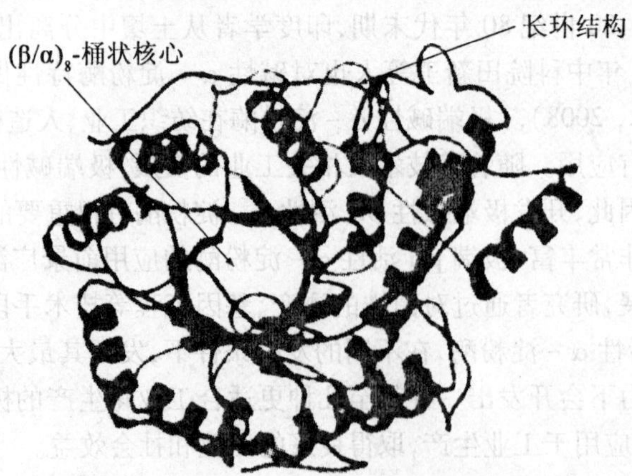

图 3.15　β - 淀粉酶蛋白的三维结构（齐继艳，2008）

(2) β - 淀粉酶催化机制

β - 淀粉酶的活性中心至少包含 3 个特种基团 X、A、B，这些基团不仅参与酶和底物的结合,也参与酶—底物络合物转化为产物的反应过程。X基团能够识别出淀粉分子的非还原性末端C4上的-OH结构,当X基团和C4上的-OH反应时,底物分子中的第2个糖苷键能够精确地反应在催化基团A和B之间,具有反应力的酶—底物络合物就此形成;当X基团没有相对发挥作用及环状糊精对酶进行抑制时,就会形成无反应力的络合物,β-淀粉酶以淀粉作为底物的可能作用机制如图3.16所示。β-淀粉酶不能在淀粉分子的内部发挥作用,只能在β-淀粉酶的非还原性末端依次切掉麦芽糖,属于"外切"型淀粉酶,而且β-淀粉酶不能水解淀粉异构处的α-1,6糖苷键,淀粉的降解将在α-1,6糖苷键前的2~3个葡萄糖残基处停止,所以分解直链淀粉的产物理论上应是麦芽糖。当β-淀粉酶水解直链淀粉时,容易使直链淀粉分子逐渐变短,麦芽糖的生成速度较慢;当其水解支链淀粉时,因为支链淀粉分支比较多,非还原性末端也会多,所以麦芽糖的生成速度要比水解直链淀粉时快很多,直链淀粉分解产生的麦芽糖相当于支链淀粉产生麦芽糖全部含量的50%~60%,分解支链淀粉的主要产物是麦芽糖及大分子的β-界限糊精,当β-淀粉酶对高度聚合的糖原作用时,仅有40%~50%的糖原能够转化为麦芽糖(贾彦杰,2011)。

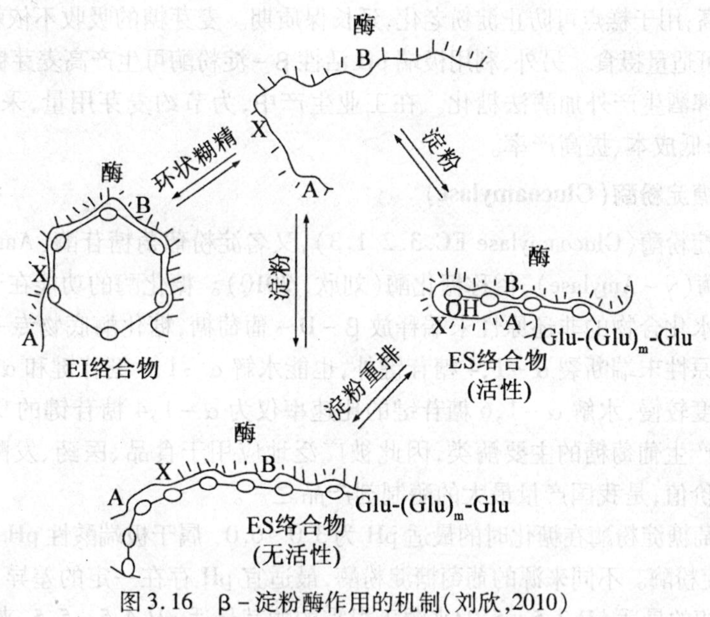

图3.16 β-淀粉酶作用的机制(刘欣,2010)

(3)制备技术

目前,从高等植物中提取β-淀粉酶有水提和油提2种方法,油提法(甘油)与水提法相比,不仅可以有效地缩短提取时间,而且能够延长酶的储藏期,但由于油法生产成本较高,生产中常采用水提的方法提取β-淀粉酶(邱宏端等,1996)。

β-淀粉酶的纯化一般都是依据它的分子量大小、形态、电荷性质、溶解度、沉降系数、专一结合位点等规律所建立起来的纯化方法。近年来,植物β-淀粉酶的纯化方法主要有乙醇沉淀分离法(田亚平,2003)、超滤浓缩法、硫酸铵沉淀及电泳法及离子交换柱法等(贾彦杰,2011)。β-淀粉酶的纯化一般都是依据它的分子量大小、形态、电荷性质、溶解度、沉降系数、专一结合位点等规律所建立起来的纯化方法,盐析法是被应用最早的纯化方法,也是被用作各种提纯方法中的第一步粗提方法,有机溶剂沉淀的方法无需专门方法去除沉淀剂,早期的生化研究中已经有所研究,至今仍为生化研究中被广为采用的分离蛋白质的基本方法,它可以大量地制备比较纯净的酶,操作过程简便安全,酶不易变性且所用试剂基本无毒害作用,而关于乙醇沉淀分离 β-淀粉酶的研究已有报道。在 β-淀粉酶粗提液中,常含有一些可溶性糖和无机盐,也存在一些杂蛋白或其他酶系,为了获得较纯净的酶,通常要根据提取酶的特性确定纯化方法。

(4)工业中的应用

极端 pH 活性 β-淀粉酶在酿造行业、食品加工、粮食加工、发酵、纺织品、医药等行业具有重要的应用价值。极端 pH 活性 β-淀粉酶可以作为啤酒、饴糖、饮料等工业生产中的糖化剂,是食品与酿造等行业的主要酶源。随着食品、发酵、医药工业的发展,对极端 pH 活性 β-淀粉酶的需求量也大量增加,特别是对极端酸性 β-淀粉酶会有更大的需求,其研究是未来 β-淀粉酶发展的主要方向。极端 pH 活性 β-淀粉酶具体应用如下:

①用于生产麦芽糖。麦芽糖的甜度只有蔗糖的30%~40%,但甜味适中,热稳定性好,不易吸湿,其理化性质与蔗糖相似,故食品工业用其代替砂糖而制造的果糖适口、不易吸湿,硬糖透明度高;用于糕点可防止淀粉老化,延长保质期。麦芽糖的吸收不依赖胰岛素,即使糖尿病人也可适量摄食。另外,利用极端 pH 活性 β-淀粉酶可生产高麦芽糖浆。

②用于啤酒生产外加酶法糖化。在工业生产中,为节约麦芽用量,采用所谓外加酶法糖化,可降低成本、提高产率。

3. 葡萄糖淀粉酶(Glucoamylase)

葡萄糖淀粉酶(Glucoamylase EC.3.2.1.3),又名淀粉葡萄糖苷酶(Amyloglucosidase)或 γ-淀粉酶(γ-Amylase),俗称糖化酶(刘欣, 2010)。糖化酶的功能在于从淀粉、糊精或糖原等碳水化合物的非还原性末端释放 β-D-葡萄糖,糖化酶底物专一性较低,它除了能从非还原性末端断裂 α-1,4 糖苷键外,也能水解 α-1,6 糖苷键和 α-1,3 糖苷键,相对水解速度较慢,水解 α-1,6 糖苷键的比速率仅为 α-1,4 糖苷键的0.2%。糖化酶是水解淀粉产生葡萄糖的主要酶类,因此被广泛地应用于食品、医药、发酵等工业,具有很高的商业价值,是我国产量最大的酶制剂产品之一。

一般葡萄糖淀粉酶在糖化时的最适 pH 为3.0~6.0, 属于极端酸性 pH 范围,是一种极端酸性 pH 淀粉酶。不同来源的葡萄糖淀粉酶,最适宜 pH 存在一定的差异,来源于曲霉的葡萄糖淀粉酶的最适 pH 3.5~5.0,来源于根霉的酶其最适 pH 4.5~5.5,来源于拟内孢霉的淀粉酶的最适 pH 为4.8~5.0 黑曲霉糖化酶的最适 pH 值4.0~5.0(姚婷婷,2006;刘欣,2010)。与产酶真菌中相比较而言,黑曲霉糖化酶具有较强的耐酸性,在 pH 3.0、60 ℃条件下维持3 h 后,黑曲霉糖化酶仍然具有40%以上活力(姚婷婷,2006)。不同来源的极端酸性糖化酶,有不同的最适温度和不同的耐热性,来源于曲霉的酶为55~60 ℃, 来源于拟内孢霉的淀粉酶最适温度为50 ℃。红曲霉来源的葡萄糖淀粉酶的耐热性较差,55 ℃以上就可致酶失活,而黑曲霉的淀粉酶活力随作用温度的升高而提高,但温度超过60 ℃,酶活力随温度升高而下降。不同来源的极端酸性 pH 糖化酶特征见表3.4。

表3.4　极端酸性pH糖化酶特征

来源	最适作用pH	最适温度/℃	主要淀粉水解产物
Bacillus sp. IMD435/434	6.0	65	葡萄糖、麦芽糖
Bacillus sp. Strain WN11	5.5	75～80	葡萄糖、麦芽糖和麦芽三糖
Bacillus KR－8104	5.0～6.0	65	葡萄糖
Cibberella pulicaris	4.5	—	葡萄糖
Acremonium sp	5.0～5.5	—	葡萄糖
Synnemataous sp	4.5～5.5	—	葡萄糖、麦芽糖
Nodilusporium sp	5.0～5.5	—	葡萄糖
Aspergillus sp GP－21	5.0～5.5	65	葡萄糖
Aspergillus niger（6#）	5.0	—	葡萄糖、麦芽糖
Aspergillus niger（6#）	4.0	55	葡萄糖、麦芽糖和麦芽三糖

来自罗军侠(2008)。

(1)理化性质

葡萄糖淀粉酶俗称糖化酶(Glucoamylase)或外切－1,4－α－D－葡萄糖苷酶,系统命名为α－1,4－葡聚糖葡萄糖水解酶(α－1,4－glucan Glucohydrolase, EC. 3.2.1.3),是一种催化淀粉水解生成葡萄糖的淀粉酶,是一种外切酶。

糖化酶的相对分子质量约为69 kDa,糖化酶的作用方式是从淀粉分子的非还原性末端开始逐个水解α－1,4－糖苷键生成葡萄糖,葡萄糖淀粉酶还具有一定的水解α－1,6－糖苷键和α－1,3－糖苷键的能力,不同来源的淀粉糖化酶的结构和功能也有所不同。通过对淀粉糖化酶分离纯化的研究,将其分为GⅠ、GⅡ、GⅢ3类,发现其中可以对生淀粉发生作用的是GⅢ,即淀粉糖化酶,其他2种虽然能对糊化淀粉进行作用但不水解生淀粉,或水解生淀粉的作用非常弱,GⅢ之所以能够水解生淀粉,是由于其除具有包含催化位的GAP外,还具有与生淀粉相结合的亲和位点C_p区域和连接GAP区域和C_p区域的G_p－Ⅰ。虽然亲和位点C_p和G_p－Ⅰ的复合体对生淀粉具有吸附能力,但对生淀粉和糊化的淀粉不具有催化能力,对生淀粉和糊化淀粉都有水解作用的GAP中的催化位点是一段肽链的前部分。由此可见,生淀粉糖化酶(GⅢ)由3部分组成:含催化位的GAP、连接催化位与直接亲和位的G_p－Ⅰ和直接亲和位C_p(罗军侠,2008),糖化酶结构如图3.17所示。

(2)催化机制

糖化酶GⅢ水解生淀粉与水解糊化淀粉的机理与方式虽然有相同的地方,即都是从淀粉的非还原末端外切淀粉的α－1,4－葡萄糖苷键和α－1,6－葡萄糖苷键,但也存在着很大的差别。对于糊化淀粉和可溶性淀粉来说,由于在水中水分子可以直接渗透到淀粉分子内部,淀粉分子在水中呈松散状态,所以糖化酶极容易切断糖苷键,因此不需要C_p和G_p－Ⅰ,而生淀粉颗粒在水中由于其表面与水分子形成氢键而形成水束,大量的水束形成了一层水分子无法通过的水束层,所以水分子要进入淀粉分子中是很困难的,这就不利于淀粉酶的作用。而G_p－Ⅰ对生淀粉颗粒表面的水束层有破坏作用,并通过与C_p共同作用使酶与生淀粉形成一个内含复合体。当酶与淀粉颗粒连接后,内含复合体中的水分子可以破坏淀粉颗粒内维系螺旋空间结构的氢键,维系淀粉分子的螺旋被破坏后就有可能游离出淀粉分子的非还原端,该还原端进人GAP区域的催化位点后被分解(图3.17)。由于淀粉分子呈链状,所以水解是连续的,亲和位点G_p－Ⅰ和C_p不断地沿螺旋方向进入,不断地破坏维系螺旋结构的氢键，不断水解淀粉的糖苷键，在淀粉颗粒表面形成许多空穴，从而达到水解生淀粉的目的（罗军侠，2008）。

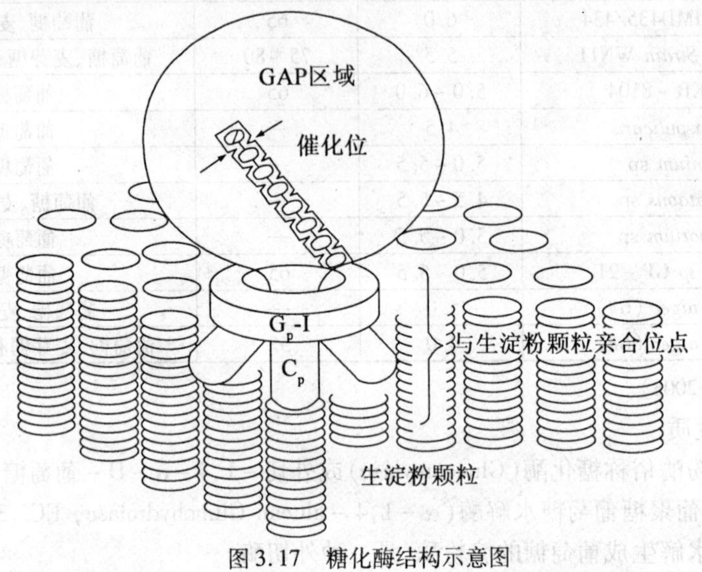

图3.17　糖化酶结构示意图

在理论上，葡萄糖淀粉酶可将淀粉100%水解成葡萄糖，但葡萄糖淀粉酶对淀粉的水解能力取决于酶来源，来源不同，酶水解能力有所差别。葡萄糖淀粉酶的催化速度与底物分子大小有关，底物分子越大，水解α-1,4-糖苷键的速度越快，当分子质量超过麦芽五糖时，这个规律不存在。葡萄糖淀粉酶和β-淀粉酶在某些方面相类似，但这两种酶的作用机制可能存在着重大的差别，如葡萄糖淀粉酶的作用也是裂开C_1-O键，并且生成葡萄糖的构型也发生了转变，但环状糊精并没有抑制葡萄糖淀粉酶，它对葡萄糖淀粉酶的影响小于对β-淀粉酶的影响。然而，到目前为止，葡萄糖淀粉酶的详细作用机制仍不清楚，有待深入研究。

（3）制备技术

目前，糖化酶纯化的主要方法有离子交换、亲核层析、凝胶过滤层析和吸附法。1959年，Pazur和Ando利用DEAE-纤维素层析从*A. niger*菌丝提取物中纯化出了2种糖化酶同功酶，并且通过电泳将这两种形式分开；Ono等人（1988）利用1%的NaCl溶液，乙醇沉淀以及Acarbose亲和层析纯化了*A. oryza*中的糖化酶；Takeda等（1985）纯化了*Paecilomyces varioti* AIIU9417中的糖化酶，研究了其底物特异性；*A. niger*中糖化酶G2是用具有与Acarbose基团共价结合的亲和凝胶进行的纯化；糖化酶Ⅰ可以有效地结合环化糊精和生淀粉，用亲和层析柱α-环糊精-Sepharose CL-6B可以纯化糖化酶（陈静，2006）。总之，糖化酶的纯化方法因其来源不同而有所差异，因此用于一种生物来源的糖化酶纯化方法并不一定可以用于其他糖化酶的纯化。

（4）工业中的应用

极端酸性糖化酶在淀粉深加工、糖制品、啤酒和白酒、发酵预处理等工业生产中有非常广泛的应用（姚婷婷，2006；罗军侠，2008；刘欣，2010）。极端酸性糖化酶可用于酿酒和酿醋、葡萄糖生产、抗生素生产、乳酸生产、有机酸生产、味精生产和多孔淀粉的生产等，也可以同质素酶、纤维素酶、果胶酶等菌种共同作用将农作物秸秆等废弃物转变为家畜可利用饲料等。

①酶法生产葡萄糖。利用糖化酶、淀粉酶等酶制剂催化水解淀粉具有高度专一性，避免无机酸水解淀粉糖苷键的随机性，控制糖浆产品的糖分组成；酸法工艺中酸把淀粉原料中的蛋白质、脂肪等物质水解成小分子，发生分解和复合反应，产生色素、脂肪皂等杂质，用酶法生产可以提高产品纯度，克服酸水解时对生产设备的腐蚀。

②啤酒发酵方面的应用。干啤酒是比较流行的啤酒品种，其特点就是发酵度高，普通在72%以上，而一般啤酒只有60%左右，干啤酒口味纯正淡爽，色泽浅，苦味清，残糖量和热值都很低，要获得如此高的发酵度，必须将麦芽中残存的淀粉和糊精降解，由于大麦中有45% ~50%的支链淀粉，有较多的α-1,6糖苷键，因此在麦汁生产和干啤酒的酿造过程中一般添加糖化酶、普鲁兰酶等解支酶，可以有效地提高麦汁中可发酵性糖的含量。

③应用于白酒生产。我国传统白酒的生产大多使用淀粉质原料，以曲为糖化剂，采用固态发酵法成本高，出酒率低，根据理论分析，高粱出酒率可达55%左右，而实际上随着制曲温度的提高，出酒率只有20% ~40%，且白酒生产用曲中的微生物是依靠自然界带入的，未经筛选，其糖化力较低，耐酸耐热性都较差。糖化酶作用的 pH 范围为3.0~5.5，最适作用范围为4.0~4.5，这使得白酒酿造过程中酸度不断增加，适宜发酵。糖化酶的应用使粮醅入酵后发酵升温快，升温幅度大，提高原料的出酒率，缩短发酵周期，降低生产成本。

④其他应用。用于发酵工业中的原料处理，酒精、味精、柠檬酸、抗生素生产中粗淀粉原料经淀粉酶处理，对节约粮食、改善产品质量和提高设备利用率或降低煤耗都有各自的作用。味精工业是以粮食、淀粉为原料的发酵工业，原料（玉米、淀粉）经淘洗加水打浆，首先利用淀粉酶、糖化酶将其转化为低分子量糖类作为培养基注入菌种发酵生成 Glu，经等电点 Glu 结晶，离心过滤提取 Glu，精制产出味精在食用醋生产中，应用 TH-AATY 和糖化酶，可以解决企业自制酒母质量不稳定和夏季高温等生产难题，使食用醋生产正常进行，它不仅降低了原材料的消耗，减轻了工人的劳动强度，而且显著提高了淀粉利用率和出醋率，得到较好的经济效益。

虽然对极端酸性糖化酶的研究已有多年，但是仍有许多问题尚待进一步探索，基础研究领域将主要集中在糖化酶的结构研究，如糖链在糖化酶活性、稳定性及构象状态中所起的作用，进一步阐明糖化酶的多型性原因及糖化酶的热稳定性机制。利用诱变、DNA 重组技术或其他方法获得优良菌株，提高糖化酶基因在受体菌种的表达水平等，进一步优化糖化酶纯化工艺及保存条件；诱变筛选耐热糖化酶产生菌或克隆耐热糖化酶基因，将是未来研究的两个重要方向，有望降低生产成本，给糖化酶在工业中的应用开辟了广阔的前景。

3.3.2　极端酸性 pH 乳糖酶

乳糖酶（Lactase）是一种催化乳糖水解成为半乳糖和葡萄糖的酶，它也能将其他β-半乳糖苷水解生成半乳糖，故称之为β-半乳糖苷酶（β-Galactosidase），系统名称为β-D-半乳糖苷半乳糖水解酶（β-D-Galactoside Galactohydrolase, EC. 3.2.1.23）。乳糖酶存在于植物（尤其是杏、桃、苹果）、细菌（乳酸菌、大肠杆菌）、真菌（米曲霉和黑曲霉等）、放线菌（天蓝链霉菌）以及动物（特别是婴儿）肠道中。各种乳糖酶由于来源不同，最适 pH 也不同。多数细菌产乳糖酶最适 pH≤6.0，属于极端酸性 pH 活性酶，如霉菌乳糖酶是一种极端酸性 pH 活性酶，其最适 pH 约为5.0；黑曲霉（Aspergillus Niger）的乳糖酶最适 pH 为2.5~4.0，适合加工干酪和酸乳清；*A. oryzae* 的乳糖酶最适 pH 为4.5~5.0，可用于加工处理牛奶和酸奶(张伟,2002)。不同来源的极端酸性 pH 乳糖酶及其特征见表 3.5。

表 3.5 不同来源的极端酸性 pH 乳糖酶及其特征

来源	最适 pH	最适温度/℃	分子量/kDa
Bacillus circulans - I	6.0	45	240
Bacillus licheniformis	5.7	45	80
Penicillium chrusogenum	4	30	270(四亚基,66)
Sterigmatomyces elviae	4.5 ~ 5.0	85	170(二亚基,86)
Aspergillus aculeatus	5.4	55 ~ 60	120
Aspergillus niger	2.5 ~ 4.0	60	124
Aspergillus oryzae	4.5	46	105
Vicia faba	4.0	50	70
Lycopersicon esculentum	4.0 ~ 4.4	50 ~ 55	70(二亚基,31、43)

1. 理化性质

不同来源的乳糖酶有不同的最适温度,如黑曲霉乳糖酶反应最适温度为 60 ~ 65 ℃,天蓝链霉菌乳糖酶反应最适温度为 65 ℃,酵母菌乳糖酶则为 35 ~ 40 ℃。不同来源的极端酸性 pH 乳糖酶及其特征见表 3.5,米曲霉为代表的曲霉来源的乳糖酶的最适 pH 较低,最适反应温度较高,最适 pH 一般在 2.5 ~ 5.5,最适温度在 45 ~ 60 ℃之间,分子量为 100 ~ 130 kDa。金属离子对乳糖酶的活性也有重要影响。钙离子和铁离子对乳糖酶有抑制作用,而亚硫酸钠和次氯酸钠则能恢复酶活性。

2. 催化机制

乳糖酶的作用机制如图 3.18 所示,根据推测,巯基作为广义的酸使得糖苷键的氧原子质子化,而咪唑基作为亲核试剂进攻糖基的 C_1 形成一个含碳—氮键的共价中间物。在半乳糖基被切割下来之后,巯基阴离子作为广义碱从水分子抽取一个质子,从而形成 -OH 进攻 C_1。在反应的各个步骤,异头碳的构型都没有变化,因此,乳糖酶催化水解的产物仍保持原来的 β - 构型(刘欣,2010)。

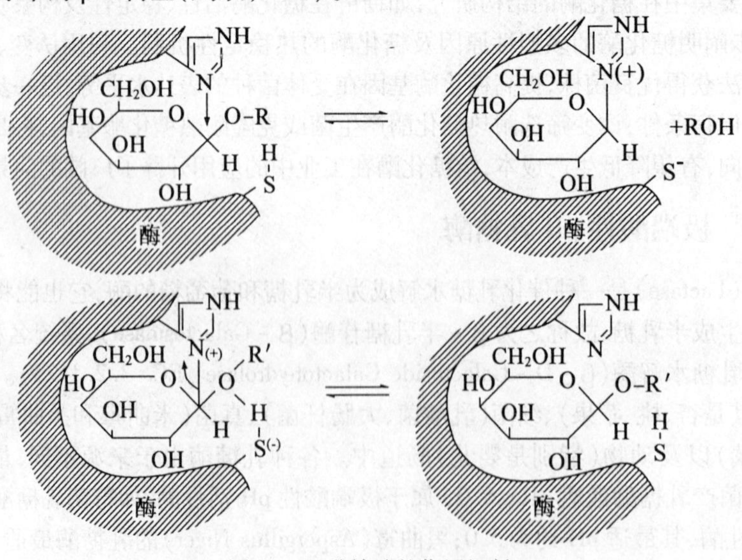

图 3.18 乳糖酶的作用机制

3. 制备技术

目前,乳糖酶的分离纯化方法主要有超滤、盐析、层析等方法(李红飞等,2006;李宁等,2008)。超滤及分级盐析虽然不能使乳糖酶的比活有较大的提高,但可有效地去除分子量较小的杂质分子,极大地减少了其提纯过程中的影响因素,同时使得乳糖酶得到高度浓缩,有利于后期纯化,而且工艺简单。

4. 工业中的应用

乳糖酶在食品工业中用于生产低乳糖牛乳、低乳糖奶粉和果味酸奶酪等乳制品,可加快乳糖分解,提高牛乳的消化性,防止炼乳等中乳糖析出;解决某些人群和婴儿的"乳糖不耐受症",并能提高其营养价值;改良乳制品品质(张伟,2002;俞宏峰,2006)。

(1)乳糖酶在乳制品制作中的应用

难溶性的、无甜味的乳糖,水解后成为葡萄糖和半乳糖,溶解度较乳糖增加了3~4倍。因此,乳糖水解后的牛乳,乳糖水解产物不易结晶而特别适合制备浓缩加工产品。牛乳中的乳糖25%~30%水解后,在炼乳中可防止其他糖类结晶的生成。在冰激凌和冰冻浓缩牛乳制造中,30%~40%乳糖水解后,可防止在长期储藏中砂状结晶物析出和蛋白质凝絮的形成。

(2)乳糖水解在生产发酵乳制品中的应用

虽然大多数被选作"引子"的菌类都具有一定的乳糖发酵能力,但是乳糖的完全水解仍然是牛乳发酵的限速阶段,因此,乳糖的水解可促使那些不能以乳糖作为它们的唯一碳源的菌类生长。乳糖的水解可减少酸奶凝固时间15%~20%,也可缩短鲜乳的凝固时间,使其凝结坚固,还可以减少由于乳酪澄清而造成的损失,产量可增加10%。同时,可得到黏度较大的产品,乳酸菌的数量也较多,可延长酸乳的货架期时间。水解度较大时,甜度也增加,这样在制作水果配乳时减少糖的用量,水果风味也会增加。乳糖水解作用于Cheddar乳酪的生产时,也能取得较快酸化的结果,早期蛋白质水解越多,最后的菌数越多。在Cheddar乳酪中游离氨基酸和脂肪酸产生得越快香味越浓,所以希望的结构和香味得以尽早形成。乳清和超滤乳清中乳糖的部分水解可增加其甜味和提高糖的溶解度。不同比例的葡萄糖和半乳糖混合物的甜度,相当于蔗糖甜度的65%~80%,可制造出总固形物达75%的糖浆,这种糖浆微生物难以分解,有广泛的用途。

(3)解决乳糖不耐症

乳制品中的乳糖需经位于小肠黏膜上皮细胞的乳糖酶水解为半乳糖和葡萄糖才能被机体吸收利用。乳糖进入结肠后被细菌发酵生成短链有机酸、丙酸、丁酸等和气体如甲烷等,大部分产物可被结肠重吸收,乳糖发酵过程可引起肠鸣、腹痛、直肠气体和透性腹泻,存在这些症状时称为乳糖不耐受症。乳糖不耐受的长期危害在儿童易表现为钙吸收不良、腹泻、软骨病、体重及生长发育迟缓,在老年人尤其是老年妇女易表现为骨质疏松等症状。患者体内缺乏乳糖酶,他们就不能充分利用乳制品中乳糖所提供的能量,乳糖在其体内不吸收,就成为肠道微生物菌系的能源,这样就导致乳酸和二氧化碳的形成,对肠道有刺激作用,并造成机体脱水,最终会出现腹泻,同时发生肠梗塞和胀气使肠道蠕动加快,还会减少蛋白质和无机盐类的营养吸收。因此,在工业生产中可将乳糖酶添加到乳制品中制成低乳糖的乳,一方面减轻乳糖不耐受症的影响,另一方面可提高乳制品的营养。

3.3.3 极端 pH 果胶酶

果胶酶是指分解果胶质的多种酶的总称。由于果胶物质的化学结构比较复杂,所以能够催化果胶物质分解的酶也是种类繁多。根据果胶酶作用的 pH 条件可将果胶酶分为 3 类:极端酸性 pH、中性和极端碱性 pH 果胶酶。极端酸性 pH 果胶酶属于果胶水解酶,主要包括果胶酯酶和聚糖水解酶;极端碱性 pH 果胶酶属于果胶裂解酶,包括聚半乳糖醛裂解酶。

1. 理化性质

(1)极端酸性 pH 果胶酶

①果胶酯酶(Pactinesterase, PE)是一种催化果胶分子中的甲酯水解生成果胶酸和甲醇的水解酶,系统名称为果胶酰基水解酶(Pectinpectylhydrolase, EC3.1.1.11)。它是一种极端酸性 pH 果胶酶,可由植物、真菌、某些细菌和酵母菌产生,对果胶中的甲酯并不表现为绝对的特异性要求,水解乙酯的速度相当于甲酯的 3% ~13%,但是该酶对于半乳糖醛酸部分表现为很强的专一性,它水解果胶比水解非半乳糖醛酸至少快 1 000 倍。

果胶酯酶作用的最适 pH,由于来源不同而有所差别。霉菌 PE 的最适 pH 为 5.0 ~ 5.5,在 pH 4 ~6 活力稳定;细菌 PE 的最适 pH 则为 7.5 ~8.0; 植物果胶酶的最适 pH 在中性附近,柑橘类水果和番茄中果胶酯酶含量较高,其最适 pH 在 7.5 左右。钙离子和钠离子对 PE 有激活作用。

②内切聚半乳糖醛酸酶(Endopolygalacturonase, Endo - PG),可随机水解果胶酸和其他聚半乳糖醛酸分子内部的糖苷键,生成相对分子质量较小的寡聚半乳糖醛酸,系统名称为聚糖水解酶。通常所说的聚半乳糖醛酸酶就是指内切聚半乳糖醛酸酶。

内切聚半乳糖醛酸酶的性质:可由高等植物、真菌、细菌和酵母产生,它们能使底物黏度迅速下降,在果汁澄清中有重要作用,但随底物酯化度的增加,其水解速率和可被水解的程度迅速降低。这是因为只有邻近游离羟基的糖苷键才能被裂解。以果胶酸为底物时,单体、二聚体或三聚体都可称为最终产物而积累。一个单链的多发性水解作用,即在一次随机性的水解之后,紧接着对释放出的一个寡聚体进行多次非随机性水解,可使上述寡聚体迅速形成。不同来源的 Endo - PG 有不同的特性,如霉菌 Endo - PG 作用的最适 pH 为 4.5,在 pH 4 ~6 的酸性范围内活性稳定,假单胞菌 Endo - PG 的最适 pH 为 5.2,因此霉菌 Endo - PG 和假单胞菌 Endo - PG 属于极端酸性 pH 活性酶。

③外切聚半乳糖醛酸酶(Exopolygalacturonase, Exo - PG),从聚半乳糖醛酸链的非还原性末端开始,逐个水解 α - 1,4 - 糖苷键,生成 D - 半乳糖醛酶和每次少 1 个半乳糖醛酸单位的聚半乳糖醛酸,系统名称为聚半乳糖醛酸水解酶(EC3.2.1.67)。

外切聚半乳糖醛酸酶的性质:存在于高等植物和霉菌中,也存在于一些细菌和昆虫的肠道中。它们能由高分子果胶酸的非还原性末端将半乳糖醛酸或二聚半乳糖醛水解下来,溶液的黏度下降不明显,但是还原性显著增加。Exo - PG 作用的最适 pH 一般为 4 ~5,属于极端酸性 pH 活性 Exo - PG。

(2)极端碱性 pH 果胶酶

果胶酸裂解酶(Pectate Lyase),系统名称为聚(1,4-α-D-半乳糖醛酸苷)裂解酶(EC 4.2.2.9),又称聚半乳糖醛裂解酶(PGL),可分为内切聚半乳糖醛酸裂解酶(Endo-PGL)和外切聚半乳糖醛酸裂解酶(Exo-PGL),该酶通过反式消去作用,切断果胶酸分子还原性末端的 α-1,4-糖苷键,生成具有不饱和键的半乳糖醛酸,使还原性增加,但黏度下降不明显。

梭状芽孢杆菌和软病欧氏杆菌可产生外切 PGL,梭状芽孢杆菌 Endo-PGL 最适 pH 为 8.5,软病欧氏杆菌的 Endo-PGL 最适 pH 为 8.9~9.4,均属于极端碱性 pH 活性酶。

2. 果胶酶作用机制

果胶酯酶(PE)、聚半乳糖醛酸酶(PG)、聚半乳糖醛酸裂解酶(PGL)的作用模式如图 3.19 所示。PG 水解糖苷键或者按随机方式(内切酶),或者按逐个择出半乳糖醛单位的方式(外切酶)进行;PGL 裂开糖苷键的同时,使半乳糖醛酸基的 C_4 和 C_5 之间发生氢的消去反应。

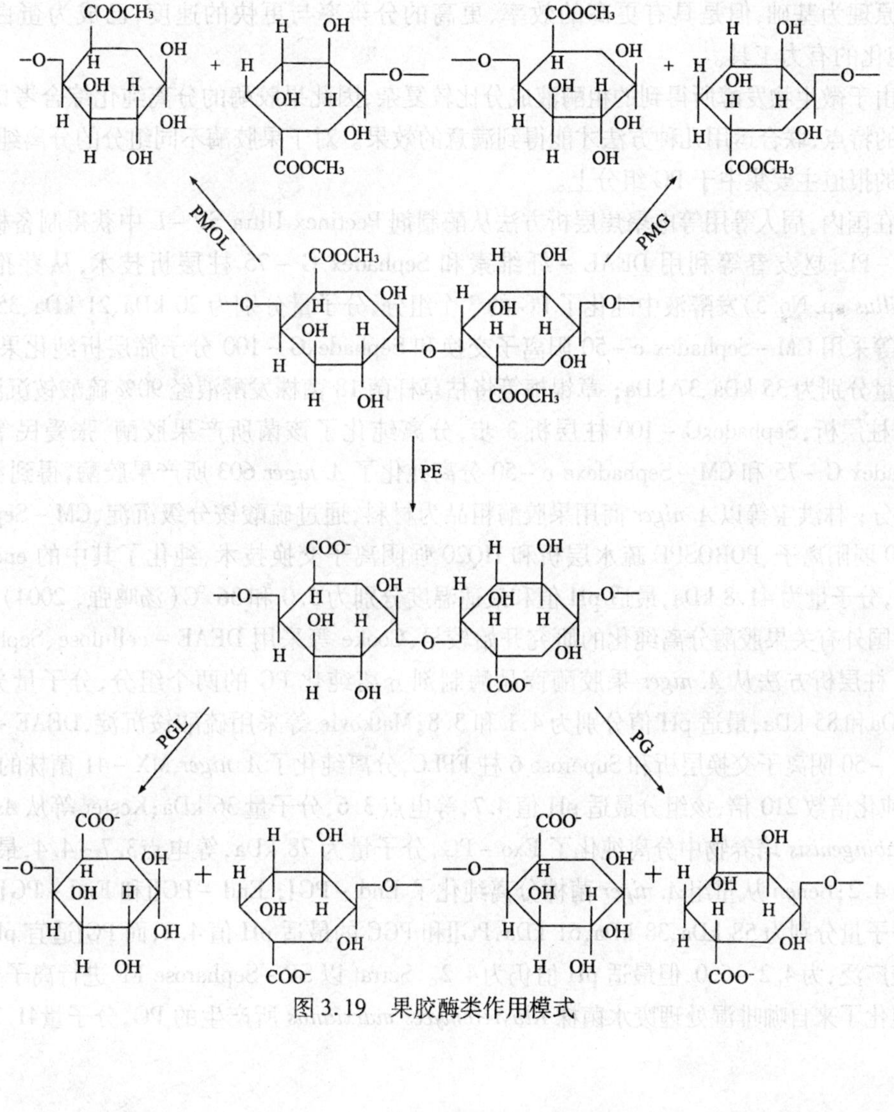

图 3.19　果胶酶类作用模式

3. 制备技术

酶的分离纯化是研究酶的结构、功能乃至认识酶分子本质的前提,在分离果胶酶时,传统的酶学方法都可以借鉴。现有酶的纯化方法是以酶与杂蛋白在理化性质、稳定性上的差异以及酶的生物特性为依据而建立起来的,常用的方如下(张保国,2005):

①根据溶解度不同,有盐析法、有机溶剂沉淀法、共沉淀法、选择性沉淀法、等电点沉淀法、液—液分离法以及结晶法等。

②根据分子大小的差别,有凝胶过滤(层析)法、超滤法及超离心法等。

③根据电学、解离性质差异,有吸附层析法、离子交换层析法、电泳法以及聚焦层析法等。

④基于酶和底物、辅助因子以及抑制剂间具有专一的亲和作用特点而建立的各种亲和分离方法。

⑤利用稳定性差异而建立的选择性热变性法、酸碱变性法和表面变性法。

⑥高效液相色谱法(HPLC)是各种层析技术应用上的一个发展新阶段,它以这些层析的原理为基础,但是具有更高的效率、更高的分辨率与更快的速度,已成为蛋白质分离、纯化的有力工具。

由于微生物发酵所得到的粗酶液成分比较复杂,因此果胶酶的分离纯化综合考虑各种方法的特点,联合运用几种方法才能得到满意的效果。对于果胶酶不同组分的分离纯化,国内外的报道主要集中于PG组分上。

在国内,周人等用等电聚焦层析方法从酶制剂 Pectinex Ultra SP - L 中获得制备标准的 Endo - PL;赵友春等利用 DEAE - 纤维素和 Sephadex G - 75 柱层析技术,从芽孢杆菌(*Baeillus* sp. No. 5)发酵液中纯化了PG的3个组分,分子量分别为20 kDa、21 kDa、35 kDa;周立等采用 CM - Sephadex c - 50 阳离子交换和 SephadexG - 100 分子筛层析纯化果胶酶,分子量分别为35 kDa、37 kDa; 章银梅等将枯草杆菌18菌株发酵液经90%硫酸铵沉淀,CM - 52 柱层析,SephadexG - 100 柱层析3步,分离纯化了该菌所产果胶酶;张爱民等采用 Sephadex G - 75 和 CM - Sephadexe c - 50 分离纯化了 *A. niger* 603 所产果胶酶,得到4种纯酶组分; 林洪宝等以 *A. niger* 商用果胶酶粗品为材料,通过硫酸铵分级沉淀、CM - Sephadex c - 50 弱阳离子、POROSPE 疏水层析和 HQ20 强阴离子交换技术,纯化了其中的 end - PG 组分,分子量为41.8 kDa,最适pH值和最适温度分别为5.0和36 ℃(汤鸣强, 2004)。

国外有关果胶酶分离纯化的研究开始较早,Cooke 等采用 DEAE - cellulose、SephadexG - 75 柱层析方法从 *A. niger* 果胶酶商品酶制剂分离纯化 PG 的两个组分,分子量分别为35 kDa和85 kDa,最适pH值分别为4.1和3.8;Matkovie 等采用硫酸铵沉淀,DEAE - ephadexA - 50 阴离子交换层析和 Superose 6 柱 FPLC,分离纯化了 *A. niger* MX - 41 菌株的 PE 组分,纯化倍数210倍,该组分最适pH值4.7,等电点3.6,分子量36 kDa;Kester 等从 *Aspergillus tubingenisis* 培养物中分离纯化了 Exo - PG,分子量为78 kDa,等电点3.7 ~ 4.4,最适pH值为4.2;Benen 从重组 *A. niger* 菌株分离纯化了 End - PGⅠ, End - PGⅡ和 End - PGⅢ,这3个分子量分别为58 kDa,38 kDa,61 kDa,PGⅡ和PGC的最适pH值4.2,而PGⅠ适宜pH范围比较广泛,为4.2 ~ 5.0,但最适pH值仍为4.2。Serrat 以 SP - Sepharose FF 进行离子交换分离纯化了来自咖啡湿处理废水菌株 *Kluyveromyces marxianus* 所产生的PG,分子量41.7 kDa, pH 稳定范围为 3.0 ~ 5.0，最适温度为 55 ℃。Sridevi Annaurna Singh 等采用 CM – Sephadexe c – 50 阳离子交换和 Sephadex G – 50 Superfine 凝胶层析分离纯化了 *Aspergilus niger* 所产两种 End – PG 即 PGⅡ和 PG Ⅳ，分子量分别为 61 kDa、38 kDa，最适 pH 值分别为 3.8 ~ 4.3、3.0 ~ 4.6（汤鸣强，2004）。

总之，果胶酶的分离纯化方法一般先用沉淀法或超滤法将粗酶液中的杂质大部分去除，减小后续分离纯化步骤的负荷，再用柱层析的方法如：离子交换、凝胶过滤、亲和层析等进行较细致的分离纯化，最后用电泳检测酶的纯度和分子量。

4. 工业中的应用

根据果胶酶最适作用 pH 的不同，将果胶酶分为极端酸性 pH 果胶酶和极端碱性果胶酶 2 种。近年来，极端酸性果胶酶主要应用于食品行业特别是果汁果酒的加工业，极端酸性 pH 果胶酶的用途主要包括（张翠，2009）：

①果汁果酒澄清，果胶酶可以降低果汁黏度，使果汁易于处理而且透明澄清。

②果蔬汁提取，果胶酶有助于提高水果在压榨过程中的出汁率，水果和蔬菜的浸解、液化，生产单细胞果汁和菜汁。

③果实脱皮，含有纤维素酶和半纤维素酶的粗果胶酶制剂能作用于果实皮层，使细胞分解而脱落。

④木材防腐、麻类脱胶及棉织物精炼加工等方面。

近年来，极端碱性 pH 果胶酶在食品行业、纺织行业、造纸行业及环境领域等方面有广泛的应用。

（1）食品行业

①茶叶和咖啡发酵。碱性果胶酶在咖啡发酵的过程中可除去咖啡豆的黏表皮，也可以用于茶叶的加工，在茶叶中加入适量的碱性果胶酶可促进茶叶的发酵，它还可通过破坏茶叶中的果胶物质来改善速溶茶粉在冲泡过程中形成泡沫的性能。

②榨油。在橄榄油榨制时加入碱性果胶酶，就可破坏起乳化作用的果胶，从而提高油的收率，而且榨出的油储存时也非常稳定，多酚类物质和 VE 含量也有所增加。

③诱导植物抗病的绿色食品生产。自 20 世纪 90 年代以来，碱性果胶酶作为参与诱导植物自身防御系统的有效酶制剂已引起人们的极大关注。碱性果胶酶诱导植物抗病的机理是：碱性果胶酶可降解寄主组织的果胶质产生寡聚糖片段，这些寡聚糖片段是内源激发子，可以与植物细胞膜上的“受体”（一种结合蛋白）结合，产生激发植物防卫反应的信号。用碱性果胶酶作为新型生防农药具有以下优点：对人畜无害，不污染环境，不伤害天敌，病原物不会产生抗药性，用量低。因此，碱性果胶酶有望开发为一类很有潜力的无公害生防农药。

（2）纺织行业

①棉纤维的生物精炼。碱性果胶酶可使棉纤维上的果胶物质水解，而非纤维素类的杂质被分散或乳化于煮炼浴中，从而增强其润湿性而不会像纤维素酶那样攻击棉纤维素而降低棉纤维的强度。传统的印染前处理工艺是在高温和烧碱的共同作用下完成的。由于碱精炼过程中使用了大量的烧碱和表面活性剂，若不严格控制，棉纤维会因形成氧化纤维素而遭到损伤。另一方面，棉纤维表面因去除了大量起润滑作用的蜡质而失去应有的手感。并且处理后需要用大量的酸中和，用大量的水清洗，因此，该工艺用水量大，

能耗高,耗时长,废液中 COD 值很高,是一种非环保型的加工工艺。作为棉织物生物精炼过程中至关重要的酶制剂,碱性果胶酶的研制及其在棉织物精炼中的应用,使一种全新温和的环保型精炼方式成为可能。

②植物韧皮纤维脱胶。目前,碱性果胶酶在麻类植物的脱胶工艺中得到了有效应用并越来越受到重视。麻类纤维是非常优良的纺织品原料,但是这些纤维中除了含有纤维素外还含有 20% ~30% 的果胶质。脱胶就是从植物纤维中除去有黏性的非纤维物质。传统的脱胶工艺能耗高,排放大量有毒物质严重污染环境,且损害部分纤维,对其质量造成一定影响。采用微生物和酶脱胶可以克服以上缺点。用碱性果胶酶处理可以有效快速除去与纤维黏着的胶类物质,且不损害麻类纤维。

(3)造纸行业

在热磨机械纸浆过程中,从真叶木原料中释放出来溶解性的胶体物质主要是溶解性阴离子多糖(果胶或聚半乳糖醛酸),在造纸过程中会严重影响过滤,需要添加大量的阳离子聚合物来消除其危害。纸浆中的聚半乳糖醛酸与阳离子聚合物的结合能力与其聚合度有关,聚合度小于 3 时消耗阳离子不明显,聚合度大于 6 时则会大量消耗阳离子。碱性果胶酶可以将果胶或聚半乳糖醛酸降解,减少阳离子聚合物的消耗量,提高纸浆的质量。

(4)环境领域

在柑橘加工和蔬菜加工过程中会产生大量含果胶的废水,若在废水中加入碱性果胶酶或产碱性果胶酶的微生物,就可以分解废水中的果胶,再用活性淤泥处理。这种方法成本低、效果好且不产生二次污染。

(5)其他领域

碱性果胶酶还可用于纯化植物病毒、饲料添加剂以及洗涤剂中。

3.3.4　极端碱性 pH 纤维素酶

极端碱性 pH 纤维素酶在自然界中分布极为广泛,昆虫、软体动物、原生动物、高等植物、细菌、放线菌和真菌都能生产纤维素酶。极端碱性 pH 纤维素酶不是单种酶,而是起协同作用的多组分酶系。不同来源的碱性纤维素酶在很多方面都有差异,如分子量、蛋白质结构、热稳定性、催化反应特性等。其最适反应 pH 在 8 ~10.0,最适反应温度在 40 ~60 ℃,分子量从几万到十几万不等,大多数碱性纤维素酶对结晶纤维素如微晶纤维素、滤纸等都不具有效的水解能力,表明多数碱性纤维素酶只具有内切葡萄糖苷酶的活性,而不具有外切葡萄糖苷酶的活性。

近年来,由于极端碱性 pH 纤维素酶自身优异的特点,已经被成功地应用于洗涤剂工业,改变了传统的去污机理,得到很高评价,被认为是洗涤剂工业上的一次革命。极端碱性 pH 纤维素酶的研究从 20 世纪 70 年代才开始,是近 30 年内发现的新酶种,但其发展非常快,极端碱性纤维素酶的工业应用价值主要在于增强洗涤剂的使用效果。研究表明,用含有碱性纤维素酶的洗涤剂洗涤衣物时,碱性纤维素酶与衣物纤维的相互作用可以加快尘土等污迹从衣物上洗下来,衣物经过穿戴和洗涤过程后,部分污迹被衣物上的细小纤维包裹而形成复杂的复合物,难以被普通的洗涤剂洗脱下来。在洗涤剂中加入碱性纤维素酶可以将衣物表面的一些细小的纤维降解,并使附着在衣物上的一些顽固性污迹被洗脱下来,从而可以避免衣物经反复穿戴和洗涤后出现陈旧感。另一方面,由于碱性纤维素酶一般不具有外切葡萄糖苷酶活性,不能作用于结晶纤维素,因此即使经过反复洗涤,棉麻织物的强度和表观聚合度均不会发生显著的改变。除了在洗涤剂工业的成功应用之外,碱性纤维素酶在化工印染、造纸脱墨和碱性废水处理等方面也具有独特的用途。如今,碱性纤维素酶已经成为一种世界各国普遍重视的新型酶制剂,对其产生菌的研究也越来越受到重视。

1. 纤维素酶的性质

极端碱性pH纤维素酶的最适pH一般在8~11.0范围内,属于极端碱性pH活性酶。纤维素酶具有很高的热稳定性,可以利用这一性质区分纤维素酶和果胶酶的作用(果胶酶短时间沸腾即失活)。极端碱性pH纤维素酶多数为胞外酶,具有如下性质(肖黎明,2008):

①具有羧甲基纤维素酶CMCase性质;

②最适pH一般为8~10;

③耐碱性强,在碱性环境中酶活稳定,在pH 12时能够保持50%左右的酶活性,这是作为洗涤剂用酶的基本条件;

④能抗碱性蛋白酶的降解;

⑤最适温度为40~60 ℃,即使用自来水进行低温洗涤也能发挥其洗涤效果;

⑥分子量在100 kDa左右。

另外,重金属离子、卤素化合物、去垢剂、染料及植物体内某些酚、丹宁、色素和葡萄糖酸内酯能有效地抑制纤维素酶活力,而且NaF、Mg^{2+}、$Ca_3(PO_4)_2$和中性盐对纤维素酶有激活作用。

2. 作用机制

纤维素酶的作用机制较为复杂,研究人员对纤维素酶使纤维素转化为葡萄糖的过程提出了许多不同的看法。目前,纤维素酶的作用机制有以下几种观点:

(1) C_1—C_x假说

1950年Reese对纤维素酶的作用方式提出了著名的C_1—C_x假说,并得到大多数人的支持。C_1—C_x理论的要点是C_1酶首先作用于结晶纤维素,使其改变成可被C_x酶作用的形式,C_x酶随机水解非结晶纤维素,即可溶性纤维素衍生物和葡萄糖的β-1,4-寡聚糖,β-葡聚糖苷酶将纤维素二糖和纤维三糖水解成葡萄糖,如图3.20所示。然而,C_1和C_x分阶段水解纤维素的理论尚需要实验的验证。若先用C_1酶作用结晶纤维素,然后将C_x与底物分开再加入C_x酶,如此顺序作用并不能将结晶纤维素水解,只有当C_1、C_x及β-葡萄糖苷酶同时存在时才能水解天然纤维素。目前,纤维素酶的C_1—C_x作用机理尚不完善,有待进一步研究。

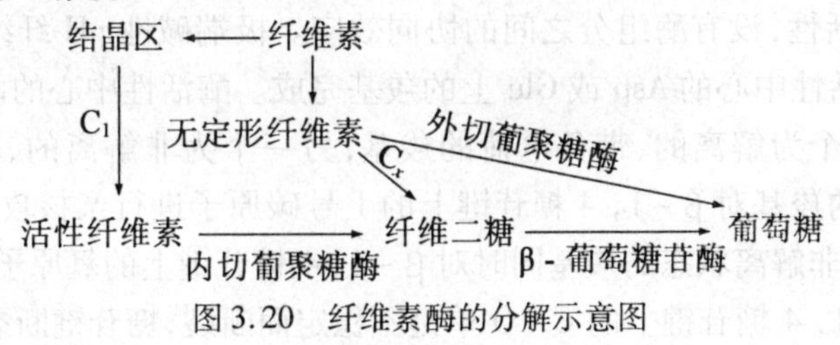

图3.20　纤维素酶的分解示意图

(2)顺序作用假说

顺序作用假说认为:首先是由外切葡聚糖酶(CBH Ⅰ和 CBH Ⅱ)水解不溶性纤维素,生成可溶性的纤维糊精和纤维二糖,然后由内切葡聚糖酶(EG 和 EG1)作用于纤维糊精,生成纤维二糖;再由 BG 将纤维二糖分解成两个葡萄糖,如图 3.21 所示。不过,这个假说在以后的实验当中也未得到证实,有待进一步研究证实。

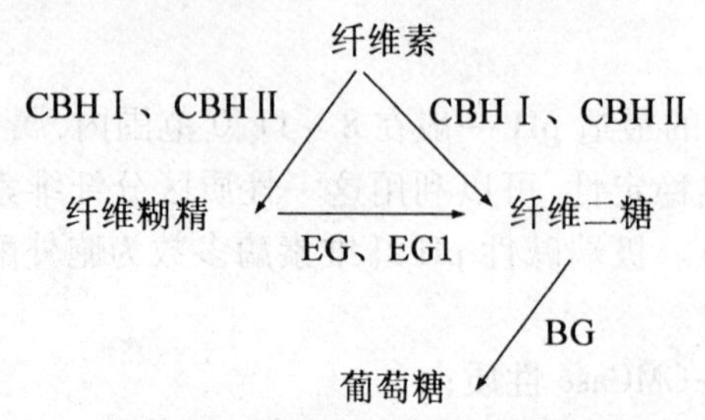

图 3.21 纤维素酶水解纤维的可能途径

(3)协同作用模型

协同作用模型是目前普遍接受的纤维素酶降解机制(桂春燕, 2010),如图 3.22 所示。协同作用一般被认为是内切型纤维素酶、外切型纤维素酶和葡萄糖苷酶 3 者之间的协作纤维素酶水解纤维素的协同作用理论,一方面,内切型纤维素酶先进攻纤维素的非结晶区,形成可被外切型纤维素酶作用的游离末端,然后外切型纤维素酶从多糖链的非还原端切下纤维二糖单位,进一步被 β - 葡萄糖苷酶水解形成葡萄糖;另一方面,纤维素结晶区被外切型纤维素酶的 CBD 吸附并作用,使该结构的纤维素长链分子断开、解聚,形成游离可被纤维素水解酶类作用的末端,随后在内切酶作用下,活化的纤维素 β - 1,4 糖苷键断裂,产生纤维二糖、三糖等短链低聚糖,纤维素的 β - 1,4 糖苷键继续被水解,最后形成纤维寡糖和葡萄糖。一般说,协同作用与底物的结晶度成正比,当酶组分的混合比例与发酵液中各组分比相近时,协同作用最大。

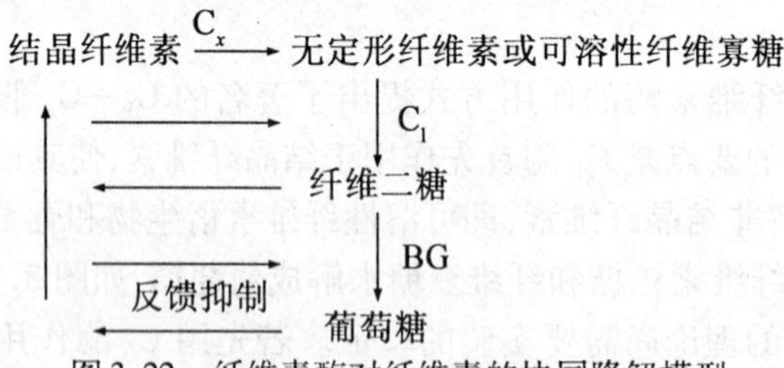

图 3.22 纤维素酶对纤维素的协同降解模型

还有一种观点认为(王文庆,2006):极端碱性 pH 纤维素酶一般属于内切葡聚糖酶,为一羧甲基纤维素酶 CM(oe),有的还与中性 CMC 酶组分共存,而缺少外切葡聚糖苷酶和葡萄糖苷酶的活性,没有酶组分之间的协同效应。极端碱性 pH 纤维素酶对糖苷键的水解主要通过酶活性中心的 Asp 或 Glu 上的羧基完成。酶活性中心的两个羧基以不同的解离状态存在,一个为解离的、带负电荷的羧基,另一个为非解离的、不带电荷的羧基。首先由带负电荷的羧基对 β - 1, 4 糖苷键上的 1 号碳原子进行亲核攻击,形成碳氧离子的过渡态,另一个非解离状态的羧基同时对 β - 1, 4 糖苷键上的氧原子进行亲电攻击,并形成氢键,使 β - 1, 4 糖苷键上的 C - O 单键不稳定而断裂,糖苷键断裂而得到的其中一个葡萄糖残基和酶活性中心的非解离态的羧基以氢键相连，很容易从酶分子上脱离，得到自由的葡萄糖残基和酶活性中心的羧基。另一个葡萄糖残基以共价键和酶活性中心的羧基相连，这种连接在另一个自由羧基的亲核攻击下断裂，酶分子还原，并产生 2 个短的纤维素分子，酶水解完成。纤维素酶水解机制如图 3.23 所示。

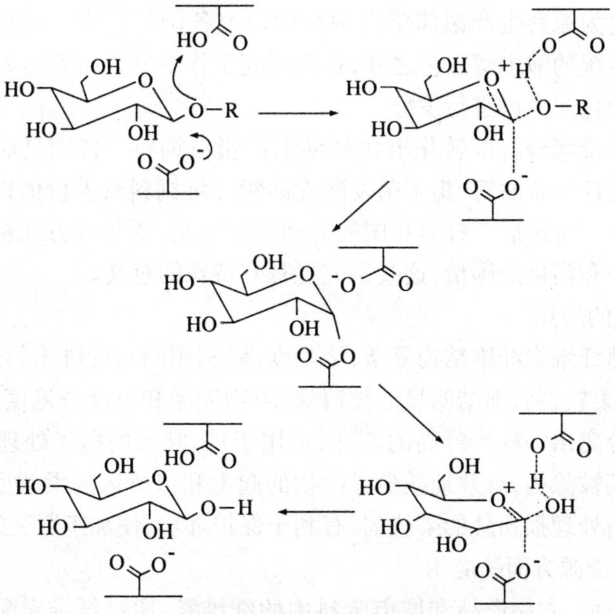

图 3.23　极端碱性 pH 纤维素酶的水解机理

3. 制备技术

纤维素酶的分离纯化多采用的是层析法，一般步骤是：硫酸铵分级沉淀、盐析脱盐、凝胶过滤、柱层析等。田新玉等对嗜碱芽孢杆菌 N6 - 27 碱性纤维素酶粗酶的提取和纯化采用的是柱层析法；苏静(2007)等对苎麻高效脱胶菌株 *Bacillus subtilis* No. 16A 甘露聚糖酶的分离纯化进行了研究，通过硫酸铵沉淀、阴离子交换层析、凝胶过滤 3 步从 *Bacillus subtilis* No. 16A 发酵液中纯化了甘露聚糖酶；吴石金(2006)等通过分子筛层析和离子交换层析等手段，分离纯化了绿色木霉 WS - 71 纤维素酶系中的内切型 β - 1,4 - 葡聚糖苷酶组分，通过 SDS - PAGE 电泳测得分子量为41.8 kDa，该酶组分的最佳水解温度是 50 ℃；路梅等探讨了液体发酵嗜热毛壳菌(*Chaetomium thermophile*)产生的内切 β - 葡聚糖酶的分离纯化及特性，粗酶液经硫酸铵分级沉淀、DEAE - Sepharose Fast Flow 阴离子层析、Pheny1 - Sepharose 疏水层析、Sephacryl S - 100 分子筛层析等步骤便可获得凝胶电泳均一的内切 β - 葡聚糖酶，效果良好。

4. 工业中的应用

极端碱性 pH 纤维素酶在食品行业、饲料行业、造纸行业、纺织行业、酿造和环境保护及能源等方面具有广泛的用途。

(1)食品工业的应用

在植物食品加工过程中主要是利用植物细胞的内含物如蛋白质、油脂、淀粉、可溶性生物碱、色素等，而这些成分被植物细胞壁包裹或紧密相连。用极端 pH 纤维素酶作适当处理可使植物细胞壁软化、膨胀或崩溃，从而提高细胞内含物的提取率，简化了食品加工工艺，改善食品品质；在果蔬加工方面，利用纤维素酶进行果蔬的软化处理，可避免由于高温加热、酸碱处理引起的香味和纤维素的大量损失。

(2)饲料工业的应用

以纤维素废料为原料生产菌体蛋白饲料的研究各国都在大力推进。利用植物资源生产蛋白饲料除传统的酸水解工艺之外，目前研究工作主要采用下述2种技术路线：

①纤维素酶糖化之后再进行发酵；

②直接利用纤维素分解菌转化植物纤维生产蛋白饲料。特别是后者已取得一些突破性进展。我国在纤维素酶解、担子菌发酵提高粗纤维饲料营养价值以及糖化饲料等方面的研究也取得了一定进展。针对我国一方面饲料不足，而另一方面植物纤维资源却十分丰富而造成浪费和污染的国情，这些研究更具有特殊的意义。

(3)纺织工业的应用

纺织品的天然纤维素纤维结构复杂，结晶度高，利用酶对纤维织物进行生物整理后，可使纺织物膨松、柔软，羽、棉结明显地被清除，织物光泽和色泽鲜艳度明显改善，崔福绵等从生霉棉布上分离出一株产纤高的菌株，可用于棉、麻布的抛光处理和牛仔服"石磨"伸出的小纤维末端被除去，有效地减少了织物的起毛和保持久的柔软度和光滑度。牛仔服用酶水洗比浮石处理损伤外的柔软剂，有利于保护环境，使加工服装的质量优良。

(4)在环境及能源方面的应用

在环境保护方面，农副产品和城市废料中的纤维素，通过纤维素酶转化为葡萄糖和单细胞蛋白；在能源开发上，利用纤维素作为廉价的糖源生产燃料酒精、甲烷、丙酮，以此来解决世界能源危机；在饲料工业上，纤维素酶和纤维素酶生产菌能转化粗饲料如麦秆、麦糠、稻草及玉米芯等，把其中部分转化为糖、菌体蛋白和脂肪等，降低饲料中粗纤维含量，提高粗饲料营养价值，扩大饲料来源。而且纤维素酶在医药、生物工程技术等领域有广泛应用。

总之，纤维素酶的不易分离纯化和结晶难是研究纤维素酶的一个瓶颈，因此必须在分离纯化技术和研究方法上取得突破，才能对它的空间结构作进一步的研究，只有这样才能对它的酶学特性和协同作用的降解机制有更好的了解。为了使得纤维素酶特别是极端碱性pH纤维素酶能更广泛地应用，高产菌株的选育和极端环境产纤维素酶微生物如耐热菌的筛选也是研究的热点之一。最后关于纤维素酶分子多样性的起源，在相关属间编码纤维素酶基因序列或蛋白质序列的横向和纵向比较的研究，将成为研究纤维素酶分子多样性进化机制的方向之一。

3.4　极端pH环境中的活性氧化还原酶

氧化还原酶是指催化氧化还原反应的酶的总称。氧化还原酶包含以下酶类：多酚氧化酶、葡萄糖氧化酶、过氧化物酶和脂肪氧合酶。氧化还原酶因来源不同，最适pH会有很大差异。然而，通常情况下多酚氧化酶和过氧化物酶最适pH在4.0~6.0，属于极端酸性pH范围。因此,多酚氧化酶和过氧化物酶为极端酸性pH活性氧化还原酶。本节针对多酚氧化酶和过氧化物酶的来源、物化性质和作用机制及应用进行阐述,为极端酸性pH活性氧化还原酶的应用提供理论参考。

3.4.1　极端酸性pH多酚氧化酶

多酚氧化酶(Polyphenol Oxidase)(EC 1.10.3.1),简称PPO,是指能作用于羟基处于邻位的二酚和三酚类化合物,生成相应的醌,它也能作用于单酚,将其转变为邻二酚。多酚氧化酶属于氧化还原酶类,它是一种广泛存在植物体、真菌、昆虫的质体中的酚氧化酶。在植物体内,PPO定位于叶绿体类囊体和非光合组织如马铃薯块茎等类型质体的基质中,而多酚类物质则存在于植物液泡中,通常情况下PPO与底物多酚类物质呈区域化分隔,当植物体内发生生理紊乱或组织受损时,PPO与多酚类化合物空间隔离被打破,PPO氧化底物形成醌类物质,醌类物质发生聚沉并与细胞中的氨基酸和蛋白质发生反应,形成褐色或黑色物质(郝晓燕,2011)。PPO是导致果蔬类农产品发生褐变现象的关键酶,参与果蔬的酶促褐变反应过程,对果蔬及其制品的加工和储藏有重要意义。

1.理化性质

多酚氧化酶存在于大多数水果中,主要以结合状态存在,而与细胞颗粒相结合的酶和可溶性酶的比例随果蔬的成熟度而改变。另外,存在于橄榄和苹果叶绿体中的多酚氧化酶,随着绿色的消失或叶绿体性质的微小变化,其可溶性活力有所增加;在菠菜、小麦、燕麦、黄豆和甘蔗叶中,多酚氧化酶以潜在的形式存在于叶绿体中,需要用胰蛋白酶或红光处理才能使它活化;蚕豆叶水提取物中的多酚氧化酶也是以潜在的形式存在,它只需要用酸或碱处理就能激活。然而,存在于马铃薯、蘑菇、番茄和玉米叶中的叶绿体或其他细胞颗粒中的多酚氧化酶却没有这种特征。多酚氧化酶定位在细胞的质体中,底物定位在液泡中,正常情况下两者分离,当植物受到伤害时,两者按接触相互作用,使底物氧化产生醌,醌自发聚合并与蛋白质的氨基酸残基侧链基团反应产生黑色或褐色物质,使食品发生褐变。

对多酚氧化酶的分子量研究表明,不同种植物和同一种植物的不同部位、同一部位的多基因家族的不同成员之间,PPO分子量各不相同,茶树多酚氧化酶有活性的分子量约为40~70 kDa。PPO最适pH值为5.6,最适温度为40~65 ℃,最适底物为邻苯二酚,一些酸、卤化物、亚硫酸盐、螯合剂、还原剂及各种底物化合物对PPO活性具有一定的抑制作用。多酚氧化酶是一种铜结合的金属蛋白,每一个亚基含有一个铜离子作为辅基,但至今研究者仍不清楚Cu^{2+}是与PPO前体结合,还是与PPO加工过程中形成的中间体结合,以及PPO跨膜运输是否需要Cu^{2+},这些都有待深入研究。多酚氧化酶的分子量也因来源不同而异,莲藕PPO分子量约为21 kDa,魔芋中多酚氧化酶分子量约为45 kDa(荣保华,2010)。通过X射线衍射技术对甘薯中多酚氧化酶进行分析,发现在甘薯中有两种多酚氧化酶的同功酶,相对分子质量分别为39 400和40 000,相对分子质量为39 400的多酚氧化酶有345个氨基酸残基,呈单节,椭圆形;另一种为螺旋形,有7个α-螺旋、4个β和γ转角的β-折叠,还有松散的线圈,为α+β球形蛋白分子(刘欣,2010)。莲藕PPO圆二色谱分析表明莲藕PPO二级结构中主要含α-螺旋β-折叠构象,含量分别为43%、57%;荧光光谱分析表明莲藕PPO的Trp残基位有一个具有低介电常数的区域，T甲残基及Tyr残基距离较为接近，受激发时易发Tyr残基的能量向T甲残基的转移，而烟草PPO二级结构主要含α－螺旋和β－折叠构象（荣保华，2010）。

总之，从植物中分离出的多酚氧化酶是一种每个亚基均含有铜的寡聚体，铜以Cu^{+}—Cu^{2+}离子对形式紧密结合在一起，并在酶的活性部位形成二硫—铜的结合物，但由于铜原子在旋光及磁性方面不活跃，还不能肯定这种结构在铜的其他形式中是否存在。大多数植物中的多酚氧化酶以不同的分子形式存在，这种形式的数目取决于酶的来源和提取及分离的方法。多酚氧化酶的多种分子形式是一个颇为复杂的问题，从相对分子质量的数据可认为产生多酚氧化酶多种分子形式的部分原因，与酶分子的缔合解离现象有关。多酚氧化酶的各种形式之间可以相互转变，导致它们之间相互转变的因素包括：酶液存放时间、pH、离子强度或浓度改变及蛋白质变性剂的作用。多酚氧化酶不同分子形式之间的差别表现在底物的特异性、最适pH、温度稳定性及对抑制剂的敏感性。

2. 催化机制

多酚氧化酶由于其对食品加工、保鲜、营养及废水处理等方面的影响而备受关注。多酚氧化酶催化机理的研究也有很多的报道。在生物体内所发现的多酚氧化酶主要以酪氨酸为底物，催化氧化生成多巴、多巴酮，继而形成黑色素。多酚氧化酶能够催化两类完全不同的氧化反应：一元酚羟基化，生成相应的邻二羟基化合物；邻二酚氧化，生成邻苯酮化合物（黄涛，2008），催化机制如图3.24所示。

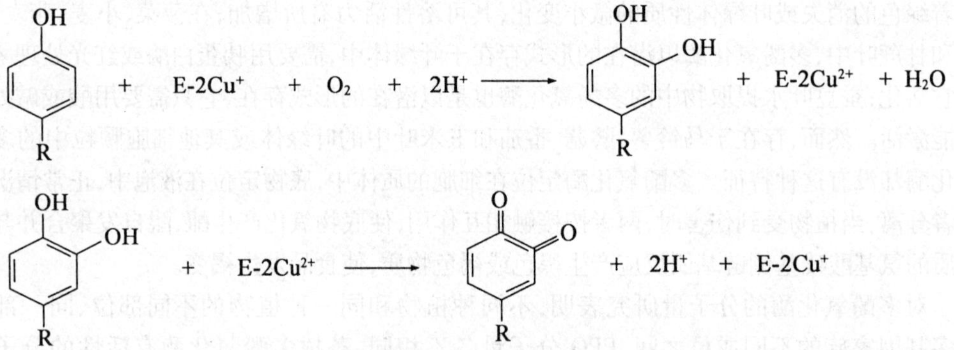

$$\text{(OH, R 取代酚)} + \text{E-2Cu}^{+} + O_2 + 2H^{+} \longrightarrow \text{(OH, OH, R 邻二酚)} + \text{E-2Cu}^{2+} + H_2O$$

$$\text{(OH, OH, R 邻二酚)} + \text{E-2Cu}^{2+} \longrightarrow \text{(O, O, R 邻醌)} + 2H^{+} + \text{E-2Cu}^{+}$$

图3.24　多酚氧化酶催化氧化酚类化合物的机理

另外，有人提出多酚氧化酶催化单酚化合物的机理，在该反应中单酚首先与多酚氧化酶的一个Cu离子中心结合，然后一个氧分子结合到两个Cu离子上形成过氧自由基并进攻酚羟基的邻位，于是单酚被氧化成半醌，继而发生电子交换和转移，生成邻位的醌。也有人提出多酚氧化酶催化邻二酚的反应机理：首先，邻二酚的两个羟基氧分别与多酚氧化酶的两个Cu离子结合，发生电子交换形成邻醌和两个Cu离子中心，然后氧分子以侧基式与两个Cu离子结合，接着再结合邻二酚，催化反应生成邻醌和水。多酚氧化酶催化氧化邻二酚的反应机理与单酚的不同之处在于前者是两个Cu离子中心同时与邻二酚的两个羟基氧结合，而后者的结合反应只发生在一个Cu离子上（黄涛，2008）。

3. 制备技术

多酚氧化酶分布于多种植物中，国内外已对包括荔枝、香梨、苹果在内等多种植物及其果实中的PPO进行过大量研究。

多酚氧化酶的提取方法很多,早期的提取方法所得的酶大多是不溶性,活性很低。在不同原料中多酚氧化酶的研究多采用丙酮提取法和缓冲液匀浆法,丙酮提取法提取多酚氧化酶主要是通过丙酮使细胞膜的磷脂结构破坏,从而改变细胞膜的透过性,再经过提取可使膜结合的多酚氧化酶或胞内的多酚氧化酶释放出胞外。在实际操作中,多根据具体原料而采用不同方法,研究表明采用匀浆法提取的茶叶多酚氧化酶有一定的活性,而报道用匀浆法提取的莲藕 PPO 粗酶液无活性而用丙酮法和匀浆浸提法均能很好地保证莲藕 PPO 的活性。张亮(2005)用丙酮法提取魔芋 PPO 效果较好,黄涛(2008)等用匀浆浸提法提取桑叶 PPO 活性很好,在枣果实多酚氧化酶性质的研究中采用的是丙酮提取法得到活性较高 PPO(荣保华, 2010)。有实验研究表明丙酮提取法对 PPO 酶提取活性损失较大,活性得率较低,但其酶粉活性尚可、体积小和便于储存,可直接应用; 缓冲液匀浆液提取活性得率较高,但酶液本身活性较高,不利于酶的应用,尚需进行浓缩、提纯才能达到应用要求,另据报道采用匀浆法和丙酮法二者结合的方法,是一种很好的提酶方法(胡艳妮,2008)。

潘永贵在鲜切莲藕组织中多酚氧化酶的分离纯化中依据蛋白质的溶解度、分子大小分别不同和选择性吸附的原理依次采用硫酸铵盐析、柱层析和疏水柱层析 3 步处理对鲜切莲藕组织中的多酚氧化酶进行提纯,纯化倍数为 95,产率为 2.4%; 蒋跃明在荔枝果皮褐变的研究中依据蛋白质的分子大小不同依次采用柱层析和疏水柱层析等 3 步柱层析对荔枝果实中的多酚氧化酶进行分离纯化,纯化倍数是 108; 段玉权等在中华寿桃多酚氧化酶的特性研究中依据蛋白质的溶解度、分子大小和所带电荷分别不同依次采用 30% 硫酸铵盐析、柱层析、90% 硫酸铵再次盐析、SephadexG - 25 柱层析和 DEAE - SePharose 柱层析 5 步处理对中华寿桃多酚氧化酶分离纯化,纯化倍数是 110,产率是 0. 36% (王健,2011)。

4. 工业中的应用

多酚氧化酶可广泛应用于茶叶提取、食品加工及医疗和检测等方面,效果显著。

(1)多酚氧化酶在茶叶中的应用

多酚氧化酶是茶叶中的重要酶类,与茶叶的品质密切相关。因 PPO 对茶叶品质的形成具有重要作用,国内外均尝试将 PPO 应用于茶叶加工,提高了茶叶品质。将外源 PPO 加入红茶发酵液中,可以促进发酵,缩短发酵时间,提高茶黄素、茶红素含量,改善红茶汤色,增加香气。将外源 PPO 用于红碎茶加工,可以在一定程度上弥补原料中多酚氧化酶活性的不足,提高成茶黄素、茶红素含量,改善红碎茶的品质。在进行速溶茶提取时,添加 PPO 可提高原料制取率,增加可溶性物质含量,减轻苦涩味,显著提高速溶红茶的品质(刘敬卫,2009)。

(2)多酚氧化酶在食品加工中的应用

在食品工业中,啤酒、果汁等饮料在储存期间常会出现浑浊和沉淀,这与其中含有酚或芳胺类物质有关。在酿制果酒过程中,当破碎水果时,多酚氧化酶在氧气存在的条件下,催化各种酚类物质氧化成醌,醌再进一步氧化生成黑色素,使果酒颜色呈深褐色。此外多酚还能和果酒中的蛋白质形成难溶的络合物,使果酒发生浑浊,影响果酒的稳定性和清澈度。如果能用单酚氧化酶(酪氨酸酶为 PPO 的一种)预先处理其中的多酚类物质,则可提高啤酒的质量和透明度。

(3)多酚氧化酶在医疗方面的应用

植物在抵御病原微生物的侵染过程中,抗性相关酶发挥了重要作用,这主要包括了酚类代谢系统中的一些酶和病原相关蛋白家族 PPO 通过催化木质素及醌类化合物形成,构成保护性屏蔽而使细胞免受病菌的侵害,也可以通过形成醌类物质直接发挥抗病作用。有关多酚氧化酶及其同功酶与植物抗病虫等抗性关系的研究已有报道。PPO 是黑色素生物合成过程中的主要限速酶,大多数皮肤病脱色剂都是通过抑制该酶活性来阻断皮肤黑色素生成。从植物药中分离天然的多酚氧化酶活性成分日益受到人们的关注,不但在临床用于黄褐斑、雀斑等色素增加皮肤病的治疗,而且还作为功效成分应用于美容化妆品中。

(4)在环境方面的应用

多酚氧化酶可应用到含酚废水的处理中和污水中酚的检测,生物 PPO 传感器测定废水中酚类化合物,有一定的灵敏度和准确度,可应用于废水指标检测。另外,PPO 在食用菌生产、饲料工业等领域也有着广泛应用。

3.4.2 过氧化物酶

过氧化物酶(Peroxidase,POD)是一类氧化还原酶,广泛存在于各种动物、植物和微生物体内。过氧化物酶分子量范围为 35 ~ 100 kDa,属于含血红素的氧化酶,一般含有 Fe 和 Cu 等金属离子。该酶主要是通过催化过氧化氢或其他过氧化物来氧化多种底物,有代表性的反应如下:

$$H_2O_2 + AH_2 = 2H_2O + A$$

$$2H_2O_2 = 2H_2O + O_2$$

过氧化物酶种类较多,根据序列相似性比较分析,可将它们划分为两个超家族:一个由动物来源的 POD 组成,如乳过氧化物酶、绿过氧化物酶、髓过氧化物酶、甲状腺过氧化物酶等组成独立的过氧化物酶超家族;另一个则是由真菌、细菌和植物的过氧化物酶组成的植物过氧化物酶超家族。目前,对于植物、真菌和细菌来源的 POD 的研究已经增加到几十种,就植物过氧化物酶超家族而言,按照初级结构的不同,可将其再划分为 3 类:第 1 类是胞内型 POD,包括位于线粒体中的酵母细胞色素 C 氧化酶(CCP),存在于叶绿体和胞液中的抗坏血酸 POD(AP),和来源于细菌的触媒——过氧化物酶;第 2 类是真菌来源的胞外型 POD,包括真菌产生的锰过氧化物酶(MnPS)和木素过氧化物酶(LIPs),参与木质素的生物降解;第 3 类是高等植物来源的分泌型 POD,是典型的植物 POD,参与多种不同的生理功能 HRp 的底物,如组织愈伤,细胞壁合成,生长素的合成与代谢,与超氧化物歧化酶(SOD)协调配合,清除过剩的自由基,使植物体内的自由基维持在一个正常的动态水平,以提高植物的抗逆性等(付伟丽,2010)。

1. 理化性质

过氧化物酶的最适条件包括最适 pH 和最适温度。影响过氧化物酶最适 pH 的因素包括:酶的来源、同功酶的组成、氢供体底物和缓冲溶液。果蔬中的过氧化物酶一般含有多种同功酶,而不同的同功酶往往具有不同的最适 pH,过氧化物酶最适 pH 往往具有较宽泛的范围,通常为3.0～6.0。一些果蔬中的过氧化物酶的最适pH见表3.6。

表3.6　一些果蔬中的过氧化物酶的最适pH

果蔬	最适pH	说明
葡萄	5.4	柠檬酸—磷酸缓冲液
	5.0～6.0	醋酸缓冲液0.1 mol/L
香蕉	5.0～6.0	粗提取液经凝胶过滤色谱纯化
	4.5～5.0	阴离子部分
	4.5	阳离子部分
菠萝	4.2	酶活力和缓冲液浓度(0.1～0.2 mol/L)无关
青刀豆	5.0～5.4	可溶态、离子结合态和共价结合态过氧化物酶
马铃薯	5.0	匀浆
花菜	5.0～5.7	匀浆
板栗	4.0	醋酸缓冲液
豆壳	4.0	柠檬酸—磷酸盐缓冲液
甘蔗	4.0	醋酸—醋酸钠缓冲液

温度也影响酶活,过氧化物酶的最适温度与酶的原料种类、果蔬品种、同功酶的组成、缓冲液的pH、酶的纯化程度等因素有关。常见果蔬中过氧化物酶最适温度为20～50 ℃。

过氧化物酶热稳定性是酶的又一重要性质。在许多果蔬中的过氧化物酶的失活是一个双向和部分可逆的过程。热失活的双向过程指的是过氧化物酶中含有不同耐热性部分,其中不耐热部分在热处理时很快地失活,而耐热部分在同样温度下缓慢地失活。在大多数情况下,过氧化物酶热失活曲线包括3部分:最初的陡峭直线部分、中间的曲线部分和最后的平缓的直线部分。从热失活曲线形状,可以认为在热处理过程中,有两个独立的一级热失活反应。最初的直线部分代表酶的热不稳部分的失活,最后的直线部分表示耐热部分失活,而曲线部分可以认为是一个过渡区域。经热处理失活的过氧化物酶,在常温或较低温度下的保藏中,酶活力部分地恢复即称为酶的再生,这种现象称为热失活的部分可逆,是过氧化物酶的一个特征。到目前为止,过氧化物酶的热失活部分可逆机制还不清楚,有待深入研究。

过氧化物酶热稳定性对果蔬质量产生影响,果蔬热烫和灭菌的条件对产品的颜色、黏度、风味及营养价值有显著的影响。过分的热处理一般会损害食品的质量。由于在果蔬中,特别是非酸性蔬菜中的过氧化物酶具有比其他酶更高的耐热性,因此,常利用它作为热处理条件的指标。

经热烫的罐装或冷冻蔬菜在保藏期间产生的不良风味,或许不是残余酶活力造成的,而可能是非酶脂肪氧化的结果。耐热性较低的同功酶在热处理过程中已失活,它们形成的聚集体具有催化脂肪酶氧化的功能。另外,酶的来源不同,热处理参数pH、时间、温度、水分含量不同,酶耐热性不同。

2. 过氧化物酶的催化反应及机制

(1)过氧化物酶催化的反应

过氧化物酶能催化4类反应,分别介绍如下:

①过氧化反应。有氢供体存在的条件下催化过氧化氢或过氧化物分解。反应式如下：

$$ROOH + AH_2 = H_2O + ROH + A$$

过氧化物酶的底物除过氧化氢外，还可以是甲基氢过氧化物及乙基氢过氧化物，即式中R为$-H$、$-CH_3$或$-C_2H_5$；AH_2为还原形式的氢供体；A为氧化形式的氢供体。许多化合物可以作为反应中的氢供体，它们包括：酚类化合物、芳香族胺、抗坏血酸、某些氨基酸、NADH和NADPH。

②氧化反应。氧化反应是在没有过氧化氢存在时的氧化作用，反应需要O_2和辅助因素(Mn^{2+}和酚)。许多化合物，如草酸、草酰乙酸、二羟基富马酸和吲哚乙酸等能作为这类反应的底物。

此反应有2~3 min的诱导期，增加酶的浓度可以缩短诱导期，如加入一定量的H_2O_2能消除诱导期。在Mn^{2+}存在的条件下，辣根过氧化物酶催化二羟基富马酸氧化的反应具有不正常的动力学；二羟基富马酸的消失—反应时间曲线为S形。不同植物中的同功酶具有不同的过氧化活力与氧化活力之比。抑制剂对这两类活力的影响也截然不同，也许有两个分开的活性部位相应于这两种活力。

③过氧化氢分解反应。在没有其他氢供体存在的条件下催化过氧化氢分解。这类反应很慢，比起前两类反应是可以忽略的。

$$2H_2O_2 = 2H_2O + O_2$$

④羟基化作用。过氧化物酶还可以催化一元酚和氧化生成邻二羟基酚，反应必须要有氢供体参加，它提供了酶作用必需的自由基。

(2)过氧化物酶催化反应的机制

在过氧化酶催化的反应中，过氧化氢首先取代了与过氧化物分子中血红素相结合的H_2O，形成酶—底物络合物。这被认为是第一个直接证明了的酶—底物络合物：$Per-Fe^{III}.H_2O + H_2O_2$——$Per-Fe^{III}.H_2O_2$——$Per-Fe^{V}O + H_2O$

这一步反应是很快的，二级反应速度常数用k_1表示，用($Per-Fe^{III}.H_2O$)表示酶—底物络合物。酶—底物络合物进一步转变成化合物Ⅰ，k_3代表形成化合物($Per-Fe^{V}O$)这一步反应速度常数k_2大于k_1。在化合物Ⅰ中有个额外的氧，已有充分的证据证明这个氧曾经是分子中的一部分。当酶分子中氧离子形成时，铁的氧化态已从常见的+Ⅲ增加到+Ⅴ。从化合物Ⅰ转变成$Per-Fe^{III}.H_2O_2$，或者从$Per-Fe^{III}.H_2O_2$生成$Per-Fe^{III}.H_2O$的反应速度常数用k_2表示，这两步反应都是很慢的。化合物Ⅰ的进一步变化依过氧化物酶的来源、本质及氢供体的不同而变化。对于来源于植物组织的辣根过氧化物酶，在过氧化反应过程中，化合物Ⅰ和外源氢供体底物作用生成化合物Ⅱ($Per-Fe^{IV}-OH$)和自由基，这一步反应的速度常数是k_7。化合物Ⅱ和第二个氢供体底物分子作用后，酶($Per-Fe^{III}.H_2O$)再生，同时生成第二个自由基，这一步反应的速度常数是k_4。k_7通常是k_4的40~100倍，k_4的大小取决于氢供体底物的性质。在过氧化氢反应中，化合物Ⅱ转变成过氧化物酶的反应是决定反应速率的一步反应。

在过氧化反应中生成的自由基AH的去路有如下几条：

①如果AH_2是愈创木酚，那么自由基AH.将相互作用形成聚合产品HAAH；

②如果AH_2是抗坏血酸或二羟基富马酸，那么自由基将相互作用形成一分子还原化

合物和一分子氧化物(AH_2和A);

③O_2能与氢供体底物的自由基作用,形成一分子氧化态供体和$HO_2^{\cdot}$自由基,后者在没有芳香族化合物存在时能与第2个AH.作用,形成A和H_2O_2;

④在有各种芳香族化合物存在的条件下,$HO_2^{\cdot}$自由基能羟基化这类化合物。按照图中指出的机制,过氧化物酶氧化和羟基化的活力不是酶直接作用的结果,而是由HO_2自由基的二级反应所造成。

除了过氧化氢外,只有过氧化甲基和过氧化乙基能同过氧化物作用生成化合物Ⅰ。在上述3个过氧化物中,过氧化氢的k_1最大。在没有外源氢供体底物时,化合物Ⅰ转变成化合物Ⅱ和化合物Ⅱ转变成过氧化物酶的速度非常缓慢。化合物Ⅰ将直接和第2个H_2O_2分子作用生成H_2O、O_2和过氧化物酶,此时酶的作用和过氧化氢酶类似。

3. 工业中的应用

(1)食品工业中的应用

过氧化物酶在食品科学领域具有重要作用。游离或固定化过氧化物酶大量替代过氧化氢酶用于葡萄糖的检测,也可用于任何可产生过氧化氢物质的分析。固定化过氧化物酶还可以用于流动性食品的冷杀菌。过氧化物酶是果蔬成熟和衰老的指标,其在果蔬加工和保藏中的主要作用包括2方面:过氧化物酶的活力与果蔬产品,特别是那些非酸性蔬菜,在保藏期间形成的不良风味有关;过氧化物酶属于最耐热的酶类,它在果蔬加工中常被用作热处理是否成功的指标。这是因为当果蔬中的过氧化物酶在加热中失活时,食品中其他的酶以活性形式存在的可能性很小,尤其在冷冻食品中。过氧化物酶被选择作为热处理指标的另一个原因是它的容易检测性和分布的极其广泛性。

乳中含有乳过氧化物酶(LP),它是一个天然的、具有实际应用价值的抗菌体系,因此,可以通过激活LP体系来延长牛乳保质期,采用乳过氧化物酶系统保存生鲜牛乳是迄今为止除了冷储之外最有效的方法,这对高温地区鲜乳的长时间采集和运输具有实际意义。过氧化物酶体系只适用于生鲜牛乳的保存,不适用于羊乳及羊乳和牛乳混合物的保鲜,这可能与羊乳中钙、镁离子的含量大大超过牛乳有关。

牛乳中的过氧化物酶对热有一定的抗性,但加热到80 ℃,过氧化物酶失去活性,其LP体系已经遭到破坏,过氧化物酶损失殆尽。此外,由于乳过氧化物酶的活性在加热到63 ℃,保持30 min的条件下仍存有75%的活性,所以对一般的消毒乳仍有延长保鲜期的作用。

过氧化物酶和过氧化氢酶可以对面粉中的色素进行漂白:过氧化物酶可把过氧化氢转变为水和氧气,过氧化物酶催化一些芳香胺及酚类的氧化。实验发现过氧化物酶有较好的漂白性,尤其在亚油酸存在条件下,同时它对面团有其他积极的影响,如面包面团中蛋白质之间的交联、改善稠度、面包心结构及柔软性等。

(2)应用于分析检测中

过氧化物酶能在低浓度下催化特殊底物生成有色产物,因此可以用来制备广泛应用于ELISA试验的共轭酶抗体。在聚合酶系统中,过氧化物酶与其他的酶类紧密结合在一起,分离出的氢过氧化物酶可用于多种化合物的分析检测,例如血液中葡萄糖的检测。其中,辣根过氧化物酶是迄今为止在EIA中应用最为广泛的标记用酶,这是因为其一方面易于提取,价格相对低廉;另一方面性质稳定,与抗原或抗体偶联后,活性很少受损失。

H 即除了用于 ELISA、点免疫结合实验等固相 EIA 外，近来的研究表明，也可用于液相的均相酶免疫实验（HEI）。另外，过氧化物酶有很强的氧化特性，在很多领域中可以替代目前的化学氧化剂（阙瑞琦，2008）。

（3）应用于环境污染的治理

现在辣根过氧化物酶已被广泛地应用在废水处理中，它是酶处理废水领域中应用最多的一种酶。有过氧化氢存在时，它能催化氧化多种有毒的芳香族化合物，其中包括酚，苯胺、联苯胺及其相关的异构体，反应产物是不溶于水的沉淀物。HRP 特别适合于废水处理还在于它能在一个较宽的 pH 值和温度范围内，保持活性 HRP 的很多应用都集中在含酚污染物的处理方面，使用 H 即处理的污染物包括苯胺、经基哇琳、致癌芳香族等。而且，HRP 可以与一些难以去除的污染物一起沉淀，去除物形成多聚物而使难处理物质的去除率增大，这在处理废水中有重要的实际意义（阙瑞琦，2008）。传统的制浆造纸工业工艺流程都是化学过程，会产生有毒致癌物质，严重污染环境。而由微生物产生的木质素过氧化物酶（LIP）和锰过氧化物酶（MnP）均能催化木质素的分解，所以在造纸工业中可以用于纸浆的生物漂白、制浆和水处理等，这样可以减少化学药品的使用，从而减轻对环境的压力。

3.5　极端 pH 环境中的活性溶菌酶

3.5.1　来源

溶菌酶（Lysozyme）全称为 1，4 – β – N – 溶菌酶，又称细胞壁溶解酶（Nuramidase），系统名称为 N – 乙酰胞壁质聚糖水解酶（EC 3. 2. 1. 17），是一种专门作用于微生物细胞壁的水解酶。人们对溶菌酶的研究，是 1907 年 Nicolle 发表枯草芽孢杆菌溶解因子开始；1922 年，弗来明发现人的鼻涕、唾液和眼泪有较强的溶菌活性，并将其溶菌作用的因子命名为溶菌酶；1959—1963 年，索尔顿等人通过实验研究发现溶菌酶是一种能够切断 N – 乙酰壁酸和 N – 乙酰氨基葡萄糖之间 β – 1，4 – 糖苷键的酶；1960 年以后，溶菌酶的研究发展很快，已成为研究细胞壁结构的一种非常有力的工具酶；1967 年，英国菲利普集团发表了对鸡蛋清溶菌酶作用底物复合体 X – 射线衍射的研究，具体地介绍了其底物的结构，成为近代酶化学研究中重大的成果之一（刘欣，2010）。溶菌酶不但有助于人们对细胞壁细微结构的认识，而且促进了对新的溶菌酶的开发研究，同时对其作用机制也有了更进一步的了解。近年来，人们根据溶菌酶的溶菌特性，将其应用于医疗、食品防腐剂和生物工程中，特别是在食品防腐方面，以代替化学合成的食品防腐剂，具有一定的潜在应用价值。

目前，溶菌酶根据来源不同，可分为鸡蛋清溶菌酶、哺乳类动物溶菌酶、植物溶菌酶和微生物溶菌酶及细菌噬菌体溶菌酶，溶菌酶在酸性条件下较稳定，多数溶菌酶的最适 pH 2. 0 ~ 6. 0，属于极端酸性 pH 活性酶。

3.5.2　理化性质

溶菌酶具有较好的热稳定性和酸稳定性。Matsuoka 等报道，pH 4. 5 和 pH 5. 29 时，加热溶菌酶活力较为稳定；Beychok 等报道溶菌酶在 pH 5.0 最为稳定，Cunninghan 和 Corini 等均发现溶菌酶在酸性条件下稳定，在碱性条件下不稳定。红外线研究溶菌酶的热变性机理，发现它和水密切相关，其外侧非极性氨基酸残基对变性影响不大，从外侧极性氨基酸游离出来的水在起始变性过程中起重要作用，水进入内部肽—肽键中，使蛋白质膨胀和伸展。另外，Back 等研究表明糖和聚烯烃类能增加酶的热稳定性，Hidaka 等发现 NaCl 对溶菌酶也有抗热变性作用，盐溶液的存在对溶菌酶活性是十分必要的；Chang 的研究也发现溶菌酶的活化在低盐浓度时是和离子强度密切相关的，在高盐浓度时溶菌酶活性受到限制，阳离子的价态越高抑制作用越强；Yashitake 等发现具有 - COOH 和 - SO_3OH 的多糖对溶菌体活性有抑制作用。溶菌酶和许多物质形成络合物导致其失活，阳离子如 Co^{2+}、Mg^{2+}、Hg^{2+}、Cu^{2+} 等均可抑制溶菌酶的活性（刘欣，2010）。

鸡蛋清溶菌酶是动植物中溶菌酶的典型代表，也是目前了解最清楚的溶菌酶之一。鸡蛋清溶菌酶纯品呈白色、微黄或黄色的结晶体或无定形粉末，无异味，微甜，易溶于水，遇碱易被破坏，但在酸性环境下，溶菌酶对热的稳定性很强。溶菌酶化学性质非常稳定，当 pH 值在一定范围内剧烈变化时，其结构几乎不变。鸡蛋清溶菌酶分子是由 129 个氨基酸残基排列构成的单一肽链，有 4 对二硫键，分子量为 14 300。结晶形状随结晶条件而异，有菱形八面体、正方形六面体及棒状结晶等。溶菌酶是一种碱性球蛋白，由 18 种氨基酸组成，分子中碱性氨基酸残基及芳香族氨基酸如色氨酸残基的比例很高。其等电点为 10.7；最适 pH 值为 pH 7 左右，最适温度为 50 ℃。

溶菌酶的结构不很紧密，大多数极性基分布在表面，便于和溶剂小分子结合在溶菌酶的整个分子中有一个狭长的凹陷，最适小分子底物与酶结合时，正好与此长形凹陷相嵌，它的活性中心是 Asn52 和 Glu35，属于最广泛的水解酶类，是一种糖苷水解酶，能有效地水解细菌细胞壁的肽聚糖或甲壳素，其水解位点是 N - 乙酰胞壁酸（NAM）的 1 位碳原子和 N - 乙酰葡萄糖胺（NAG）的 4 位碳原子间的 β - 1,4 糖苷键，它也可行使转葡萄糖基酶的作用。

溶菌酶是非常稳定的蛋白质，当 pH 值在 1.2 ~ 11.3 范围内剧烈变化时，其结构几乎不变。遇热也很稳定，pH 值 4 ~ 7、100 ℃处理 1 min 仍保持原酶活性；pH 值 5.5、50 ℃加热 4 h 后，酶活不受影响。但是，在碱性条件下，溶菌酶的热稳定性较差，易变性。溶菌酶的热变性是可逆的，不可逆变性的临界点是 77 ℃，随溶剂的变化，不可逆变性临界点也变化，当溶菌酶所处溶液 pH 值在 1 以下时，变性临界点降低到 43 ℃。

3.5.3　溶菌酶的作用机制

溶菌酶可分为 3 型：c 型（鸡卵清溶菌酶，Chicken Egg - white Lysozyme，Cly）、g 型（鹅卵清溶菌酶，Goose Egg - white Lysozyme，Gly）、噬菌体溶菌酶。大部分溶菌酶都属于 c 型，从人乳汁、尿和胎盘中提取的溶菌酶也属 c 型。Gly 由 129 个氨基酸残基组成，相对分子质量为 14 700。Gly 最早是由 Jolles 和 Canfield 发现的，约含有 185 个氨基酸残基，相对分子质量为 21 000。Jolles 等报道 c 型与 g 型溶菌酶轻度同源。c 型活性中心的Glu - 35和 Asp - 52 可能和 g 型的 Glu - 73 和 Asp - 86 同源，此结果已被 X 射线衍射证实。噬菌体溶菌酶位于各种噬菌体内，对溶解宿主菌起重要作用，它含有 164 个氨基酸残基，相对分子质量为

18 700。噬菌体溶菌酶在序列上与 c 型溶菌酶同源性较差，但他们组成的主干、结合底物的定位及催化的特异性方面有很多相似之处。噬菌体溶菌酶的 Glu－11 和 Asp－20 与 c 型溶菌酶的 Glu－35 和 Asp－52 相对应，都参与组成酶的活性中心。

溶菌酶属于乙酰氨基多糖酶，是对 G^+ 细菌细胞壁、甲壳素具有分解作用的水解酶。溶菌酶作用的底物是对溶菌酶敏感的细菌菌体、细胞壁及细胞壁的提取物肽聚糖以及甲壳素。作为底物的细菌有巨大芽孢杆菌（Bacillus Megaterium，BM）、藤黄八迭菌（Sarcina Lutea）和溶壁微球菌（Micrococcus Lysodeiktic，ML），其中最常用的是 ML。ML 是从空气中分离到的一种 G^+ 菌球，若放入甘油－tris 缓冲液中，－20 ℃可保存 1 年以上；冻干保存，则可长期使用。

溶菌酶溶解底物的作用机理，以细菌底物为例，它能催化 G^+ 细菌细胞壁 NAG 与 NAM 间结合键的水解，切断 N－乙酰胞壁酸和 N－乙酰葡萄糖胺之间的－1,4－糖苷键，破坏细胞壁的主要成分肽聚糖的合成，使细胞壁失去坚韧性，促进水分子进入菌体内，致使细菌发生渗透性裂解而被溶解。

3.5.4 制备技术

工业上生产溶菌酶主要有结晶法、离子交换蛋清中溶菌酶的高效提取及其定量测定方法研究、亲和色谱和超滤法等，随着各种新的生物分离技术的出现，用于溶菌酶分离纯化的方法也越来越多，目前工业上主要采用亲和色谱、亲和膜色谱、反胶团萃取、双水相萃取、亲和沉淀等方法来分离提取溶菌酶（张文会，2003；张勇等，2004；权宇彤，2005；李欣，2006；赵宁，2009；余海芬，2010）。

1. 结晶法

溶菌酶是一种碱性蛋白质，而蛋清中其他蛋白质的等电点都在酸性范围内，利用这一特点，向蛋清中加入一定量的氯化物、碘化物或碳酸盐等盐类，并调节溶液 pH 值至 9.5～10.0，降低温度，溶菌酶会以结晶形式慢慢析出，而大多数蛋白质仍然存留在溶液中，从而将溶菌酶从蛋清中分离出来。结晶法是传统提取溶菌酶的方法，最初由 Mayer Abraham 等研究并利用此法于 1937 年获得结晶状物质。1945 年 Alderton 等提出直接结晶法制备溶菌酶，此方法制备过程简单，目前结晶法仍然是提取蛋清溶菌酶的首选方法。因其他来源的溶菌酶用结晶法生产较困难，不适合用以分离微量的溶菌酶，故其他来源的溶菌酶生产一般不采用结晶法。

2. 离子交换层析法

离子交换层析法应用于溶菌酶分离始于 20 世纪 80 年代，它具有快速，分离效果较好，可以重复使用，并能实现大规模自动化连续生产的特点，其原理是根据各种蛋白质所带电荷数的不同而与离子交换剂之间结合力的差异，进而将不同蛋白质分离的技术。目前国内外常用的离子交换剂有 Duolite C－464、724、732 弱酸性阳离子交换树脂、D903、201 大孔离子交换树脂、羧甲基纤维素（CMC）和羧甲基琼脂糖等。宋宏新等采用 724 树脂，装柱后抽提液缓慢流入柱中，用缓冲液洗涤，再用硫酸铵洗脱，结果表明 724 树脂的吸附率达到 83.15%。因此，利用此方法来分离纯化溶菌酶，可取得较高的产率。

3. 亲和膜色谱法

亲和膜色谱兼具膜分离与亲和分离的特点,始于20世纪80年代末,它与传统的膜分离、亲和色谱相比,不仅具有纯化倍数高,分离时间短,生物大分子在分离过程中变性几率小,允许快速加料等特点,而且比亲和色谱更易实现规模化生产。人们将固定离子亲和色谱与膜分离结合制备具有分离性能的固定金属亲和膜用于分离纯化蛋白质,Serafica用改良的玻璃中空纤维膜固定金属离子,从α胰凝乳蛋白酶原A中分离溶菌酶。郑宇等用自制的金属螯合亲和膜亚氨二乙酸(IDA)—Cu^{2+}亲和膜分离纯化混合酶和蛋清(壳)中的溶菌酶,在适当的操作条件下,提取的溶菌酶纯度大于17 500 U/mg;Bayramolu G等采用一种新型亲和染料-配基复合膜对溶菌酶的吸附及动力学特征进行研究,结果表明这种染料-配基复合膜与普通膜对溶菌酶的吸附能力分别是121.5 mg/mL和8.3 mg/mL,提高了13.6倍(赵宁,2009)。

4. 超滤法

超滤是一种新兴分离纯化技术,利用控制超滤膜孔径大小来滤过杂质,水及小分子物质可以通过,从而获取产物。与传统生化分离技术相比,它的优点是产品的产出量高、杂质少、纯度相对较高(赵宁,2009)。溶菌酶的粗提液经过超滤技术后,有时部分杂质如无机离子等未能全部除去,若将超滤与结晶法,或是与离子交换法等结合,将取得精制溶菌酶。邹艳丽等报道,超滤浓缩溶菌酶经CM Sepharose FF阳离子交换柱后,纯度提高了21.19倍;张灏等研究表明,将磷酸盐缓冲液稀释10倍,在24 MPa下均质,利用截留相对分子质量为30 000的聚醚砜(PES)膜进行超滤,溶菌酶活力达到14 610 U/mg。

5. 反胶团萃取法

反胶团萃取是近年发展起来的一种新的萃取方法,其原理是利用有机溶剂中加入少量表面活性剂形成的反胶团来提取的方法,为一些不能使用有机溶剂萃取的酶和活性蛋白质等物质开拓了一种新的分离技术,从而扩大了有机溶剂萃取的适用范围。Sun Y等采用一种亲和染料基质反胶团系统从鸡蛋清粗溶液中纯化溶菌酶,这种反胶团是由辛巴蓝F3G-A与改良的大豆卵磷脂在正己烷中反应制得,用粗蛋清溶液进行分离纯化,可使溶菌酶的纯度提高16~20倍。张伟等设计出滚筒式填料筛板萃取器,并用该萃取器反胶团法萃取蛋白质,萃取溶菌酶和BSA的实验结果表明,该萃取器萃取效果良好,分相迅速,可有效解决反胶团萃取法萃取蛋白质过程中分相困难的问题。

6. 亲和沉淀法

亲和沉淀法(Affinity Precipition)采用在物理场(pH、离子强度和温度等)改变时发生可逆性沉淀的水溶性聚合物为亲和配基的载体,从而利用目标分子与其亲和配基的特异性结合作用及沉淀分离的原理进行目标大分子的分离纯化,是蛋白质等生物大分子的新型亲和技术之一。亲和沉淀法具有选择性高,离心分离法操作简便、易于放大等优点,因此它具有接近于亲和层析法的纯化效率,同时可弥补亲和层析法放大困难的缺点。此外,亲和沉淀操作中目标分子与配基的亲和相互作用在水溶状态下,传质阻力小,吸附速率快,可处理高黏度甚至含微粒的粗原料。

综上所述,用于酶分离的技术越来越先进,但是在具体研究某一种溶菌酶的纯化技术时会随实际情况而异。一般情况下,单一的色谱方法无法获得所需纯度的溶菌酶,因此常需要将多种技术相并使用,效果更好。近年来一些全新的纯化技术已经应用于溶菌酶的纯化中,为溶菌酶的纯化提供了新的途径。总之,在纯化溶菌酶时既要考虑使用尽可能少而简便的方法步骤,又要考虑活性回收率。

3.5.5 工业中的应用

溶菌酶作为一种存在于人体正常体液及组织中的非特异性免疫因子,具有杀菌、抗病毒、抗肿瘤细胞、清除局部坏死组织、止血及消肿消炎等作用,具有多种药理作用,可用于医疗,而且溶菌酶是一种无毒和无副作用的蛋白质,已广泛应用于水产品、肉食品、蛋糕、清酒、料酒和饮料中的防腐剂、调味料和功能性乳制品及饲料等方面。

1. 食品工业中的应用

由于溶菌酶能选择性抑菌,理化性质非常稳定,在含食盐、糖等的溶液中稳定,耐酸性,耐热性强,并且对人体完全无毒副作用,具有抗菌、抗病毒、抗肿瘤的功效,是一种安全的天然防腐剂,故非常适合于各种食品的防腐。用溶菌酶处理食品,可有效地防止和消除细菌对食品的污染,起到防腐保鲜的作用。故溶菌酶现已广泛用于酿酒、肉制品、干酪、水产品、乳制品、豆腐、新鲜果蔬糕点、面条及饮料等的防腐保鲜。

在食品工业生产上,由于食品在加工、运输和保藏过程中,常常受到氧气微生物、温度、湿度等因素的影响而使食品的色、香、味及营养发生变化,甚至导致食品败坏,降低食品的食用价值。因此,如何尽量地保存食品原有的优良品质特性始终是食品加工、运输和保存过程中的一个重要环节。食品腐败前,如果能通过某种手段及时杀死或抑制这些特定地导致食品腐败微生物的生长,便能延长食品的保质期。所以在食品中添加溶菌酶可有效达到保鲜防腐的目的。溶菌酶也可用作水产类防腐剂,一些新鲜海产品和水产品(虾、蛤蜊肉等)在浓度为0.05%的溶菌酶和3%的食盐溶液中浸渍5 min后,沥去水分,进行常温或冷藏储存,均可延长其储存期。

溶菌酶在婴儿消化道内可以直接或间接促进婴儿肠道双歧乳酸杆菌的增殖,促进婴儿胃肠内乳酪蛋白形成微细凝乳,有利于婴儿消化吸收,特别对早产婴儿有防止体重减轻、预防消化器官疾病、增进体重等功效。同时,能够加强对血清灭菌蛋白、γ-球蛋白等体内防疫因子以增加对感染的抵抗力,所以溶菌酶是婴儿食品、婴儿配方奶粉、饮料等的理想添加剂。目前,果蔬加工前添加一定量的溶菌酶,一般添加量为0.1% ~0.2%。将溶菌酶固定在食品包装材料上,生产出有抗菌功效的食品包装材料,以达到抗菌保鲜功能。

2. 在饲料上的应用

溶菌酶本身是一种天然蛋白质,无毒性,是一种安全性高的饲料酶,能特异性地作用于目的微生物的细胞壁而不影响其他营养成分,是一种安全高效的饲料防霉剂,可取代一般化学防霉剂。在饲料中添加溶菌酶可防止霉变,延长饲料的储存期,减少不必要损耗。同时溶菌酶可以促进饲料中营养物质的消化、吸收,提高饲料的消化率,最大限度地提高饲料原料的利用率。溶菌酶还能改变肠道微生物群,增加肠道有益菌,使肠道内的胺和甲酚等有害物减少,增加机体抗病力,提高动物生产性能。该酶对革兰氏阳性菌、枯草杆菌、耐辐射微球菌有强力分解作用;对大肠杆菌、普通变形菌和副溶血弧菌等革兰氏阴性菌等也有一定的溶解作用;与聚合磷酸盐和甘氨酸等配合使用,具有良好的防腐作用。溶菌酶与葡萄糖氧化酶有增效作用,且抗酸作用还可以通过花生四烯酸的加入得到进一步增强。溶菌酶能对引起仔猪腹泻的埃希氏大肠杆菌和轮状病毒有较强的抑制作用,在现代饲料工业中,经常使用微生物添加剂,其作用是维持动物体消化道内微生态平衡。溶菌酶饲用添加剂能有效防止球虫病,饲喂小麦基础日粮的鸡,添加和不添加溶菌酶对球虫病的应激呈现不同的反应,对照组鸡生长被抑制 52.5%,而加酶组为 30.5%,而且损伤系数好得多。添加溶菌酶制剂,还可使结肠和直肠中短链脂肪酸的产生显著下降,从而预防某些疾病的发生。

3. 医学上的应用

溶菌酶作为一种天然抗菌物质,能直接水解革兰氏阳性菌,在疫球蛋白 A 补体的参与下,还能水解革兰氏阴性菌如大肠杆菌等。对耐药性细菌同样具有溶菌作用,而且具有疗效显著和对人体副作用小的特点。溶菌酶能与带负电荷的病毒蛋白直接作用,与 DNA、RNA、脱辅基蛋白形成复盐,使病毒失活,因而是一种较为理想的药用酶。在作为酶类抗菌药时,它能参与黏多糖代谢,在配合内服和外用药的同时,可起到强力消炎作用,它还可与各种诱发炎症的酸性物质结合使其失活,并能够增强抗生素和其他药物的疗效,改善组织基质的黏多糖代谢从而达到消炎、修复组织的目的。此外,用溶菌酶来制造眼药水、润喉液等对人体无副作用。溶菌酶作为内服剂时,可抑制流行性感冒和腺病毒的生长,抗感染及抗炎症,而且溶菌酶对耐药性细菌同样具有溶菌作用,且具有疗效显著和副作用小等优点。由此可知,溶菌酶作为人体正常体液及组织中的非特异免疫因子之一具有多种药理作用,参与机体多种免疫反应,有抗菌、抗病毒的功效,在机体正常防御功能和非特异免疫中,具有保持机体生理平衡的重要作用。它可以改善和增强巨噬细胞吞噬和消化功能,激活白细胞吞噬功能,并能改善细胞抑制剂所导致的白细胞减少,从而增强机体的抵抗力。

4. 生物工程中的应用

溶菌酶是基因工程、细胞工程、发酵工程中必不可少的工具酶。在国外,溶菌酶多用于菌体内物质的提取。只要把对溶菌酶敏感的菌体悬液在适当缓冲液中,用溶菌酶处理,再结合使用超声波、冷冻离心等手段,就可得到无细胞提取液,进一步精制可得到所需的菌体物质如蛋白质、核酸、酶及活性多肽等,因此生物工业的发展对溶菌酶制剂的需求将与日俱增。

第4章　高盐环境中的活性酶

嗜盐酶多存在于中度嗜盐的古细菌和极度嗜盐的真菌中，前者适应水中盐的质量分数为5%左右的环境，后者在水中盐的质量分数为32%的环境中仍能良好地生长。

嗜盐菌内的很多酶在高盐浓度下保持稳定性，称为嗜盐酶，与普通非嗜盐酶相比，极端嗜盐菌中的酶分子中的酸性氨基酸含量较高。如极端嗜盐苹果酸脱氢酶(hMDH)含的酸性氨基酸为19%(摩尔百分比)，而非嗜盐菌中细胞质hMDH中的只占6%。酸性氨基酸残基的超量存在有几方面作用：

①在生理pH下，酸性氨基酸残基，尤其是谷氨酸残基，可以比其他残基结合更多的水，从而在酶蛋白的周围形成一个水分子层。在高盐浓度条件下，水分子层可以阻止酶蛋白的相互凝聚和变性。

②可以参与形成盐桥，从而保持酶有利于催化的构象。

Keith等人在研究Dihydrolipoamide Dehydrogenase(Haloferaxv olcanii)的一个潜在的K^+结合位点时，发现4个带负电荷的Glu(E)残基对该酶的嗜盐性有重要的影响：如果两个Glu(每个亚基一个)被中性氨基酸取代，酶对盐浓度的依赖性就会完全丧失。

从X射线晶体和同源性模拟分析揭示的三维结构表明这些酶表面有大量带负电荷的氨基酸，这种带负电荷的酶蛋白表面可以结合大量水合离子，形成一个水合层，减少它们表面的疏水性，阻止酶分子的相互凝聚趋势，如生长在98 ℃的嗜热菌*Methanopyrus-randleri*的甲酰转移酶也有高盐耐受性，三维结构的分析显示它有一个疏水的和高度酸性的表面。另外，嗜盐酶的个别氨基酸的保守性也有助于其适应高盐环境。

嗜盐菌产生的酶是工业上耐盐酶的重要来源，研究人员正在探索把嗜盐极酶用到提高从油井中提取原油量的方法中，用嗜盐极酶可分解掉瓜儿豆胶的黏性。通过基因工程手段，使细胞内积累甜菜碱、山梨醇、甘露醇、海藻糖等相溶性溶质，能够不同程度地提高转基因植物的耐盐性。从利用嗜盐菌看，有利用生产SOD、胞外核酸酶、胞外淀粉酶、胞外木聚糖酶等。

4.1　高盐环境中的活性蛋白酶

近年来，嗜盐微生物成为国际上极端微生物研究的热点之一。中度嗜盐菌作为一类重要的极端环境微生物，其产生的酶在高盐或者低水活性的条件下具有非常重要的应用潜力，同时也是生物化学和酶学等基础研究的一个令人感兴趣的材料。因而在工业生产和生物技术领域具有非常重要的潜在应用价值。

4.1.1　分布(来源)

嗜盐古生菌是在高盐条件下生长的一种微生物,是极端环境微生物的一个重要成员,通常分布在晒盐场、盐湖、海洋等高盐度环境中。含有高浓度盐的自然环境主要是盐湖,例如青海湖(中国)、大盐湖(美国)、死海(黎巴嫩)和里海(俄罗斯)等,此外还有盐场、盐矿和用盐腌制的食品。

嗜盐古生菌产生的酶能在高盐的条件下维持高活性和稳定性,而普通的酶在这种条件下失去活性,嗜盐微生物的酶蛋白的肽链中酸性氨基酸的比例较高,过量的酸性氨基酸残基在蛋白表面形成负电屏障,增加了蛋白在高盐环境中的稳定性;此外,嗜盐菌细胞膜外具有一层六角形亚单位排列而成的S层,S层由硫酸化的糖蛋白组成,由于含有硫酸基所以带有负电荷,使得组成亚基的糖蛋白得到屏蔽,在高盐环境中保持稳定。

嗜盐古生菌最显著的生理特征是生长绝对依赖高浓度NaCl,生长最适盐浓度为3～4 mol/L NaCl。嗜盐古生菌的酶能在高盐的条件下维持高活性和稳定性,普通的酶在这种条件下会变性而失去活性。目前,有几种来自极端嗜盐古生菌的Ser胞外嗜盐蛋白酶被分离纯化,主要有*Halobacterium*、*Haloferax*、*Natrococcus*和*Natrialba*等属的有关菌株。嗜盐菌的酶对盐的适应性可以分为3类。第1类为不加盐时,酶活性最高,加盐就受到抑制。在这类嗜盐菌中可能存在某些保护机制,通过对解藻酸弧菌(Vibrio Alginolyticus)的研究,高浓度的K^+可作为保护因子对盐抑制起作用。第2类为不加盐时有一定活性,加盐后酶活力进一步加强,最适盐浓度低于细胞内离子浓度,过高的盐浓度会使酶活性受抑制。第3类为不加盐时几乎不显示酶活性,由于盐的作用而使酶强烈活化。

4.1.2　理化性质

1. 嗜盐丝氨酸(Ser)蛋白酶

目前已报道的嗜盐Ser胞外蛋白酶活性和稳定性都依赖于盐的浓度,但是这些嗜盐蛋白酶在盐浓度太高的条件下也会失去活性。从*Natrinema*属的嗜盐菌中分离并纯化了胞外嗜盐蛋白酶,分子量在62 kDa。该酶受PMSF的抑制,属于中温Ser蛋白酶。在37 ℃,3 mol/L NaCl的条件下测得该酶的最适pH值为8.0,但是pH值为9.0时仍能保持很高的活性。在3 mol/L的NaCl条件下,pH值为8.0的条件下,测定不同温度下该酶的活性,该酶在45 ℃条件下的活性最高,在50～60 ℃也能显示比较高的酶活。另外该酶在浓度为1.5～4.0 mol/L的NaCl中均能保持一个较高的水平,但是在3 mol/L的NaCl中的酶活性最高。

Natrinema sp. R6－5胞外嗜盐蛋白酶不仅在高盐条件下能维持高活性并十分稳定,而且具有较高和较广的pH、盐浓度和温度的适应性。酶在高盐条件下,至少可以维持3个月以上的完全活性,发酵液的上清则可以维持2年以上的活性,相对来说它是一种很稳定的嗜盐酶。此外,我们的研究还发现该酶对许多有机溶剂和变性剂具有很强的抗性。从现有的蛋白酶数据库中只有3个相关的已确定的胞外嗜盐蛋白酶基因序列,得到更多的基因序列可以根据结构特点更加深入地理解嗜盐蛋白酶的性质。因此,克隆该嗜盐蛋白酶的基因,从其序列和结构方面研究它在高盐条件下具有高活性、高稳定性的机

制，为该酶的实际应用提供理论基础和新的、有价值的资源。

Halobacillus sp. SR5－3 菌分离于鱼酱中，产生蛋白酶的分子量为 43 kDa。研究发现该酶为胰凝乳蛋白酶和枯草杆菌蛋白酶相关的 Ser 蛋白酶，该酶对底物中 P2 位置含有异亮氨酸(Ile)的底物具有特异性。该酶在 50 ℃、pH 10，具有最佳的酶活性，并且该酶在(温度为 50 ℃以内，pH 5～8 的范围内具有很好的稳定性。如果在酶液中加入 $CaCl_2$，该酶的热稳定浓度能提高到 60 ℃。以 N－succiny－Ala－Ala－Pro－Phe－MCA 为底物，如果 NaCl 的浓度增加到 20%～35%，与无 NaCl 的情况相比，酶活还能增加 2.5 倍左右，该酶在 NaCl 中具有较高的稳定性。通过 N 端氨基酸测序并通过与数据库 DDBL 中的比对，确定该酶与 *Bacillus* sp. Ak. 1 产生的 36.9 kDa 的 Ser 蛋白酶的相似性达到 87%。另外 Ser 蛋白酶抑制 PMSF，胰凝乳蛋白酶抑制剂、微生物碱性蛋白酶抑制剂(MAPI) 能够完全抑制该酶的活性，而 Cys 蛋白酶抑制剂 E－64 只能抑制 10%～15% 的酶活性，金属蛋白酶抑制剂 EDTA－2Na，对其没有抑制作用，因此 SR5－3 产生的蛋白酶为 Ser 蛋白酶。

菌株 *Virgibacillus* sp. SK33 菌分离于泰国的鱼肉香肠中，该菌能够产生 Ser 蛋白酶，在高盐条件下具有稳定性，并具有酶活性，该蛋白的等电点(PI)是 4.8 左右，分子量大约是 19 kDa。该酶随着温度的增加，酶活性增加，最适温度为 55 ℃，最佳酶活的 pH 值为 7.5。该酶随着 NaCl 浓度的增加，酶活性增加，当 NaCl 的浓度达到 10% 时，达到最大值。NaCl 浓度增加到 25% 时，酶活为无盐条件下的 4 倍。该蛋白酶受到 PMSF 的完全抑制，而金属离子 Ca^{2+}，Sr^{2+} 和 Mg^{2+} 不但没有抑制该酶的活性，反而增加了酶活，当 Ca^{2+}，Sr^{2+} 和 Mg^{2+} 的浓度增加到 100 mmol/L 时，酶活增加 2 倍。这些离子可能是通过改变酶活中心结构的变化，进而导致酶活性的影响。纯化的蛋白酶对底物 Suc－Ala－Ala－Pro－Phe－AMC，具有专一的水解特性，那就意味着在酶活中心的 P1 位置存在 Phe，在 P2 的位置含有 Pro。

2. 嗜盐中温碱性蛋白酶

Halobacillus sp. LY6 是 1 株高产胞外蛋白酶的活性菌株，酶活性高达 102.5 U/mL，属于典型的中温碱性蛋白酶，而且 LY6 所产蛋白酶适应的 pH 范围和盐度范围更广，在强碱性条件下(pH 12.0)依然保持高活性，在 NaCl 浓度为 1%～15% 的范围内酶活保持相对稳定。金属离子 Cu^{2+} 和 Ca^{2+} 对蛋白酶具有明显的激活作用，酶活性提高 20%～80%，这主要是由于金属离子与酶的结合对维持酶最佳活力构象具有重要作用。有研究表明该酶的活性中心中可能存在 Ser 和 His 残基；乙二胺四乙酸(EDTA) 可使酶活性明显降低，表明该酶的催化作用可能需要金属离子参与。然而常见的变性剂 SDS 对酶活性的影响不大，表明该蛋白酶具有良好的稳定性。综合以上分析，*Halobacillus* sp. LY6 所产蛋白酶可能属于一种碱性金属蛋白酶，同时 Ser 和 His 的存在对酶活性作用非常重要。

另外，*Pseudoalteromonas ruthenica* CP76 菌株分离于西班牙的韦尔瓦省克里斯蒂娜岛(Isla Cristina)的一个盐厂，这株菌能够产生胞外蛋白酶 CPI 分子量为 38.0 kDa，CPI 蛋白酶在 55 ℃、pH 8.5 的条件下具有最佳活性，在 0～4 M 的 NaCl 的浓度中具有很好的稳定性。在 pH 6～10 的范围内，该酶具有稳定的活性，其 N 末端序列测定为 CPI (ADATG-PGGNQKTGQYNY)，类似于中温蛋白酶，SW10 脱脂乳平板实验表明，CP76 菌株能够产生嗜盐性的胞外活性蛋白酶。

3. 嗜盐金属蛋白酶

Salinivibrio sp. strain AF - 2004 能够产生具有金属蛋白酶活性的蛋白酶。在 NaCl 浓度为 1% ~17% (w/v)的范围内生长良好,最佳的生长条件为 5% (w/v) 的 NaCl,在没有 NaCl 的培养基中不会生长。该菌株在温度为 60 ℃的条件下,含有 1% NaCl 的培养基中产酶活性达到最高值,同样在 1% NaCl 的培养基中,温度为 50 ℃和 70 ℃的条件下,酶活分别下降 18% 和 41%,说明该酶对温度要求相对高。同样在 50 ℃的条件下,该酶在 1% ~10% 的 NaCl 浓度中,该酶具有稳定性。另外该酶在 pH 5 ~10 的范围内具有稳定性,在 pH 8.5 的条件下,酶活性最高,该酶受到 EDTA 的抑制,因此该酶为金属蛋白酶。

4.1.3　酶活特殊性的结构基础

嗜盐蛋白酶中的 Thr 和 Ser 的含量也比非嗜盐酶的高,它们占据的位置可以防止电荷争夺效应。相反地,嗜盐酶表面的 Lys 残基数量却较少。这种组成及序列排列可以增加酶蛋白整体的负电荷数,减少酶表面的疏水部分。另外,在酶表面二聚体间的界面上形成了 18 个氨基酸电子对簇,使嗜盐酶有较高的热稳定性。嗜盐酶蛋白往往有一个稍微疏水的核。嗜盐酶内核的疏水性较弱可能是进化的结果,这样可以保护酶不被 NaCl 盐析出。研究证明在高盐条件下,酶利用培养基对底物的盐析性质,使底物容易到达酶的活性中心。

4.1.4　制备技术

采用 Bacitracin - Sepharose 4B 亲和层析的方法纯化胞外嗜盐蛋白是常用的方法,将粗酶液在 37 ℃的条件下保温 2 h,用 pH 8.0 的 10 mmol/L Tris - HCl,10 mmol/L $CaCl_2$和 3 mol/L NaCl 缓冲液透析。然后将离心后的酶液加到平衡过的 Bacitracin - Sepharose 4B 亲和柱上,用 10 mmol/L Tris - HCl,10 mmol/L $CaCl_2$和 3 mol/L NaCl 缓冲液再洗涤,除去杂蛋白后用洗脱缓冲溶液洗脱,对具有酶活性的部分进行 SDS - PAGE 分析。

另外,研究嗜盐酶的结构与功能并在实际中得以应用需要有足够量的酶蛋白。对于表达量较小的嗜盐酶而言,提高酶产量最常用的方法是克隆相应酶基因,然后在异源宿主菌中实现大量表达。嗜盐菌基因在 *Escherichia coli* 等宿主中的异源表达是在低离子强度下发生的,这一条件会使嗜盐酶发生错误折叠或聚集而失活。在尿素等变性剂存在时嗜盐酶蛋白发生解折叠或溶解,通常在 NaCl 中可以进行复性,得到与天然酶相似性质的活性蛋白。由于嗜盐酶基因异源表达后酶可能失活,人们寻找可以代替大肠杆菌的宿主系统,研究者利用成熟的基因工程手段建立了一个表达体系,使天然条件下嗜盐蛋白酶能够在嗜盐古菌 *Haloferax volcanii* 中进行高效表达和纯化。

4.1.5　工业中的应用

蛋白酶在生命过程中承担重要的功能,比如胞内非正常蛋白的清理、转录因子的调控、前体的加工、发育和分化控制、调节细胞周期和凋亡。此外,蛋白酶在生物技术和工业上也有广泛的应用,比如广泛应用于洗涤剂、食品、医药、制革、纺织及废物处理等工业领域。从嗜盐菌中提取的酶可被应用于工业中需要高盐浓度的反应中，如酱油的生产中，酱油的发酵必须在 18% NaCl 溶液中、pH 为 5.5 的条件下来防止污染，但是这种高盐浓度影响了添加剂谷氨酰胺酶的活性。从接合酵母、藤黄微球菌和枯草杆菌中分离的耐盐的谷氨酰胺酶就解决了这个问题。嗜盐蛋白酶具有耐盐的优良特性，使其在皮革制品工业、环境保护、纺织工业等领域以及催化在水溶液中不能发生的转酯作用和多肽制备等特殊应用中具有重要的潜在应用价值。

4.2 高盐环境中的活性酯酶

4.2.1 分布

在自然界中能产酯酶的微生物资源非常丰富，从分类上看主要是真菌，其次是细菌，主要集中在芽孢杆菌属、假单胞菌属以及伯克霍尔德菌属等，另外放线菌的个别种类也产生酯酶。

脂肪酶（Lipase EC 3.1.1.3）也称酰基甘油水解酶（Acylglycerol Hydrolases），广泛存在于原核生物（如细菌）和真核生物（如霉菌、哺乳动物、植物等）中。Baratti 等 2006 年首次报道了来源于嗜盐古生菌 *Natronococcus* sp. TC6 的嗜盐脂肪酶。张萌等从盐湖分离到一株嗜盐脂肪酶高产嗜盐古生菌 *Haloterrigena thermotolerans* Z4，并首次对其分泌的胞外嗜盐脂肪酶性质进行了初步研究，为进一步开展嗜盐脂肪酶的应用研究奠定基础。

4.2.2 理化性质

1. 嗜盐酯酶

来自盐场卤水池中的中度嗜盐菌 *Idiomarina* DF – B6 能够降解 Tween20 分泌酯酶。该酶对底物硝基丁酸酯类物质反应特异性相对较高。用 0.05 mol/L Tris – HCl 缓冲溶液（pH 8.0）配制不同 NaCl 浓度的反应液（1%、3%、5%、8%、10%、12% 和 15%），反应温度为 50 ℃，底物为对硝基丁酸酯，测定不同 NaCl 浓度条件下的酶活力，结果发现 NaCl 浓度为 8% 时酶活的相对活性最高。该酶在 pH 7.0 ~ 10.5 范围内，活性稳定。用 0.05 mol/L Tris – HCl 缓冲溶液中加入不同种类的金属离子母液，使各金属离子浓度均为 10 mmol/L。反应温度为 50 ℃，底物为对硝基丁酸酯，结果发现 Mg^{2+}、Ca^{2+} 和 Mn^{2+} 对酶活有激活作用，Zn^{2+}、Fe^{3+} 和 Cu^{2+} 则对酶反应有抑制作用。

2. 嗜盐脂肪酶

嗜盐菌 *Natronococcus* sp. TC6 产生的脂肪酶在 NaCl 浓度为 4 mol/L 的条件下对长链底物硝基苯酚十六酸酯（p – NPP）具有水解能力，当 NaCl 不存在时，该酶不具有活性，表明该酶对 NaCl 具有专一的依赖性，而且酶活在 50 ℃和 pH 7.0 的条件下具有最佳的酶活。该酶具有很高的热稳定性，在 50 ℃保持 60 min 后，酶活性能保持 90%，如图 4.1(a) 所示，即使在 70 ℃保持 60 min，酶活仍能保持 60%，在低温范围内，NaCl 对其酶活影响很小。但是当温度升高到80 ℃以上的时，NaCl 对酶活的影响就会非常显著，NaCl 存在，酶活能保持在48%，如果没有添加 NaCl 的酶活仅为23%，几乎要差2倍。另外，盐能够影响到该脂肪酶的热稳定性，如图4.1(b)所示，同样在80 ℃的条件下，加入4 mol/L 的 NaCl，p－NPP 的水解活性下降到50%需要75 min；而如果不加入 NaCl，35 min 后 p－NPP 的水解活性就会下降到50%。该酶受抑制剂 PMSF 的抑制，因此该酶的活性中心可能存在 Ser。其他抑制剂如 EDTA、DTT、$HgCl_2$、SDS 等对该酶的水解活性都没有明显的影响作用。

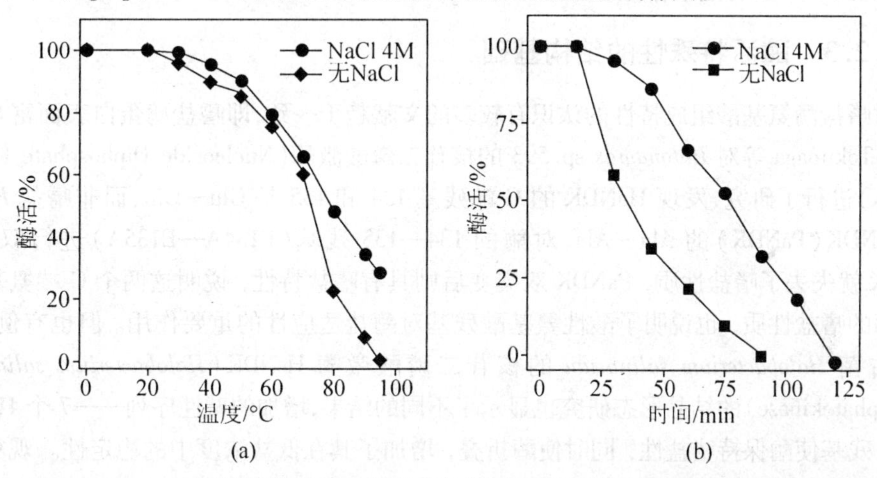

图4.1　*Natrono coccus* sp. TC6 产生的嗜盐脂肪酶在不同温度(a)和不同时间内对 NaCl 的耐受性(b)

Haloterrigena thermotolerans Z4 菌株的产酶过程属于生长偶联型，所产脂肪酶为组成型酶，*Haloterrigena thermotolerans* Z4 利用多种诱导物可以提高产酶量，有机氮源和有机碳源有利于菌株生长和产酶。最适产酶条件为 pH 8.0、50 ℃和 NaCl 3.5 mol/L。以1%橄榄油为诱导物发酵产酶，产酶达到25 U/mL，较初始酶活提高近2.5倍，远高于 *Natronococcus* sp. TC6 已报道的50 U/L。金属离子 Ba^{2+}、Fe^{2+}和 Cu^{2+}(20 mmol/L)对酶有激活作用，酶活不同程度地提高了20%～30%，PMSF 完全抑制该酶的活性；该酶受到 EDTA、SDS 和 DMSO 的抑制，酶活下降了20%～30%。Z4 脂肪酶对 NaCl 有较高的依赖专一性，高浓度 NaCl 对于提高该酶的热稳定性有一定作用。醇类对提高嗜盐脂肪酶的热稳定性有一定的作用，其中丙三醇的效果最好。*Haloterrigena thermotolerans* Z4 脂肪酶对短链底物对硝基苯酚丁酸酯(p－NPB)最适水解条件为：pH 8.0、70 ℃和3.5 mol/L NaCl；对长链底物对硝基苯酚十六酸酯(p－NPP)最适水解条件为：pH 8.0、80 ℃、2.5 mol/L NaCl，且在最适条件下对长短链底物的水解活力相近，可见其底物差异性不大。与 *Natronococcus* sp. TC6 嗜盐脂肪酶相似，Z4 菌株嗜盐脂肪酶兼有耐热特点，而且高浓度 NaCl 对于提高其热稳定性有一定作用，不同的是 Z4 菌株嗜盐脂肪酶在无盐条件下发生不可逆变性，该酶对 NaCl 有较高的依赖专一性，至少需要0.5 mol/L NaCl 维持其活性，Z4 菌株嗜盐脂肪酶可以在更广的盐浓度范围内维持高活性，而且具有更高的作用温度，为其在更苛刻的环境中发挥作用提供了条件。Z4 嗜盐脂肪酶不仅具有催化酯水解的功能而且具有嗜盐耐热的特点，既丰富了脂肪酶种类又为生物化学和酶学研究作出贡献。

3. 嗜盐碱性膦酸脂酶

从 *Halomonas* sp. 593 中纯化的嗜盐碱性膦酸脂酶的 N 末端含有较多的酸性氨基酸。

而且这种嗜盐碱性膦酸脂酶对 SDS 具有一定的耐受性。另外这种碱性磷酸酶对 NaCl 具有一定的依赖性，至少需要 0.3 mol/L 的 NaCl 来维持酶的稳定性。通常在低盐浓度下就会失去酶活，但是加入高浓度的盐后，该酶的活性还能回复。该酶的最佳反应温度为 37 ~ 50 ℃，如果温度提高到 60 ℃，5 min 后，该酶的活性会失去 80%，最佳的酶活 pH 为 10.5，通常 pH 在 6.0 ~ 11.0 范围内该酶的活性是稳定的。另外 Mg^{2+}、Mn^{2+} 能够增加该酶的活性，Zn^{2+} 没有这个作用。

4.2.3 酶活特殊性的结构基础

对嗜盐酶氨基酸组成特性的认识有较多的文献趋于一致，即嗜盐酶蛋白表面富含酸性残基。Tokunaga 等对 *Halomonas* sp. 593 的核苷二磷酸激酶(Nucleoside Diphosphate Kinase, HaNDK)进行了研究，发现 HaNDK 的 C 端残基 134 和 135 是 Glu—Glu，而非嗜盐 *Pseudomonas* NDK(PaNDK)的 Ala—Ala，对酶的 134—135 残基(E134A—E135A)进行双突变，HaNDK 就失去了嗜盐性质，PaNDK 双突变后则具有嗜盐特性，说明这两个 C 端氨基酸决定了酶的嗜盐性质，也说明了酸性氨基酸残基对酶盐适应性的重要作用。但也有例外，对嗜盐古菌 *Halobacterium salinarum* 的核苷二磷酸激酶 HsNDK(*Halobacterium salinarum*, Diphosphatekinase)的结晶形态研究也显示了不同的结果，增加的碱性序列——7 个 His 和 1 个 Arg 残基使酶保持嗜盐性，同时使酶折叠，增加了其在低盐浓度中的稳定性。观察到的嗜盐 NDKs 在低盐下稳定，说明它们起源于非嗜盐 NDKs。在三维结构中，HsNDK 末端的相互位置很近，N 端负电荷可能被额外的 Arg 或 His 残基覆盖，这可能是在胞质的低盐环境中酶保持溶解性和活性的原因。

另外菌株 *Haloarcula marismortui* 产生的嗜盐酯酶 LipC 可以在 *Escherichia coli* BL21 中过量表达，研究了其在高盐浓度下的溶液特性及活性。通过圆二色谱(Circular Dichroism, CD)、动态光散射(Dynamic Light Scattering, DLS)及小角中子散射(Small Angle Neutron Scattering, SANS)分析了 LipC 在高盐浓度下溶液中的物理状态，CD 测定表明在最适盐度下酶有最高的 α 螺旋结构，盐度偏离最适条件，二级结构显著减少，酶活性也下降，说明 α 螺旋结构与酶活性相关，SANS 分析揭示了最适盐度下酶有较高比例的单聚体和二聚体，同时随盐度增加集合体的大小增加，这与 DLS 的研究数据一致。

4.2.4 制备技术

培养一定量的产生嗜盐脂肪酶的菌体，离心收集菌体，放在含有 0.3 mol/L 的 NaCl、pH 8 的 50 mmol/L 的 Tris - HCl 缓冲液中进行超生提取，并测定其脂肪酶的活性。然后将具有脂肪酶活性的粗提液放在含有 0.3 mol/L 的 NaCl、pH 8 的 50 mmol/L 的 Tris - HCl 缓冲液中透析，透析液上 Q Sepharose Fast Flow 柱(1.6 cm × 10 cm)上进行分离，用 pH 8 的 50 mmol/L 的 Tris - HCl 缓冲液，其中的 NaCl 浓度由 0.3 mol/L 到 1.0 mol/L 进行线性梯度洗脱，收集 NaCl 浓度为 0.45 ~ 0.48 mol/L 的部分上 Superdex 200 柱(1.6 cm × 10 cm)进一步分离，并用 0.3 mol/L 的 NaCl、pH 8 的 50 mmol/L 的 Tris - HCl 缓冲液进行洗脱，将具有脂肪酶活性的部分进行 SDS - PAGE 测定分子量及纯度，最后进行 N - 端测序比对，确定其属性。

4.2.5　工业中的应用

脂肪酶是一种重要的工业用酶,广泛应用于食品、轻纺、皮革、香料、化妆品、洗涤剂、有机合成、医药等领域。20 世纪 80 年代,美国科学家发现该酶在近无水的有机溶剂中不仅能保存其催化活力,而且还获得许多新的催化特征。而由嗜盐菌产生的脂肪酶则可能在高盐、高 pH 及较高温度下具有催化活性,并且在有机溶剂中具有催化活性,因此应用会更加广泛。

4.3　高盐环境中的活性糖酶

4.3.1　分布

高盐环境中的活性糖酶主要包括淀粉酶、纤维素酶和木聚糖酶等。这些嗜盐活性糖酶最主要来源于嗜盐微生物。目前报道的产生嗜盐淀粉酶的菌株有 *Micrococcus halobius*(微球菌)、*Acinetobacter*(不动杆菌属)、*Micrococcus varians* subsp. *halophilus*(易变微球菌嗜盐变种)、*Halobacterium halobium*(嗜盐古菌)*Halobacterium sodomense*(苏打盐杆菌)、*Natronococcus* sp. Strain Ah－36(盐碱球菌属)等。从 1833 年淀粉酶被分离出来,至今已对其作了大量的研究,Nachum 和 Baretholomew 报道了嗜盐杆菌产生的淀粉酶及一般特性,Good 和 Hartman 研究了盐生盐杆菌淀粉酶的性质。田新玉等人从我国内蒙古自治区察汗卓碱湖中分离到一株能产胞外嗜盐碱性淀粉酶的极端嗜盐嗜碱杆菌,并对其产酶条件和酶性质进行了初步研究,但对于极端嗜盐菌所产的淀粉酶性质研究的较少。对极端嗜盐菌淀粉酶的研究将有助于阐明嗜盐菌对极端环境的适应和酶在极端环境下,特别是高盐浓度下保持活性的机理,并可能提供新型的能耐高盐的工业用淀粉酶。木聚糖的酶广泛存在于真菌、放射菌和细菌中。一些重要的产酶菌体有:*Aspergilli*(曲霉)、*Trichodermi*、*Streptomycetes*(链霉菌)、*Phanerochaetes*(普哈哈特属)、*Chytridiomycetes*(壶菌)、*Ruminococci*、*Fibrobacteres*、*Clostridia*(梭状芽孢杆菌)和 *Bacilli*(杆状菌)等。这些菌株在中度盐环境中(NaCl 或 KCl)能够分泌嗜盐淀粉酶,而这种嗜盐淀粉酶也必须在盐环境中才能具有活性。

4.3.2　理化性质

1. 嗜盐淀粉酶

Haloferax mediterranei R4 是从地中海分离得到的一株极端嗜盐古生菌,属于富盐菌属(*Haloferax*)。该菌在适当条件下可以产胞外淀粉酶,此酶需要高浓度 NaCl 维持其活性及稳定性,在 NaCl 浓度为 2～5 mol/L 时维持较高活性。在 NaCl 浓度为 3.5 mol/L 时该酶的最适反应 pH 为 6.0～7.0,最适反应温度为 50 ℃,且最适反应温度与 NaCl 浓度有一定的相关性。

Ca^{2+} 对酶反应活性有影响,属于钙金属酶。用 KCl 代替 NaCl,该酶可以保留约 50%

活性，而用 Na_2SO_4 代替 NaCl 则完全失活。绝大多数报道的嗜盐菌淀粉酶都需要一定的盐浓度来保持活性。酶在高盐浓度下仍可保持活性的原因可能与其蛋白内含有较多的酸性氨基酸以及与水分子有较强的相互作用有关，但其机制至今尚未十分明了。

Halomonas meridiana DSM 5425 能够产生胞外淀粉酶，在 5% 的盐和淀粉中的产酶量最高，产生的酶，终产物中没有葡萄糖。α－淀粉酶在 37 ℃、10% NaCl 中的酶活性最高，当盐的浓度达到 30% 时，酶活性依然存在，说明该酶对盐具有耐受性。麦芽糖和麦芽三糖是分解淀粉的终产物。该酶的最适 pH 为 7.0，在偏碱性的条件下相对稳定，当 pH 达到 10 时，还能保留 40% 的酶活性。但是在酸性条件下，即 pH 7.0 和 3.0 条件下，酶活会降低 90%；另外，该酶水解淀粉的产物主要是麦芽糖。

Halobacillus sp. strain MA－22 在高温和高盐的条件下能够产生胞外淀粉酶。在 NaCl 浓度为 5% 的条件下，产生了最高的酶活性（2.4 U/mL）。产酶的最佳 pH、温度分别为 7.5～8.5 和 50 ℃。不同碳源糊精、淀粉、麦芽糖、乳糖、葡萄糖、蔗糖研究对该菌株产生淀粉酶的影响中，发现利用糊精产酶的活性最高（3.2 U/mL）。不同金属离子对产酶影响研究发现，当培养基中含有 100 mmol/L 的砷时，产生淀粉酶的活性最高（3 U/mL）。

新疆盐碱地土壤中分离出一株有淀粉酶活性的嗜盐菌株，通过 16S rDNA 序列分析并结合生理生化特性研究，可以确定为 *Halobacillus* 属，因此命名为 *Halobacillus* sp. SCUL-CB HVA－10。产生的淀粉酶活性与其生长呈正相关，在 0%～15% 的 NaCl 浓度中酶活最高，达到 600 U 以上。

2. 嗜盐木聚糖酶

木聚糖酶（E. C. 3.2.1.8）是植物细胞壁的主要成分之一，属于非淀粉多糖，是一种降解木聚糖的主要酶，降解木聚糖为木聚寡糖或木糖。已经在细菌、真菌、放线菌、酵母菌中发现了木聚糖酶。作为分解木聚糖的专一降解酶，目前发现多种微生物可以产生木聚糖酶，研究较多的是丝状真菌，如木霉属、曲霉属等；也有少数细菌产木聚糖酶，这其中就包括中度嗜盐菌。

从西藏扎布耶茶卡盐碱湖中分离到一株产木聚糖酶的嗜碱菌（*Bacillus* sp.）ZBAW6。该菌株分离到的木聚糖酶在高温、高盐、碱性条件下具有较高的酶活性，该酶在 pH 5.5～10.0 范围内均具有较高酶活，而小于 pH 5.5 及大于 pH 10.0 时酶活迅速下降；酶在50～75 ℃具有较高的活性，最适反应温度为 65 ℃。NaCl 浓度小于 20% 时对酶活性有一定促进作用，当 NaCl 浓度大于 20% 后随着盐浓度增高酶活性逐渐下降；大部分金属离子和 EDTA、SDS 对酶活性的影响不显著，Mn^{2+} 略有抑制作用，而 Hg^{2+} 对酶活性有强烈的抑制作用。分别以淀粉、纤维素、木聚糖、CMC 为底物进行反应，结果表明该酶仅对木聚糖有降解作用。对该菌株产生的木糖酶分离纯化，鉴定为木聚糖酶。另外中度嗜盐菌产木聚糖酶的最佳培养条件为：液体种子接种量为 6%，温度为 35 ℃、pH 值 7、培养时间为4 d 时木聚糖酶的产量最高。由中度嗜盐菌产生的木聚糖酶在盐碱环境依然能保持活性，很大程度上拓宽了木聚糖酶的应用范围，对于解决目前木聚糖酶生产存在的稳定性差、产量低、成本高等问题有着重要的指导意义。

4.3.3　酶的结构

Tan 等对来自 *Halothermothrix orenii* 的嗜盐、热稳定的 α – 淀粉酶——AmyB 的结晶结构进行研究,发现 AmyB 除具有 13 族糖苷水解酶(Glycosidehydrolase)的典型结构外,还有一个额外的 N 端区，形成一个大的凹槽:N – C 凹槽。对 AmyB 和除去 N 端区的 AmyB 结构及生化性质进行分析，表明 N 端能够提高酶对粗淀粉的结合能力,而且理论模型显示 N – C 凹槽可以在空间和化学结构上容纳类似 A – 淀粉类的大分子底物。

木聚糖酶含有带 2 个谷氨酸盐残基(Glu)的异头构型(Anomeric Configuration)(异头物:还原碳原子通过含氧环的形成而发生空间异构时产生的 α 和 β 型糖)。木聚糖酶的水解属于双置换机制,双置换机制中有个共价的糖基酶中间体形成,随后又有构象转位状态的环内碳正离子被水解。2 个羧酸残基正好位于活性中心,羧酸残基参与糖基酶中间体的形成,1 个通过使底物质子化而作为总酸催化，第 2 个扮演着亲核攻击的角色,活化脱离的基团并形成 α – 糖基酶中间体。

4.3.4　制备技术

活性糖酶的纯化过程通常如下:粗提酶液经硫酸铵分级沉淀后,将沉淀物用 pH 7.6 的 10 mmol/L Tris – HCl 缓冲液溶解,透析脱盐后用 PEG – 8000 浓缩。然后将酶液加到 Cellulose DE – 52 柱上(2.5 cm × 25 cm),进行离子交换层析,用 0 ~ 1.0 mol/L NaCl (50 mmol/L Tris – HCl pH 7.6)进行线形梯度洗脱,同时测定各收集管洗脱液的酶活力;将上一步具有酶活性的峰收集并用 PEG – 2000 浓缩,然后将样品加到 50 mmol/LTris – HCl (pH 7.6)预平衡的 Bio – Gel P – 100 分子筛,用相同的缓冲液洗脱,测定各收集管酶活力及蛋白含量。

4.3.5　工业中的应用

纤维素酶能使不溶性纤维素材料水解成简单糖,进而发酵产生乙醇,广泛用于农业、食品、酿酒、纺织、再生能源以及环境治理等领域。中度嗜盐菌产生的酶在不同的盐度和温度下都能保持良好的活性，能满足工业操作单元中特殊的物理和化学条件。耐盐性纤维素酶用于处理纺织、造纸、腌制及酱制等工业废水时具有更大的优势。此外,为了减少在洗涤剂加工、储存及运输过程中酶活性的损失,也要求洗涤用纤维素酶同时具有耐碱性、耐热性和对表面活性剂不敏感的特性。

木聚糖酶有很多实际应用和潜在价值,在饲料、食品、纺织、造纸等行业有着广泛的应用前景。包括增加植物青饲料产率、果汁及酒类澄清、用于麻等植物纤维脱胶、用做禽畜饲料添加剂等。木聚糖酶最重要的用途是应用于造纸工业中代替氯化物进行生物制浆和生物漂白,可以降低大量有害有机氯化物如氯化二恶英和呋喃的排放,减少环境污染。另外利用嗜盐碱的 *Staphylocicus* 产生的木糖酶对农业生产中产生的秸秆等进行处理,可以使这些农业副产物得到更有效的利用。

4.4　高盐环境中的活性氧化还原酶

氧化还原酶是催化氧化还原反应的酶的总称。以氧为受体的称为氧化酶。尚有伴随着氧化而脱羧的酶,或产生的羧酸和磷酸结合成混合酸无水化合物的酶,它们都包括在氧化还原酶中。还有分别以过氧化氢作为受体的过氧化物酶、过氧化氢酶,以氢作为供体的氢化酶、加氧酶。

4.4.1　分布

过氧化物酶体是由一层单位膜包裹的囊泡,直径为0.5~1.0 μm,通常比线粒体小。它普遍存在于真核生物的各类细胞中,在肝细胞和肾细胞中数量特别多。过氧化物酶体的标志酶是过氧化氢酶,它的作用主要是将过氧化氢水解。过氧化氢(H_2O_2)是氧化酶催化的氧化还原反应中产生的细胞毒性物质,氧化酶和过氧化氢酶都存在于过氧化物酶体中,从而对细胞起保护作用。植物体中含有大量过氧化物酶,是活性较高的一种酶。它与呼吸作用、光合作用及生长素的氧化等都有关系。在植物生长发育过程中它的活性不断发生变化。一般老化组织中活性较高,幼嫩组织中活性较弱。这是因为过氧化物酶能使组织中所含的某些碳水化合物转化成木质素,增加木质化程度,而且发现早衰减产的水稻根系中过氧化物酶的活性增加,所以过氧化物酶可作为组织老化的一种生理指标。此外,过氧化物同功酶在遗传育种中的重要作用也逐步受到重视。嗜盐氧化还原酶主要在以下的微生物中有分布:*Rhodopseudomonas capsulata*(红假单胞菌属)、*Klebsiella pneumoniae*(克雷伯菌属)、*Chromatium vinosum*(光合细菌属)、*Salmonella typhimurium*(沙门氏菌属)、*Alkalophilic bacillus strain* YN-2000(嗜碱杆菌)和 *Halobacterium*(嗜盐杆菌属)等。

4.4.2　理化性质

1. 过氧化氢—过氧化物酶

过氧化氢—过氧化物酶具备2种蛋白酶的功能,过氧化氢酶是通过电子对的作用将 H_2O_2 分解为 O_2 和 H_2O,而过氧化物酶是通过单电子转移将不同的有机物转化为 H_2O_2。过氧化氢酶的分子量范围在225 000~270 000,含有4个相同的亚基,都含有亚铁血红素基团(Protoporphyrin IX)。pH 范围在5.0~10.5,该酶通常受3-氨基-1,2,4-三唑(3-Amino-1,2,4-Triazole)的抑制。

由菌株 *Halobacterium halobium* 产生的过氧化氢—过氢化物酶,在高盐浓度下同时具有过氧化氢酶和过氧化物酶(Peroxiodase)的特性。纯化的蛋白酶在 pH 6.0~7.5 范围内具有过氧化物酶的特性,而在 pH 6.5~8.0 范围内具有过氧化氢酶的特性。这2种酶最佳活性需要的 NaCl 浓度是不同的,其中过氧化物酶具有最佳活性的 NaCl 浓度为1 mol/L,而过氧化氢酶活性的最佳 NaCl 浓度为2 mol/L。过氧化氢酶在50 ℃具有最高的酶活性(见图4.2),其中在90 ℃时的酶活性比25 ℃时的酶活性高20%,说明该酶比较耐热。而过氧化物酶在40 ℃具有最佳的酶活,之后随着温度的升高,酶活会迅速下降。另外,KCN 和 NaN_3 能抑制该酶的活性,但是3-氨基-1,2,4-三唑并没有抑制该酶的活性,该酶的等电点 PI 为 3.8,分子量为 240 kDa。4 - 氨基安替比林(4 - Aminoantipyrine)、邻联二茴香胺(o - Dianisidine)、二氨基联苯胺(3,3′ - Diaminobenzidine)、抗坏血酸(Ascorbate)、烟碱酰胺腺嘌呤二核苷酸(NADH)和烟酰胺腺嘌呤二核苷磷酸(NADPH)都可以作为该酶的水解底物。

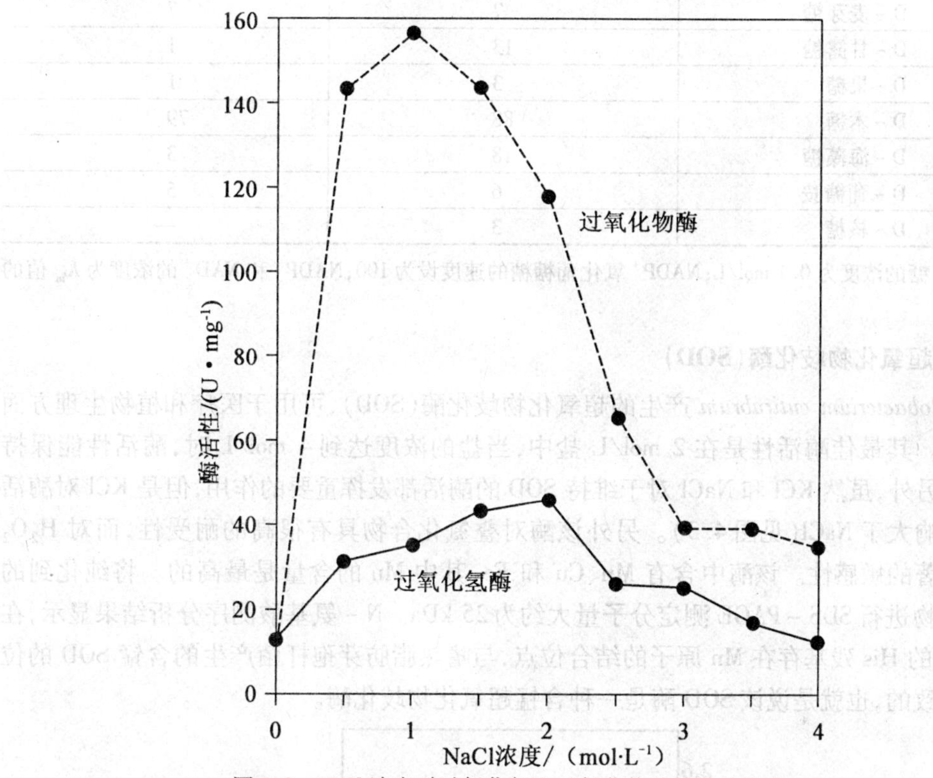

图 4.2　NaCl 浓度对过氧化氢和过氧化物酶活性的影响

2. 葡萄糖脱氢酶

由 *Haloferax mediterranei* R4 产生的嗜盐葡萄糖脱氢酶的活性依赖于一定的盐浓度,其中 NaCl 和 KCl 的浓度为 1.3 mol/L 时该酶达到最佳的活性,同时该酶的活性也依赖于二价离子的存在,其中 Mn^{2+}、Mg^{2+} 和 Ni^{2+} 都会显著提高该酶的活性,影响顺序为 $Mn^{2+} > Mg^{2+} > Ni^{2+}$。*H. mediterranei* 产生的葡萄糖脱氢酶在 NaCl 存在的情况下,对热具有很高的耐受性,其中温度超过 60 ℃,该酶依然具有活性。SDS - PAGE 测定该酶的分子量为 (53 +3) kDa。CTAB(阳离子) - PAGE 测定的分子量为(39 +4) kDa,说明该酶是个二聚体。另外,N - 氨基酸测序结果发现,该酶的氨基酸序列与 *Thermoplasma acidophilum* 产生的嗜热 NAD(P) - 相关的葡萄糖脱氢酶比较相近。

嗜盐葡萄糖脱氢酶对辅酶 NAD^+ 和 $NADP^+$ 都具有催化特性,在最佳的酶反应条件下,酶反应动力参数分别为 $K_m[NAD^+] = (1.2 + 0.3)$ mmol/L, $K_m[NADP^+] = (0.024 + 0.002)$ mmol/L, $K_m[\beta - D - glucose/NADP^+] = (3.9 + 0.2)$ mmol/L。在不同的糖底物作用下发现,当 NAD^+ 作为辅酶,只有 D - 木糖和 D - 葡萄糖以较高的速度被嗜盐葡萄糖脱氢酶氧化,见表 4.1。

表 4.1 嗜盐葡萄糖脱氢酶的底物和辅酶活性

底物/(mmol · L^{-1})	相对反应速率	
	辅酶($NADP^+$)	辅酶(NAD^+)
D－葡萄糖	100	26
D－麦芽糖	7	7
D－甘露糖	13	1
D－果糖	3	1
D－木糖	88	79
D－海藻糖	18	3
D－葡糖胺	6	5
D－核糖	3	—

所有糖的浓度为 0.1 mol/L;$NADP^+$ 氧化葡糖糖的速度设为 100;$NADP^+$ 和 NAD^+ 的浓度为 K_m 值的 5 倍。

3. 超氧化物歧化酶(SOD)

Halobacterium cutirubrum 产生的超氧化物歧化酶(SOD),可用于医疗和植物生理方面的研究。其最佳酶活性是在 2 mol/L 盐中,当盐的浓度达到 4 mol/L 时,酶活性能保持 75%。另外,虽然 KCl 和 NaCl 对于维持 SOD 的酶活都发挥重要的作用,但是 KCl 对酶活性的影响大于 NaCl(见图 4.3)。另外该酶对叠氮化合物具有很高的耐受性,而对 H_2O_2 具有显著的敏感性。该酶中含有 Mn、Cu 和 Fe,其中 Mn 的含量是最高的。将纯化到的 SOD 产物进行 SDS－PAGE 测定分子量大约为 25 kDa。N－氨基酸测序分析结果显示,在 27 位置的 His 残基存在 Mn 原子的结合位点,与嗜热脂肪芽孢杆菌产生的含锰 SOD 的位置是一致的,也就是说该 SOD 酶是一种含锰超氧化物歧化酶。

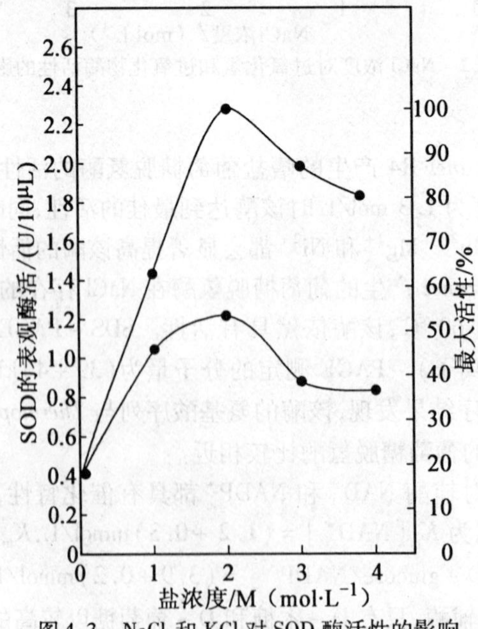

图 4.3 NaCl 和 KCl 对 SOD 酶活性的影响

4. 异柠檬酸脱氢酶

红皮盐杆菌(*H. cutirubrum*)产生的异柠檬酸脱氢酶,在低盐浓度时不具活性,用4 mol/L的 NaCl 透析,得到具活性的酶,这种酶最适盐浓度为0.5～1.5 mol/L,但在近 30%的 NaCl 中最稳定,即酶最大活性的 NaCl 浓度远低于这株菌生长所需的最适 NaCl 浓度。

4.4.3　酶活特殊性的结构基础

Binbuga 等在高盐溶液(3.5 mol/L NaCl)中利用 NMR 技术研究了嗜盐菌 *Haloferax volcanii* 的二氢叶酸还原酶(Dihydrofolate Reductase,DHFR)构象,结构计算表明蛋白质溶液的结构与以前确定的结晶结构类似,但在 β3 的 N 端及连接 β7 和 β8 的 β 转角处有所不同。Kastritis 等通过 DSSP(Definition of Secondary Structure of Proteins,蛋白质二级结构构象参数数据库)计算得到嗜盐古菌 DHFRs 结构模型 β 链的平均长度,并与 10 个由实验确定的非嗜盐 DHFRs 结构的平均长度作了对比。由检晶仪确定的结构中,嗜盐古菌 DHFRs 的 β 折叠比非嗜盐的 DHFRs 更为狭窄。β 折叠是酶的核心,说明它的形状及链的长度所表现的结构特性增强了盐适应性。来自嗜盐古菌 *Halobacterium volcanii* 的 DHFR 中,酶的结构与非嗜盐 DHFRs 非常类似,它包含混合的 β 折叠,由 8 个 β 链组成酶的核心被 4 个 α 螺旋和几个回折包围。对一来自盐沼的铁氧化还原蛋白(Ferredoxin)的核磁共振(Nuclear Magnetic Resonance,NMR)结构揭示,与非嗜盐的植物型(Plant－Type)铁氧化还原蛋白相比,它有 2 个额外的高酸性 α 螺旋,除去这一插入会导致其失去蛋白的嗜盐性质。

4.4.4　制备技术

1. 葡萄糖脱氢酶的纯化

Haloferax mediterranei R4(ATCC－33500)培养一定时间后,收集细胞,悬浮于 pH 为 6.6,含有 2.5 mol/L 的$(NH_4)_2SO_4$ 的 50 mmol/L 的磷酸钠溶液中(buffer 1),4 ℃进行超生提取。破碎液离心(10 500 × g,60 min),以下步骤都是在室温下操作。Sepharose－4B 柱(2.6 cm × 53 cm)先经过 buffer 1 平衡后,加入粗提液,葡萄糖脱氢酶用$(NH_4)_2SO_4$ 溶液进行梯度洗脱[750 mL 的 buffer 1 和 750 mL 的 50 mmol/L 的含有 0.5 mol/L 的$(NH_4)_2SO_4$ 磷酸盐缓冲溶液]。收集具有酶活性的部分进行 DEAE－cellulose(1.5 cm × 8.0 cm)柱分离,这个柱子也是预先用 buffer 1 进行平衡,加入分离样品后用,葡萄糖脱氢酶用 pH 为 7.3,含有 2.0 mol/L 的 NaCl 的 50 mmol/L 的磷酸钠溶液中进行洗脱。收集具有酶活性的部分在 4 ℃条件先进行透析,透析液 pH 为 7.4 的磷酸钠缓冲溶液,其中含有 20% (v/v)的甘油和 10 mmol/L $MgCl_2$(buffer 2),透析液为酶液的 100 倍,透析 3 次。然后进行 Blue－Sepharose CL－6B (2.5 cm × 10 cm)柱的分离,预先用 buffer 2 进行平衡,之后用 buffer 2 进行洗脱。收集具有葡萄糖脱氢酶活性的部分,行进透析,透析液 pH 为 7.4, 20 mmol/L Tris－HCl 缓冲溶液,其中含有 20% (v/v)的甘油和 10 mmol/L $MgCl_2$(buffer 3),透析液为酶液的 100 倍,透析 3 次。之后,进行 Red－120(Sigma)柱的分离,用含有 2 mol/L 的 NaCl 的 buffer 3 进行洗脱,这样纯化的葡萄糖脱氢酶在 4 ℃条件下可

以储存几个月，活性都会保持。各个纯化步骤的葡萄糖脱氢酶的特性见表4.2。

表4.2　从菌株 *Haloferax mediterranei* R4 中纯化的 NAD(P) - 葡萄糖脱氢酶

	蛋白总量/mg	酶活性/(U·mg^{-1})	浓缩倍数	产量
Haloferax mediterranei R4 菌株提取物	790	0.7		100
琼脂糖凝胶柱—4B(Sepharose—4B)	25	17	23	72
DEAE 纤维素柱(DEAE—Cellulose)	23	17	23	66
蓝色 - 琼脂糖凝胶柱(Blue—Sepharose)	1	190	271	33
红色—琼脂糖凝胶柱(Red—Sepharose)	0.2	550	786	19

2. SOD 的纯化

除了羟磷灰石色谱和凝胶过滤都是在20 ℃条件下完成的，其他步骤都是在4 ℃条件下完成的。所有的缓冲溶液中都含有 1 mmol/L 的 2 - 巯基乙醇。4 L 培养液通过离心(4 000 g,20 min)获得的菌体细胞，悬浮于40 mL 的含有3.0 mol/L 的硫酸铵的50 mmol/L 的磷酸钠缓冲溶液(pH 7.0)中，进行超生破碎，一次维持2 min，一共是5次。裂解液进行离心(44 000 g,12 h)，上清液进行透析4 h，离心(114 000 g,2 h)，上清液用2.5 mol/L 的硫酸铵溶解后，进行Sepharose CL - 4B(60 cm×2.6 cm)分离，预先用含有2.5 mol/L 的硫酸铵的50 mmol/L 的磷酸钠缓冲溶液(pH 7.0)平衡柱子，然后用700 mL 的缓冲溶液洗涤，然后用梯度的硫酸铵(2.25 ~1.40 mol/L)的磷酸盐缓冲溶液进行洗脱具有酶活性的SOD。预先用含有0.8 mol/L 的硫酸铵的50 mmol/L 的双(2 - 羟乙基)氨基(三羟甲基)甲烷缓冲溶液(pH 7.0)平衡柱子，具有酶活性部分收集后进行 DEAE - Sepharose CL - 6B 柱子(35 cm×2.6 cm)纯化，然后用400 mL 的缓冲溶液洗涤，用800 mL 的线性递增的 NaCl(0 ~8 mol/L)的双(2 - 羟乙基)氨基(三羟甲基)甲烷缓冲溶液洗脱具有酶活性的SOD。收集具有SOD酶活性的部分在4 mol/L NaCl 的50 mmol/L 的 Tris - HCl(pH 为7.2)中进行透析。透析过的酶装入羟磷灰石柱(7 cm×1 cm)，此柱经过4 mol/L NaCl - 10 mmol/L 磷酸钠(pH 为7.2)缓冲溶液平衡。然后分别用10 mL 的4 mol/L NaCl - 10 mmol/L 磷酸钠(pH 为7.0)、4 mol/L NaCl - 250 mmol/L 磷酸钠(pH 为7.0)、2 mol/L NaCl - 10 mmol/L 磷酸钠(pH 为7.2)进行洗涤，最后用2 mol/L NaCl - 300 mmol/L 磷酸钠(pH 为7.0)洗脱收集具有SOD酶活性的部分，并在4 mol/L NaCl - 50 mmol/L 的 Tris - HCl(pH 为7.2)中透析，透析液经过 PG - 8000 浓缩到1.4 mL，进行 Ultrogel AcA44(95 cm×1.6 cm)色谱柱的分离。各个步骤纯化的结果见表4.3。

表4.3　SOD 的纯化过程

纯化的进程	体积/mL	蛋白含量/mg	SOD*活性/U	比酶活/(U·mg^{-1})	产量/%	纯化因子
3M$(NH_4)_2SO_4$ 上清液	53.0	132	1 074	8.1	100	1
Sepharose CL - 4B	76.0	21	1 064	51	99	6.3
DEAE - Sepharose	47.5	14	1 045	75	97	9.2
羟磷灰石柱	1.4	4.3	946	220	88	27
Ultrogel AcA44 柱	9.0	2.5	850	340	79	42

酶活是在0.5 M 的 NaCl 中测定的。

4.4.5　工业中的应用

海藻嗜盐氧化酶在催化结合卤素进入海藻体内代谢中起重要作用,对化学工业的卤化过程有潜在的价值。同时还具有可利用的胞外核酸酶、淀粉酶、木聚糖酶等。有的菌体内类胡萝卜素、γ2 亚油酸等成分含量较高,可用于食品工业;有的菌体能大量积累PHB,用于可降解生物材料的开发。

第5章　低水分活度环境中的活性酶

从酶促反应与水分活度的关系来看，水分活度对酶促反应的影响是两个方面的综合，一方面影响酶促反应底物的可移动性，另一方面影响酶的构象。大多数酶类物质在水分活度小于0.85时，活性大幅度降低，如淀粉酶、酚氧化酶等。但也有一些酶例外，如酯酶在水分活度为0.3甚至0.1时也能引起甘油三酯或甘油二酯的水解。在水分活度更低、接近非水相体系中，许多酶的催化反应具有高度的立体选择性和区域选择性，例如，甘油酯水解酶能在异相系统中即在油—水的界面上起催化作用，可以催化甘油酯、硫酯键、酰胺键等的水解。工业生产中可利用非水相中完成酯化、交换酯化及转酯等反应，将廉价的油脂改良为具有特殊功能性质的高品位油脂。棕榈油在 Rhizopus dedemar 脂肪酶的作用下与硬脂酸或其甲酯进行酯交换，产物分离提纯后得到油脂的组成和性质与天然可可脂极为相似，该过程是非水相体系酶催化对油脂进行改良的典型应用。本章将对低水分活度环境中典型蛋白酶、酯酶、糖酶和氧化还原酶的分布、理化性质、制备技术和工业应用加以阐述。

5.1　低水分活度环境中的活性蛋白酶

胰凝乳蛋白酶是一种常见的在低水分活度下仍能发挥催化活性的蛋白酶。胰凝乳蛋白酶的活性中心有一个与水溶液显著不同的环境，被称为微环境，它是指酶的活性中心上的催化基团处于特殊的疏水反应环境。微环境下可影响酶与底物的结合，并影响催化基团的解离，使反应加速进行。研究表明，胰凝乳蛋白酶在100 ℃，非水相（正辛烷）中，酶稳定时间为80 min。

5.1.1　分布

胰凝乳蛋白酶（Chymotrypsin，EC.3.4.21.1）是一种 Ser 蛋白酶，又称糜蛋白酶、α－胰乳酶、α－糜蛋白酶，是胰腺分泌的一种蛋白水解酶，具有肽链内切酶的作用，能切断蛋白质肽链中 Tur、Phe 的羧基端肽链，专一水解芳香族氨基酸（Tyr、Trp、Leu）或大的非极性脂肪族侧链氨基酸的羧基形成的肽键。

胰凝乳蛋白酶的前体物质是胰凝乳蛋白酶原。胰凝乳蛋白酶原的激活过程如图5.1所示。

在胰脏中首先合成无催化活性的胰凝乳蛋白酶原，具有5对二硫键的单肽链蛋白，随着胰液分泌出去。在小肠中,受到胰蛋白酶或胰凝乳蛋白酶的作用,Arg15 - Ile16 形成高活性的 π - 胰凝乳蛋白酶,这种高活性的 π - 胰凝乳蛋白酶不稳定,它们再与其他的 π - 胰凝乳蛋白酶作用,使另一分子的 π - 胰凝乳蛋白酶失去 2 个二肽(Ser14 - Arg15 和 Thr147 - Asn148),形成稳定的 α - 胰凝乳蛋白酶。α - 胰凝乳蛋白酶由 3 条链组成,分别是 A 链、B 链及 C 链。A 链、B 链及 B 链、C 链分别通过一对二硫键连接。α - 胰凝乳蛋白酶的活性仅有 π - 胰凝乳蛋白酶的 2/5,酶活性中心的 3 个氨基酸残基 His57, Asp102 及 Ser195 分别来自 B,C 两链。

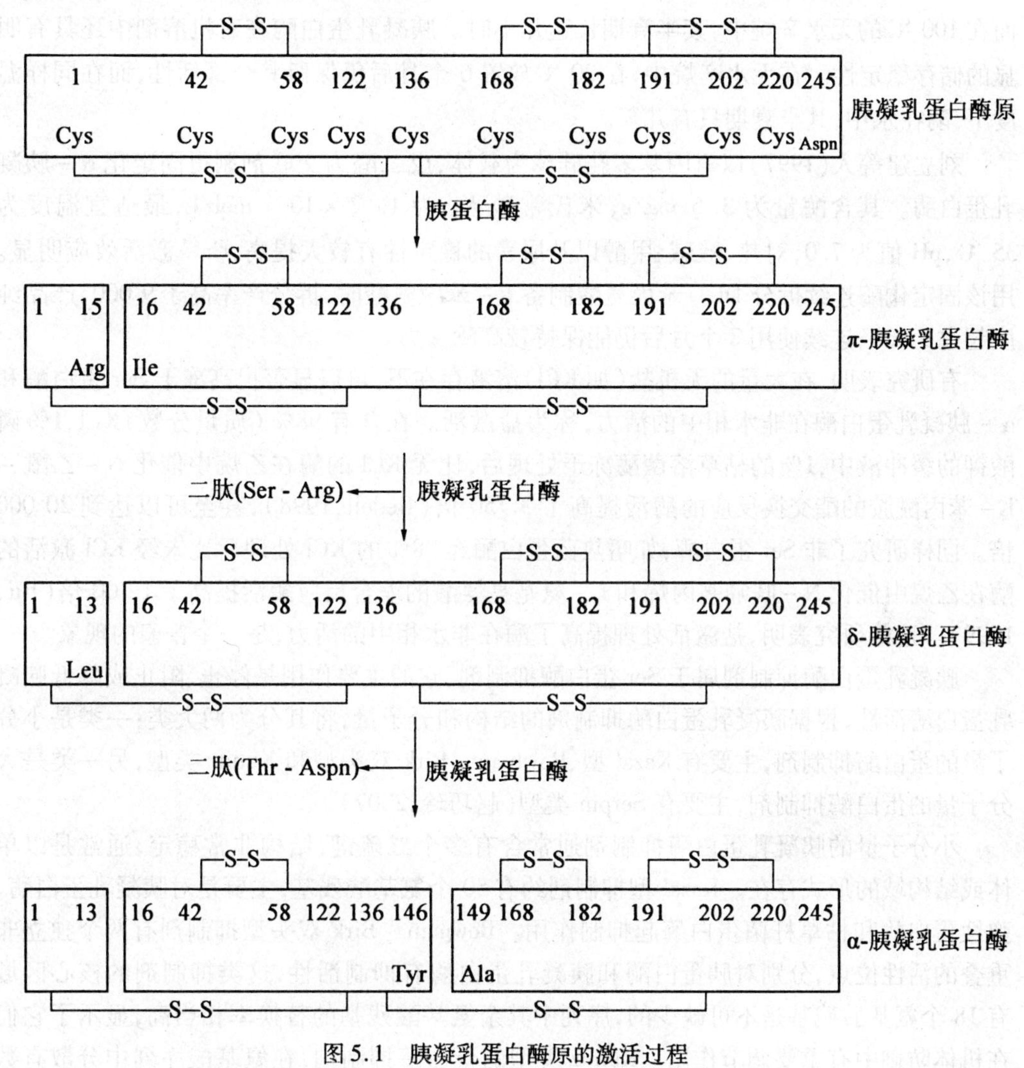

图 5.1 胰凝乳蛋白酶原的激活过程

5.1.2 理化性质

胰凝乳蛋白酶属于 Ser 蛋白酶,活性部位含有 Ser,这类酶几乎全是内肽酶。胰凝乳蛋白酶相对分子质量为 25 kDa,最适 pH 为 7 ~9,最适反应温度为 30 ~60 ℃。胰凝乳蛋白酶的催化活性中心是 His57,Asp102 及 Ser195 3 个氨基酸残基。

在研究 α - 胰凝乳蛋白酶在不同介质中稳定性发现，α - 胰凝乳蛋白酶在疏水性差异较大并且涵盖范围比较广的 4 种有机溶剂中(AcOE，DCM，Toluene，Cyclohexane)搅拌 24 h 后都能够保持较高的催化活性，说明 α - 胰凝乳蛋白酶在有机溶剂中具有较高的稳定性。研究还发现，α - 胰凝乳蛋白酶分别在 pH 10.0、5.0 和 7.0 的缓冲液中，搅拌 12 h 后的相对活力分别为 92.9%，31.2%，9.7%，可见 α - 胰凝乳蛋白酶在 pH 10.0 时稳定性最高，在 pH 5.0 其次，在 pH 7.0 时最低。

胰凝乳蛋白酶在水中热稳性差，在 60 ℃的水中，几分钟之内就发生了不可逆失活，而在 100 ℃的无水辛烷中，其半衰期长达几小时。胰凝乳蛋白酶在有机溶剂中还具有明显的储存稳定性。在无水辛烷中，在 20 ℃放置 6 个月后仍保留其全部活性，而在同样温度下，酶在水中，其半衰期只有几天。

刘立建等人(1997)以氨丙基多孔硅球为载体，戊二醛为交联剂制得固定化 α - 胰凝乳蛋白酶。其含酶量为 3.6 mg/g，米氏常数 K_m 为 1.2×10^{-3} mol/L，最适宜温度为 35 ℃，pH 值为 7.0，对热、酸碱、甲醇以及尿素的稳定性有较大提高，Ca^{2+} 激活效应明显。用该固定化酶连续拆分 DL - 苯丙氨酸制备 L - 苯丙氨酸时，拆分产率高于 9 000，产品纯度超过 9 600；连续使用 2 个月后仍能保持较高酶活力。

有研究表明，在大量的无机盐(如 KCl)溶液存在下，可以显著提高冻干 Ser 蛋白酶和 α - 胰凝乳蛋白酶在非水相中的活力，称为盐激活。在含有 98%(质量分数)KCl、1% 磷酸钾的缓冲液中，1% 的枯草溶菌酶冻干处理后，比无 KCl 的酶在乙烷中催化 N - 乙酰 - L - 苯丙酰胺的酯交换反应的酶活提高了 3 750 倍(Bedell，1998)，甚至可以达到 20 000 倍。同样研究了非 Ser 蛋白酶，如嗜热菌蛋白酶经 98% 的 KCl 处理后比未经 KCl 激活的酶在乙烷中催化 N - 呋喃基丙烯和 L - 氨基亮氨酸的缩合反应酶活提高了 1 700 倍(Ru，1999)。这些研究表明，盐激活处理提高了酶在非水相中的活力，是一个普遍的现象。

胰凝乳蛋白酶抑制剂属于 Ser 蛋白酶抑制剂，它的主要作用是停止、阻止或降低胰凝乳蛋白酶活性，根据胰凝乳蛋白酶抑制剂的结构和分子量，将其分为两大类：一类是小分子量的蛋白酶抑制剂，主要有 Kazal 型、Bowlnan - Birk 双头型和 Kunitz 类型；另一类是大分子量的蛋白酶抑制剂，主要有 Serpin 类型(赵巧玲，2007)。

小分子量的胰凝乳蛋白酶抑制剂通常含有多个二硫键，结构非常稳定，通常是以单体或结构域的形式存在。Kazal 型抑制剂约有 50 个氨基酸残基，主要是对胰凝乳蛋白酶、弹性蛋白酶和枯草杆菌蛋白酶起抑制作用。Bowman - Birk 双头型抑制剂有两个独立非重叠的活性位点，分别对胰蛋白酶和胰凝乳蛋白酶有抑制活性，这类抑制剂的核心区域有 18 个氨基酸残基是不可缺少的，序列中其余氨基酸残基的替换率相当高，显示了它们在机体防御中有重要调节作用。Kunitz 类型的蛋白酶抑制剂，在氨基酸序列中分散有数个 Cys 残基，形成几个二硫键，这种结构决定了它有较强的热稳定性和 pH 稳定性(赵巧玲，2007)。有学者在中国明对虾中发现 Kazal 型 Ser 蛋白酶抑制剂(黄明，2011)。

Serpin 类型抑制剂主要是具有 Serpin 结构域的 Ser 蛋白酶抑制剂，这种类型的抑制剂分子量较大，一般为 40 ~ 50 kDa，由 350 ~ 500 个氨基酸组成，并具有高度保守的三级结构，具有活性的 Serpin 类型抑制剂有多种构象，包含了一束 α 螺旋和 β 折叠形成多个结构域的交迭，活性中心环常位于肽链的 C 端，通常有 20 个氨基酸残基。这类抑制剂按活性来分类，主要有胰凝乳蛋白酶抑制剂、胰蛋白酶抑制剂、血浆酶抑制剂。它们通过调节一系列 Ser 酶和 Cys 酶的活性而参与了许多基本的生命活动，例如纤溶、炎症反应、细胞迁移、细胞分化、细胞凋亡等(赵秀振，2007)。

Serpin 类型抑制剂广泛存在于动物、植物及病毒体内，目前已在鲑鱼骨骼肌、家蚕丝腺、中国林蛙皮肤、鲫鱼肌原纤维、决明子和丙型肝炎病毒中发现。

5.1.3 酶活特殊性的结构基础

胰凝乳蛋白酶由 245 个氨基酸残基组成，含有 3 条肽链。它催化蛋白质水解时，优先水解酪氨酰 - 、色氨酰 - 、苯丙氨酰 - 和亮氨酰 - 的肽键。胰凝乳蛋白酶的活性中心由 Ser195，Asp102 及 His57 组成。其中，Asp102 残基为许多疏水氨基酸残基所包围，形成一个特殊的疏水环境。由于微环境效应，Asp102 - COO - 不能与周围的水溶液之间进行 H^+ 传递，而只能与邻近的基团之间进行 H^+ 传递；His57 的咪唑 - N_1H 在生理 pH 值条件下，提供 H^+ 给 Asp102 - COO -，使之成为 Asp102 - COOH，其电子通过咪唑 - N_3 传给 Ser195 - CH_2OH，使之成为亲核基团 Ser195 - CH_2O - 。当底物进入酶的活性中心时，酶能够顺利地按照共价催化机制催化蛋白质的水解反应。

胰凝乳蛋白酶以酶原形式在胰脏的腺泡中产生，然后在小肠中由蛋白水解酶激活，可水解肽链中的酰胺键。

胰凝乳蛋白酶，R_{n-1} 为 Phe，Trp，Tyr 时，具有大的疏水基团水解速度较快，若 R_{n-1} 为 His，Met，Leu，Asn 时，作用十分缓慢。

胰凝乳蛋白酶在微环境下的催化机制如图 5.2 所示。

①酶分子的 Ser 烷氧基 Ser_{195} - CH_2O - 是亲核基团，当底物蛋白质进入酶的活性中心时，烷氧基 Ser_{195} - CH_2O - 作为富电子的亲核基团对底物的 $\rangle C=O$ 进行亲核攻击。

②通过亲核加成反应生成四面体化合物。四面体中间物的氧负离子与酶分子中肽链骨架上 Gly_{193} 的—NH—以氢键相连，已维持稳定。

③His_{57} 的咪唑 - N_3H 把传给底物的—NH—，底物的肽链断裂，生成酰化酶，同时生成含氨基的产物 R_0 - NH_2。

④酰化酶上的羰基 $\rangle C=O$ 吸引水分子的 H，形成 OH^-。

⑤OH^- 作为亲核基团攻击酰化酶上的酰化酶羰基，形成第二个四面体中间物。

⑥Asp_{102} - COOH 把 H^+ 传给 His_{57} 的咪唑 - N_1，His_{57} 的咪唑 - N_3H 把 H^+ 传给 Ser_{195}，第二个四面体中间产物分解，酶恢复原样，同时放出含羧基的产物 R_1 - COO -，完成催化过程。

在微环境下，溶剂的含水量及极性等因素可影响胰凝乳蛋白酶活性。蛋白质分子即使在晶体中也处于不断运动状态之中。整个分子有相对刚性和柔性的两部分，其活性部位保持一定的柔性是酶表现其催化活性的关键。酶的催化反应是在环绕着酶分子表面的水层内进行的。所谓非水体系并不是绝对无水，而是一种含微量水的有机溶剂体系

(含水量<1%),在这种体系中,宏观上是有机溶剂,微观上是水体系。在这样的体系中进行酶促反应,底物分子须先从有机相进入水相,才能与酶形成底物—酶复合物,继而发生反应。蛋白质分子表面含有大量的带电基团和极性基团,在绝对无水条件下,这些带电基团因相互作用而形成“锁定”的失活构象。加入适量水充当润滑剂可使酶柔性增大,维持酶的全部活性,因而称为“必需水”。然而在有机溶剂中如果含水量高于“必需水”,酶的结构柔性过大,也容易引起酶活性中心结构的变化,从而引起酶的失活。我们在非水体系中用α-胰凝乳蛋白酶进行酶促合成寡肽的研究中,使用含水量0.15%~0.25%的 CH_2Cl_2 体系和含水量小于0.02%的 CH_2Cl_2 体系,前者得到高产率的二肽 Z-Tyr-GlyHNHPh(83%产率),而后者在相同条件下没有反应发生。

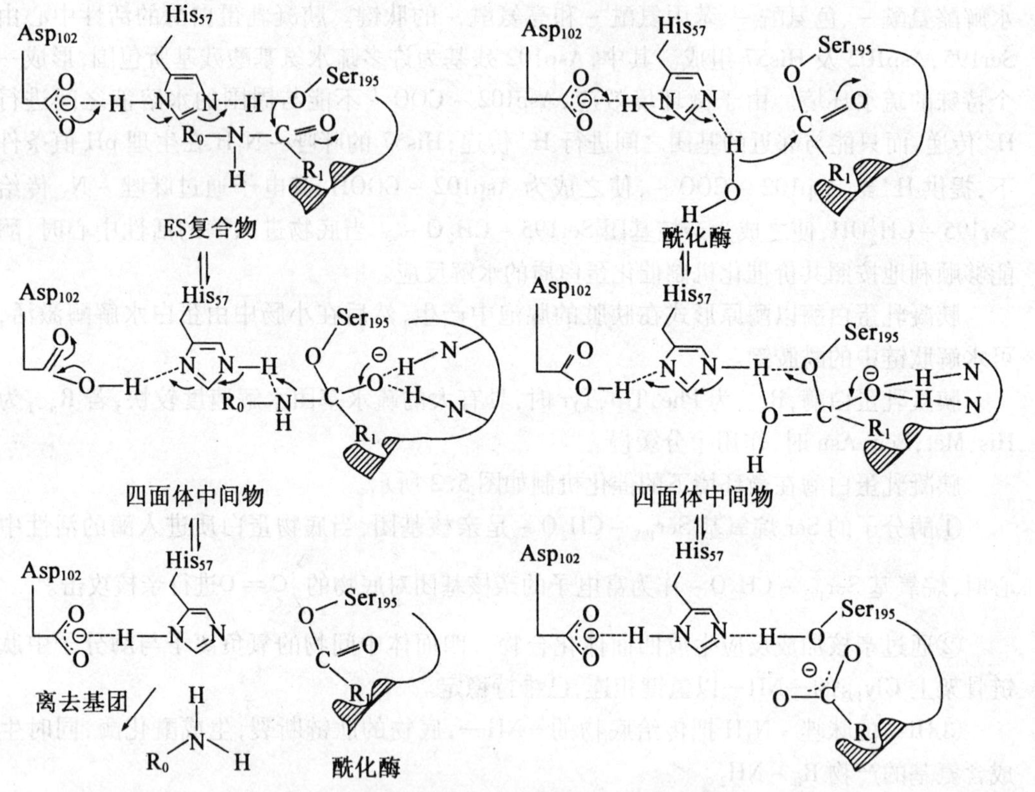

图5.2　胰凝乳蛋白酶在微环境下的催化机制

在非水体系中加入的微量水,部分进入有机相,部分被酶分子所吸附。酶的活性只取决于吸附在酶表面的水分而与溶剂的含水量无关。但有机溶剂的疏水性却直接影响了酶对水分子的吸附。同一种酶在不同溶剂中表现出不同的活性,就是由于溶剂的疏水性不同,使其剥夺酶上“必需水”的能力不同造成的。Klibanov 用含水2.5%的冷冻干燥的α-胰凝乳蛋白酶在含水量<0.02%的无水溶剂中震荡1 h后,测定酶中剩余含水量及酶的活性,结果见表5.1。

表 5.1　α－胰凝乳蛋白酶在不同有机溶剂中震荡 1 h 后的含水量及活性

有机溶剂	lg $P^{\#}$	酶中含水量/%	酶在酯化反应中的活性 K_{cat}/K_m^{**}/(mol · min^{-1})
辛烷	4.0	2.5	63
甲苯	2.5	2.3	4.4
四氢呋喃	0.49	1.6	0.27
丙酮	-0.23	1.2	0.022
吡啶	0.71	1.0	<0.004

＊＊:有机溶剂中转酯反应的动力学参数,催化速度常数与米氏常数之比。

#:lg *P* 是描述有机溶剂极性大小的参数,lg *P* 越大,溶剂的疏水性越强, *P* 值是溶剂在正辛醇和水中的分配系数比。表中 lg *P* 值引自文献(Laane,1987)。

Kuhl(1990)研究了用含结晶水的盐($Na_2CO_3 \cdot 10H_2O$)来提供酶促反应所需"必需水"的可能性。用 α－胰凝乳蛋白酶悬浮在无水正己烷中,高产率地(95%)催化了 X－AlaPheOMe 与 L－leuNH_2(X = Boc,Z)的缩合,得到了 N－保护的三肽酰胺 X－Ala－Phe－LeuNH_2。在这个反应体系中,酶、反应物及产物在正己烷中都不溶解,通过剧烈的搅拌,即颗粒一颗粒的高速碰撞,使极少量的溶解底物在酶的作用下迅速反应生成不溶的产物使平衡右移。在反应过程中,结晶水不断被释放而维持了反应所必需的微量水。在这里含结晶水的盐起到了水活度缓冲作用。我们重复了这个条件,用 α－胰凝乳蛋白酶在含 $Na_2CO_3 \cdot 10H_2O$ 的正己烷中合成 Z－TyrG1yNHNHPh 二肽酰苯肼产物,收率 63%。

胰凝乳蛋白酶的氨基酸序列,大约 40% 的一级结构为保守结构。Johnson 等(1981)研究了 α－胰凝乳蛋白酶在水溶液(pH = 6.8)中的 CD 谱,结果表明 α－胰凝乳蛋白酶在水溶液中的二级结构主要是无规卷曲,另外还含有一定量的 α 螺旋和 β 折叠结构。北京大学生物有机重点实验室通过 CD 谱测定了不同 pH 值缓冲液中 α－胰凝乳蛋白酶二级结构,α－胰凝乳蛋白酶的 CD 谱在 203 nm 和 230 nm 有最大负吸收。pH = 10. 0 的缓冲液中,α 螺旋和(或)β 折叠含量较高。胰凝乳蛋白酶的空间结构如图 5.3 所示。

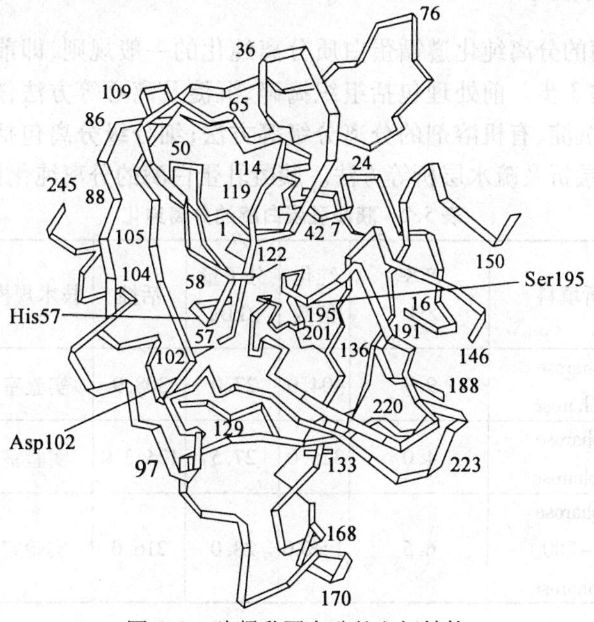

图 5.3　胰凝乳蛋白酶的空间结构

分子形状呈椭圆形，最长处距离 5.1 nm。3 条肽链由 5 个二硫键维系，α－螺旋结构很少，只有两部分，分别位于 163～173 及 235～245 残基之间，大部分为反平行的 β －折叠片，主要集中在 27～112 及 133～230 残基之间。X－射线研究发现在猪胰凝乳蛋白酶的空间结构中，主要也是由反平行的 β －折叠片和少量的螺旋结构组成。尤其需注意的是牛胰凝乳蛋白酶中一些电荷氨基酸，如 Asp102，Ile16，Asp194 深埋在分子内部，一般非极性氨基酸侧链往往位于分子内部，而极性氨基酸多处于分子表面。

胰凝乳蛋白酶活性中心示意图如图 5.4 所示。

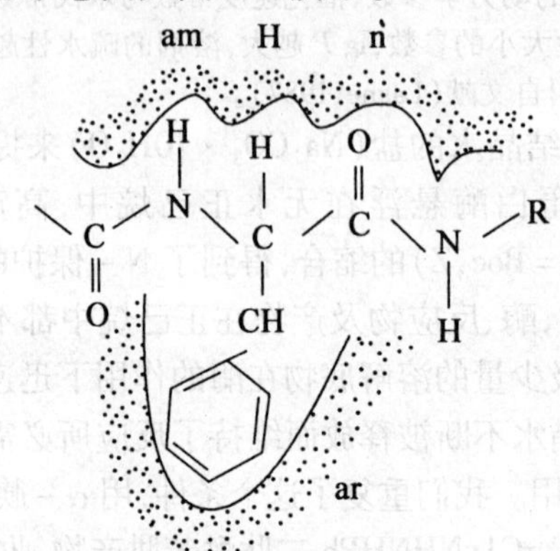

图 5.4　胰凝乳蛋白酶活性中心示意图

am—酰胺基位点；H—L－构型识别位点；n—催化位点；ar—输水位点

胰凝乳蛋白酶的结合部位为一非极性出口袋，因而喜欢作用具有芳香性或体积较大的疏水性侧链。胰凝乳蛋白酶因结合部位不能很好地固定这些小的氨基酸侧链，因而水解具有这些氨基酸残基的肽键速度很慢。

5.1.4　制备技术

胰凝乳蛋白酶的分离纯化遵循蛋白质分离纯化的一般规则，即前处理、粗分级分离以及细分级分离这 3 步。前处理包括组织捣碎、沉淀及离心等方法，粗分级分离包括硫酸铵盐析、等电点沉淀、有机溶剂的分离分级等方法；细分级分离包括离子交换层析、凝胶过滤层析、亲和层析及疏水层析等方法。胰凝乳蛋白酶的分离纯化见表 5.2。

表 5.2　胰凝乳蛋白酶的分离纯化

来源	所用层析填料	产率/%	纯化倍数	分子量/kDa	活性	技术规模	时间	作者/公司
鲈鱼胰脏	DEAE－Sepharose Phenyl－Sepharose	9.9	404.0	27.0	308.9	实验室	2010	蒋誉坤
鲈鱼胰脏	DEAE－Sepharose Phenyl－Sepharose	4.0	325.0	27.5	124.3.0	实验室	2010	蒋誉坤
鲫鱼肝胰脏	DEAE－Sepharose Sephacryl S－200 Phenyl－Sepharose	6.5	1 583.0	28.0	216.0	实验室	2009	杨锋

续表 5.2

来源	所用层析填料	产率 /%	纯化倍数	分子量 /kDa	活性	技术规模	时间	作者 /公司
鲫鱼肝胰脏	DEAE – Sepharose Sephacryl S – 200 Phenyl – Sepharose	13.3	938.1	27.0	442.0	实验室	2009	杨锋
猪胰脏	DEAE – Sepharose FF	38	5.4		22 000.0	实验室	1995	王增禄
牛胰脏	固定化卵黏蛋白	0.4 622/160 千克 551/140			>2 500	上海阿敏生物技术有限公司	2006	苏翰
人胰脏	SBTI – Sepharose			26.0		中国科学院生物物理研究所	2010	杨福愉

5.1.5　工业中的应用

近年来,随着分子生物学的发展,大大促进了生物学与医学、药学等各学科之间的相互渗透,多肽也因此而成为非常重要的生化药物,越来越多地应用于临床,且已显示出了良好效果。

在非水相中进行酶促反应既保持反应的专一性，又可在温和条件下进行，还可减少分离纯化步骤,是一种很有发展潜力的定向合成新方法，已经逐渐应用于肽类等的制备中。

利用 α – 胰凝乳蛋白酶在乙酸乙酯和微量水组成的系统中可催化 N – 乙酰色氨酸合成二肽,合成率可达到 100%。

周小华等人利用应用微水相酶 α – 胰凝乳蛋白酶促合成类肌肽,效率高价格低,且具有相似性质,广泛应用于生物、化工、医药等领域,其开发前景广阔(周小华,2009)。

田桂玲等(1996)利用 α – 胰凝乳蛋白酶在有机溶剂中成功地酶促合成了一系列生物活性肽——亮 – 脑啡肽,京都肽,甜味肽,δ – 诱眠肽,骨生长肽等。例如,在非水溶剂中,Z – DL – TyrOEt 与 Boe – DL – TyrOEt 分别与 GlyNHNHPh 的缩合反应,在 α – 胰凝乳蛋白酶的催化作用下,于 38 ℃、pH 10.0 的条件下分别得到光学活性产物 Z – L – Tyr – GlyNHNHPh 与 Boe – TyrGlyNHNHPh。选择含微量水(0.25%)的二氯甲烷为溶剂,用Z – DL – TyrOEt 和 Z – L – TyrOEt 分别与 GlyNHNHPh 缩合,以 α – 胰凝乳蛋白酶为催化剂,在 pH 10.0、室温(25 ℃)下反应,TLC 跟踪,顺利地得到相同的产物 Z – L – Tyr – GlyNHNHPh。在相同条件下将 Z – DL – TyrOEt 及 Z – L – TyrOEt 分别与 GlyGlyOEt 缩合得到相同产物 Z – TyrGlyGlyOEt。

在皮革生产工业中,脱灰和软化工序废水中的氨氮浓度高,是制革废水氨氮污染的首要来源。在软化过程中可利用胰酶水解蛋白质,该过程不产生氨氮,在一定程度上减少了污染(王亚楠,2008)。

5.2 低水分活度环境中的活性酯酶

在无水或含有微量水(<1%)的有机溶剂中,有些酯酶的稳定性会显著提高,如脂肪酶在100 ℃可保存若干小时而不失活,这种非水相酶催化技术是酶工程继酶的固定化技术之后,在20世纪80年代取得的又一项重大突破,它将酶反应的介质从传统的单一水溶液扩展到各种有机溶剂系统(包括含有少量有机助溶剂的水溶液系统、水—疏水性有机溶剂两相系统、油包水型微乳液系统和仅含微量水的均相有机溶剂系统)、超临界流体以及无溶剂系统。

含微量水的有机溶剂体系是非水介质酶催化反应中研究最为广泛的反应体系,在此低水分活度条件下发挥催化作用的酯酶主要为脂肪酶。

5.2.1 分布

脂肪酶广泛存在于动植物和微生物中。植物中含脂肪酶较多的是油料作物的种子,如蓖麻籽、油菜籽。当油料种子发芽时,脂肪酶能与其他的酶协同发挥作用催化分解油脂类物质生成糖类,提供种子生根发芽所必需的养料和能量;动物体内含脂肪酶较多的是高等动物的胰脏和脂肪组织,在肠液中含有少量的脂肪酶,用于补充胰脂肪酶对脂肪消化的不足,在肉食动物的胃液中含有少量的丁酸甘油酯酶。在动物体内,各类脂肪酶控制着消化、吸收、脂肪重建和脂蛋白代谢等过程;自然界中能产生脂肪酶的微生物资源丰富,从分类上看,主要是真菌,真菌中主要有青霉、镰孢霉、红曲霉、黑曲霉、黄曲霉、根霉、毛霉、酵母菌、犁头霉、须霉、白地霉和核盘菌等23个属;其次是细菌,细菌主要有假单胞菌、黏质赛氏杆菌、无色杆菌和葡萄球菌等28个属;另外,放线菌中4个属,酵母菌10个属能产生一定量脂肪酶。目前商品化的脂肪酶大多来源于微生物,采用基因工程通过发酵等方法制得的。主要的生产厂家有丹麦的Novo - Nordisk,荷兰的Genencor International,德国的Boehringer - Mannheim等。一些常用的商品化脂肪酶见表5.3。

表5.3　几种重要的商品化脂肪酶

来源	代码	选择性	应用
来源于哺乳动物器官的			
Human pancreatic lipase	HPL	sn - 1,3	有机合成
Porcine pancreatic lipase	PPL	sn - 1,3	
来源于真菌的			
Candida rugosa	CRL	—	有机合成
Candida Antarctic B	CAL - B	sn - 1,3	有机合成
Rhizomucor miehei	RML	sn - 1,3	奶酪加工
Humicola lanuginose	HLL	—	清洁剂
Rhizopus delemar	RDL	sn - 1,3	油脂工业
Candida cylindracea	CCL	—	奶酪加工

续表 5.3

来源	代码	选择性	应用
来自细菌的			
Pseudomonas capacia	PCL	—	有机合成
Pseudomonas mendocina	PML	sn-1,3	清洁剂

5.2.2　理化性质

脂肪酶来源广泛，性质多样，各种脂肪酶蛋白分子量范围相当大，最小的单体蛋白分子量为 11 kDa，较大的为 103 kDa。大部分报道的脂肪酶均为单体酶，也有报道天然蛋白为多聚体，Konikanen 等报道的酯酶/脂肪酶为四聚体，分子量达到 238 kDa。

1. 最适温度

就最适温度而言，不同菌种来源的脂肪酶有很大的差别，真菌脂肪酶的最适温度相对较低，而细菌脂肪酶相对更耐热，但也有些脂肪酶在较高或较低温度下有较高活力。在不同底物中，脂肪酶最适作用温度也不相同。Surinenaite 等研究发现，从假单胞菌 3121-1 中分离一种脂肪酶，当以 ρ-硝基苯丁酸酯（ρ-NPB）为底物时，脂肪酶最适作用温度为 52 ℃，吐温 80 为底物时，最适温度为 50～60 ℃，橄榄油为底物时，则为 50～65 ℃。

在水溶液中，除少数菌种脂肪酶外，大多数脂肪酶的最适作用温度为 25～30 ℃，酶的热稳定性相对较低，而在有机相中，脂肪酶可以在 0～100 ℃范围内发挥催化活性，酶的热稳定性大大提高。马吉胜（2005）研究发现，枯草杆菌脂肪酶在正己烷中的催化 2-辛醇的不对称酯交换反应中最适反应温度为 45 ℃，枯草杆菌脂肪酶催化双乙烯酮拆分 2-辛醇的最适反应温度为 30 ℃。Zaks 等（1984）报道，在水溶液中猪胰脂肪酶在 100 ℃下几乎立即失活，而在无水有机溶剂中，能在 100 ℃时稳定几小时。

2. 最适 pH

大多数细菌脂肪酶最适 pH 在中性或碱性范围内，稳定范围一般在 pH 4.0～11.0。真菌脂肪酶 pH 稳定范围也较宽，如红曲酶在 pH 4.0～6.0 范围内基本保持酶活力；少根根霉（*Rhizopus arrhizus* BUCT）脂肪酶在 pH 6.0～8.0 范围内酶活都较稳定；毛霉（*Musor* sp.）M_2 脂肪酶 pH 值稳定范围为 7.0～10.0。曲霉、扩展青霉、凝结芽孢杆菌、产碱菌和肉色曲霉所产脂肪酶作用的最适 pH 都为 9，罗伦隐球酵母最适 pH 只有 5.4。

3. 底物

不同脂肪酶对底物甘油三酯中不同位置 Sn-1（或 3）和 Sn-2 酯键识别和水解的反应特性不同。猪胰脂肪酶、黑曲霉和根霉脂肪酶仅催化 1（3）位酯键水解，而对 2 位酯键无作用。白地霉和圆弧青霉的脂肪酶无位置特异性，水解甘油三酯的所有酯键。

在有机相中酶促合成和酯交换时，酶对底物不同立体结构表现出立体特异性。其反应与否或反应速度有明显的差别。如高修功等利用假单胞菌（*Pseudomonas* sp. 18）脂肪酶催化 2-辛醇不同立体构型（S-型和 R-型）与辛酸酯合成反应的立体特异性差异，实现了消旋 2-辛醇的手性拆分。

4. 金属离子的影响

某些金属离子对脂肪酶具有激活作用,例如 Ca^{2+} 可提高大多数脂肪酶活性。脂肪酶的抑制剂分为可逆抑制剂和不可逆抑制剂。某些金属离子是脂肪酶的抑制剂,一般来说,Co^{2+},Ni^{2+},Hg^{2+} 和 Sn^{2+} 能强烈抑制多数脂肪酶活性,Zn^{2+} 和 Mg^{2+} 在一定程度上也可抑制脂肪酶活性。

表面活性剂 SDS(十二烷基磺酸钠)、胆汁酸盐、蛋白抑制剂等能可逆抑制脂肪酶活性。它们不直接作用于酶的活性位,而是通过改变脂肪酶构象和界面表面特征发挥其抑制作用。硼酸可与脂肪酶活性中心 Ser 结合,形成半衰期较长过渡态复合物,从而抑制脂肪酶活性。脂肪酶属于 Ser 水解酶,苯硼酸、对硝基苯磷酸二乙酯、苯甲基磺酰氟等可通过与脂肪酶活性中心 Ser 共价结合,从而不可逆抑制脂肪酶活性。

5.2.3 酶活特殊性的结构基础

脂肪酶具有广泛的多样性,不同来源的脂肪酶氨基酸序列同源性也较低,但大多数脂肪酶都拥有一些共同的结构特征,均显示一个 α/β 水解酶折叠结构特征。脂肪酶一般拥有一个特殊的保守序列:Gly – Xxx – Ser – Xxx – Gly,对其中的 Ser 修饰或取代,都会使酶失活。

多数脂肪酶活性中心是由 Ser、Cys(或 Glu)、His 组成三联体,相互之间 Ser 通过氢键与 Ser 相连,Cys 或 Glu 也通过羟基形成氢键与 His 相连。除此之外,有些种类的脂肪酶还需要有一额外的 Ala 的存在才能发挥高催化的活性,如枯草芽孢杆菌(*Bacillus subtilis*)的脂肪酶是 Ala – Xxx – Ser – Xxx – Gly。

不同来源的细菌脂肪酶空间结构为 α/β 水解酶折叠。α/β 水解酶折叠是由 8 个平行的 β 折叠片(β1 ~ β8)组成一个中心(第 2 个 β 折叠片为反平行排列)。从第 3 个到第 8 个 β 折叠片之间分别有 α 螺旋相连(αA ~ αF),排列在 β 折叠片的两侧。β 折叠片左手超螺旋扭曲,导致 β1 和 β8 在空间上以近于 90°的夹角相互交叉。α/β 水解酶折叠结构为各种脂肪酶的活性位点提供了一个稳定的支架:催化三联体中携带有亲核基团的 Ser 残基,一般位于 β5 链后面;酸性氨基酸(Asp 或 Glu)残基一般位于 β7 链后面;而 His 残基一般位于最后一个 β 链的后面(见图 5.5(a))。不同细菌脂肪酶二级结构的差别主要表现在 β 折叠片和 α 螺旋数量、β 折叠片扭曲的角度、α 螺旋的空间分布位置等的差异(见图 5.5(b),(c),(d))。

从另外一个角度看,脂肪酶的分子结构与 Ser 蛋白酶非常相似,它有一个由 Ser、His 和 Asp 或 Glu 组成的催化三元体。其催化的分子过程是将酯的酰基转移到酶的 Ser 残基的羟基上,形成酰化的酶,该酰基随后转移给外部的亲核试剂,使酶回到酰化前的状态,以便开始第二次循环。许多亲核试剂可以参与这一过程,如水引起水解、醇导致酯化或酯交换、胺发生胺化、过氧化氢导致过酸的形成(过酸的环氧化则能形成有用的烯烃)等。酶分子的这一结构特征,使酶活化部位形成一个亲脂性或亲水性的袋,从而导致可以进行对映性、非对映性或化学性的催化反应。

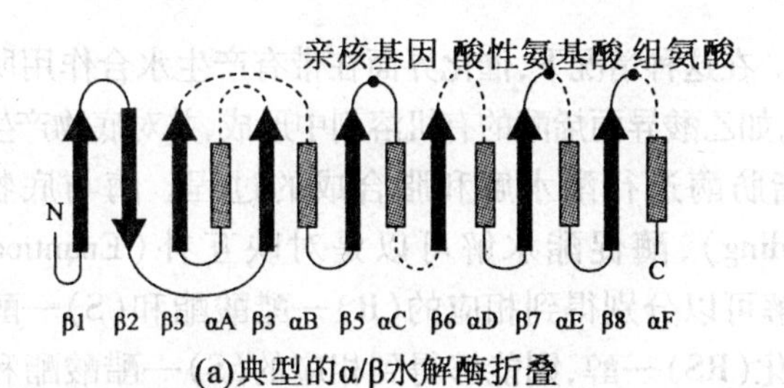

(a)典型的α/β水解酶折叠

S D H
N
C
β1 αA β3 αB β5 αC β6 αD β7 αE β8 αF

(b)*Bacillus.subtilis*脂肪酶二级结构

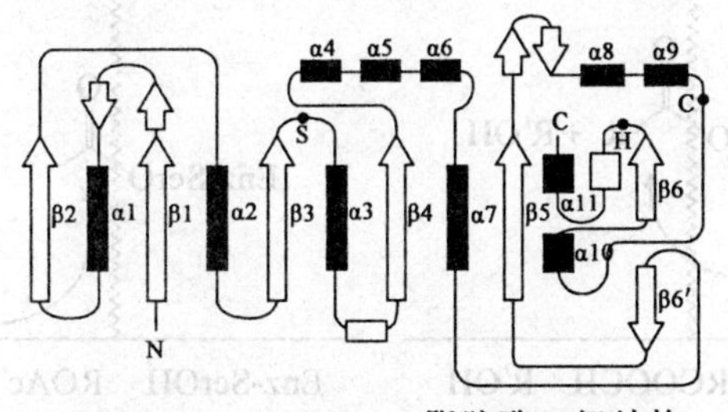

(c)*Pseudomonas cepacia*脂肪酶二级结构

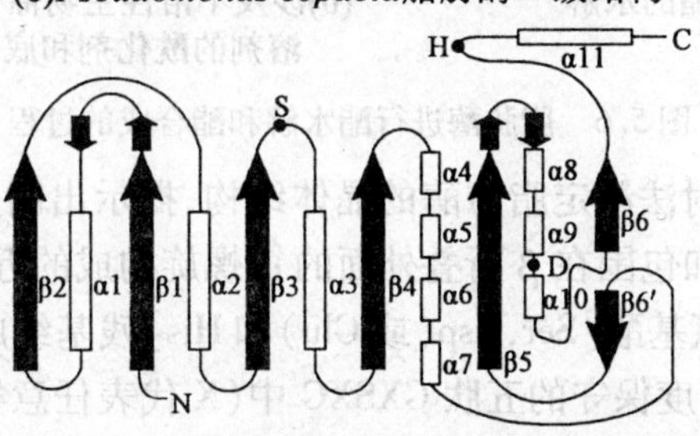

(d)*Chromobacterium viscosum* ATCC 6918脂肪酶二级结构

图5.5　不同细菌脂肪酶的α/β水解酶二级结构比较

脂解酶具有界面活化的特征，即当酶在乳化的或是微粒化的脂—水界面作用时，其催化活性能够被大大提高，即所谓的界面活化(Interfacial Activation)。界面活化的原因是由于脂肪酶活性部位重排的缘故。在没有脂—水界面的条件下，酶的活性部位是被一种“盖子”盖住的。但是，在当有疏水物质存在时，“盖子”被打开，使催化残基与底物接触并暴露出一个巨大的疏水面，这一疏水面假定能够与脂界面发生交互作用。这个“盖子”可能由单一螺旋，或两个螺旋或一个环组成。值得注意的是，并非所有的脂肪酶都具有界面活化特征，如来源于枯草芽孢杆菌的19 kDa脂肪酶(角质素酶，Cutinase)和来源于豚鼠的脂肪酶。这些酶在没有脂—水界面的条件下，不存在有“盖子”。

一般地，细胞产生的脂肪酶是水解胞外的脂肪，由于天然的底物是不溶于水的，因此，脂肪酶是在水/有机溶剂的界面上进行催化反应的。基于这一理由，脂肪酶似乎是最适合在有机系统中进行的反应的酶。在这种情况下,催化界面在带有产生水合作用所必需的水分子的不溶性酶与含有酰化试剂,如乙酸异丙烯酯的有机溶剂中形成,并对底物产生酰化作用。

图 5.6 所示为脂肪酶进行酯水解和脂合成的过程。酶与底物的形状选择性结合(Shape Selective Binding),酶促酯水解可以是对映互补(Enantiocomplementary)的,如(RS)—醋酸酯的水解可以分别得到相应的(R)—醋酸酯和(S)—醇;同样在有酰化剂存在时,用同样的酶催化(RS)—醇,则能够得到相应的(S)—醋酸酯和(R)—醇。在以上 2 种情况下,酶具有同样的对映基团选择性(Enantiogroup Selective),但它优先水解(S)—醋酸酯和优先酰化(R)—乙醇。

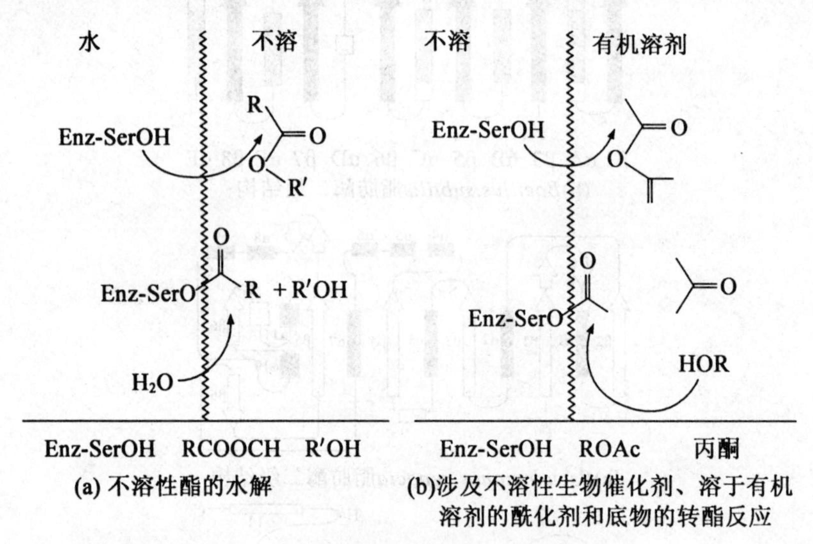

图 5.6 脂肪酶进行酯水解和酯合成的过程

采用 X 射线晶体衍射法测定脂肪酶的晶体结构,揭示出脂肪酶的立体结构:脂肪酶由位于酶中央的 β 折叠和包围在 β 折叠外面的 α 螺旋构成的近似球形的蛋白质分子,活性中心存在一个由 3 个氨基酸[Ser,Asp(或 Glu)和 His]残基组成的催化三联体,Ser 残基一般位于 β5 链 C 末端高度保守的五肽 GXSXG 中(X 代表任意氨基酸残基,Bacillus 保守五肽的第一个 Gly 残基被 Ala 残基代替),形成 β 转角—α 螺旋模体。构成脂肪酶活性中心的氨基酸残基并不直接暴露到溶剂当中,而是通过一个狭窄的缝隙同酶分了表面相连。在酶分子表面有一段 α 螺旋形成一个"盖子",这个盖子的外表面相对亲水,而其面向催化部位的内表面则相对疏水。在通常的水溶液当中,活性中心被这个盖子盖住,而在油/水界面,由于界面能的作用,酶的空间构象发生变化,盖子打开,使活性中心暴露在反应体系当中,这使得底物与酶的结合能力增强,此时底物就很容易进入疏水性的通道而与活性部位结合,形成酶—底物复合物,促进反应进行。

5.2.4 制备技术

不同来源的脂肪酶的分离纯化见表 5.4。

表5.4　脂肪酶的分离纯化

来源	所用层析填料	产率/%	纯化倍数	分子量/kDa	活性	技术规模	时间	作者/公司
猪胰	Sephadex G－100	32.0			266.00			
粗状假丝酵母	双水相萃取	92.2	1.53		12.53	实验室		
	丙酮沉淀	81.6	3.98		32.58			
	DEAE－Sepharose FF	45.2	11.69		95.71			
	Phenyl－Sepharose FF	19.8	20.81		170.43			
圆弧青霉突变株 PG37	硫酸铵盐析					实验室		
	疏水层析							
	阴离子交换层析							
	凝胶过滤	33.2	16.50		5 200			
根霉 ZM－10	硫酸铵盐析	61.2	1.32		6.39	实验室	2010	王忠良
	DEAE－Sepharose FF	34.2	8.76		42.40			
	SephardexG100	22.2	15.3		73.90			
Aspergillus sp. F044	ATPS(双水相萃取)	91.0	4.70			实验室		
南极假丝酵母	ATPS	91.2	8.16					
枯草杆菌 *B. subtilis* A. S. 1. 1655	Crude extract	100.0	1.00	24	315	实验室	2005	马吉胜
	Ammonium sulfate (40%～70%)	89.5	3.50		1 100			
	Hitrap－Q	63.2	14.00		4 412			
	HW－50	30.0	19.70		6 215			
Rhizopus chinensis	GC－700 gel filtration	27.6	28.40			实验室	2000	Yasuda 等
	CM－Cellulofine C－500							
	Ether Toyopearl 650 M							
	Super Q Toyopearl							
Penicillium cyclopium	硫酸铵沉淀	30.0	590	37		实验室	2000	Chahinian 等
	Sephadex G－75							
	DEAE－ Sephadex							
	Again Sephadex G－75							

脂肪酶的异源表达在八眉猪组织和枯草芽孢杆菌及大肠杆菌等微生物中都有研究。

利用PCR从金黄色葡萄球菌JH基因组中扩增得到了脂肪酶基因，利用基因重组技术将其整合到质粒pC194中，并导入到枯草芽孢杆菌中进行表达。应用选择抗药性筛选重组子，利用硫酸铵沉淀法和离子交换层析分离纯化重组脂肪酶，重组脂肪酶在41 ℃，pH 8.0时具有最大活性，其 K_m 和 V_m 各自为0.34 mmol/L和308 μmol/(mg·min)，Ca^{2+}、K^{+}、Mg^{2+} 能激活这种酶的活性，而 Fe^{2+}、Cu^{2+}、Co^{2+} 则抑制它的活性。

利用重叠延伸PCR技术，人工合成了寄生曲霉脂肪酶基因lipAP。将基因克隆到pFL－B13cl载体上获得重组质粒pFL－B13cl/Lip AP，并在大肠杆菌BL21(DE3)中进行优化表达。融合蛋白 Sumo—LipAP 在 0.1 mmol/L IPTG、37 ℃条件下诱导 6 h 表达量最高。SDS－PAGE 分析显示融合蛋白 His－Sumo－LipAP 以包涵体形式表达，大小约为 53 kDa。复性后透析处理，大部分融合蛋白转化为正确构象且具有催化活性，经一步疏水层析其纯度可达 98%。生物信息学工具预测和分析发现，LipAP 空间结构保守，具有催化三联体（Ser173－Asp226－His288）、活性部位盖子（S111YSIRNWVTDAT122）及保守五肽（GHSLG）3 个功能域（连英丽，2011）。

克隆油菜 GDSL 脂肪酶基因 BnLIP1，实现该基因在原核系统中重组表达，为研究其功能奠定基础。采用 TRIzol 法提取总 RNA，通过 RT－PCR 法扩增 BnLIP1 编码序列，构建原核表达载体 pEL1 并转化大肠杆菌，IPTG 诱导表达后通过 SDS－PAGE 检测目的蛋白。根据 GenBank 报道的序列设计引物，从萌发的油菜种子黄化幼苗中成功克隆到 BnLIP1 的编码序列，长度为 1 170 bp。将该编码序列构建到原核表达载体 pET32a(＋)并与标签序列融合，在 *E. coli* BL21 菌株中成功表达了与标签蛋白融合的 BnLIP1 蛋白，大小约为 61 kDa。首次实现了油菜 GDSL 脂肪酶基因在原核系统中的表达，为 GDSL 脂肪酶 Bn－LIP1 蛋白的分离纯化及活性研究奠定了基础（凌华，2007）。

5.2.5　工业中的应用

脂肪酶是在有机相中催化反应种类最多、应用最广泛的酶类之一，在水溶液中它能催化油脂和其他酯类的水解反应，在有机介质中也能催化水解反应的逆反应——酯合反应和酯交换反应。脂肪酶的这种性质显示它在食品、制药、化工业等领域具有极大的应用前景，有机相酶催化技术工业中的应用主要体现在以下几个方面。

1. 食品与发酵工业

（1）在食品添加剂中的应用

脂肪酶在食品添加剂中的应用非常广泛。利用脂肪酶在非水相的催化反应可制造出乳化剂、抗氧化剂、营养强化剂和食品香料，如甘油单酯、L－抗坏血酸棕榈酸酯、香精香料和糖脂等。

利用脂肪酶的作用，将甘油三酯水解生成甘油单酯，它是一种广泛应用的食品乳化剂。

L－抗坏血酸棕榈酸酯，是一种新型的多功能食品添加剂，现已广泛地用作脂溶性抗氧化剂及营养强化剂添加在油脂或食品中。汤鲁宏（2000）对非水相脂肪酶催化合成L－抗坏血酸棕榈酸酯进行研究。得到催化合成 L－抗坏血酸棕榈酸酯反应的最佳脂肪酶酶种为 NOVO435，最佳介质为叔戊醇；合成 L－抗坏血酸棕榈酸酯反应最适反应条件：转速为 200 r/min，温度为 55 ℃，水分含量为 0，酶浓度为 12.5%。

刘晓艳等人（2007）进行了非水体系脂肪酶催化生成奶味香精的研究。得出非水体系脂肪酶催化生成奶味香精的最适工艺条件为：加水量为 0.02%、添加酶量为 1.0%、pH 为 7.5、温度为 50 ℃、催化时间为 4 h。通过稀释实验，证明所得奶味香精香味是酶解前的 200 倍。

Shieh（2001）通过响应面方法研究了毛霉固定化脂肪酶催化己醇和三乙酰甘油酯在正十六烷中的转酯优化条件。利用脂肪酶在有机介质中的转酯反应，将甘油三酯转化为具有特殊风味的可可脂等；利用酯酶催化小分子醇和有机酸合成具有各种香型的酯类等。Gandolfi（2001）报道了用 *Rhizopusoryzae* 干菌丝体在有机相中有选择地催化不同芳香酯(乙酸己酯,丁酸己酯,乙酸香叶酯和丁酸香叶酯)的合成。

开链二萜醇类化合物香叶醇和橙花醇是香料添加剂,互为顺反异构体,顺式(Z)构型为香叶醇,反式(E)构型为橙花醇,这两者可以用猪胰脂肪酶(PPL)作催化剂,在乙醚溶剂中以酸酐为酰基供体,通过选择性酯化反应将香叶醇转化为香叶醇酯,醇和酯很容易分离,发现长链酸酐将有利于香叶醇的酯化。

利用脂肪酶在有机相中的催化作用可促进合成糖脂。Vicente(1991)以嘧啶或3-甲基-3-戊醇为溶剂,在脂肪酶 Amano PS 催化下,α-D-吡喃葡萄糖与O-辛酰基丙酮肟在40 ℃反应3 d,产率分别为86%和93%。Douglas(1994)等将蔗糖、乳糖、麦芽糖等与丙酮反应形成缩醛,然后在固定化脂肪酶 Mucor miehei 催化下与长链脂肪酸反应生成相应的酯,产率为48%~77%。Wakako(1999)等用表面活性剂谷氨酸二十二烷基葡萄糖苷酯修饰的脂肪酶 *Pseudomonas* sp. 作为催化剂,以正己烷为溶剂,同时加入分子筛不断除去反应生成的水,进行了葡萄糖与棕榈酸的反应,合成糖脂。

(2)油脂水解

水解油脂制备脂肪酸和甘油通常采用无催化剂体系并在高温高压下进行,用酶法水解油脂可在常温常压下进行,其产品色泽基本上与原料油脂相同,工艺简单,省能,产品纯度高。由于甘油中不含盐,在设备上没有特别要求,因而投资低,特别是水解过程中不会造成脂肪酸裂解等副反应,在生产有特殊用途多不饱和脂肪酸等方面有许多优点。添加适量对油脂和脂肪酸溶解性良好,而对酶活性和稳定性影响较小的有机溶剂使脂肪酶在水—有机溶剂双向体系中催化油脂水解,则可大大提高油脂水解度,且由于有机相的特点而利于进行产品分离。日本现已制成用荧光假单胞菌脂肪酶水解生产脂肪酸的小型生物反应器,也可用于酯交换、酯合成等多种反应,并能富集多不饱和脂肪酸。

2. 能源工业

生物柴油是由动物、植物或微生物的油脂与小分子醇类经过酯交换反应而得到的脂肪酸酯类物质。可以代替柴油作为柴油发动机的燃料使用。通常是在有机介质中,经过脂肪酶催化油脂与甲醇的酯交换反应,生成生物柴油。

技术人员曾用固定化南极假丝酵母脂肪酶催化泔水油,制造出生物柴油;李堂(2007)利用脂肪酶催化菜籽油与乙醇酯交换制备生物柴油,得出最佳反应条件为醇油摩尔比5:1、催化剂用量10%、反应温度40 ℃、反应时间为30 h,叔丁醇用量10%,转酯率达到94.7%。在叔丁醇体系能完全解除醇对脂肪酶的催化抑制作用,还能消除副产物甘油对脂肪酶的毒害作用。北京工业大学的谭天伟(2003)采用帆布固定的 *Candida* sp. 脂肪酶催化生物柴油,通过分步加入甲醇的方法,减小了甲醇对酶的毒化作用,12.5 h后酯化率为92.8%。该酶价格相对较低,回收利用简单,便于工业化生产,具有很好的应用前景。徐圆圆等(2003)在非水相体系中利用脂肪酶 Lipozyme TL IM 催化大豆油脂转化生成生物柴油。在优化条件下(醇油摩尔比4:1,反应温度40 ℃,硅胶负载脂肪酶与油的质量比为60%),反应5 h后产物脂肪酸甲酯得率可达92%。

3. 化工业

(1)在医药中的应用

在有机溶剂中利用脂肪酶的酶促拆分,可获得多种具有光学活性的药物。

用于治疗高血压等病的普萘洛尔其(S)—异构体是一类重要的β－阻断剂。Bevinakatti 等(1991)在有机溶剂中,利用脂肪酶 PS 对普萘洛尔生产的中间体进行选择性酰化,得到光学活性的(R)—醇;庄英萍等(1999)在以异辛烷为溶剂,醋酸酐为酰化剂,底物浓度氯醇与酸酐分别为 100 mmol/L、50 mmol/L 时,酶具有高催化活性和选择性,产物的光学纯度达 90%;Tsai 等(1995)用 80% 的异辛烷与 20% 的甲苯组成的有机溶剂进行反应取得了较高 ee 值的光学活性萘普生。

制备布洛芬也利用了脂肪酶的酶法催化拆分。段钢等人(1994)在有机溶剂中对布洛芬进行酶促酯化反应时加入了二甲基甲酰胺,得到(S)—布洛芬的 ee 值从 57.5% 增加到了 91%。

磷脂、血小板活化因子(PAF)、PAF—拮抗剂、肾素抑制剂等的合成,用手性 1,3－二醇衍生物作为合成源,从简单的丙二酸衍生物制备 2－取代－1,3－丙二醇,然后前手性 2－取代－1,3－丙二醇可以通过假单胞菌脂肪酶的酯化反应生成两种不同的单酯衍生物。当底物分子中 R 取代基和反应体系有机溶剂改变时,酶催化反应的选择性将发生改变。反应温度降低时,反应选择性增加。

丙烯醇的环氧化是重要的不对称合成反应,在手性合成中有着广泛的应用。烯醇类消旋体在有机溶剂中用 PSL 拆分,然后再进行环氧化可得到特定立体构型的α－羟基环氧乙烷。研究发现,含有烯烃、炔烃甚至丙二烯结构的仲醇消旋体底物可用脂肪酶催化下的酰基转移反应得到产物手性酯和手性仲醇,拆分反应的对映体选择率较高。

此外,对乙酯细胞壁几丁质生物合成的肽类抗生素尼克霉素 B 的合成手性中间体,一些合成生物活性物质的重要中间体α－酮基醇等均可利用脂肪酶在有机溶剂中进行拆分,获得光学纯度的物质。

脂肪酶在有机介质中也可以催化青霉素前体肽等多肽的合成。利用脂肪酶在有机相中催化作用还可以合成一些糖脂,如二丙酮缩葡萄糖丁酸酯等具有抑制肿瘤细胞生长的功效(赵昂,2007)。

(2)在农药中的应用

光学纯氰醇是合成农药拟除虫菊酯的原料,同时还是合成α－羟基酸、α－羟基醛和氨基醇的重要中间体。若采用微生物脂肪酶对氰醇酯进行不对称水解,只能得到光学纯度未水解的氰醇酯,而水解产物氰醇在水溶液中会自发消旋。在 pH >4 条件下,水溶液中存在着氰醇与醛和氢氰酸的可逆反应,然而在有机溶剂中氰醇是稳定的,可以分离纯化得到高光学纯度和高产率的氰醇。用这种方法可以拆分消旋体,分别得到 2 种对映异构体氰酯和氰醇。反应中溶剂性质和底物分子结构影响酶催化反应的选择率。底物氰醇合成也是采用有机溶剂反应体系,由羟氰化酶催化醛和氰的加成而制备。

第6章　有机溶剂体系中的活性酶

醇能够引导蛋白形成螺旋结构，破坏蛋白质的天然三级结构，且在高醇浓度下会使一些蛋白质形成纤维状排布。另外，醇类物质能改变去折叠蛋白分子在水溶液中的结构，对蛋白质的折叠过程有很大影响。随着酶工程的发展，酶反应的应用不断扩大，许多在水中溶解度低的有机化合物的酶反应越来越重要，如在水相中某些难于进行的酯化、酰基转移反应等。有机相酶催化是酶学研究新领域，与传统的水相酶反应相比具有许多独特的优点，有利于疏水性物质的反应，降低底物或产物对酶的抑制作用，减少微生物对反应体系的污染。

耐有机溶剂微生物的研究推动了耐有机溶剂酶类的发现与开发，其中包括脂肪酶、酯酶、蛋白酶等。目前部分耐有机溶剂微生物和酶类已经用于有机相中催化化学反应（表6.1）。正是耐有机溶剂催化剂的不断开发，推动了这类催化剂越来越广泛的应用。

表6.1　部分耐有机溶剂微生物和酶及其应用

生物催化	底物	产物	溶剂（v/v）
Pseudomonas sp. ST－200	胆固醇	6β－hydroxycholest－4－en－3－one，cholest－4－ene－3，6－dione	二甲苯/二苯基甲烷＝3:7 10%
Pseudomonas putida ST－491	胆石酸	7－酮基－22－乙醛基类固醇	二苯醚，20%
Acinetobacter sp. ST－550	吲哚	靛蓝	二甲基甲烷，10%
Pseudomonas cleovorans	1，7－辛二烯	7，8－环氧－1－辛烯 1，2－7，8－二环氧辛烷	环已烷，20%
Pseudomonas putida S12	甲苯	3－愈创木酚	辛醇，40%
Moraxella sp. MB1	桔霉素	脱碳桔霉素	乙基乙酸盐，50%
Klebeiella axytoca hydrolase	（*R*，*S*）－扁桃酸甲酯	（*R*）－乙基扁桃酸酯	辛烷，85%
Fusarium axysporum F3 esterase	酚酸	酚酯	丁醇
Pseudomonas aeruginasa lipase	（2*R*，3*S*）－3－（4－甲氧基苯基）甘油酸甲酯	（2*R*，3*S*）－3－（4－甲氧苯基）缩水甘油酸甲酯	甲苯，50%
Serratia marcescens ECU1010 lipase	外消旋酯	手性酸	甲苯，50%或DMSO，5%
Pseudomonas aeruginasa	各种氨基酸	二肽	DMF，50%
PST－01 protease *Bacillus licheniformis*	Bz－l－Tyr－pNA，Arg－NH_2	Bz－Tyr－Arg－NH_2	乙腈，10%～90%
RSP－09－37 protease *Bacillus subtilis* levansucrase	蔗糖	果聚糖	2－甲基－2－丙醇，40%

有机溶剂体系中的酶反应，相对于水体系中的酶反应而言，具有很多优点，但也存在一些缺点。一些主要的优势与劣势见表6.2。

目前发现的可以耐受有机溶剂的酶主要有脂肪酶和蛋白酶。本章主要介绍以醇类物质为主体的有机溶剂中各种活性酶的分布、性质、结构、制备技术及其在工业中的应用。

表 6.2 在有机溶剂体系中使用酶的优缺点

优势	增加疏水底物的可溶性 催化多种在水相中不能发生的化学反应 在合成和水解反应之间趋于热力平衡 延缓依赖于水的负反应 改变底物特异性 即使没有固态化,也可能进行重复使用 改变底物和产物的比例:酸分离,提高产量 在无水有机溶剂体系中热稳定性增强 清除微生物污染 使得酶直接用在化学过程中成为可能
劣势	使酶失活 成本:在共价改性的体系中精细化制备生物催化剂 在不同质体系或黏滞性溶剂中物质传递有限 在加工中(包括浓缩反应)须控制水分活度

6.1 有机溶剂体系中的活性蛋白酶

有机溶剂介质不仅能克服水性介质的缺点,而且能提高酶的使用效能,使酶催化在水性介质中不能发生的反应。蛋白酶在有机相中能进行水性逆反应,催化肽的合成反应。有机溶剂体系中,多数蛋白酶易失活。为了提高酶在非水环境中的酶活及耐性,大量的研究集中在生物催化工程和溶剂工程这 2 个方面。生物催化工程的研究领域主要体现在化学修饰、赋形剂的加入、酶固定化、蛋白质工程这几个方面。溶剂工程方面的研究主要包括:优化反应介质、加入表面活性剂等。上述手段如果增加蛋白酶的稳定性,通常酶活都会下降。同时,鉴于耐有机溶剂微生物能直接在两相溶剂的生物转化中发挥作用,耐有机溶剂蛋白酶的研究与开发具有重要意义。

溶剂稳定性蛋白酶(Organic Solvent Stable Protease)是一类较新颖的极端蛋白酶,能耐受较高浓度的各类有机溶剂,可用于有机相催化肽或酯的合成以及手性拆分等功能。利用蛋白酶在有机相催化肽合成,可以避免氨基酸的外消旋作用,减少对氨基酸侧链的保护及脱保护。溶剂稳定性蛋白酶应用在催化肽合成中,可望通过提高反应体系中溶剂的比例而大大提高反应的收率,并使蛋白酶催化肽合成更具有实用价值。

6.1.1 分布

溶剂稳定性蛋白酶通常由耐有机溶剂的极端微生物产生,且以 *Pseudomonas* 属细菌居多,仅有少数文献报道了产生菌为 *Bacillus* 属细菌。目前已发现的可产生耐有机溶剂蛋白酶的微生物主要包括 5 个类别,即假单胞菌属、蜡质芽孢杆菌属、盐水弧菌属、盐无色菌属和盐芽孢杆菌属。

6.1.2 耐有机溶剂蛋白酶的理化性质

1984 年, 巴诺夫等在有机介质中进行了酶催化反应的研究, 成功地利用酶在有机介质中的催化作用获得酯类、肽类、手性醇等多种有机化合物，并可促使肽键合成，这一发现大大增加了学者对非水酶学的兴趣。有机溶剂催化反应有如下优点：酶的稳定性提高、高效、专一性、条件简易、产物易纯化等，在肽合成过程中，有机溶剂可避免氨基酸发生外消旋，并能完成一些特殊复杂的、耐有机溶剂酶未发现之前不能实现的反应。随着多肽合成对蛋白酶需求，耐有机溶剂的蛋白酶产生菌筛选也受到越来越多的重视，在合成肽的过程中由于加入了有机溶剂可以十分明显地提高反应得率，肽合成过程中蛋白酶的作用更加重要。

有机溶剂中加入特殊试剂如部分醇聚合物、冠醚、部分盐类等均可起稳定体系中的酶或增加反应活性的功能。鉴于酶参与催化反应具有的诸多独特之处，对有机溶剂良好的耐受性都是它吸引人们的关注、广泛地被研究和应用的重要原因。由于蛋白酶的特有性质及各个领域的广泛应用，获得新的耐有机溶剂的蛋白酶并研究其性质，对于实践生产具有重要的理论和实际意义。

迄今为止，很多研究关注于酶活与有机溶剂体系条件之间的关系，这对于耐有机溶剂酶的开发与利用具有重要意义。影响酶活的体系参数主要有介电常数、偶极矩、氢结合情况、极化性、分配系数（*P*）或者其对数（log *P*）等。*P* 或者 log *P* 是对于酶活影响的最有效参数。

分配系数与标准辛醇与水的两相体系相关联，Log *P* 通常用来表述有机溶剂对酶活、酶稳定性的影响程度。但是，Log *P* 只适用于相同特性的有机溶剂体系，如乙醇和多羟基化合物体系。其他一些参数，如理论溶剂极性（Empirical Solvent Polarity，ET）、变性能力（Denaturation Capacity，DC）、疏水参数（Hydrophobicity Parameter，H）和极性指数（Polarity Index）等也在某些研究中用来评价有机溶剂体系对酶活力的破坏能力。尽管这些参数都在某种程度上比较有效，但任何其中一种都不足以完整表述水—有机溶剂体系对酶分子活性及稳定性的影响。

目前，已报道的耐有机溶剂蛋白酶对疏水性有机溶剂具有耐受性，而对亲水性有机溶剂耐受性相对较弱，一般在 pH >9 的反应体系中活力显著降低。近期报道称，*Bacillus licheniformis* YP1 分离自油田土样，是一株天然的溶剂耐受菌，能耐受环己烷、甲苯、二甲基亚砜（DMSO）等多种溶剂，所产的胞外蛋白酶具有广泛的溶剂耐受性，对溶剂的耐受体积分数高达 50%。然而，从整体上看，现有关于耐有机溶剂蛋白酶酶活水平的报道一般在 200 ~ 1 600 U/mL，严重限制了后续的开发和应用。

P. aeruginosa PST - 01 蛋白酶是第一个被报道的耐受有机溶剂蛋白酶，它是从众多耐受有机溶剂并且产生蛋白酶的微生物中分离制备得到的。PST - 01 蛋白酶是从发酵上清液中纯化得到的，与来源于枯草芽孢杆菌的嗜热性蛋白酶、α - 胰凝乳蛋白酶等相比，在多种有机溶剂体系中具有更好的稳定性，它在含有机溶剂体系中的半衰期为 9.7 d。在乙烯基乙二醇、1，4 - 丁二醇、1，5 - 戊二醇、乙醇、1 - 己醇、甲醇、DMSO、2 - 丙醇、三乙基乙二醇、叔丁醇和 1 - 庚醇中的半衰期可能超过 50 d 或者 100 d。在 DMF、1 - 辛醇、1 - 丁醇、丙酮、1 - 正葵醇、1，4 - 二氧杂环乙烷和甲苯中的半衰期通常为 12 ~ 25 d。

采用 PST - 01 蛋白酶和多种底物进行多肽合成 N - carbobenzoxy - L - arginine - L - leucine amide 和 N - carbobenzoxy - L - alanine - L - leucine amide 时，在水—有机溶剂体系中具有较高的反应速率和平衡产率（Equilibrium Yield）。天（门）冬氨酰苯丙氨酸甲酯

的前体物质(Cbz - Asp - Phe - OMe)的合成也可以用 PST - 01 蛋白酶在多种有水—有机溶剂体系中完成。在 DMSO、甘油、甲醇和乙烯基乙二醇存在时,具有较高的反应速率。在含有 DMSO 的体系中具有最高的平衡产率,在 50% (v/v) DMSO 的体系中,Cbz - Asp - Phe - OMe 的平衡产率为83%。

很多铜绿假单胞菌都是可以耐受有机溶剂的,因此多种耐受有机溶剂的蛋白酶也从中分离得到。有机溶剂对于这类蛋白酶的稳定性和活力的影响是不同的,主要取决于有机溶剂的性质以及酶的特殊性。例如在含有 1 - 丁醇的体系中,PseA 蛋白酶和 PT121 蛋白酶明显丧失活性,然而 PST - 01 蛋白酶的稳定性很好。在各种有机溶剂中,来源于 *P. aeruginosa san - ai* 菌株的蛋白酶的稳定性相对于其他的 *P. aeruginosa* 种属菌株的蛋白酶稳定性较差。来源于 PT121 菌株、*san - ai* 菌株、PD100 菌株的蛋白酶对于丙酮比较敏感,然而 PST - 01 蛋白酶对于丙酮却有较好的耐受力。*Pseudomonas aeruginosa* PT121 的蛋白酶可以在多种高浓度亲水有机溶剂如甲醇、DMSO、DMF、乙醇和异丙醇中催化合成多种二肽,转化率均达到 80% 以上。目前该酶已经进行了克隆表达,可以作为良好的模型进行酶分子有机溶剂耐受性的研究。*Bacillus licheniformis* YP1A 所产生的耐有机溶剂蛋白酶不但具有良好的有机溶剂稳定性,而且在 pH 值高达 12 的条件下仍然能保持较高酶活(80% 以上)。*Bacillus cereus* BG1 蛋白酶在 DMSO、DMF、甲醇、乙醇或 2 - 丙酮等有机溶剂体系中的半衰期比它在非有机溶剂体系中的半衰期长。来源于 *Bacillus* sp. APR - 4 和 *Bacillus pumilus* 115b 的蛋白酶与大部分来源于 *P. aeruginosa* 的蛋白酶相比在有机溶剂体系中的稳定性较差。

通常来说,耐盐性酶对于有机溶剂的耐受性也较好,这主要是因为两种体系都具有较低的水分活度。有些蛋白酶需要在较高盐浓度的环境体系中才能体现出对于有机溶剂良好的稳定性。蚯蚓蛋白酶可以在 25 ℃条件下耐受 2 - 丙醇、丙酮、甲苯和正己烷等有机溶剂,100 d 之后仍然可保持良好的活性。

6.1.3 制备技术

如前所述,在多肽合成、蛋白质加工、食品、医药和洗涤剂工业等均有广泛的应用。迄今为止,多种多样的耐受有机溶剂蛋白酶被纯化出来,它们的纯度、微生物培养条件、稳定体系等信息情况见表 6.3。

表 6.3　耐有机溶剂蛋白酶的特性

来源	纯化程度	培养条件	稳定体系	不稳定体系
Pseudomonas aeruginosa PST - 01	纯化	30 ℃ 15 d	25% (v/v) EG, BD, PD, EtOH, HexOH. MeOH, DMSO. ProOH. TEC. tBu-tOH, HepOH. DMF. OctOH. ButOH, Ace, DecOH, DO	在 25% (v/v) Ben, Hep. Xyt, Hex. Dec 和 CH 体系中 50% 存活可维持 2.3 ~ 7.8 d。

续表6.3

来源	纯化程度	培养条件	稳定体系	不稳定体系
Pseudomonas aeruginosa	未纯化	37 ℃,14 d	25%（v/v）DecOH，IOct. Dec,DD 和 HD	25%（v/v）Ben,Hep,Xyl 和 Hex
Pseudomonas aeruginosa PseA	纯化	30 ℃,72 h	25%（v/v）Ben,Tol,CH,Hep 和 Hex	25%（v/v）But OH 和 10 ct
Pseudomonas aeruginosa PT121	未纯化	30 ℃,5 or 14 d	50%（v/v）Dec,Oct,Hep,Hex,Ch,Tol,Ben 和 DMSO	50%（v/v）CHL. But OH. ProOH. Ace. EtOH 和 DMF
Pseudomonas aeruginosa san-ai	纯化	30 ℃,10 d	25%（v/v）DMF	25%（v/v）ProOH,Hex. CHL. Ben 和 Ace
Pseudomonas aeruginosa PD100	纯化	55 ℃, 20 min	10% 或 20%（v/v）McOH. EtOH. Xyl. Tol,Ben 和 50%（v/v）Tol	10%（v/v）ace. 20%（v/v）ProOH,50%（v/v）MeOH 和 EtOH
Bacillus cereus BG1	未纯化	30 ℃,1 ~ 55 d	25%（v/v）DMSO. MeOH. EtOH 和 ProOH	25%（v/v）AN
Bacillus sp APR-4	纯化	4 ℃,24 h	50%（v/v）MeOH. EtOH,ProOH. Ben 和 ButOH	50%（v/v）Ace
Bacillus pumilus 115b	未纯化	37 ℃, 30 min	25%（v/v）,Hex,DecOH,Hct. DD 和 TD	25%（v/v）EA. Hep 和 Tol
Natrialba magadii	未纯化	30 ℃, 24 h,1.5 mol/L NaCl	15% or 30%（v/v）GlyOH. DMSO 和 PPG	15%（v/v）Ace,AN,EtOH 和 ProOH
Halobacterium sp. SP1(1)	未纯化	20 ℃, 20 min	33%（v/v）Tol. Xyl. Dex. Ucec 和 DD	—
gamma-proteo bacterium	纯化	30 ℃ 10 d	33%（v/v）EG,EtOH. ButOH. Ace. DMSO. Xyl 和 PCE	—
Lumbricus rubellus (*Earthworm*)	纯化	25 ℃, 100 d	25%（v/v）ProOH,Ace. Tet 和 Hex	—
Fasciola hepatica (*the liver fluke proteinase*)	未纯化	室温 1 h	10% ~ 90%（v/v）DMF 和 10% ~ 30%（v/v）MeOH	10% ~90%（v/v）Ace 和 THF

6.1.4　耐受有机溶剂蛋白酶结构特性

耐有机溶剂蛋白酶的分子构象与其稳定性的关系是这类蛋白酶研究开发中的关键。Ogino 等人采用圆二色谱（Circular Dichroism,CD）对比研究了 PST-01 蛋白酶、α-胰凝乳蛋白酶、嗜热菌蛋白酶以及枯草杆菌蛋白酶在水和甲醇两种体系中的构象情况。PST

-01 蛋白酶和枯草杆菌蛋白酶在含有甲醇的体系中的 CD 光谱几乎相同(≤24 h)，但在不含甲醇的体系中均发生了较大变化。然而，甲醇的存在却极大地改变了 α - 胰凝乳蛋白酶和嗜热菌蛋白酶的 CD 光谱。CD 光谱的改变对应着 4 种蛋白酶活力的改变，甲醇的存在与否也直接关系着酶分子结构的完整性。PST - 01 蛋白酶在不含甲醇的体系中自动降解的速率更快，α - 胰凝乳蛋白酶却相反。因此，有机溶剂可以更好地维持 PST - 01 蛋白酶的活性，而且有机溶剂的存在将直接影响这些蛋白酶的二级结构。研究表明，α - 螺旋结构含量越高，β - 片层结构含量越低，在含有有机溶剂的体系中的稳定性也就越好。

6.1.5　工业中的应用

蛋白酶是一类重要的工业用酶，广泛应用于洗涤剂、食品、制药、制革、诊断试剂及污水处理等领域。自 1937 年首次报道采用蛋白酶催化肽合成以来，由于其与化学催化肽合成相比具有避免使用昂贵的侧链保护基团及危险性化学试剂等优点，已大量应用于小肽合成，在含高浓度亲水有机溶剂体系中，酶催化反应会快速向氨基酸脱水缩合形成肽键方向进行，而添加高浓度的亲水性溶剂往往导致酶的失活。

近几年，有机相生物催化展示了酶类在有机合成中应用的巨大潜力。然而，大多数酶类在有机溶剂中，尤其在极性有机溶剂中稳定性差及酶活力低的缺点限制了有机相体系生物催化的产业化应用。随着耐有机溶剂蛋白酶的发现与开发，蛋白酶在有机相合成领域中的应用也得到了进一步拓展。蛋白酶在有机相中的优势是能催化肽键与酯键的形成，从而被应用于一些重要中间体的合成及手性药物的拆分。耐有机溶剂微生物已成为非水酶学发展的新资源，其产生菌的筛选及相关酶学研究也屡见报道，但是对于目前报道的微生物，它们耐有机溶剂蛋白酶的产量普遍较低。

6.2　有机溶剂体系中的活性酯酶

工业生物技术的发展很大程度上依赖于高性能微生物和酶类的开发，将生物催化剂运用于有机相中催化化学反应具有许多优点，这给生物催化领域带来了新的突破口，因此有机相生物催化已经成为生物催化领域中的一个研究热点。通常有机溶剂对大多数生物催化剂具有极大的毒害作用，因此如何获得高效稳定的新型生物催化剂便成为推动有机相生物催化发展的关键。

脂肪酶是一类作用于水不溶性底物，如三羧酸甘油酯和脂肪酸酯的水解酶。传统上，脂肪酶主要应用于食品工业乳制品的改造和洗涤剂工业洗涤添加剂。近年来，因其具水解酯键、转酯化作用、水解外消旋混合物以及酯合成和合成肽键的能力，在精细化工、医药、造纸、皮革加工、纺织和饲料工业等领域也得到了广泛的研究和应用。

从催化特性来看，脂肪酶具有高度的化学选择性和立体异构选择性，且反应不需要辅酶，反应条件温和，副产物少。脂肪酶的另一显著特点是它只能在异相系统(即油—水界面)或有机相中作用。在水相中，脂肪酶通常催化水解反应的进行，而在有机相中，它却能催化各种合成反应，如酯化、酯的醇解、酯的氨解和酯的酸解等。有机溶剂会使大部分的酶变性或使酶活力下降,寻找耐有机溶剂的脂肪酶,使其在有机溶剂或含有机溶剂的环境中具有较高的催化活性,对于脂肪酶的研究及工业应用具有重要意义。

极端微生物是高效生物催化剂的重要来源。耐有机溶剂微生物是一类新颖的极端微生物,它们能够在高浓度的有机溶剂中生长代谢,而从这类微生物中分离到的一些酶类往往也具有耐有机溶剂的性能,这些特性越来越引起重视。随着工业生物催化技术的发展和推广应用,耐有机溶剂微生物及酶类逐渐显示其巨大的应用潜力。

6.2.1　耐有机溶剂脂肪酶的分布

通常人们认为有机溶剂对微生物具有极大的毒害作用。1984 年,ZaksA 和 Klibanov 首次发表了关于有机相介质中脂肪酶的催化行为及热稳定性的研究报道。1989 年,Inoue 和 Horikoshi 在 Nature 上报道了一株可以在高浓度甲苯中存活的恶臭假单胞菌(*Pseudomonas putida*)。这些报道改变了人们对微生物生存能力的认识。随着耐有机溶剂微生物的发现,直接促进了耐有机溶剂酶的开发利用。1994 年,Ogino 等首次报道了耐有机溶剂微生物产生的脂肪酶在多种有机溶剂中具有高度催化活性和稳定性。此后,国内外学者对产耐有机溶剂的脂肪酶的微生物筛选、脂肪酶表征和基因克隆等方面进行了一些研究。耐有机溶剂微生物以其多样的适应调节机制生存于高浓度有机溶剂中。各国研究者又陆续筛选分离到多株耐有机溶剂微生物,并发现了各种微生物耐有机溶剂的相关机理,如溶剂泵出系统、细胞膜快速修复机制、细胞膜低溶剂渗透性和增加细胞表面亲水性等。

脂肪酶在微生物界分布很广,目前已发现假单胞菌、曲霉、青霉、微球菌等多种微生物可产脂肪酶,根据氨基酸序列的同源性可将微生物脂肪酶分为 6 个大类。据统计,细菌有 28 个属、放线菌 4 个属、酵母菌 10 个属、其他真菌 23 个属均能产脂肪酶。在各种来源的脂肪酶中,以细菌脂肪酶在有机相中催化的反应类型多、反应活性及稳定性最高。目前已报道的耐有机溶剂微生物多为革兰氏阴性菌,其中很大一部分属于 *Pseudomonas* 属,近年来也有不少耐有机溶剂革兰氏阳性菌的报道,如 *Bacillus*、*Staphylococcus*、*Rhodococcus* 和 *Arthrobacter* 等菌属。这些发现不但扩大了耐有机溶剂微生物种类的多样性,也为有机相生物催化剂的选择提供了更为广阔的来源。

6.2.2　酯酶的理化性质

整体上看,在有机相系统内脂肪酶的稳定性提高,如果脂肪酶结合的水被除去或被易于与水混溶的有机溶剂稀释,则酶一般会失去活性,但在不发生失活的条件下,只要有微量的水并且水的活度降低,那么就会大大降低脂肪酶热失活的速度。脂肪酶在不同溶剂中催化活性差别非常明显。如在环己烷中酶活性约为在二甲基甲酰胺中的 10 倍,此外酶的催化活性与溶剂疏水性参数间有较好相关性,在疏水性较强溶剂中酶的催化活力较高,相反在亲水性较强溶剂中酶的催化活力较低。脂肪酶的选择性是多方面的,包括底物专一性、对映体选择性、前手性选择性和位置选择性等,对旋光异构体的拆分与合成起决定作用的是能识别它们的对映体选择性。脂肪酶的对映体选择性受溶剂的影响非常显著。在有机介质中,通过改变溶剂的极性可以改变脂肪酶的对映体选择性。因为溶剂极性能在一定程度上使酶的活性中心构象发生改变，直接影响外消旋化合物的两个对映体与酶活性中心的结合，从而影响酶的对映体选择性。另外，溶剂还会影响产物的构型，使酶的对映体选择性发生翻转。

另外，根据目前研究进展，不同的耐有机溶剂脂肪酶也有着各自不同的特点，简述如下。

日本的 Ogino 等人从土壤中筛选出一株能分泌脂肪酶的有机溶剂耐受菌 *Psudomonas aeruginosa* LST – 03，该菌株分泌的脂肪酶有较高的有机溶剂耐受性。该酶在 n – 癸烷、丙二醇、二甲基亚砜、n – 辛烷、n – 庚烷、异辛烷和环己烷中脂肪酶活性的半衰期比在没有有机溶剂中酶活性的半衰期长。Ogino 等人还通过离子交换色谱和疏水作用色谱纯化得到电泳纯度的脂肪酶。该酶的分子量大约为 27.1 kDa，最适温度、最佳 pH 分别是 37 ℃和 6.0。LST – 03 脂肪酶的活性在 pH 5 ~8 和 40 ℃以下的范围内保持稳定。在三脂酰甘油、脂肪酸甲酯、天然油脂等底物中，该酶水解三己精（C8）、正辛酸甲脂（C8）和椰子油的能力最强。此外，该酶不仅能水解三油酸甘油酯的 1,3 – 位酯键，而且还能水解 2 – 位酯键。Ogino 等从 LST – 03 中克隆得到脂肪酶基因（Lip3），该克隆序列由一个含有 945 个核苷酸的开放读码框组成。LST – 03 的另一脂肪酶基因（Lip8）克隆后测序，在该序列中，开放读码框包括 1 173 个核苷酸，并且 Lip8 脂肪酶属于Ⅷ家族。

印度尼西亚的 Rahman 等人从土壤中分离到一株有机溶剂耐受菌并命名为 *Psudomonas* sp. 菌株 S5，该菌株能降解苯、甲苯、乙苯和 25 %（v/v）的二甲苯并且在菌体生长的对数期表现出最大的产脂肪酶能力。当该菌株以蛋白胨作为唯一氮源时，产脂肪酶的能力最高，然而在培养基中添加其他碳源会极大地降低脂肪酶的产生。如果以无机氮源作为唯一氮源也会降低脂肪酶的产生。基础培养基中添加吐温 60 能促进产酶，Mg^{2+} 抑制脂肪酶的产生，而 Na^{+} 能刺激产酶。Rahman 等人还用亲和色谱和离子交换色谱纯化了 S5 脂肪酶。该酶的分子量大约为 60 kDa，最适温度、最佳 pH 分别是 45 ℃、9.0，并且在 pH 6 ~9 和 37 ~45 ℃的范围内该酶活性保持稳定。该酶在 n – 十二烷、1 – 戊醇和甲苯中表现出极高的稳定性。Ca^{2+} 和 Mg^{2+} 能激活该酶的活性，而 EDTA 对该酶的活性无影响。以棕榈油和三油酸甘油酯为底物时，该酶的活性最高。此外它无位点专一性。

印度尼西亚的 Chin 等人利用苯、甲苯或苯和甲苯的混合物为唯一碳源，从土壤样品中分离到 6 株耐有机溶剂的微生物，其中 205y 菌株在液体培养基中产脂肪酶活性最高。应用 16S 核糖体 DNA 序列和生化实验，确定该菌株为 *Bacillus sphaericus*。该菌株产生的脂肪酶在多种有机溶剂中保持稳定。其中在 n – 己烷和 p – 二甲苯中酶活性分别提高 3.5倍、2.9 倍，但是在二甲基亚砜中酶活性会极大地降低，并在十六烷和乙腈中完全失活。随后 Chin 等人用基因组文库获得了该脂肪酶基因并进行测序。随后根据 NCBI 库中 13 种脂肪酶基因序列的比对进行了系统发生分析。结果表明 *Bacillus sphaericus* 205y 脂肪酶基因不同于脂肪酶 1.4 和 1.5 家族的其他基因，它是一个新基因。该基因利用 lacZ 启动子在 *E. coli* 中获得了表达，经过 1 mmol PL IPTG 诱导 3 h 后，酶活性增加 8 倍。得到的粗酶 37 ℃在 25%（v/v）的 n – 己烷中孵育 30 min 后，活性增加 10%，而在 25%（v/v）的 p – 二甲苯孵育几乎同样的时间，活性却减少 10%。

迄今为止，还有其他一些脂肪酶被报道具有有机溶剂耐受性。来自 *P. aeruginosa* YS – 7的脂肪酶在乙醇、异丙醇、丙二醇、DMF 和 DMSO 中孵育 24 h 后仍表现出良好的稳定性。来自 *Fusarium heterosporum* 的脂肪酶37 ℃在50%的己烷、苯、乙醚和DMSO中孵育20 h后被激活。来自 *Pseudomonas* sp. 菌株B11－1的脂肪酶25 ℃下在15%（v/v）的甲醇、乙醇、DMSO和DMF中也被激活。来自 *P. cepacia* 的脂肪酶30 ℃下在40%（v/v）的甲醇、乙醇、乙腈、丙酮、DMSO、DMF和二烷中活性有所提高。来自 *Staphylococcus saprophyticus* M36的脂肪酶在液体培养基中孵育24 h后活性达到42 U/mL，并且在25%（v/v）的p－二甲苯、苯、甲苯和乙烷中保持稳定。袁红玲等人以甲苯为唯一碳源筛选到一株产耐有机溶剂脂肪酶的酵母，初步鉴定为耶罗威亚酵母，该脂肪酶能在叔戊醇溶剂中催化合成L－抗坏血酸棕榈酸酯。

6.2.3　制备技术

从以往有机溶剂耐受性脂肪酶的获得途径看，通过活体微生物筛选得到脂肪酶是最常用的方法。但是许多极端微生物无法进行活体培养，因此必须采取新的技术手段。

随着分子生物学工具的应用，现在进行筛选无需进行有机体的培养，如分子筛选、环境基因筛选、染色组筛选和蛋白质组筛选。Jiang等人用基因组步行法从环境DNA中分离出两个新的脂肪酶基因（lipJ02，lipJ03），该基因在表达载体pPIC9K中被克隆，转入 *Pichia pastoris* KM71后成功表达。然而由于所有的方法都有其局限性，所以各种技术的组合常常能获得最大的成功。

由于脂肪酶在有机溶剂中的活性不高，可以从两条途径提高其活性。它们分别是理性设计和定向进化。其中理性设计需要了解酶的结构和功能的关系。Magnusson等人在 *Candida antarctica* 脂肪酶B（CALB）的立体专一性口袋中通过定点诱变提高了酶的专一性，和野生型相比，在环己烷中CALB催化4－庚醇酰基化的专一性常数提高了270倍。其中最有效的点突变扩大了CALB的专一性口袋，从而使反应更容易进行。然而目前对脂肪酶的有机溶剂耐受性和结构之间的关系知之甚少。现在普遍认为酶在有机溶剂中失活的原因是酶表面最关键的水分子被剥去或被有机溶剂代替，但是有机溶剂有时却会增加酶活性。如果能弄清脂肪酶的有机溶剂耐受性和结构之间的关系，就可能采取理性设计的方法来改善脂肪酶的有机溶剂耐受性。因此脂肪酶的有机溶剂耐受性和结构之间的构效关系研究是一个关键的基础研究。

定向进化则是通过在实验室模拟达尔文进化过程，针对某一蛋白酶基因，然后根据特定的改造目的，筛选出非天然的酶。在脂肪酶的定向进化中，马吉胜采用易错PCR和DNA改组策略，对枯草杆菌脂肪酶进行了酶活力定向进化研究。经过两轮的易错PCR和一轮的DNA改组，获得了一株酶活力提高415倍的突变体。Zhang等利用定向进化改善了 *Candida antarctica* 脂肪酶的不可逆热变性的耐受性，和野生菌相比，得到的两种突变体在70 ℃的半衰期提高了20倍。Liebeton等采用ep－PCR和饱和诱变提高了 *Pseudomonas aeruginosa* 脂肪酶对甲基丙烯酸对硝基苯酯水解的对映选择性，野生型脂肪酶的 E 值为1.1，而最佳突变脂肪酶的 E 值为25.8。Fujii等采用分子定向进化提高了 *Pseudomonasaeruginosa* 脂肪酶的水解酰胺活性，仅经过一轮随机诱变，突变体的水解－油酰－2－萘胺的活性提高了1.7~2.0倍。

6.2.4　工业中的应用

与水相催化相比，酶在有机相中的催化反应有许多优点。随着有机相酶学研究的不断深入发展，脂肪酶在油脂加工中的应用已从油脂水解扩展到酯交换和酯合成。例如，催化棕榈油与硬脂酸(酯)进行酯交换反应制取可可脂，使廉价的油脂改良成具有特殊功能性质的高品质油脂；通过酶促酯交换反应，制备具有重要生理功能，而用化学方法又不能合成的高度不饱和脂肪酸卵磷脂；催化选择性酯交换和酶合成反应，使不对称合成取得突破性进展，成功地制备了许多化学方法难以合成的，具有光学活性的重要生理活性物质，如γ－内酯、δ－内酯、大环内酯以及聚酯等。

早在19世纪30年代人们就发现酶在无水的有机溶剂中仍有活性，并在1977年得到再次证实。一般来说，在有机介质中酶催化反应具有以下优点：增加反应物的溶解度；使反应平衡发生移动；分离简单；在有机溶剂中某些酶的稳定性增加；改变酶的选择性(包括底物选择性、对映选择性、前手性选择性、位置选择性和化学选择性)。正因为这些优点，所以某些脂肪酶被运用在一些有机介质中催化某些化学反应并广泛地应用在食品、制药、精细化工、有机合成等领域。现将近年来脂肪酶催化酯合成、酯的醇解、酯的氨解和酯的酸解等方面的代表性研究归纳于表6.4。

表6.4　脂肪酶催化酯合成、酯的醇解、酯的氨解和酯的酸解

反应类型	底物	脂肪酶来源	有机介质
酯化	肉豆蔻酸、糖	*Candida antantica*	叔丁醇、吡啶混合物
酯化	油酸和油醇	*Candida antarctica*	乙烷
酯化	布洛芬，甲基－α－D－葡萄糖苷	*Candida antarctica*	己烷
酯化	三甲基铵醇，丁酸	*Candida antarctica*	2－甲基－2－丙醇，2－甲基－2－丁醇
酯化	L－抗坏血酸、棕榈酸	*Yanowia* sp., *Burkholderla cepacla*	叔戊醇
酯化	香茅醇，透明质酸	*Candida rugosa*	己烷，正庚烷，异辛烷
氨解	苯甘氨酸甲酯	*Candida antantica*	叔丁醇
醇解	棉籽油	*Candida antarctica*	叔丁醇
醇解	葵花籽油	*Candida rugosa*	己烷
醇解	豆油	*Candida antarctica*	己烷
酸解	三油酸甘油酯，短缺脂肪酸	*A. oryzae*, *P. cepada*, *R. niveus*, *R. arrhizus*, *M. miehei*	己烷
酸解	三油酸某油酯，EPA，DHA	*Pseudomonas fluonesoens*	己烷
酸解	大豆卵磷脂，透明质酸	*T. languginosa*	己烷

1. 在油脂改性中的应用

制药、精细化工、食品和香料等工业中许多高附加值的产品是水不溶性的，同时，许多有用化合物是用普通化学合成方法难以或无法合成的。为了生产和纯化这些产品，人

们把目光投向了利用脂肪酶在非水相介质(Non－aqaueousmdeia)中催化生物化学反应的方法。近年来,随着非水酶学的发展,在油脂加工、改良生产具有多不饱和的脂肪酸的甘油醋、可可脂、色拉脂的工艺中,酶催化已逐步替代化学催化。

2. 在手性化合物制备中的应用

手性化合物的制备一直是有机合成的难题,非水介质中酶催化反应的发展提供了一种合成手性化合物的新方法。脂肪酶催化不对称合成反应可制备具有光学活性的醇、脂肪酸、内酯等医药、农药中间体。近年来,Ducret 等分别开展了脂肪酶拆分外消旋布洛芬和蔡普生的研究。利用柱状假丝酵母的胞外脂肪酶(Candida Cylindracea Lipase, CCL)固定化后在柱反应器中用于拆分萘普生甲酯具有很好的立体选择性,可大规模生产(S)2(+)2萘普生。

3. 在肽合成中的应用

低聚肽具有广泛的用途,在有机介质中除蛋白酶外,脂肪酶也能够催化多肽合成。Chen 等发现,在有肟存在的酶促合成肽的反应中,脂肪酶可以在甲苯或异丙醚中催化 N_2 保护的氨基酸或者肽的酰基与肟发生转酯反应生成一种活泼酯(酞基肟),此活泼酯再与非天然的或天然的氨基酸衍生物形成肽键,是合成含非天然氨基酸衍生物的一种有效途径。然而由于脂肪酶不具备蛋白酶所具有的对氨基酸的严格底物专一性,因此在选择性肽类的合成上受到限制。

4. 在高分子合成中的应用

目前被广泛应用的人工合成高分子材料,绝大多数都是非生物降解或不完全生物降解的材料,它们的使用造成了日益严重的环境问题。因此,应用酶催化法合成可以被微生物或细菌降解的高分子材料,越来越受到人们的重视。曹淑桂用荧光假单胞菌 *Pseudomonos Fluorescens* 脂肪酶和 CCL 在 60 ℃条件下直接催化 ε－已内酯、β－丁内酯、ε－壬内酯聚合,分子量达到 25 kDa。MacDonad 利用猪胰脂肪酶催化 ε－已内酯在二氧六环、甲苯、庚烷等溶剂中开环聚合,反应温度 65 ℃,单体含量为 10%,利用正丁醇作为亲核供体,得到聚酯的分子量为 2 700 Da。

6.3　有机溶剂体系中的氧化还原酶

当条件合适,一些氧化还原酶可在有机相中起催化作用,与传统的水介质酶反应相比,在有机相中的酶反应具有独特优点,可完成传统的化学反应很难完成的化学合成。

氧化还原酶在有机溶剂中催化时,要考虑有机溶剂与反应的相容性,同时选择的溶剂对主反应必须是惰性;也可以将酶固定化以提高酶对有机溶剂的抗性,或采用表面活性剂,在有机溶剂中形成球形的反相胶团。

多酚氧化酶在有机相中可促进芳香族的羟基氧化,例如蘑菇多酚氧化酶在氯仿中可选择性地催化氧化对位取代醌,成功地用该酶合成了多巴衍生物,N－乙酰氨基－3,4－二羟基苯丙氨酸乙酯;辣根过氧化物酶可在有机介质中合成多种有机聚合物。

由此可见,在低水分活度环境中仍具有催化活性的氧化还原酶有多酚氧化酶和过氧化物酶。

6.3.1　多酚氧化酶

1. 分布(来源)

多酚氧化酶(Polyphenoloxidase,PPO)是由核编码的含铜金属酶,广泛存在于各种植物、动物和微生物中,能引起酶促褐变反应。

多酚氧化酶在昆虫中称为酚氧化酶;在微生物和人体中,称为酪氨酸酶。真菌中研究较多的是酪氨酸酶(Tyrosinase)和漆酶(Laccase)。植物体中的多酚氧化酶广泛存在于各种器官或组织中,如花器官、分生组织、叶片、块茎、根中,一般在幼嫩部位含量高,而成熟部位较少。活性 PPO 定位于正常细胞的质体中,叶绿体的 PPO 存在于类囊体上,其他类型质体的 PPO 存在于各种囊泡上。通常 PPO 与底物被区域化分开,PPO 以潜伏状态存在于质体中,而底物存在于液泡中。当植物体内发生生理紊乱或组织受损时,PPO 与底物的亚细胞区域化被打破,底物被激活形成黑色或褐色的沉积物,这是果蔬等农产品发生酶促褐变的主要原因。不同动物体内的 Tyr 酶分布的部位也不同。美洲蜚蠊存在于血红细胞内,而麻蝇则仅存在于血浆中。昆虫 Tyr 酶可参与黑色素的形成,同时也是唯一参与角质硬化的酶。哺乳动物 Tyr 酶催化产生的黑色素被分泌进入到表皮和毛发的角质细胞中,使体表着色,从而起保护皮肤和眼睛、抵御紫外线的辐射和防止内部组织过热等作用。

多酚氧化酶在低水溶剂体系中可促进有机物合成,主要进行的是芳香族的羟基氧化。PPO 催化反应如图 6.1 所示。

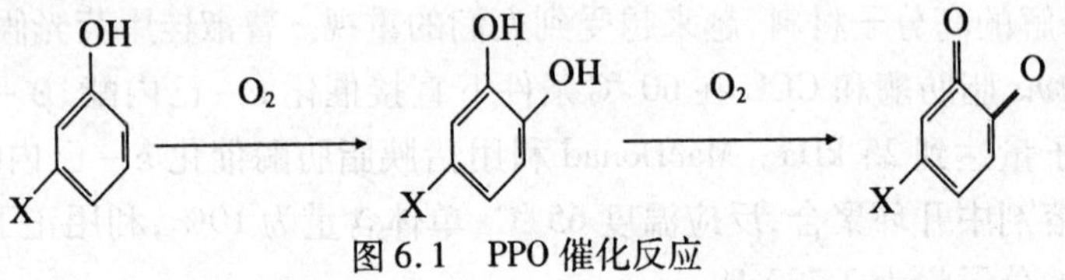

图 6.1　PPO 催化反应

多酚氧化酶可使苯酚类物质的邻位上引入羟基,该酶催化羟基化反应,也催化随后的脱氧成邻醌过程。在水溶液中,形成的邻苯醌极不稳定,迅速聚合,但以上反应若在有机溶剂(如氯仿)中进行,邻苯醌则比较稳定,可用抗坏血酸将其还原成二酚,所以整个过程是取代酚的邻羟基化反应。

2. 理化性质

植物 PPO 的分子质量一般在 40 ~ 45 kDa 或 60 kDa,也有报道指出有的 PPO 的同功酶分子质量为 70 kDa;最适 pH 在 4.5 ~ 8。且大多呈现酸性;最适温度一般为 25 ℃或 30 ℃。

由德林等人(2001)在氯仿介质中多酚氧化酶催化羟基化反应,4 - 甲基邻苯二酚的产率达到最大时,最适 pH 值为 7.0,最适温度为 25 ℃。在 50 ℃时,在水溶液中,Tyr 酶热稳定性为 10 min;而在同温度下在氯仿溶液中,其热稳定性为 90 min。以 CoTAPc 包覆在 Fe_3O_4 纳米粒子表面的 CoTAPc—Fe_3O_4 纳米复合粒子作为载体,固定化漆酶,固定化酶最佳催化温度为45 ℃,最适pH为3.0,在55 ℃保温150 min活性达到最大值,360 min后固定化酶活性仍能保持最大值的90%(黄俊,2006)。将3%的甲酰胺加入辛醇(含1%水)中,使多酚氧化酶的活性提高35倍(王智,2002)。

而将多酚氧化酶固定化后,其在有机溶剂中的催化活性也大大提高。Klyachko(1992)以丙三醇和二甲基亚砜为试剂形成漆酶胶束。当胶束的内腔与其中包含的蛋白在体积上大致相当时,漆酶的活性最强,胶束中水含量减少时,催化能力也极大增强,其活性可高出酶在水相中活性的10~100倍。Pshezhetskii等(1988)使Coriolus Versicolor漆酶在非有机溶剂和合成的(包括离子型的和非离子型的)或天然的(卵磷脂)表面活性剂中形成酶的胶束,漆酶在该体系中催化邻苯二酚的速率比在水相中高50倍。在含有7%水分的有机溶剂中,固定在琼脂糖(Sepharose GL-6B)上漆酶的活性相当于柠檬酸钾缓冲液中酶活性的10%~20%,处于有机溶剂中的固定化漆酶显示出良好的稳定性和耐热性(Milstein等,1989)。

Didier Rertrand报道,2,3-双巯基丙醇(DMP)对漆酶具有抑制作用,加入过量的Cu、Mg、Mn等金属离子后,漆酶活性即可部分得到恢复,原因是金属离子与DMP的结合致使抑制作用发生逆转。

利用海藻酸钠固定化多酚氧化酶,当0.1 mmol/L Cu^{2+}和1 mmol/L $A1^{3+}$存在时,固定化多酚氧化酶活力分别显著增加,为原有水平的164.9与103.9。在0.1 mmol/L Cu^{2+}存在时,游离性多酚氧化酶活力比原有水平增加了23.4,但高于0.1 mmol/L浓度的Cu^{2+}则呈现抑制游离性多酚氧化酶的现象。$A1^{3+}$在整个反应过程中对游离多酚氧化酶起抑制性作用。

PPO前体肽由N端延伸区、催化单元和C端延伸区组成,其中N端的转运肽负责前体肽向叶绿体中的运输,而催化单元则包括2个含铜的高度保守区CuA和CuB。对多种植物PPO的序列分析后可以看到,各种植物PPO序列的2个铜保守区有着高度的同源性,这是维持PPO活性中心所必需的。Gerdemann等在成熟的儿茶酚氧化酶和章鱼血蓝蛋白3D结构的基础上,建立了红芋中潜伏儿茶酚氧化酶前体肽的立体结构模型。在红芋PPO cDNA克隆的C末端延伸肽上存在3个组氨酸残基和起阻断作用的亮氨酸(Leu439),它们可能导致对活性中心的屏蔽作用,使前体肽不具酶活性而以潜伏形式存在。但是,在成熟的儿茶酚氧化酶中,由于延伸肽被切断,解除了其对活性中心的屏蔽作用,使得成熟肽具有酶活性。在该晶体结构模型中,成熟肽的晶体结构和延伸肽之间存在大约35个氨基酸残基的区域(342~374),它们的功能尚不清楚,但是这个区域增加了儿茶酚氧化酶立体结构的可塑性,可能在没有断裂的情况下解除延伸肽对活性中心的屏蔽,起到活化前体肽的作用。

3. 酶活特殊性的结构基础

植物PPO酶蛋白由N-端导肽、中间高度保守的Cu结合区和C-端疏水区3部分组成。如图6.2(a)所示,PPO的Cu结合区是该酶的主要功能区,包括CuA和CuB 2个区域,CuA区含3个保守的His和1个Cys,CuB含3个或4个保守的His,类似于软体动物的血蓝蛋白(Hemocyanin)。其他部分则对酶的构象、高级结构的形成和维持起作用。

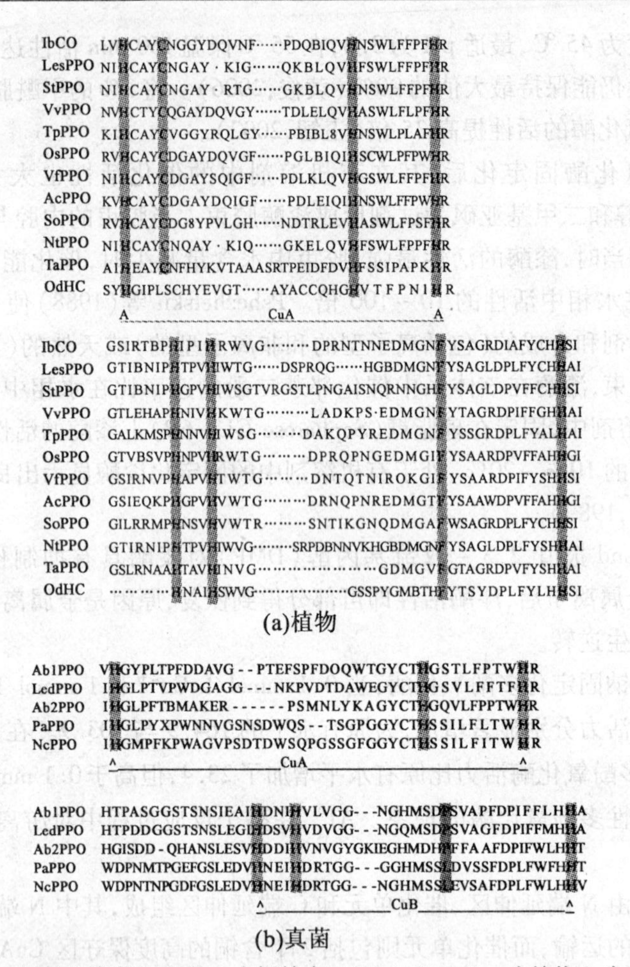

(a)植物

(b)真菌

图6.2 植物和真菌 PPO 的 2 个铜结合区(CuA 和 CuB,a 为植物 b 为真菌)

N－端导肽是叶绿体蛋白的典型特征,它能指导 PPO 蛋白质前体进入类囊体膜,保守性很低。一般由 83 ~97 个氨基酸组成,分子量约 10.6 ~13 kDa,富含羟基亲水性氨基酸(如 Ser、Thr),还有 Lys、His、Arg 以及少量疏水性氨基酸(如 Ala 和 Val),但很少有 Asp 和 Glu。N－端导肽部分形成 3 个结构区:约 30 个富含亲水性氨基酸的 N－端、中间"N_region"和 C－端疏水性类囊体。中间高度保守的 Cu 结合区富含 His 残基,每个 Cu 与 3 个 His 残基以配位键相连,形成了有特定三维结构的活性部位。有些 PPO 抑制剂(如氰化物和 NaN_3 等)能与 Cu 形成配位化合物,使酶失活。大多数植物的 PPO 与细菌、真菌和哺乳动物 Tyr 酶相同,具有 2 个 Cu 结合区域(CuA 和 CuB)。其中 CuA 的保守性(92% ~94%)要大于 CuB(60% ~82%)。也有人提出了第 3 个 Cu 结合区域,它富含 His,CuA 与 PPO 的水溶性有关,CuB 是底物的连接位置,CuC 则与分子氧相连,CuA—CuB 彼此相互影响,CuB—CuC 在空间相连,从而使酶整体具有活性。

植物 PPO 和真菌 PPO 中该段序列中的 His 残基的位置是一致的,如图 6.2(b)所示。章鱼血蓝质的结构和 PPO 极其相似,也包含了铜结合中心,且章鱼血蓝质和甘薯 PPO 的 γ－衍射晶体结构非常相似,如图 6.3 所示。其中 a 和 b 是章鱼血蓝质的结构,c 和 d 是甘薯 PPO 的结构(a、c 为飘带状,b、d 为球体状)

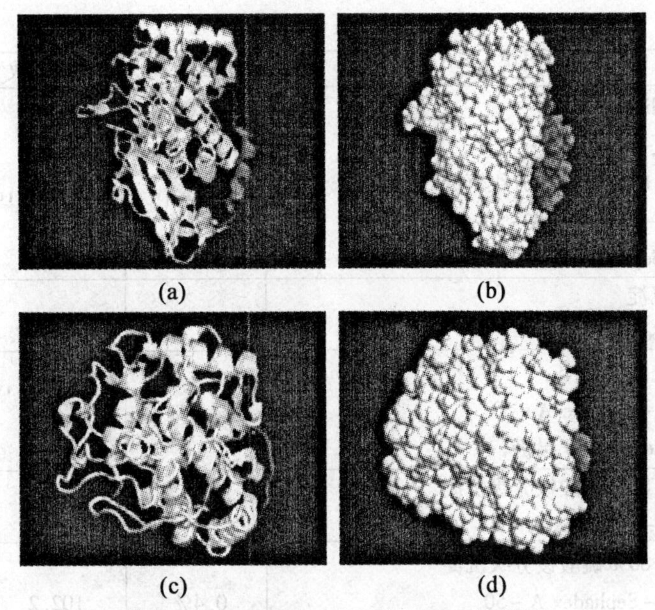

图6.3　章鱼血蓝质和甘薯PPO的结构图

4. 制备技术

多酚氧化酶普遍存在于各种动物、植物和微生物中，但其含量相对较少，并且大多数PPO对热比较敏感，在分离纯化的过程中易变性失活，这给分离纯化带来很大的困难。目前，只有少数植物和真菌中的多酚氧化酶被分离纯化出来。

PPO一般需经过三四道工序才能得到纯化，纯化方法一般包括硫酸铵分级沉淀、离子交换、凝胶层析、疏水层析等，纯化步骤比较繁琐，且得率较低（表6.5）。

表6.5　多酚氧化酶的分离纯化

来源	层析纯化	产率/%	纯化倍数	分子量/kDa
葛芭	80%硫酸铵沉淀 DEAE－Sephadex A－50 Sephadex G－100	5.8%	19.4	60
茶叶	DEAE－Cellulose Sephacry S－200 Hydroxyapatite 和 FPLC		314.0	72
龙眼肉	50% ~80%硫酸铵分级沉淀 Sephadex G－200 Phenyl Sepharose	3.0%	46.2	
桑葚果实	Sepharose 4B－L－tyrosine－p－amino benzoic acid 亲和柱			65

续表 6.5

来源	层析纯化	产率/%	纯化倍数	分子量/kDa
花叶连翘	Streamline DEAE Con A - agarose 50% -80% 硫酸铵分级沉淀 DEAF - Sephadex A - 50 CM - Sephadex C - 50	29.0% 22.0%	59.0 100.0	14
橡胶树	丙酮沉淀 CM - Sepharose			32 和 34
椰菜花	80% 硫酸铵沉淀 DEAE - SephadexA - 50 Sephadex G - 50 层析	34.7%	47.4	51 和 57
芦荟肉质	30% ~80% 硫酸铵分级沉淀 DEAE - Sephadex A - 50		13.3	54.1
莲藕	30% ~80% 硫酸铵分级沉淀 DEAE - Sephadex A - 50 Sephadex G - 75 纯化	0.4%	102.2	21
双孢蘑菇	HAP Bio - Gel HT Sephadex G - 200 Mono Q HR anion exchange	4.6%	85.2 和 90.1	43
栓菌	丙酮沉淀 DEAF - Sephadex A - 50 Sephadex G - 150 羟基磷灰石纯化	20.7%	34.0 和 37.0	61 和 90
滑菇	30% ~60% 硫酸铵分级沉淀 DEAE Toyopearl Butyl Toyopearl AF - Red Toyopearl Superdex - 200 层析			42
家蚕蛹表皮	硫酸铵分级（20% ~ 30%、40% ~ 65% 饱和度）沉淀 ConA Sepharose 4B 亲和层析 Sephacryl S - 200 凝胶过滤	10.0% 和 8.5%	21.0	80 和 44

目前已有很多种类的植物、真菌和动物中的 PPO 基因被克隆，但对 PPO 基因在外源系统中的表达研究还较少，并且大部分重组 PPO 不具有活性。这主要是因为在自然界，PPO 基因的表达大多经过翻译后的加工过程，而这一过程的机理还未完全研究清楚。

Haruta 等将苹果 PPO2 基因除去信号肽，转入大肠杆菌中表达，得到的 PPO 分子量为 56 kDa（与苹果中成熟的 PPO 蛋白分子量相近），但没有催化活性。Sullivan 等将三叶草 PPOI 基因转入大肠杆菌，表达得到了有活性的 PPO 蛋白，但是活力较低。李桂琴等将鸭梨 PPO 的编码区克隆到大肠杆菌中并进行表达，重组蛋白具有 PPO 活性。Kong 等将人

Tyr 酶整个编码基因(除去信号肽)转入大肠杆菌中进行表达,得到的重组酶与从人黑素瘤细胞中分离的天然酶具有相同的电泳迁移率,并具有酶活性。郑淑霞(2004)将小鼠 Tyr 酶基因在大肠杆菌表达系统中进行表达,采取了一系列措施均未得到有活性的重 His 酸酶,可能是因为在大肠杆菌表达系统中,Tyr 酶无法进行糖基化。

Sanchez - Amat 等将海洋单胞菌 PPOA 基因转入大肠杆菌中表达,得到了具有漆酶活性和 Tyr 酶活性的重组蛋白。双孢蘑菇 AbPPO1 和 AbPPO2 的编码区 cDNA 分别导入大肠杆菌 JM 109 和 M15 后,表达出 64 kDa 的酶原,但是没有活性。Halaouli 等将血红密孔菌 PPO 基因转入黑曲霉,表达的蛋白产量很高,并且具有活性。重组蛋白的分子量为 45 kDa,而血红密孔菌 PPO cDNA 编码的酶原分子量为 68 kDa,这说明在黑曲霉中有效地进行了成熟酶的加工,而 PPO 基因在原核生物中表达后不能正确折叠或修饰。

5. 工业中的应用

不同来源的漆酶在不同有机溶剂体系中已经可以应用于酚、氯酚、蒽、羟基联苯、双酚 A、类激素等化学物质的生物转化、木质素的改性、生物合成等方面,这些研究拓展了漆酶的应用领域。

(1)食品与发酵工业

①PPO(漆酶)在食品工业废水处理中的应用。微生物分泌的 PPO 有很强的降解酚类化合物的能力,将其固定在有机凝胶载体上,能够从悬浮液中除去水体本身具有的和外界混入的芳香族化合物。

油橄榄压榨废水(OMW)是生产橄榄油工业中特有的副产物,耗氧处理不能有效除去多酚及某些有色物质。对 OMW 用漆酶处理进行了研究,从香菇(Lentinus Edodes)中提取漆酶并固定化使用,可以同时脱除多酚聚合物和 O - 二元酚,如儿茶酚和二羟基苯乙烯酸的脱除率分别达到了 95% 和 99%;漆酶处理还能促进 OMW 流体的部分脱色及降低污水毒性。也有研究报道,用朱红栓菌(Trametes Versicolor)漆酶对 OMW 进行处理,酚类化合物的脱除率大于 90%,但是没有发现毒性的减少。当用完整的微生物直接进行处理时,伴随着酚类物质含量的降低,毒性也有明显的减少。橄榄油压榨废水还能用于生产漆酶。

②在茶叶中的应用。茶叶所有化学成分中,儿茶素与多酚氧化酶尤为重要,除绿茶类,其他各种茶类的加工都是基于儿茶素在多酚氧化酶催化下的氧化作用。多酚氧化酶的作用主要是促使儿茶素类物质氧化形成茶黄素、茶红素和其他的氧化聚合物,同时伴随儿茶素的氧化,氨基酸、胡萝卜素等香气前体发生偶联氧化,产生各种各样的香气化合物,并形成红茶的基本风味——滋味、香气。而茶色素是一类茶多酚氧化的产物,具有生理活性。目前茶色素在临床上已经用于防治心脏病、高血脂、高血压等心血管疾病,另外还用于抗癌、抗突变、抗菌、抗病毒等功效。

屠幼英等应用固定化多酚氧化酶法催化高纯度茶多酚生产高纯度茶黄素,其研究表明,固定化的多酚氧化酶在一定的反应条件下,使高纯度的茶多酚氧化聚合生成高纯度的茶黄素,然后将茶黄素溶液用溶剂萃取、浓缩干燥,可得到茶黄素含量 75.0% 以上的高纯度茶黄素产品。

(2)林业

漆酶是单电子氧化还原酶,可以催化酚羟基的单电子氧化反应,同时将氧气或过氧化氢还原,其产生的中间自由基发生耦合,迅速产生具有胶合性能的高分子量、无定形的聚合物。木材中的木素是含有酚羟基的复杂化合物,将上述原理用于木材的活化而使其产生胶合作用,可以实现漆酶处理生产人造板的环境友好新工艺。

(3)能源工业

植物中的木质素、纤维素和半纤维素分别占植物干重的比率为15% ~20%、45%和20%。其中木质素的降解及利用最为困难,要彻底降解并利用这些生物质资源,首先必须解决的问题就是木质素的降解问题。利用漆酶对木质素的分解作用将木质素分解为小分子物质从而进行生物发酵,产生生物酒精等新能源。研究表明,彩绒革盖菌漆酶降解小麦秸秆木质素的能力较强,20 d可以使小麦秸秆失重29.85%、木质素含量降低18.45%(王祎宁,2009)。

(4)化工业

①造纸及印染工业。生物制浆,就是将植物纤维从木素的胶黏包裹中分离出来,而真菌漆酶可以选择性地降解木素生产纸浆,和传统的化学制浆(用烧碱或硫酸盐高温蒸煮原料以除去木素)相比,生物机械制浆实现了在温和的条件下生产纸浆,不但节约了设备和能耗,而且大大降低了生产成本。

在造纸工业中,造纸黑液中含有大量氯化木质素及其氧化产物,而且现合成的染料大都具有抗光照、抗氧化、难降解等特点,回收困难,而且直接排放对环境污染严重,加大了废水处理的难度,漆酶作为一种多酚氧化酶,对蒽醌类染料具有直接脱色和降解的作用,其他一些染料如偶氮类和靛青类染料,虽然不是漆酶的直接底物,通过加入一些小分子介体同样可以达到生物降解的目的(杜东霞,2011)。

因此,改用漆酶进行生物漂白可避免化学制浆氯法漂白产生的废水污染环境以及漂白后的纸张反弹的缺点,同时提高了纸张的质量和强度。

②微型多酚氧化酶电极的研制及其应用。多巴胺(DA)是儿茶酚胺类化合物之一,是生物体内的重要神经递质。脑内多巴胺神经功能失调是精神分裂症和帕金森症的重要原因。此外,多巴胺为拟肾上腺素药,具有兴奋心脏、增加肾血流量的功能,用于失血性、心源性及感染性休克。因此,对其测定方法的研究无论是在生理功能研究方面还是在临床应用方面都有重要的意义。但由于DA在固体电极上的过电位比较大,因此用化学修饰电极研究DA的电化学行为已有很多报道(邓培红,2006)。

抗坏血酸(AA)与DA在玻碳电极或碳纤维等电极上的氧化电位比较接近,对DA的电化学测定产生严重的影响。利用多酚氧化酶排除AA的干扰,降低过电位,并可增加DA的传质速度,同时,克服了膜修饰电极制备的复杂性。该方法应用于样品分析,结果令人满意。

③污染物的降解和绿色有机物合成。近年来木质素已广泛运用于石油钻井泥浆中,该泥浆中含有大量高分子化合物,对地层土壤污染较严重。另外,石油的形成与木质素有密切关系,从化学组成上看石油中许多结构单元与木质素组成相类似,利用漆酶可对木质素进行生物降解,此过程与石油利用以及污染物的清除有必然的联系。DDT作为上世纪普遍使用的一种高效杀虫剂,化学性质稳定,常温下不能分解,但土壤中残留的DDT对人畜的生命安全存在着极大的隐患。目前,已经有研究表明漆酶可以有效地降解修复土壤中残留的DDT。

漆酶除了可以有效降解大分子有机物质外，其合成有机物的能力也很强。一部分漆酶具有很强的生物合成能力，可以把两种小分子化合物高效聚合成新的大分子化合物。利用漆酶这种能力可以在常温下生产高分子聚合物，比目前高温高压的化学催化方法大大节约能源及成本。因此，利用漆酶进行如抗生素、氨基酸、抗氧化物等大分子化合物的生产，是一种绿色的环境友好型的新方法。

④生物传感器的应用。生物传感器是介于信息和生物技术之间的新增长点，它是利用生物活性物质（如酶、蛋白质、DNA、抗体、抗原、生物膜、微生物、细胞等）作为识别元件，将生化反应转变成可定量的物理、化学信号，从而能够进行生命物质和化学物质检测和监控的装置。漆酶生物传感器具有专一性强、灵敏度高和操作简单等优点，在发酵工业、环境监测、食品监测、临床医学等方面得到广泛的应用。

有研究利用超声清洗的办法提取土豆中多酚氧化酶，然后将其修饰于碳糊电极中而制成了多酚类的电化学发光生物传感器，有效地避免了植物组织的束缚及杂质的引入，而且在很大程度上解决了响应较慢、酶存活时间短及电极使用寿命短、稳定性差等问题。将该生物传感器应用于电化学发光法检测肾上腺素，其检测灵敏、快速、选择性好，同时制作简单、价格低廉、使用方便。

蒋治良等人(1996)基于微量水分对多酚氧化酶在有机相中催化氧化苯酚生成邻苯醌反应的活化作用，建立了一个测量微量水分的有机相生物传感器。与传统的卡尔费休滴定法比较，酶法无需特殊设备，干扰少，副反应少，具有推广应用价值。Bauer 等构建在流动检测系统中快速区分吗啡和可卡因的生物传感器，该装置以漆酶为基础将葡萄糖脱氢酶固定在 Clark 氧电极上，漆酶消耗氧气来氧化吗啡并产生葡萄糖脱氢酶，但不能氧化可卡因，因此该装置可以选择性地检测吗啡，而且非常灵敏。Sezgintürk 等将白腐菌产生的漆酶作为生物活性元件分别固定到 Clark 氧电极和丝网印刷电极上制作出安培生物传感器，该传感器能够快速准确地测定除草剂样品中的2，4 －二氯苯氧乙酸含量。Ibarra－Escutia 等将白腐菌产生的漆酶成功地固定到丝网印刷石墨电极上设计出安培生物传感器，该装置能够准确、灵敏、快速地检测泡茶中酚化合物的含量，而且其使用寿命大于6个月。

6.3.2　辣根过氧化物酶

1. 分布

过氧化物酶(Peorxidaes，EC1.11.1.7)是一类以血红素为辅基的酶，是广泛存在于各种动物、植物和微生物体内的一类氧化酶，主要催化过氧化氢对多种有机物和无机物的氧化作用。

辣根过氧化物酶(Horseradish Peroxidase，HRP)是来自辣根体内的过氧化物酶，是典型的过氧化物酶。在辣根中的过氧化物酶由40多种同功酶组成，根据电泳行为将这些同功酶分为3大类，即酸性 HRP、碱性 HRP 和中性 HRP。酸性和碱性 HRP 多用作酶指示剂；中性 HRP 用途广泛，它常用于理论研究和准备酶标抗体。

2. 理化性质

辣根过氧化物酶相对分子质量为40～45 kDa，它是一种糖蛋白，每个分子中含有1

个正铁血红素Ⅲ、1 条酶蛋白多肽链和 2 个 Ca^{2+}，酶蛋白含有 308 个氨基酸残基，3 ~ 8 个糖类侧链与 Ala 残基相连，糖含量约 18%，纯的 HRP 呈米色。不同的同功酶具有不同的最适 pH，其最适温度一般在 40 ~ 52 ℃。HRP 是一个相当稳定的酶。溶液酶在 pH 5 ~ 10，室温环境，酶活力能长期保存，对水透析不失活。在 40 ~ 80 ℃下短期不失活。粉剂酶置于低温干燥处，长期不失活。在 -15 ℃用酸性丙酮处理辣根过氧化物酶时，正铁血红素从酶分子中分离出去，而酶蛋白没有变性。

武斌等人(1999)研究辣根过氧化物酶催化酚类氧化反应，在低水环境的有机相中辣根过氧化物酶热稳定性显著提高。在纯二氧六环中加热到 100 ℃，0.5 h 内 HRP 活性仅降低 50%。而其在水溶液中 40 ℃时已开始显著失活。

以壳聚糖微球为载体，微水相和水相固定化辣根过氧化物酶。微水相固定化 HRP 最适温度提高到 60 ℃，最适 pH 为 6.5，与水相固定化酶相比，微水相中固定的 HRP 具有更好的操作稳定性和热稳定性，70 ℃保温 30 min 后，微水相中固定的酶保留 75.42% 的活力，而水相中固定的 HRP 仅存 15.4% 的活力；60 ℃下连续操作 5 次之后，微水相固定的 HRP 保留 77.69% 的酶活，而水相固定的 HRP 仅存 16.67% 的酶活(蔡奕璇，2009)。

蒋太交等(1998)用 PEG 修饰辣根过氧化物酶，改进了酶在有机相中的催化特性，PEG 修饰的辣根过氧化物酶在甲苯体系中的酶活比无修饰酶的提高了 2 倍，但稳定性却降低了。

郭绍芬(2008)研究镧(III)、铽(III)对体内外辣根过氧化物酶活性与结构的影响发现，低浓度的 La^{3+} 使 HRP 的多肽链构象的有序结构含量增加，无序结构含量减少，使血红素卟啉环中非平面性增加，导致 HRP 分子血红素活性中心 Fe(III) 暴露程度的增加，使得 HRP 分子电子传递更加容易，因而 HRP 分子的活性增加。高浓度的 La^{3+} 会使 HRP 分子的活性被抑制。

3. 酶活特殊性的结构基础

HRP 是一条由 308 个氨基酸组成的肽链，肽链 N - 末端为一个吡咯烷酮羧基所封闭，C - 末端为 Ser。在这条肽链中有 4 个由 2 分子 Cys 组成的二硫键，它们分别是 11 - 91、44 - 49、97 - 30 和 177 - 209；同时还存在 1 个由 Asp99 和 Arg123 组成的盐桥。整条主链上共有 9 个潜在的糖基化位点，而其中的 8 个已经被占据。在整个多糖分子中，一个含有 7 个单糖的残基占了总体的 75% ~80%，但是整个多糖的构型却由于其他单糖的变化而变化。在这些小的单糖中，两端的 GlcNAc 和中间的一些甘露糖残基却是固定不变的。单糖在糖基化位点上构型的变化也使整个多糖的构型变得更为复杂。HRP 中的多糖组成在某种程度上取决于酶的来源，但一般多糖的分子量占总酶的 1% ~22%。

在辣根过氧化物酶同功酶中，HRP C 含量最丰富。HRP C 含有 2 个不同的金属中心：正铁原卟啉(即血红素)和 2 个钙原子。这 2 个金属中心对酶的整体结构和功能都是非常重要的。通过血红素中铁原子的一个轴向结合点与肽链上 His_{170} 上侧链的 N 原子结合，使血红素垂直连接在 His_{170} 上(见图 6.4)。

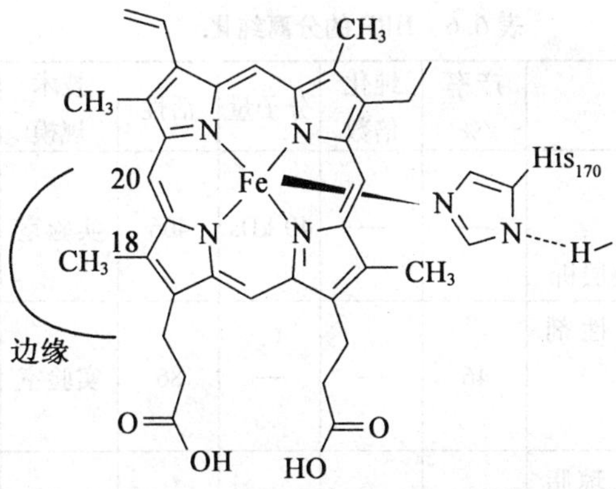

CH_3 CH_3 N N Fe His$_{170}$ 20 N N 18 CH_3 CH_3 N N H O O Asp$_{247}$ 边缘 O O OH HO

图 6.4　血红素在 HRP C 上的结合方式

而卟啉铁的另一个轴向结合点在静态酶中则是空着的，当有 H_2O_2 存在时，该结合点就能与 CO、氰化物、氟化物或叠氮化物等小分子结合。这些小分子中有些是以质子化了的形式存在的，这样它们还能通过氢键与 Arg 和 His_{42} 结合，使这些小分子更加稳定。在血红素平面的上下两侧存在着 2 个钙原子的结合位点，它们通过 1 个氢键群与血红素结合区域相连。每个钙原子都是供氧配合体，它们能同时与主肽链上含羰基的氨基酸，侧链上的 Asp、Ser 和 Thr，以及 1 个末端结构水分子结合。钙离子的丢失将会导致 HRP C 酶活和热稳定性的下降，还能使血红素的构型发生改变。Gajhede 等改以重组 HRP C 为研究对象测定三维结构如图 6.5 所示，酶的结构总体上看来大部分是 α 螺旋，但其中也包含一些小的 β 折叠。在血红素平面上下两侧存在着两个空白区域，该区域可能是由钙结合位点与其他结构元素共同作用而成的，也可能是基因复制后留下的产物。

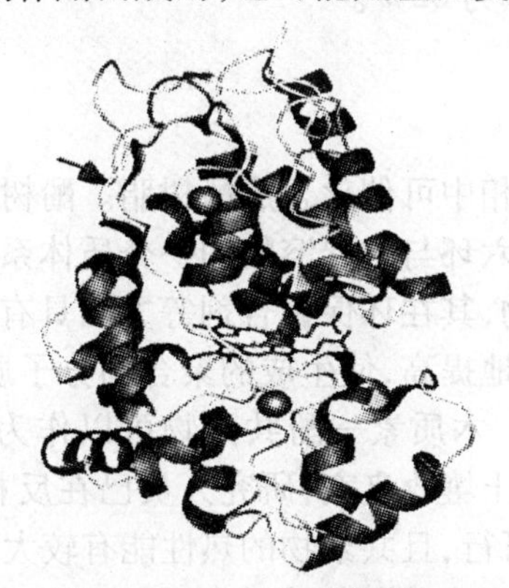

图 6.5　HRP C 三维结构

4. 制备技术

过氧化物酶可以用常规酶抽提和纯化方法加以分离和纯化。包括硫酸铵分级沉淀、丙酮沉淀、透析、离子交换层析、凝胶过滤以及各科电泳技术分离和鉴定。

表6.6 HRP的分离纯化

来源	所用层析填料	产率/%	纯化倍数	分子量	活性	技术规模	时间	作者/公司
辣根块茎	硫酸铵沉淀、丙酮沉淀、CM-23阴离子交换层析	—	—	40 kDa	406	实验室	1998	范军
辣根根部	阴离子型表面活性剂AOT制备反胶团反胶团萃取	46	—	—	86	实验室	1996	Regalado
辣根	伴刀豆球蛋白A-琼脂糖亲和层析柱	75	—	—	—	实验室	2002	Miranda
辣根	膜亲和层析	24.5	142	—	—	实验室	2003	Wei Guo 和 Eli Ruckenstein
辣根	聚乙烯吡咯烷酮(PVP)/聚合物和PVP/盐双水相系统萃取	75	7.3	—	—	实验室	1997	Miranda

2000年Morawski等在大肠杆菌和酿酒酵母中进化了辣根过氧化物酶,进化的辣根过氧化物酶可催化氧化小分子化合物(如ABTS)发生化学反应,对2,2′-连氨基-2(3-乙基-并噻唑啉-6)铵盐(ABTS)催化活力提高了5.4倍。曾家豫(2007)利用毕赤酵母分泌表达进化HRP,在H_2O_2存在下,进化HRP17-32可在非水相溶剂中催化氧化对苯二胺发生聚合反应,反应产率为82%。

5. 工业中的应用

(1)在化工业中的应用

辣根过氧化物酶在非水相中可催化合成酚树脂。酚树脂可用作黏合剂、化学定影剂等。辣根过氧化物酶在二氧六环与水混溶的均一介质体系中,可以催化苯酚等酚类物质聚合,生成高分子酚类聚合物,其在环保黏合剂等方面具有良好前景。在此反应体系中,底物和产物的溶解度都极大地提高,使生成的聚合物分子质量比在水溶液中的增大几十倍,而且显著提高反应速度。木质素—酚共聚物可以作为用途广泛的酚醛树脂的替代品,并可用作聚合物分散剂、土壤改良剂,研究人员已在反相微乳液中,用HRP催化合成木质素对甲酚共聚物,反应可行,且共聚物的热性能有较大改善。

辣根过氧化物酶在非水相中可催化合成导电有机聚合物。辣根过氧化物酶可以在与水混溶的有机介质(如丙酮、乙醇、二氧六环等)中,催化苯胺聚合生成聚苯胺。聚苯胺具有导电性能,可以用于飞行器的防雷装置,以免受到雷电的袭击;用于衣物的表面,起到抗静电的作用;用作雷达、屏幕等的微波吸收剂等。

辣根过氧化物酶在非水相中可催化合成发光有机聚合物。辣根过氧化物酶在有机介质中可以催化对苯基苯酚合成聚对苯基苯酚,将这种聚合物制成二极管,可以发出蓝光。虽然发出的蓝光较弱,但是已经显示出其潜力,是一种具有良好前景的蓝光发射材料。新型光学材料在激光技术、全色显示系统、光电计算机等方面都有重要应用,是当今材料科学与工程领域的研究热点之一(郭勇,2009)。

(2)在废水处理中的应用

辣根过氧化物酶是酶处理废水领域中应用最多的酶。辣根过氧化物酶有过氧化氢存在时,它能催化氧化多种有毒的芳香族化合物,其中包括酚、苯胺、联苯胺及其相关的异构体,反应产物是不溶于水的沉淀物。

辣根过氧化物酶的催化聚合作用可处理废水。张国平等(2000)研究了用HRP对五氯酚的模拟废水进行催化聚合处理的过程,结果表明HRP可以有效地去除五氯酚。胡龙兴等(1996)用海藻酸钙凝胶包埋HRP制成固定化酶,以H_2O_2为氧化剂,固定化酶催化氧化作用可去除水溶液中的酚。

(3)在生物传感器中的应用

辣根过氧化物酶被广泛用于电极的研究中,常用来制成检测过氧化氢浓度和酚类化合物的传感器。

研究人员分别将亚甲基蓝和HRP固定化于含有β型沸石的玻碳电极和多壁碳纳米管上,制得了用来检测溶液中过氧化氢浓度和酚类化合物的传感器(Liu,2000;Antonio,2007)。用卡拉胶水凝胶将HRP和硫堇同时固定在玻碳电极表面,或将胶体金标记的HRP和硫堇凝胶共固定于金电极表面制得过氧化氢传感器(刘科,2008;Tang,2006)。于洋(2007)用有机—无机杂化材料对HRP进行包埋并使用单壁碳纳米管(SWNTs)和普鲁士蓝对电极进行修饰,以制成辣根过氧化物酶电极对水中的各种酚类化合物进行检测。Solna等(2005)将辣根过氧化物酶、酪氨酸酶、乙酰胆碱酯酶和丁酰胆碱酯酶4种酶用丝网印刷技术固定在电极表面组成电极阵列,能够检测各种酚类化合物和杀虫剂(如胺甲萘、杀螟硫磷)。Rosatto等(2002)将HRP吸附在经SiO_2/Nb_2O_5修饰的电极上,表面交联上混有石墨粉的戊二醛制成酶电极,有效地减小了HRP直接电子传递所产生的背景电流并能够对水中的酚进行检测。干宁等(2005)将辣根过氧化物酶(HRP)与氧化还原型染料苯胺红T(ST)用戊二醛交联共固定在玻碳电极的表面,制得了无试剂过氧化氢传感器。Kafi等(2008)将HRP、亚甲基蓝和壳聚糖(Chitosan)共固定于金修饰的二氧化钛纳米管表面制得的传感器。制得的这些传感器均具有较快的响应时间和良好的灵敏度、重现性、稳定性及较长的使用寿命。除此之外,利用HRP标记的抗体抗原和其他电子中介体共固定制备免疫传感器也是当前的热点之一。

6.4 有机溶剂体系中的溶菌酶

6.4.1 分布(来源)

溶菌酶(Lysozyme,EC3.2.1.17),又称胞壁质酶、球蛋白G、N－乙酰胞壁质聚糖水解酶。1922年英国人Fleming等发现,在人的唾液、眼泪中存在有能够溶解细胞壁杀死细菌的酶,因而被命名为溶菌酶。溶菌酶是一种天然抗菌剂,广泛分布于动物、植物和微生物中。动物源溶菌酶主要包括鸡蛋清溶菌酶及人和哺乳动物溶菌酶;目前发现含溶菌酶的植物有近170种。在木瓜、无花果、大麦等植物中均已分离出溶菌酶;微生物源溶菌酶包括细菌细胞壁溶菌酶和真菌细胞壁溶菌酶。

6.4.2　理化性质

溶菌酶可催化细菌细胞壁上黏多糖分子的 N－乙酰胞壁酸和 2－乙酰氨基－3－脱氧－D－葡萄糖残基之间的 β－1,4－键进行水解。T4 噬菌体溶菌酶由 164 个氨基酸组成,分子质量为 19 kDa;鸡蛋溶菌酶有 129 个氨基酸,其分子质量约为 14.3 kDa;人溶菌酶由 130 个氨基酸残基组成,分子质量为 14.6 kDa;植物中分离出溶菌酶,分子质量为 24～29 kDa。溶菌酶分子中有 4 个二硫键,很稳定,其分子中有由 Glu35 及 AspS2 组成的活性部位,各种溶菌酶的等电点在 10.7～11.5 之间,最适温度为 50 ℃。溶菌酶在酸性 pH 下稳定。溶菌酶在有机溶剂中比在水中热稳定性高。在水中 90 ℃,其热稳定性为 10 min,在环已烷中 110 ℃条件下,热稳定性为 140 min。溶菌酶的热变性随着有机溶剂的增加而直线下降,在相同的溶剂浓度下,溶菌酶的热变性下降率按以下溶剂的顺序而递增:丙酮＜二甲基甲酰胺＜二甲基乙酰胺＜二噁烷(张文会,2003)。

在大量的无机盐(如 KCl)溶液存在下,可提高一些酶在非水相中的活力。在含有 98%(质量分数)KCl、1%磷酸钾的缓冲液中,1%的枯草溶菌酶冻干处理后,比无 KCl 的酶在乙烷中催化 N－乙酰－L－苯丙酰胺的酯交换反应的酶活提高了 3 750 倍,甚至可以达到 20 000 倍。另外,溶菌酶可和许多物质形成络合物导致其活性丧失。XRD 分析表明 SDS 结合到活性位上强烈抑制了溶菌酶活性,除此之外可与溶菌酶形成络合物的物质有:胸腺泡核、酵母泡核、甲状腺素、甲状腺球蛋白、α－La、咪唑核吲哚衍生物。阳离子如 Co^{2+}、Mg^{2+}、Hg^{2+}、Cu^{2+} 等均可抑制溶菌酶的活性。

溶菌酶在有机溶剂中酶活性与酶含水量的关系见表 6.7。由表中可见,在最适水量时,溶菌酶表现出最大活力,在低于或高于最适含水量时,酶构象由于过于“刚性”或“柔性”,而失去催化活性。

表 6.7　溶菌酶在有机溶剂中酶活性与酶含水量的关系

含水量/%	水分子数/酶分子数	酶活性	水的分布状况和作用
0～7	0～60	未观测到活性	大部分分布在离子化残基附近,有助于离子化(羧基脱质子,氨基质子化)
7～25	60～220	显示活性	7%时侧链基团质子化后,水分子在其他极性部分形成群。7%时肽键－NH 被水合后,局部介电氯升高,酶蛋白的活动自由度增加,但基本结构不变、构象相同
25～38	220～300	酶活性随含水量增加	肽键周围羧基为主的极性部位完全饱和
＞38	300 以上	酶活性为水中的 1/10	整个酶分子被一层单分子水包围

在低水分活度环境下,溶菌酶分子在其催化中心的底物结合部位,排布了许多疏水氨基酸的侧链基团,形成一个与水显著不同的疏水环境,由于疏水反应环境效应,可以与黏多糖分子的 6 个糖环或其他的六糖基化合物结合。在图 6.6 中显示溶菌酶与 6－N－乙酰葡萄糖胺$(NAG)_6$ 结合的情况。

研究表明,与酶活性中心结合的 6 个糖环中,水解位置是位于 D—E 糖环之间的糖苷键。经过 X 射线衍射分析,酶分子催化基团 Glu_{35} 和 Asp_{52} 位于该糖苷键的两侧,其中,Glu_{35} 以酸催化基团 Glu_{35}－COOH 形式存在;而 Asp_{52} 则以碱催化基团 Asp_{52}－COO^- 状态存在。两者配合对底物进行酸碱催化反应。其催化过程如图 6.7 所示。

①底物与酶分子活性中心结合,图中仅显示 D 糖环和部分 E 糖环。天冬氨酸残基 $Asp_{52}-COO^-$ 和谷氨酸残基 $Glu_{35}-COOH$ 分别处于糖链的两侧。

②$Glu_{35}-COOH$ 起酸催化作用,把 H^+ 传递给糖苷键的氧原子,使糖苷键断裂,生成产物 E 糖环。

③失去 H^+ 的 $Glu_{35}-COO^-$ 起碱催化作用,吸引水分子的一个 H^+,而恢复 $Glu_{35}-COOH$;水分子失去 H^+,成为 OH^-,攻击 D 糖环上的 C－1 碳原子,生成另一个产物。

④底物与酶分子活性中心结合,图中仅显示 D 糖环和部分 E 糖环。天冬氨酸残基 $Asp_{52}-COO^-$ 和谷氨酸残基 $Glu_{35}-COOH$ 分别处于糖链的两侧。

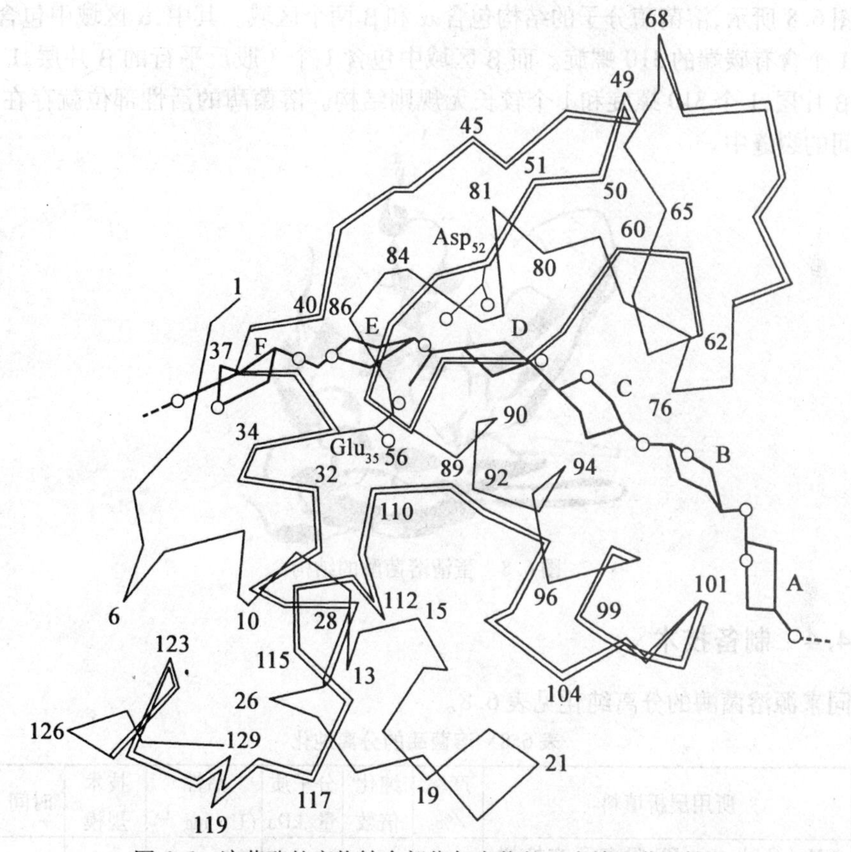

图 6.6　溶菌酶的底物结合部位与底物的 6 个糖环节和情况

图 6.7　溶菌酶的催化机制

6.4.3　酶活特殊性的结构基础

鸡蛋清溶菌酶是动植物中溶菌酶的典型代表，其分子是由129个氨基酸残基排列构成的单一肽链，其结晶形状随结晶条件而异，有菱形八面体、正方形六面体及棒状结晶等。溶菌酶是一个不规则的椭圆体，用X射线衍射测得此酶的体积为45×30×30Å。溶菌酶的结构不很紧密，大多数极性基分布在表面，便于和溶剂小分子结合，在溶菌酶的整个分子中有一个狭长的凹陷，最适小分子底物与酶结合时，正好与此长形凹陷相嵌。它的活性中心是Asp52和Glu35。

如图6.8所示，溶菌酶分子的结构包含α和β两个区域。其中，α区域中包含4个α螺旋和1个含有碳端的310螺旋。而β区域中包含1个3股反平行的β片层，1个较短的两股β片层，1个310螺旋和1个较长无规则结构。溶菌酶的活性部位就存在于2个区域之间的裂缝中。

图6.8　蛋清溶菌酶的结构

6.4.4　制备技术

不同来源溶菌酶的分离纯化见表6.8。

表6.8　溶菌酶的分离纯化

来源	所用层析填料	产率/%	纯化倍数	分子质量/kDa	活性(U·mg^{-1})	技术规模	时间	作者/公司
鸡蛋蛋清	CM－Sepharose FF阳离子交换树脂	31.3		14.0		实验室	2010	张新宝
海参肠	浊点萃取法(CPE)浓缩 阳离子交换柱(CM52纤维素)层析 Sephadex G－75凝胶过滤层析	46.0	18.7	16.0	3 026.10	实验室	2008	李英辉
苦瓜	粗提取液 透析后冻干 Source Q阴离子交换色谱 Poros 50H阳离子交换色谱	100.0 49.9 6.5 3.9	1.00 1.71 11.26 164.61	20.1	12.15 20.73 136.75 2 000.00	实验室	2009	常景立
卵清蛋白	阳离子交换吸附剂Streamline SP	86.6	62.20		6 780.50	实验室	2004	赵雪雁

续表 6.8

来源	所用层析填料	产率/%	纯化倍数	分子质量/kDa	活性(U·mg⁻¹)	技术规模	时间	作者/公司
中国姥鲨软骨组织	Millipore 超滤器超滤 Sephacryl S-200 Superdex 75 柱层析纯化			15.2	223 000	实验室	2000	陈建鹤
蛋清	高效阳离子交换色谱	107.0	5.60		15 467	实验室	2002	李蓉
海洋杆菌	超滤系统浓缩、透析 CM-Sepharose-FF 阳离子交换层析 灌注色谱 Perfusion Chromatography	96.3 71.5 48.5	4.90 18.30 29.70	16.0	718.50 2 011.60 2 216.70	实验室	2000	王跃军

关于溶菌酶的异源表达研究也很多。溶菌酶的表达菌株集中在毕赤酵母和大肠杆菌中。人溶菌酶、牛乳溶菌酶和柞蚕溶菌酶等已在毕赤酵母中得以表达。王丹(2006)将柞蚕溶菌酶在毕赤酵母细胞中得到正确表达并有效地将成熟柞蚕溶菌酶分泌到酵母细胞外。柞蚕溶菌酶在酵母菌中的表达是在0.5%甲醇诱导下,培养96 h达到高峰。纯化的重组柞蚕溶菌酶分子质量约为20 kDa,其N端氨基酸序列为KWFTK,与预测的成熟柞蚕溶菌酶序列一致。Endo H酶解结果证实,重组柞蚕溶菌酶是经过糖基化修饰的,低聚糖以N-链形式附在柞蚕溶菌酶上。重组的柞蚕溶菌酶可抑制与龋病有密切关系的变形链球菌的生长。贾向志(2001)研究了人溶菌酶基因的克隆及其在毕赤酵母中的表达。将大小约为417 bp的hLY基因克隆到毕赤酵母表达载体pPICgK中,并在毕赤酵母菌SMD1168中表达了人溶菌酶。表达蛋白的分子量与人溶菌酶分子量14.7 kDa接近,表达产物具有人溶菌酶的生物学活性。齐长学(2010)研究构建了牛乳溶菌酶的原核表达载体pET-32a-LYZ1和酵母分泌型表达载体pPICZ a A-LYZ1,并在受体菌BL21(DE3)和GS115中成功表达,其中毕赤酵母上清分泌表达的重组蛋白LYZ1具有抗菌活性。

王利娟(2008)成功构建了大鼠溶菌酶重组表达质粒pET-30a(+)/LY70,重组大鼠溶菌酶C端基因片段在大肠杆菌Rosetta(DE3)中实现高效表达。

6.4.5　工业中的应用

目前,溶菌酶被广泛应用于医药、食品工业、生物工程等方面。溶菌酶被制成了漱口液及牙膏,用来防龋齿;溶菌酶可阻止在半硬奶酪的生产中由厌氧孢子增殖体的作用所引起的胀气现象;另外溶菌酶还可作为畜禽饲料添加剂等。有关溶菌酶在低水分活度下(或有机相)的应用研究多集中在固定化溶菌酶研究方面。

1. 在羊毛织物中的应用

安全、环保、长效是抗菌织物的发展方向,潘军军(2009)通过溶胶凝胶法将溶菌酶固定于羊毛织物表面,制备具有抗菌作用的羊毛织物。正硅酸甲酯(TMOS)溶胶与γ-缩水甘油醚氧丙基三甲氧基硅烷(GPTMS)溶胶固定化溶菌酶的羊毛织物的抑菌率分别为65.54%、70.78%,丙基三甲氧基硅烷(PTMS)和正硅酸甲酯(TMOS)溶胶固定化溶菌酶的羊毛织物抑菌率达到90.32%。3种溶胶固定化溶菌酶羊毛织物水洗5次后,其抑菌率分别维持37.84%、52.63%、75.67%。

2. 在医药中的应用

脂质体作为药物载体可以控制药物释放,提高药物靶向性以降低药物毒性和减少副作用,并减小药物剂量,提高药物疗效。特别是对于生物活性酶,通过脂质体的包覆,更能延长生物酶的寿命,有效地保持其活性。徐云龙(2006)采用将 0.6 g 卵磷脂和 0.3 g 胆固醇加入到 12 mL 密度为 1 g/mL 的混合有机溶剂中,37 ℃下用逆相蒸发法制备溶菌酶脂质体,进行 1.5 min 超声后所得产品包封率可达 84% 以上,所得脂质体形态圆整,粒径为 150 ~400 nm,在 4 ℃下保存 40 d 外观无明显变化。

赖波等(2008)以单甲氧基聚乙二醇 - 聚 - DL - 乳酸(PELA)为膜材、乙酸乙酯为有机溶剂,采用溶剂扩散法制备的载溶菌酶微球包埋率高达 95.7%,并且能保持高的活性。其制备的可生物降解聚合物微球,可应用于生物医药领域。

6.5 其他耐有机溶剂酶类

随着研究的深入,越来越多的耐有机溶剂酶类被人们发现,其中耐有机溶剂氧化还原酶类也渐渐成为研究的热点。Kosjek 等从 *Rhodococcus rubber* DSM 44541 纯化得到一个耐有机溶剂的醇脱氢酶,该酶可以耐受 50% (v/v)的丙酮和 80% (v/v)的异丙醇,更重要的是,该脱氢酶的催化不但具有很强的立体选择性,并且通过调整反应体系中的溶剂含量可以改变反应的平衡(见图 6.9)。实验表明,该酶在 50 % (v/v) 以下的丙酮体系中催化还原苯乙酮(Acetophenone) 、2 - 辛酮(2 - Octanone) 和 6 - 甲基 - 5 - 烯基 - 2 - 庚酮(6 - Methyl - 5 - Heptene - 2 - One) 等生成 S 构型的仲醇化合物;而该酶在有机溶剂大于 60% (v/v) 的异丙醇中只能将 S 构型的仲醇化合物氧化生成酮类,而不转化 R 型的对映体,其反应的对映体比率(E)大于 200, 从而获得不同构型的产物。Lavandera 等发现了一个来自于 *Paracoccuspantotrophus* 菌株的醇还原酶,15% (v/v) DMSO 可以促进该酶活力。该酶也可以催化多种酮类化合物还原生成手性醇化合物。Chen 等使用基因突变的方法从 *Bacillus sphaericus* 菌中获得一个耐有机溶剂 Phe 的脱氢酶,该酶可以在 10% (v/v)甲醇体系中催化多种 Phe 酮酸化合物生成非天然 L 型 Phe 衍生物。但是多数氧化还原酶类在催化体系中需要添加昂贵的辅酶或辅基,所以人们更倾向于利用可再生辅酶的全细胞体系催化氧化还原反应。

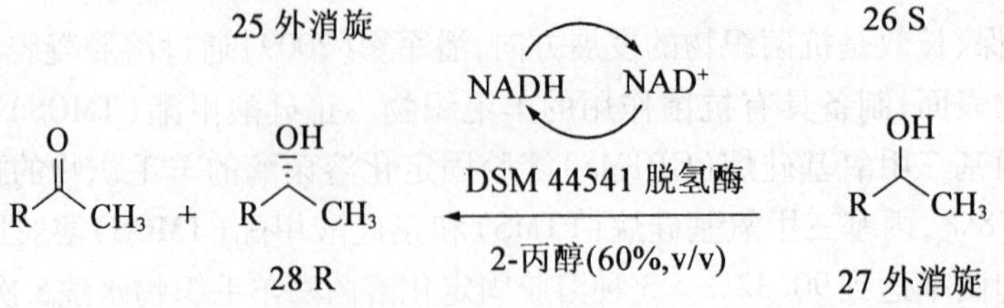

25 外消旋 —— DSM 44541 脱氢酶 / 促皮质素(≤50%,v/v) → 26 S

NADH ⇌ NAD^+

28 R + 28 R ← DSM 44541 脱氢酶 / 2-丙醇(60%,v/v) —— 27 外消旋

图 6.9　DSM44541 脱氢酶催化的氧化还原反应

除了氧化还原酶类以外，人们还发现了一些新型的耐有机溶剂酶类。Doukyu 等筛选到一个耐有机溶剂的环糊精葡萄糖转位酶，该酶可以用来生产 β－环糊精，它在10%（v/v）乙醇体系中可以将 β－环糊精的产量提高 1.6 倍。Hao 等利用定向进化技术获得一个耐有机溶剂的果糖二磷酸醛缩酶，而 Fukushima 等筛选到一个耐有机溶剂的 α－淀粉酶。Doukyu 等从耐有机溶剂的 *Brachybacterium* 中获得淀粉酶，该酶在 DMSO 及乙醇体系中，其催化的麦芽寡糖产量和产物选择性均显著提高。这些研究丰富了耐有机溶剂酶催化反应类型的多样性，为拓展酶在有机相中的催化应用提供了新的催化剂来源。

研究者们利用不同有机溶剂为筛选压力获得了耐受甲苯、环己烷、氯仿、各种烷烃等疏水性有机溶剂和耐受丁醇、乙醇、DMSO、DMF 等亲水性有机溶剂的微生物。从中筛选到耐有机溶剂的淀粉酶、糖苷酶和氧化还原酶类，见表 6.9。

表 6.9　其他有机溶剂耐受酶的性质（脂肪酶和蛋白酶除外）

酶	来源	纯化程度	反应条件	稳定体系	不稳定体系
Amylase（CGTase）	*Paenibacillus illinoinensis* ST－12K	纯化	30 ℃，12 h	20%（v/v）MeOH，EtOH，ProOH，Ben，Tol. Xyl. CH 和 Hex	20%（v/v）CHL
Amylase（malto－oligosaccharide－forming amylase）	*Brachybacterium* sp. LB25	纯化			
Amylase	*Haloarcula* sp. S－1	纯化	37 ℃，2 h	25%（v/v）Dec，Oct，Xyl，Tol. Ben 和 CHL	
Cholesterol oxidase	*Burkholderia cepacia* ST－200	纯化	37 ℃，24 h	33%（v/v）DMSO，MeOH，EtOH，ProOH，ButOH，CHL，Ben，Tol. Xyl 和 CH	33%（v/v）EA 和 Ace
Cholesterol oxidase	*Chromobacterium* sp. DS－1	纯化	37 ℃，24 h	33%（v/v）DMSO，MeOH，EtOH，ProOH，EA，ButOH，CHL，Ben，Tol. Xyl 和 CH	33%（v/v）Ace
Alcohol dehydrogenase	*Paracoccus pantotrophus* DSM 11072	纯化			
Alcohol dehydrogenase	*Rhodococcus ruber* DSM 44541	纯化			
Tyrosinase	*Streptomyces* sp. REN－21	纯化	30 ℃，20 h	30%（v/v）EtOH，Ace 和 DMSO	40% or 50%（v/v）EtOH，Ace 和 DMSO
Glyoxylate reductase	*Thermus thermophllis* HB－27	纯化	30 ℃	25%（v/v）DMSO 和 DEG	25%（v/v）Dec，Oct，Hex，Xyl，Tol 和 Gly OH

续表 6.9

酶	来源	纯化程度	稳定体系	不稳定体系	Unstable in the presence of
(*S*) – malate: NADP$^+$ oxidoreductase	*Suifolobus solfataricus*	纯化	25 ℃, 24 h	10% (v/v) ProOH, 15% (v/v) EtOH, 50% (v/v) MeOH, DMSO 和 DMF	30% (v/v) ProOH, 50% (v/v) EtOH 和 THF
5′ – Methyl – thioadenosine phosphorylase	*Pyrococcus furiosus*	纯化	50 ℃, 60 min	50% (v/v) MeOH, EtOH, lProOH, AN 和 ThF (50 ℃或 70 ℃)	50% (v/v) DMF

目前,极端微生物已经成为新型生物催化剂开发的重要源泉,我国具有广阔的微生物资源,可进一步开发天然耐有机溶剂微生物及酶类,开发其在有机溶剂催化领域中的应用。采用 DNA 体外重组技术将目的基因引入耐有机溶剂微生物,构建高效耐有机溶剂基因工程菌,或者将溶剂外排泵等耐有机溶剂基因引入一些非有机溶剂耐受菌中表达,提高其溶剂耐受性。另外,通过积累蛋白质结构与溶剂稳定性机理相关理论,必将有效地指导我们的设计,改造并创造耐有机溶剂高效酶制剂,从而推动非水相工业生物催化技术的应用和推广。

随着各项研究的深入,越来越多的具有催化类型多样性及底物类型多样性的耐有机溶剂生物催化剂得到挖掘和开发,这不仅为工业生物技术带来新思路和新突破,也将给有机化学、药物化学乃至药代动力学等相关学科带来新的变革和发展。

参考文献

[1] BAE J, HOU CT, KIM H. Thermostable Lipoxygenase is a Key Enzyme in the Conversion of Linoleic Acid to Trihydroxy - octadecenoic Acid by Pseudomonas aeruginosa PR3 [J]. Biotechnology and Bioprocess Engineering, 2010, 15: 1022 - 1030.

[2] BARETT A J. Proteolytic enzymes: aspartic and metallopeptidases[J]. Methods Enzymol,1995,248: 183.

[3] BURLINI N, MAGNANI P, VILLA A, et al. A heatstable serine proteinase from the extreme thermophilic archaebacterium sulfolobus solfataricus [J]. Biochem. Biophys Acta, 1992, 1122(3):283 - 292.

[4] CHRISTEN G L, MARSHALL R T. Effect of the histidine on the thermostability of lipase and proteases of Pseudomonas fluoresenses [J]. J Dairy. Sci, 1985, (68):602.

[5] International Union of Biochemistry. Enzyme nomenclature [M]. Orlando: Academic Press, Inc, 1992.

[6] KUMAR CG. Purification and characterization of a thermostable alkaline protease from alkealiphilic Bacillus pumilus [J]. Lett. Appl. Micoobiol, 2002,34(1): 13 - 17.

[7] MATSUMURA M, SIGNOR G, MATHEWS B W. Substantial increase of protein stability by multiple disulphide bonds [J]. Nature, 1989. 342:291 - 293.

[8] ONG P S, GAUCLIER G M. Production, purification and characterization of thermomycoluse the extracellular serine protease of the thermophilic fungus. Malbranches. pulchella Var. Sufurea [J]. Can J Microbiol, 1976. 22(2): 165 - 176.

[9] OWUSU R K, MAKHZOUM A, KNAPP J S. Heat inactivation of lipase from psychrotrophic Pseudomonas fluorescens P38: Activation parameters and enzyme stability at low or ultra - high temperatures [J]. Food Chemistry, 1992(44): 221 - 236.

[10] PANCHA I, JAIN D, SHRIVASTAV A, et al. A thermoactive α - amylase from a Bacillus sp. isolated from CSMCRI salt farm [J]. International Journal of Biological Macromolecules, 2010, 47: 288 - 291.

[11] PRESCOTL M, PEEK K, DANIEL R M. Characterization of a thermostable epstatin - in - sen - sitive acid protenase from a Bacillus sp [J]. Biochem. Cell Biol, 1995. 27 (7):729 - 739.

[12] TAKAGI H, TAKAHASHI T, MOMOSE H, et al. Enhancement of the thermostability of subtilisine by introduction of a disulfide bond engineered on the basis of structural comparision with a thermophilic serine protease [J]. J. Biol. Chem, 1990, 265:6874 - 6878.

[13] VIEILLE C, EPTING K L, KELLY R M, et al. Bivalent cations and amino - acid composition contribute to the thermostability of Bacillus licheniformis xylose isomerase

[J]. Eur. J. Biochem, 2001, 268: 6291 - 6301.

[14] VOLKIN D B, KLIBANOV A M. Thermal destruction processes in proteinsin volving cystine residues [J]. J Biol. Chem, 1987. 262:2945 - 2950.

[15] WANC J, TSAI M, LEE G, et al. Construction of a Recombinant Thermostable β - Amylase - Trehalose Synthase Bifunctional Enzyme for Facilitating the Conversion of Starch to Trehalose [J], J. Agric. Food Chem, 2007, 55:1256 - 1263.

[16] 安弋. 酸性 α - 淀粉酶基因的克隆与表达[D]. 郑州: 河南农业大学, 2010.

[17] 蔡小玲. 木瓜凝乳蛋白酶的分离纯化及应用基础研究[D]. 广州: 华南理工大学, 2004.

[18] 蔡勇. 碱性纤维素酶高产菌株的筛选及其基因的克隆与表达[D]. 西安: 西北农林科技大学, 2005.

[19] 陈波. 产酸性 α - 淀粉酶菌株的筛选及其酶学性质研究[D]. 南京: 南京理工大学, 2004.

[20] 陈静. 嗜热毛壳菌热稳定糖化酶纯化及其编码基因的克隆与表达[D]. 青岛: 山东农业大学, 2006.

[21] 陈珊珊, 林雄水, 翁凌, 等. 草鱼胰蛋白酶的分离纯化及性质研究[J]. 集美大学学报: 自然科学版, 2005, 10(4): 300 ~ 304.

[22] 陈晟, 陈坚, 吴敬. 微生物脂肪酶的结构与功能研究进展[J]. 工业微生物, 2009, 39 (5): 53 - 57.

[23] 付伟丽. 甘薯叶过氧化物酶的分离纯化、部分性质及固定化研究[D]. 重庆: 西南大学, 2010.

[24] 桂春燕. 耐盐碱产纤维素酶芽孢杆菌的选育及酶学特性的研究[D]. 青岛: 山东农业大学, 2010.

[25] 郭绍芬. 镧(III)、钕(III)对体内外辣根过氧化物酶活性与结构的影响[D]. 无锡: 江南大学, 2008.

[26] 郭勇, 郑穗平. 酶学[M]. 广州: 华南理工大学出版社, 2000.

[27] 郭勇. 酶工程 [M]. 3 版. 北京: 北京科学技术出版社, 2009.

[28] 和致中, 彭谦, 陈俊英. 高温微生物学[M]. 北京: 科学出版社, 2000.

[29] 侯晓娟. 碱性纤维素酶产生菌的分离、选育、发酵产酶条件及酶学性质研究[D]. 西安: 西北大学, 2006.

[30] 胡艳妮. 杨桃果实多酚氧化酶的研究[D]. 南宁: 广西大学, 2008.

[31] 黄俊杰. 碱性果胶酶在废糖蜜中的应用[D]. 昆明: 昆明理工大学, 2009.

[32] 黄涛. 桑叶多酚氧化酶分离纯化及其酶学性质的研究[D]. 南宁: 广西大学, 2008.

[33] 贾彦杰. 甘薯 β - 淀粉酶提取纯化及酶学性质研究[D]. 洛阳: 河南科技大学, 2011.

[34] 蒋誉坤. 鲈鱼胰蛋白酶和胰凝乳蛋白酶的分离纯化及性质分析[D]. 厦门: 集美大学, 2010.

[35] 李勃. 微生物发酵生产耐酸性 α - 淀粉酶的研究[D]. 西安: 西北大学, 2009.

[36] 李娟. 家蚕凝乳蛋白酶抑制剂的多态性研究及其基因克隆[D]. 重庆: 西南农业大学, 2005.

[37] 李堂. 脂肪酶催化菜籽油乙醇解制备生物柴油[D]. 湘潭: 湖南科技大学, 2007.

[38] 李欣. 鸡蛋清溶菌酶的精制[D]. 长春：吉林大学，2006.
[39] 廖亮. 凝乳酶高产菌株的诱变选育及其发酵条件产物酶学活性的相关研究[D]. 北京：北京化工大学，2010.
[40] 刘河涛. 一株产凝乳酶枯草芽孢杆菌的筛选、鉴定及酶活性质的研究[D]. 兰州：兰州大学，2006.
[41] 刘敬卫. 茶树多酚氧化酶的基因克隆与原核表达[D]. 武汉：华中农业大学，2009.
[42] 刘连成. 高温碱性果胶酶菌株的分离、特性研究及果胶酶基因的表达[D]. 南京：南京农业大学，2007.
[43] 刘欣. 食品酶学[M]. 北京：中国轻工业出版社，2008.
[44] 刘欣. 食品酶学[M]. 北京：化学工业出版社，2010.
[45] 刘旭东. Bacillus sp. YX－1 中温酸性 α－淀粉酶的分离纯化及基因克隆和表到的研究[D]. 无锡：江南大学，2006.
[46] 罗军侠. 耐酸生淀粉糖化酶的初步研究[D]. 无锡：江南大学，2008.
[47] 马吉胜. 枯草杆菌脂肪酶的基因克隆、定向进化与非水酶学研究[D]. 长春：吉林大学，2005.
[48] 权宇彤. 溶菌酶的制备与活性检测[D]. 长春：吉林大学，2006.
[49] 阙瑞琦. 莲藕过氧化物酶的分离纯化、性质研究及固化初探[D]. 重庆：西南大学，2008.
[50] 人溶菌酶基因的克隆及其在毕赤酵母中的表达[D]. 西安：第四军医大学，2001.
[51] 荣保华. 藕带多酚氧化酶性质及藕带保鲜初步研究[D]. 武汉：华中农业大学，2010.
[52] 阮森林. 酸性 α－淀粉酶产生菌的筛选及其美学性质研究[D]. 郑州：河南农业大学，2008.
[53] 孙连海. α－淀粉酶结构与功能关系研究[D]. 郑州：河南农业大学，2006.
[54] 覃拥灵. 微生物酯酶产生菌的选育及发酵条件优化酶学性质的研究[D]. 南宁：广西大学，2007.
[55] 汤鸣强. 黑曲霉产果胶酶的分离纯化和酶学特性研究[D]. 福州：福建师范大学，2004.
[56] 王利娟. 重组大鼠溶菌酶多肽的原核表达、纯化及其生物活性研究[D]. 广州：暨南大学，2008.
[57] 王文庆. 耐碱性纤维素酶产生真菌 FG－2 的选育及酶学性质初探[D]. 青岛：山东农业大学，2006.
[58] 王小宁，李爽，王永华. 工业酶——结构、功能与应用[M]. 北京：科学出版社，2010.
[59] 肖黎明. 产碱性纤维素酶高产菌株 IS－B4 的选育、发酵条件优化与酶学性质的研究[D]. 西安：西北大学，2008.
[60] 徐凤彩，基础生物化学[M]. 广州：华南理工大学出版社，1999.
[61] 徐芝勇. 大豆过氧化物酶的酶学特性与应用研究[D]. 杭州：浙江大学，2006.
[62] 严群. 大豆皮过氧化物酶的分离纯化研究[D]. 杭州：浙江大学，2005.
[63] 杨波. 产脂蛋白酯酶菌种的筛选，培养优化，酶的分离纯化与基本性质[D]. 成都：四川大学，2006.

[64] 杨培华. 产耐酸性 α – 淀粉酶菌株的选育[D]. 长沙：中南林业科技大学，2006.
[65] 杨永彬. 产碱性纤维素酶菌株的选育及酶学特性研究[D]. 福州：福建师范大学，2004.
[66] 姚婷婷. 糖化酶生产菌的遗传改良[D]. 无锡：江南大学，2006.
[67] 由德林，曹淑桂，马林. 非水介质中多酚氧化酶催化轻基化反应的研究[J]. 分子催化，2001，15(3)：211 – 215.
[68] 余海芬. 蛋清中溶菌酶的高效提取及其定量测定方法研究[D]. 武汉：华中农业大学，2010.
[69] 俞宏峰. 微生物乳糖酶的固定化及应用研究[D]. 无锡：江南大学，2006.
[70] 曾家豫. HRP 基因的表达、进化及其催化苯胺类化合物聚合反应的研究[D]. 兰州：西北师范大学，2007.
[71] 斩纪培. 麦芽中 β – 淀粉酶的提取、纯化和应用研究[D]. 无锡：江南大学，2009.
[72] 张保国. 碱性果胶酶的发酵条件研究及酶的分离纯化[D]. 天津：天津科技大学，2005.
[73] 张翠. 根霉液体发酵生产碱性果胶酶及应用研究[D]. 无锡：江南大学，2009.
[74] 张富新. 羔羊凝乳酶提取分离及特性的研究[D]. 西安：陕西师范大学，2003.
[75] 张亮. 魔芋多酚氧化酶的提取纯化、特性及对多糖流变性的影响[D]. 武汉：华中农业大学，2005.
[76] 张树利. 嗜冷菌脂肪酶对 UHT 乳脂肪上浮的影响及控制措施的研究[D]. 呼和浩特：内蒙古农业大学，2005.
[77] 张伟. 利用生物技术开发一种新乳糖酶及其高效生产途径[D]. 北京：中国农业科学院，2002.
[78] 张文会，从鸡蛋清中提取溶菌酶的研究[D]. 北京：北京化工大学，2003.
[79] 赵昂. 脂肪酶催化合成糖酯的研究[D]. 天津：天津大学，2007.
[80] 赵宁. 鹌鹑蛋清溶菌酶的分离纯化及其性质研究[D]. 福州：福建农林大学，2009.
[81] 赵萍家，蚕丝氨酸蛋白酶抑制剂研究[D]. 重庆：西南大学，2008.
[82] 赵巧玲. 家蚕血液胰凝乳蛋白酶抑制剂 b1 编码基因 Ict – 启动子特性分析[D]. 杭州：浙江大学，2007.
[83] 赵秀玲. 不同凝乳酶在干酪生产中应用效果的研究[D]. 西安：陕西师范大学，2004.
[84] 郑淑霞. 酪氨酸酶基因的克隆及其野生型和变异型的大肠杆菌表达[D]. 厦门：福州大学，2004.
[85] 郑穗平，郭勇，潘力. 酶学 [M]. 2 版. 北京：北京科学技术出版社，2009.
[86] 周俊清. 凝乳酶优良菌株的选诱及酶活特性的研究[D]. 长沙：湖南农业大学，2005.
[87] 周晓静. 碱性纤维素酶产生菌的筛选、酶基因克隆及在大肠杆菌中的表达研究[D]. 青岛：山东农业大学，2010.